野生ミツバチの知られざる生活

トーマス・シーリー

西尾義人 訳

青土社

野生ミツバチの知られざる生活

目次

野生ミツバチの知られざる生活

本書をロジャー・A・モース（一九二七―二〇〇〇）に捧げる。科学者として、作家として、そしてコーネル大学の教師として、四〇年以上の歳月にわたり学生たちにミツバチの知識と愉しみを授けてこられた。氏からの学びが本書の礎となっている。

はしがき

私たち人間は、太古の昔からミツバチに強い関心を寄せてきました。アフリカ、ヨーロッパ、アジアに暮らした私たちの古い祖先は、この蜂が自分たちにとって貴重な価値をもつ二つの物質、蜂蜜と蜜蝋を作り出すのを、数十万年にわたって驚嘆の目で眺めてきたことでしょう。時代が下り一万年前ほど前からは、養蜂という精巧な技術が誕生し、ミツバチに対する自然科学的な考察も登場しました。一例を挙げれば、古代の哲学者アリストテレスはミツバチの「定花性」を初めて記録しています（定花性とは、採餌を効率よくおこなうために働き蜂が同種類の花を連続して訪れる習性のことです）。ここ数百年ほどの間には、ミツバチに関する科学論文が万単位で発表されてきました。多くは養蜂の実際的な問題について書かれたものですが、一方でこの愛すべき蜂の基本的な生態について書かれた論文も数え切れないほどあります。本の数も負けていません。一七〇〇年代から二〇一〇年までのアメリカだけを見ても、養蜂、ミツバチの科学、蜂を題材にした児童書など、四〇〇〇冊近くの本が出版されています。[1]

時代を超えて人間がミツバチに魅せられてきたことを考えると、その真の自然誌、つまりこの蜂のコロニーが野生環境下でどんな生活をしているかについて近年までほとんど知られていなかったのは、実に不思議だといわざるをえません。ミツバチの自然生活の幅広い調査がこれほど遅れてしまったのは、どうしてなのでしょう？　答えはおそらく単純です。養蜂家や生物学者など、この興味深い勤勉な昆虫をもっとも熱心に追いかけてきた人びとは、ほぼ例外なく、自然に点在する木の洞《うろ》〔樹洞〕や岩の隙間に巣を作る野生のコロニーではなく、養蜂場という管理された場所で人工の巣箱に暮らすコロニーを対象に研究を続けてきたからです。管理されたコロニーは、蜂蜜を作り農作物の受粉を助けることで人間の役に立ちます。したがって、養蜂家が自分の作った巣箱に暮らすコロニーにもっぱら関心を向けるのは何ら驚くことではありません。また、管理されたコロニーは科学研究にも適しています。研究にはコントロール可能な実験環境が要求されるからです。よってここでもやはり、生物学者が人工の巣箱に暮らすコロニーを第一の研究対象としてきたことは何ら驚くべきことではないのです。ノーベル賞を受賞したカール・フォン・フリッシュという科学者は、ミツバチの尻振りダンスを発見したことで有名です。ですが、もし彼が研究に際して観察用にあつらえたガラス製の巣箱を使っていなければ、そのダンスの意味に気がつくことは決してなかったでしょう。フォン・フリッシュは餌を集める蜂に個体識別のための印をつけ、研究室そばの中庭に砂糖水を入れた小皿を置きました。そして、その人工の食料源から戻ってきた蜂が巣の中でどのようにふるまうかを観察したのです。[2]

粘土製の円筒、編みかご、木箱、あるいは（最近では）ポリスチレン製の容器など、人工の巣箱で飼育されるミツバチへの片寄った関心は、今日なお続いています。しかしその一方で、ここ二、三〇年の話ですが、養蜂家や生物学者は、この魅力的な昆虫が人間の監督下にないときにどういった生活をしているか調査をはじめています。こうした「自然への回帰」は、ミツバチの生活に新たに見つかった多くの謎に私たちの目を向けさせることになりました。実のところ私がこの本を書いたのも、ミツバチのコロニーが自然の世界でいかに暮らしているかについて、新しくわかってきたことを総ざらいしてみようと思い立ったからにほかなりません。本書を読み進めるうちに、木の洞や岩の隙間に巣を作り自由に生きるコロニーが、リンゴ園やブルーベリー畑、養蜂場、あるいは裏庭に置かれた人工の白い巣箱に暮らすコロニーとは著しく異なる生活を送っていることがわかるはずです。また、非常に心配なことに、野生のコロニーが生き残って数を維持している一方で、養蜂家が管理するコロニーは毎年四〇パーセントほどの割合で消失していることもわかるでしょう。

野生のミツバチの物語は、人間とミツバチの関係や養蜂の実践に関する見識を広げてくれるという点でとても大切なものです。たとえば、その物語を知ることで、「蜂蜜の生産や農作物の送粉のために働かせられる勤勉で従順な昆虫」という従来のミツバチ像に、「賞賛と尊敬に値し、それに相応しい形で扱うべき、すばらしい昆虫」というイメージが加わるようになるかもしれません。続く各章では、巣の構造、巣の間隔、コロニーの採餌の範囲、配偶システム、耐病性、遺伝的特徴など、野生のミツバチのコロニーに関するさまざまな研究を見て、独力で暮らすコロニーがどれほど繁栄しているかを明らかにしていきます。そして最終章の「ダーウィン主義的養蜂のすすめ」では、こうして蓄えられた知識体系をどう利用すれば、次の非常に重要な問題に取り組めるかを考えます。すなわち、数万年にわたって人類の生活に「甘み」をもたらし、現在でも食料供給の面でますます頼りにされているミツバチという種に対して、私たちはどう行動すればより良いパートナーになれるのか、という問題です。

野生のミツバチに心を奪われたのは一九六三年の春、あと少しで一一歳になろうとするときでした。私は当時――今でもそうなのですが――ニューヨーク州イサカの数キロ東にあるエリスホロウという名の小さな谷に住んでいました。マウント・プレザントとスナイダー・ヒルという二つの急峻な丘に挟まれた、幅が一・六キロ、長さが三・二キロ程度の渓谷です。二つの丘は古代の砂岩層をむき出しにしてニューヨーク州中部のフィンガーレイクス地方を並走し、その地域に岩肌の荒々しい美しさを誇示していました。エリスホロウは子供時代を過ごすには絶好の場所です。丘の中腹は木々に覆われています。谷底に目をやれば、アメリカツガの暗い木立に縁取られた野原がなだらかに下り、日当たりの良い沼地ではトンボたちが飛び交い、それらをつらぬくようにカスカディラ・クリークが蛇行しながらさらさらと流れています。そうした景色はどこまでも続くように思われたものでした。いろいろな初めても経験しました。立派なカンムリキツツキがオオアリを求めて木に穴をあけるのを最初に観察したのはこの場所でした。冷たい目つきのカミツキガメが湿った土中深くに卵を産み落とすのを最初に目撃したのもこの場所でした。飼っていたアライグマが小川の岩の下のザリガニをいかに捕まえるかを最初に知ったのもこの場所でした。嬉しいことに、このとびきり魅力的な土地を探検するのを妨げるような「立入禁止」の看板はどこにもありませんでした。いまでもまだ調査したい場所はいくつもあり、エリスホロウ・クリーク通りをとおって車で家に帰るときには、そうした場所をメモしているほどなのです。

一九六三年、ちょうど六月に入った頃のことです。エリスホロウ通りを歩いていた私の耳にぶんぶんという羽音が騒がしく聞こえてきたかと思うと、パン売りのトラックほどもある大きな群れのミツバチが、通り沿いの年老いたクロクルミの木のまわりを飛び回っているのが目に入りました。家から東に一〇〇メートルほど行ったところでの出来事です。

私は恐ろしくなって通りの反対側にある薄暗い木立に逃げ込み、安全だと思える距離から遠巻きに眺めることにしました。そこから見えたのは、皮革を思わせる茶色い体色のミツバチたちが、地上四メートルほどの高さでしょうか、クルミの木に何千匹も群がって太い幹を覆い尽くし、ぽっかりとあいたゴルフボールほどの穴に次々に吸い込まれていくところでした。蜂たちは引っ越しをしていたのです。登るのにちょうどよく、クルミもたくさんとれるその木は、私にとってそれまでも大切なものでしたが、その日を境にずっと特別な存在へと変わりました。なんといっても蜂が住む木なのですから！　その夏、私はクロクルミの木に足繁く通い、蜂に対する恐れを徐々に克服していきました。そしてついには、刺されることなく（脚立の上から）ミツバチたちを間近に観察するまでになったのです。それは夢のようなひと時でした。

　蜂に対する好奇心はやがて母の知るところとなり、一九六三年のクリスマスには、両親から美しい挿絵の入ったミツバチの本をプレゼントしてもらいました。メアリー・ガイスラー・フィリップスが一九五六年に出版した『ハチミツを作るものたち（*The Makers of Honey*）』という子供向けの本です。私は食い入るように読み、そのミツバチの生態へと読者を導いていく書き方を好ましく思いました。フィリップスの本は、この文章を書いている今も目の前の机の上に置かれています。私はまた、著者のフィリップスがコーネル大学で教えていたことを知って、この小さな本に特別なつながりも感じています。彼女は家政学部（現在の人類生態学部）の教授で、カレッジラジオの脚本やアウトリーチの出版物の編集も務めていました。さらにいえば、コーネル大学の養蜂学の初代教授エヴェレット・F・フィリップスは、彼女の夫でした。

　少年時代にこんな素敵な出会いがあったこと、とりわけ木に暮らす野生の蜂のコロニーをじかに観察できた僥倖《ぎょうこう》を考えれば、一九七四年に生物学の博士課程に進学して論文のテーマを決める段になって私が選んだのが、ミツバチは自分たちの住居を決める際に何を基準としているのかという問いだったのも、自然のなりゆきといえるでしょう。そのテーマを追究するうちに、当時ハーバード大学に在籍されていたドイツの動物行動学者であり、指導教官だったバート・ヘルドブラー先生が提唱されていた基準、「動物をその動物が生きている世界の中で知る」という基準をミツバチにも適用できるのではないかと考えるようになりました。[3] ミツバチ研究の新しいアプローチも確立するつもりでした。そうしたアプローチによれば、ミツバチは養蜂場に置かれた白い箱に住む「農業の天使」としてだけではなく、木々の洞に暮らす驚くべき野生の生き物として見られるようになるでしょう。それと同時に、私は論文執筆を通じて、一九六三年に新しい家へ引っ越した群れを注意深く観察したときに感じた次の謎を解きたいとも願いました。すなわち、近所のクロクルミの木にできた暗い空洞のいったいどこに惹かれて、ミツバチたちはそこを住居にしようと決めたのだろうか、という謎です。あの日、ミツバチたちがあの木に居を定めたところを目撃したことが、野生のミツバチの生活を理解したいという生涯続く私の情熱に火をつけることになったのです。

ニューヨーク州イサカにて　トーマス・D・シーリー

第1章　本書の目的と構成

自分がしていることを知らずにきたのは、
自分がしていないことを知らずにきたから。
自分が何もしなければ自然がするはずのことを知るとき、
私たちは自分がしていることを初めて知るのだ。

――ウェンデル・ベリー[1]

本書は、ミツバチ（学名アピス・メリフェラ（*Apis mellifera*））のコロニーが野生環境下でいかに暮らしているかを調査し、一冊にまとめたものである。[2]調査の対象は、人間の利益のために養蜂家が飼育している管理コロニーではなく、生存と繁殖、つまりは次世代へと首尾よく命を引き継げるように努めながら独力で生きているミツバチの野性コロニーだ。その生活について現時点でわかっていることの総目録を提示するのが本書の目的である。本書を読み終える頃には、巣の作り方や温め方、育児や採餌の方法、どうやって敵から身を守り、繁殖をおこない、季節の変化に対応するのかなど、ミツバチの自然な生活が理解できていることだろう。また生活の外形的な理解ばかりでなく、野生のミツバチがなぜそのようにふるまうのか、その理由も考察していく。これは言い換えれば、この重要な種の生態が、進化という長い迷路を歩む間にいかに形づくられてきたかをさぐる試みである。そうすることで、アピス・メリフェラがいかにしてヨーロッパ、西アジア、アフリカの大部分に在来種として定着し、養蜂家たちがアメリカ、オーストラリア、東アジアに持ち込む前ですら、世界規模で繁栄していたのかが明らかになるはずだ。

ミツバチの自然界での生活を知ることは、科学研究にとってもさまざまな点で意義がある。というのも、アピス・メリフェラは生物学、なかんずく行動に関連する領域の基本問題を考える際の一つのモデルとなっているからだ。ミツバチの研究を通じて動物の認知の謎を解きたいと思う場合、あるいは解きたいのが行動遺伝学や社会行動の謎だったとしても、いずれにせよ、実験を計画するにはその昆虫の自然な生態に精通していることが非常に重要になる。例を挙げよう。たとえば、ミツバチを使って睡眠の研究する者にとって、睡眠時間のほとんどが夜間で、しかも比較的長く眠るのは高齢の働き蜂、つまり採餌蜂だけだという知識はきわめて有用だろう。夜間に安眠しているのがどの蜂かを知らなければ、本当に意味のある断眠実験は望むべくもない。[3]どの動物にもいえることだが、ミツバチの場合もまた、自然な生態をうまく活用することが質の高い実験につながる。

野生コロニーの生活を知ることは、養蜂技術の向上にも役に立つ。ミツバチの自然な暮らしぶりをいったん理解すれば、蜂蜜の生産と農作物の送粉のために集約的に管理されているミツバチに対して、これまでいかにストレスの多い環境を与えてきたかが明確になるに違いない。そうすることで初めて、ミツバチと人間の両方にとって実りの多い養蜂を実践できるようになるだろう。自然を案内役として農業の持続可能な方法を開発することの大切さは、作家、環境保護主義者、農業従事者でもあるウェンデル・ベリーが次のように端正に表現しているとおりである。「自分が何もしなければ自然がするはずのことを知るとき、私たちは自分がしていることを初めて知るのだ」

養蜂の現状を見れば、その自然な生活を考慮しないまま、人間の利益ばかりを考えた人工的な環境で生き物を強制的に管理した場合、いかなる問題が持ち上がってくるかは誰の目にも明らかだ。養蜂家、特に何万匹もの蜂を飼育している北アメリカの大規模な養蜂家の多くが、ミツバチの大量死を経験している。消失したコロニーの割合は一年で四〇パーセントを超える。[4] もちろん、すべてが養蜂家の管理のせいだというつもりはない。農作物の栽培方法が変化したこと、とりわけ植物の蜜や花粉を汚染する浸透殺虫剤の使用と、多くの農地でクローバーやアルファルファの代わりにトウモロコシや大豆を栽培するようになったことも、この悲しい物語に一役買っているだろう。だがそれでもなお、養蜂場の巣箱での収容生活は強引に管理されたもので、それがコロニーの著しく高い消失率に関係しているのは間違いない。のちに詳しく見ていくが、自然環境下では数百メートル離れて作られるミツバチの巣も、養蜂場ではそれぞれが一メートルも離れていない。養蜂家がコロニーを密集させた状態で飼育するのは作業効率を高めるためだが、それは同時に病気の蔓延を促すことにもつながっている。同様に養蜂場では、岩の隙間に作られた自然の小さな巣穴ではなく、人間の背丈ほどの高さがある大きな巣箱を用いて、超大型のコロニーを作らせることがある。これもまた蜂蜜の生産量を高めるためだが、この行為は一方で、ミツバチを病原体や寄生生物――致命的な外部寄生ダニであるミツバチヘギイタダニなど――の理想的な宿主へと変えるものでもある。[5]

ごく標準的とされてきた飼育管理法から生じるこれらの有害な影響を考えれば、多くの養蜂家が従来とは異なるアプローチを模索しているのは驚くにあたらない。そうした養蜂家は自然を規範として利用したいと考えているが、そのためにはミツバチが自然の中でいかに自立して生きているかをしっかりと理解する必要があるだろう。これまでの飼育管理法を見直して、ミツバチにより優しいやり方を取り入れたいと考えている読者のために、私が「ダーウィン主義的養蜂」と呼ぶ、ミツバチに自然環境下と同じように生活する機会を与えることを目的としたアプローチを最終章で紹介する。

本書の扱う対象について

本書は、ヨーロッパ、アジアの一部、大砂漠地帯を除くアフリカ全域、南北アメリカの大部分、オーストラリアとニュージーランドの一部からなる広大な生息域にまたがる、アピス・メリフェラの自然環境下での生活を包括的に説明するものではない。ここで私が中心的に取り上げるのは、アメリカ合衆国の北東部の落葉樹林に暮らす野生のミツバチだ。人間にとってきわめて重要なこのポリネーター（送粉者）は、その森で外来種として四〇〇年近く繁栄を続けてきた。その森はまた、私が仲間たちとともに四〇年以上にわたって、野生のミツバチの行動、社会生活、生態を研究してきた場所でもある（図1-1）。したがって、私たちの研究は原産地の外で生きるミツバチを対象としているわけだが、アメリカ北東部のミツバチから学ぶことは、その昆虫たちが、もともと暮らしていたヨーロッパ、特にその北部と西部の自然の中でいかに生活していたかを理解する手助けになると考えている。

アメリカ北東部に見られるミツバチは、一九世紀なかばまで例外なく、北ヨーロッパから一七世紀はじめに持ち込まれたミツバチの子孫だった。昆虫分類学者によると、アピス・メリフェラには三〇ほど

図1-1　左：野生のミツバチのコロニーが住みついた木（コーネル大学構内にあるアーノットの森で撮影）。矢印で示したところに巣の入口がある。右：野生コロニーの巣の入口（ドイツのミュンヘンで撮影）。

の亜種（地理的変異）が存在し、北ヨーロッパ原産のものはアピス・メリフェラ・メリフェラ（A. m. mellifera）と命名されている。別名ヨーロッパクロミツバチとも呼ばれるこの亜種は、初めて分類学的な方法で表記されたミツバチでもある。[6] その栄誉に浴したのは、今から二五〇年以上前の一七五八年、スウェーデンにあるウプサラ大学の植物学教授だったカール・リンネが『自然の体系』の第一〇版を出版した年のことだ。生物学者は現在に至るまで、その著作内でリンネが提唱した体系的な分類法を用いつづけている。

ヨーロッパクロミツバチという名は、その体色が茶褐色や漆黒と暗く、また生息域が東はウラル山脈から西はイギリス諸島まで、南はピレネー山脈とアルプス山脈から北はバルト海沿岸まで、つまり歴史的に見て北ヨーロッパ全土におよんだことに由来している（図1-2）。考古学的研究では、七二〇〇〜七五〇〇年前の土器の破片から蜜蝋の痕跡が見つかっており、約八〇〇〇年前にはこの蜂が現在のドイツおよびオーストリアの地に暮らしていたことがわかっている。[7] また遺伝学からは、この蜂がおよそ一万年前から始まった北ヨーロッパの温暖化とともに生息域を広げていったことが判明している。[8] ヨーロッパクロミツバチは、氷河期後にヤナギ、ハシバミ、オーク、ブナなどからなる夏緑樹林が拡大するのに伴い、それまでの避難地だった南フランスやスペインの山間部の森林地帯から、より広い世界へと飛び出していったのである。どうやらこの蜂は、氷河期時代に進化させた冬を生き抜く能力を利用して、ほかのどんな亜種よりも北方へと勢力を広げ、繁栄していったようだ。実際、ドイツ東部からウラル山脈に至る、その三分の二が森に厚く覆われた東部地域には、何百万というヨーロッパクロミツバチのコロニーが暮らしていたと推定されている。中世ヨーロッパで取引されていた蜂蜜や蜜蝋の大部分が、木

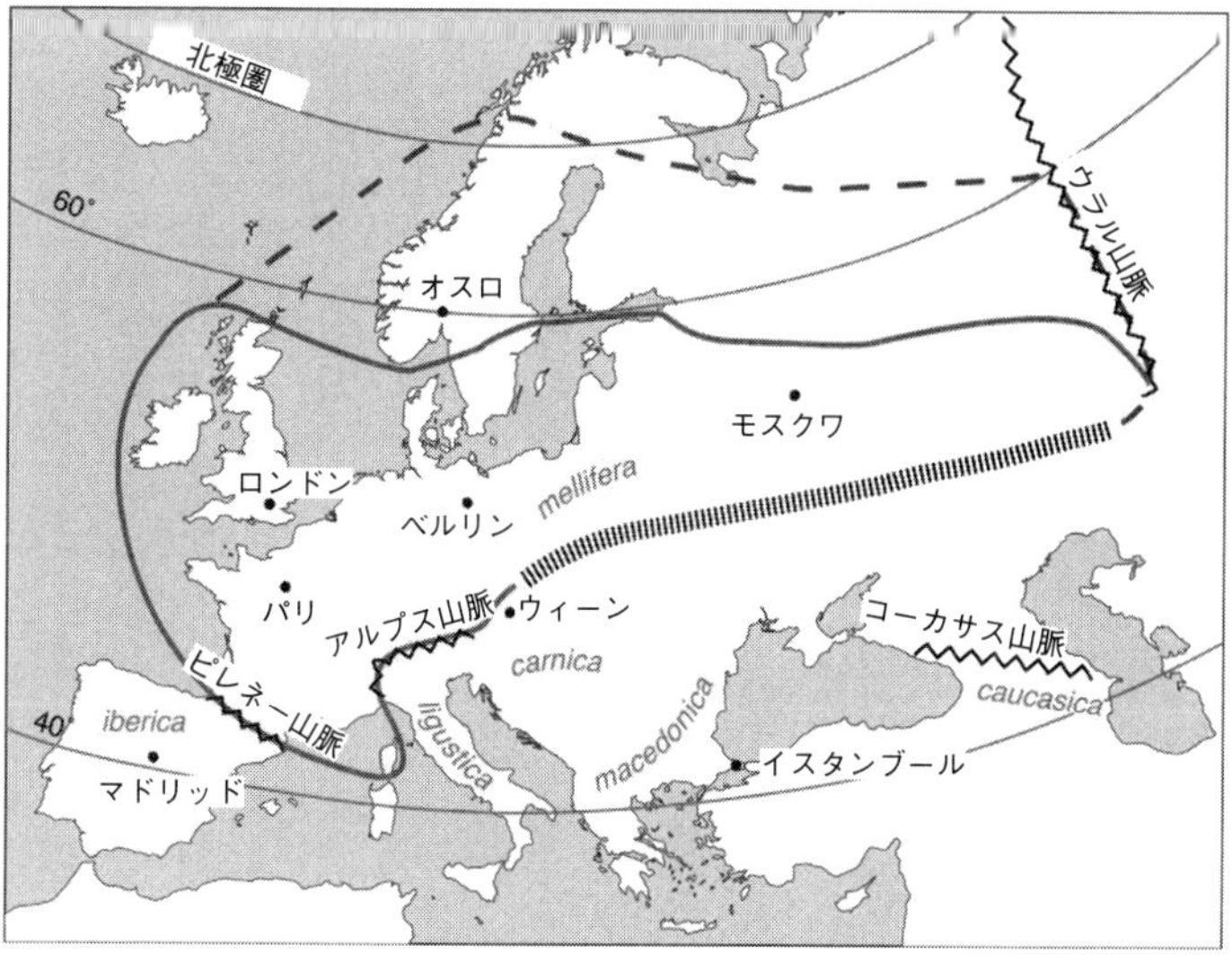

図1-2　ヨーロッパクロミツバチ（*Apis mellifera mellifera*）の分布図。実線は本来の生息域の境界線。ウィーンからウラル山脈に延びる罫線はヨーロッパ南部および東部の亜種（*A. m. ligustica, carnica, macedonica, caucasica*）の移行帯。破線は養蜂の北限を示している。

を利用した養蜂――木の幹をくり抜いて人工的な巣穴を作り、そこに住みついたミツバチを殺すことなく蜂蜜を収穫する樹木養蜂――によってまかなわれていたことは疑う余地がない。木を利用した養蜂という何世紀も続く伝統の面影は、南部ウラルに位置し、ロシア連邦を構成するバシコルトスタン共和国に今日でも見られる。この地方の森には純血のアピス・メリフェラ・メリフェラがいまだ生息しており、昔ながらの養蜂家たちが、木の高いところをくり抜いて作った巣穴に住みついたコロニーからフユボダイジュ（*Tilia cordata*）の蜂蜜を収穫している。[9]

ヨーロッパクロミツバチは、比較的涼しい夏と長くて寒い冬、そして森林地帯での生活にうまく適応している。

したがって、この亜種が一七世紀はじめにイギリス系やスウェーデン系の移民によってマサチューセッツ、デラウェア、バージニアの各州に持ち込まれたとき、巣箱から逃げ出した（分蜂した）蜂たちがすぐに地元の生態系の重要な一部を占めるようになったのも意外ではない。早くも一七二〇年には、ロンドン王立協会が発行する「フィロソフィカル・トランザクション」誌上に、ポール・ダドリーという人物が投稿した「ニューイングランドにてこのほど明らかにされた、森の中で蜂の巣を見つけ蜂蜜を手に入れる方法」という文章が掲載されている。一七〜一八世紀に書かれた手紙、日記、旅行記などを調べてみると、ヨーロッパクロミツバチが深い森に覆われたアメリカ北部の東半分、五大湖以南の地域に急速に広がっていったことが読み取れる（図1-3）。またルイス―クラーク探検隊の日誌からは、この蜂がミシシッピ川の東側にあっという間に定着したことも伺える。たとえば、一八〇四年三月二五日の日曜日、セントルイスを出発した探検隊がカンザス川沿いにキャンプを張っていたときのことをウィリアム・クラークは次のように書き残している。「川の水位、一晩で一四インチ上昇。隊員たちは多数の蜂の木を発見、蜂蜜を大量に入手す」[10]

　近年アメリカ北東部の森で見つかるミツバチは、純血のアピス・メリフェラ・メリフェラの個体群ではもはやなくなっている。理由は以下のとおりだ。一八五九年にヨーロッパ―アメリカ間で蒸気船の新航路が就航すると、アメリカの養蜂家は、南ヨーロッパや北アフリカが原産の女王蜂（女王）を輸入するようになった。アピス・メリフェラの亜種の輸入は六〇年あまり続き、その間に何万匹もの交尾済み女王がアメリカ北部に持ち込まれたが、一九二二年を境にぴたりと止まった。アメリカ議会が「蜜蜂法」を可決して、輸入を禁じたからである。この法律は、詳しくはわかっていないものの感染力が強く

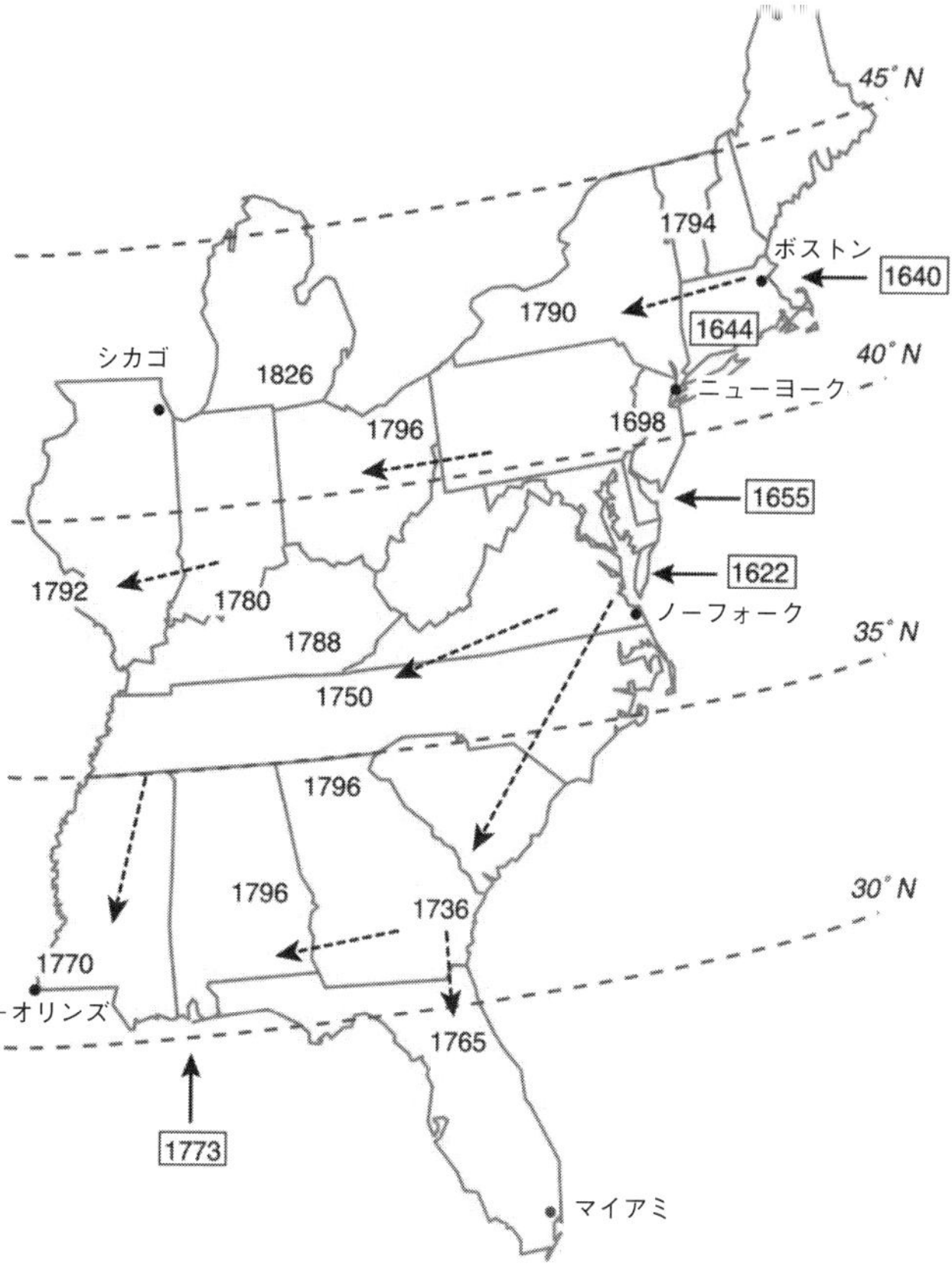

図 1-3　実線の矢印が示すように、1600 年代にバージニア、マサチューセッツ、コネチカット、メリーランドの各州、1773 年にアラバマ州に持ち込まれたヨーロッパクロミツバチは、北アメリカ東部一帯に広がった。破線の矢印は導入後の拡散の様子を示している。

致死的だと当時考えられていた病気、ワイト島病――最初に発生したといわれるイングランド南部の地名からこう呼ばれた――から国内のミツバチを保護するためのものだった。これから見ていくように、アメリカ北東部に暮らす野生のミツバチの今日の遺伝子構成は、アピス・メリフェラ・メリフェラと、他のいくつかのアピス・メリフェラの亜種が混ぜ合わさったものになっている。[11] 一九世紀後半から二〇世紀初頭にかけて持ち込まれたこれらの亜種のうち、重要な役割を果たしているものは三つあるが、それらはすべてヨーロッパ中南部からやってきたものだ。具体的には、リグスティカ種（*A. m. ligustica*）はイタリア、カルニカ種（*A. m. carnica*）はスロベニア、コーカシカ種（*A. m. caucasica*）はコーカサス山脈の原産である。また中東やアフリカから入ってきた亜種もある。エジプトのラマルキー種（*A. m. lamarckii*）、キプロスのキプリア種（*A. m. cypria*）、シリアおよび地中海地方東部のシリアカ種（*A. m. syriaca*）、北アフリカのインテルミッサ種（*A. m. intermissa*）がその例だ。だが、これらの亜種はアメリカではあまり人気がなかったせいで、遺伝的な面での代表例とはいえないようだ。

年代が下り一九八七年になると、アフリカ東部および南部を原産とするスクテラータ種（*A. m. scutellata*）、別名アフリカミツバチがフロリダ経由でアメリカ南部に入ってきた。亜熱帯のフロリダで飼育できる蜂をさがしていた養蜂家が、熱帯に適応しているこのミツバチの女王を密輸入したのが始まりだろうと考えられている。それ以来、アフリカミツバチは養蜂家の期待どおりフロリダで繁栄し、アメリカ南東部のミツバチの遺伝子に大きな影響を与える一方で、おそらく北部では越冬ができないという理由から、アメリカ北東部のミツバチには影響を及ぼしていない。アフリカミツバチは一九九〇年にアメリカへの二度目の侵入を果たしているが、そのときはメキシコから自ら飛来して国境を越え、テキサス州へと至った。ここでもまた、すでに定着していたヨーロッパ系のミツバチ（*Apis mellifera*）と混ざり合い、その結果、テキサス南部、ニューメキシコ最南部、アリゾナ、カリフォルニアといった湿潤な亜熱帯地域では、アフリカミツバチとヨーロッパ系ミツバチの交雑種（いわゆるアフリカ化ミツバチ）のコロニー数が増加しつづけている。二〇一三年にテキサス南部のアフリカ化ミツバチの遺伝子プールを調べたところ、ヨーロッパ系ミツバチの遺伝的寄与率はいまだ低い状態（ミトコンドリア遺伝子、核遺伝子ともに約一〇パーセント）であることがわかった[12]。

ヨーロッパ、中東、アフリカの各地域から北アメリカへと数え切れないほど持ち込まれたミツバチたちの複雑な歴史からは、次のような重要な疑問が浮かび上がる。すなわち、アメリカ北東部に暮らす野生のミツバチにはどの亜種の遺伝子が受け継がれているのか、言葉を変えれば、本書の主人公の正体はいったい誰なのかという疑問だ。幸運なことに、ニューヨーク州南部の森林地帯に暮らすコロニーについては、この疑問にはっきりと答えることができる。その経緯を説明しよう。一九七七年と二〇一一年の二回にわたり、私はこの深い森に暮らす三二群の野生コロニーから働き蜂をそれぞれ採集した。一九七七年の三二組の蜂は乾燥標本（証拠標本）にしてコーネル大学の昆虫コレクション内に保管し、二〇一一年の三二組はDNAを良好に保存できるようエタノールを入れたバイアル瓶で保管した。二〇一二年には、かつての教え子であり、現在は沖縄科学技術大学院大学の生態・進化学ユニットを率いているアレクサンダー・S・ミケェエブのもとに両グループの標本を送り、そこで各コロニーからそれぞれ一匹ずつ、計六四匹の働き蜂のDNAを抽出してもらった。続いて全ゲノムシーケンスに基づく解析がおこなわれ、こうして一九七七年（以下「旧」）と二〇一一年（以下「新」）の個体群の亜種構成が突き止められることになった[13](図1-4)。

この調査でわかったのは、標本は新旧ともに南ヨーロッパから持ち込まれた二つの亜種、リグスティカ種(イタリア)とカルニカ種(スロベニア)の血を主に引いていることだった。これは予想された結果でもある。というのも、この二つの亜種はおとなしく(あまり刺さない)採蜜量も多いため、一九世紀からこのかた北アメリカの養蜂家にとても人気があるミツバチだったからだ。一方で驚くような発見もあった。同じく新旧の標本から、一七世紀にアルプス以北から輸入されるようになったヨーロッパクロミツバチ(*A. m. mellifera*)と、一九世紀後半以降にコーカサス山脈から輸入されたハイイロヤマミツバチ(*A. m. caucasica*)の遺伝子が多く見つかったのだ(図1-4参照)。この遺伝子調査からは、新標本が旧標本には見られなかった二つのアフリカ系ミツバチの遺伝子をわずかながら(一パーセント未満)受け継いでいることもわかった。二つの亜種とは、サハラ以南のアフリカに生息するスクテラータ種と、アラビア半島(サウジアラビア、イエメン、オマーンなど)と東アフリカ(スーダン、ソマリア、チャドなど)の高温乾燥地帯に生息するイエメネチカ種(*A. m. yemenetica*)だ。このようにアフリカ系の遺伝子がイサカ近郊の野生コロニーにわずかに混入したのは、一九八〇年代後半から一九九〇年代前半にかけて、アフリカ系ミツバチとヨーロッパ系ミツバチの交雑種であるアフリカ化ミツバチがアメリカ南部の一部で定着したこととの帰結だと考えられる。フロリダ、ジョージア、アラバマ、テキサスといった南部各州は、アフリカ化ミツバチが過ごしやすい温暖な気候で、商業目的の女王生産が盛んな土地でもある。ここ四半世紀の間、そうした南部の女王生産者が、アフリカ系の遺伝子をいくらか保持している女王を北部に向けて販売してきたことは疑う余地がない。それに加えて、越冬はフロリダでおこない、春になるとリ

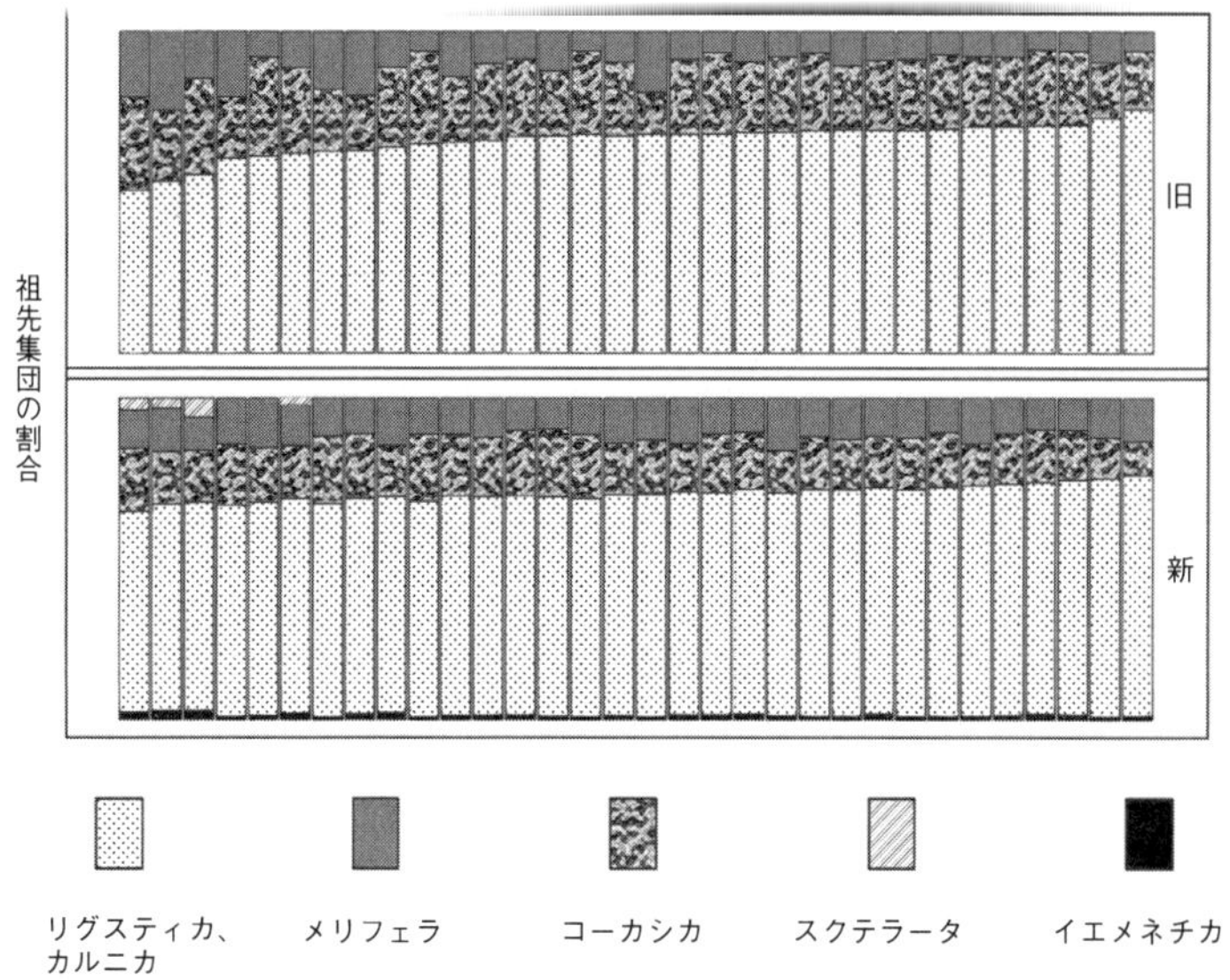

図 1-4　イサカ南部の森に暮らすミツバチの血統。新（2010 年代）と旧（1970 年代）の主な祖先は、どちらも南ヨーロッパ原産のミツバチ（*A. m. ligustica, carnica, caucasica*）であることがわかる。これらの蜂は 1880 年以来、北アメリカの養蜂家に好まれてきたものだ。また同様に、どちらのグループも北ヨーロッパ原産で 17 世紀に北アメリカに持ち込まれたヨーロッパクロミツバチ（*A. m. mellifera*）の血を引いていることがわかる。

ンゴやクランベリーなどの農作物を受粉させるためにコロニーとともにトラックで北上する移動型の養蜂家もまた、アフリカ化ミツバチの北部進出に一役買っていると思われる。

　ここまで見てきたイサカの森に暮らすミツバチの最新調査からは、二つの重要な知見が得られる。第一に、一九八〇〜九〇年代にフロリダとテキサスにやってきたアフリカ系ミツバチは、イサカ周辺の野生コロニーの血筋に微々たる影響しか与えていない。言い換えれば、イサカのミツバチの遺伝子構成は、四〇〇年にわたるヨーロッパ系ミツバチの流入の歴史に依然として強く支配されているということだ。第二に、イサカの野生コロニーの遺伝子は主に南ヨーロッパ原産のミツバチに由来したものである。北ヨーロッパ原産のミツバチがそれよりも二〇〇年早くアメリカに持ち込まれていた事実を見たあとでは、これは不思議な話に聞こえるかもしれない。だがアメリカの養蜂家の間では、北ヨーロッパのヨーロッパクロミツバチ（*A. m. mellifera*）よりも、南ヨーロッパから来たミツバチ（イタリアのリグスティカ種、スロベニアのカルニカ種）の方がずっと人気が高く、そうした好みがこの結果に反映したものと考えられる。養蜂家は一般的におとなしくて蜂蜜生産量の多いミツバチを好む。そして明るい色の南ヨーロッパのミツバチは、暗い色の北ヨーロッパのミツバチと比べると、巣箱の蓋を開けたときに無闇に飛び回らず、働き蜂も大勢いて蜂蜜をたっぷりと貯めておく傾向がある。

イサカ周辺に暮らす野生コロニーの遺伝子の大部分が比較的温暖な南ヨーロッパの気候に適応したミツバチに由来していること、それに対してイサカの冬は長くて降雪量も多く（図1-5）、厳しい寒さも珍しくない（最低気温はマイナス二三℃にもなる）ことを考え合わせれば、それら野生コロニーがこのアメリカ北部の環境に本当に適応できているのかと嫌でも問わずにはいられない。続く数章で見ていくことになるが、この疑問への答えは間違いなくイエスである。イサカに暮らす野生コロニーが当地に見事に溶け込んでいることは、複数の研究が指摘しているとおりだ。それらの研究では、ミツバチの営巣場所の好み、育児や分蜂の季節パターン、採餌の技術、越冬能力、病原体や寄生生物に対する防衛機構が、アメリカ北東部での生活にどれほど高度に適応しているかが観察されている。イサカの野生コロニーが現在の環境によく適応していることを示すもっとも説得力のある証拠は、おそらく外部寄生ダニのミツバチヘギイタダニ（*Varroa destructor*）に対する強力な防衛行動だろう。第10章では、一九九〇年代

図 1-5　イサカ近郊のエリスホロウにある養蜂場の冬の装い。

なかばにこのダニ――もともとはアジア系ミツバチであるアピス・セラナ（*Apis cerana*）が宿主だった――がイサカに到達したとき、周囲の野生コロニー数がどれほど激減したかを見るが、その後強い自然選択が働いて、ダニを殺す防衛行動を身につけた働き蜂が生き残ったことで、コロニー数は徐々に回復していった。実際、二〇一〇年代（ダニがやってきてから約二〇年後）の当地の野生コロニーの密度は、一九七〇年代（ダニがやってくる約二〇年前）の密度とほぼ同じであることが今では確認されている。

イサカ周辺の野生ミツバチのコロニーが、その祖先の主な故郷であるヨーロッパよりもずっと長くて寒い冬を生き延びて繁殖できるよう、北部の森林地帯に適応したことは、特段驚くに値しない。つまるところイサカのミツバチは、アメリカ北東部での四〇〇年の歴史を通じて、当地の気候に合うよう強力な自然選択に常にさらされてきたのである。新しい問題に対して確固とした解決策をもつに至った動植物の個体群が、自然選択によってわずか二、三年のうちに生み出されていたことを示す生物学的研究は、枚挙にいとまがない。イサカの野生コロニーがダニ耐性を急速に進化させたのもその一つであり、プエルトリコのアフリカ化ミツバチ(*A. m. scutellata*)が一〇年ほどで温順な性質になったという事例もそれに数えられるだろう。一九九四年から二〇〇六年にかけて生じたこの急速な進化的変化は、明らかに、天敵がいない環境——つまり攻撃性を低減させる遺伝子の方が有利に働く環境——での自然選択によって後押しされたものである。昆虫の行動が環境の変化に短時間で適応した印象的な事例をもう一つ紹介しておこう。一九九〇年代後半から二〇〇三年にかけて、ハワイのカウアイ島でオスのコオロギ(*Teleogryllus oceanicus*)の鳴き声が消えるという事件が起きた。この行動変化は、鳴き声を頼りに宿主であるコオロギの位置をさぐる寄生バエが島内に持ち込まれたことが原因だった。寄生バエの出現によって、鳴き声を消すように羽の構造が変異したコオロギが自然選択に大いに後押しされたわけだ。[14] かくして急速な進化が静かなコオロギを生み出したのである。[15]

本書の構成について

本書は、ミツバチのコロニー、とりわけ寒冷な気候に暮らすコロニーの自然な生活を明らかにすることを目的としている。読者にはそこから浮かび上がってくるミツバチのいる景色を楽しんでいただきたいと思うが、そのためには、いくつかの新しい科学領域に足を踏み入れる必要があり、その道中では何度も足を止めて、違った方向を注意して眺めてもらうことになる。読み進めていくうちに、本書が数多くの生物学者たちの研究をまとめた部分と、ミツバチという自然の特別な側面をもっと理解したいという私の探究の記録から成り立っていることに、すぐに気づいていただけると思う。以下、本書の構成を説明する。

次の第2章では、アピス・メリフェラのコロニーが野生環境下でいかに暮らしているかという謎に、私がいつ、どこで、どのように興味をもったのかを述べると同時に、ニューヨーク州の中央部に位置するイサカという小さな町の南側に広がる森林地帯——本書で紹介する調査の多くがおこなわれた場所——の様子を紹介する。その後、そうした森の一つであるアーノットの森に暮らす野生ミツバチの研究を一九七〇年代後半に始めた経緯を語り、一九九〇年代初頭に致死的な外部寄生ダニが蔓延したにもかかわらず、二〇〇〇年代に入っても野生コロニーがまだ生き延びていたのを発見し、私がどれほど驚いたかをお伝えするつもりだ。また、イサカ以外の場所での野生のアピス・メリフェラのコロニーの豊かさ（繁栄ぶり）についてわかっていることも報告する。この章を読み終わる頃には、本書の残りで段階的に解かれていくことになる二つの大きな謎がはっきりと姿を現すことだろう。その謎とは、①「イサカ周辺に暮らす野生のミツバチのコロニーは、殺ダニ剤も使わずにどうやって生き延びているのか？」。より広い視点で見れば、②「野生環境下と飼育環境下ではミツバチの生活はどう異なるのか、ミツバチという人類にとって非常に重要なポリネーターの良い世話役になるために、そうした違いから何を学ぶことができるのか？」というものである。

第3章と第4章では、今日のミツバチの生態の話題から一歩後ろに下がって、最近になるまで私たちがミツバチの自然生活についてこれほどまでに無知でいた理由を考える。そこでは、ミツバチのコロニーが人工の構造物（巣箱）に住みはじめたのが、おそらく約一万年前、人類が移動型の狩猟採集から定住型の農業や牧畜へと生活の基盤を変えた頃であることを見る。どうやらそのときに人類は、破壊的な蜂蜜採集者であることをやめて、ミツバチを巧みに管理する蜂飼いに変貌したようなのだ。またそれらの章では、ミツバチの住居に侵入して黄金の蜜をかすめとるのを容易にするために、私たちが数千年かけて人工的な巣箱をいかに洗練させてきたのかも見ることになる。このようにして人間は野生ミツバチの本来の生活の場からしだいに遠ざかっていったわけだが、当のミツバチたちは自らの性質を人間に譲り渡すことはついぞなく、何百万年も前に形づくられた生活様式にその後も従いつづけた。私たち人間がこの昆虫の交尾と産卵をコントロールする手段――女王の人工授精――を完成させたのは、たかだか七〇年前のことだ。幸運なことに、女王の人工授精は今日でもきわめてまれにしかおこなわれていない。大多数は出会ったオス蜂と交尾をおこなっているのである。

第5章から第10章では、温帯地域に暮らすミツバチの自然誌について、主にここ四〇年で明らかになったことについて見ていく。俎上に載せるのは、巣の構造、年間サイクル、繁殖、採餌、温度調節、防衛など、互いに重なり合う部分のあるトピックだ。各章を読み進めていくうちに、ミツバチのコロニーの見事な内部機構が人工的な環境ではなく自然条件下の選択圧によっていかに形成されたか、ひいては、ミツバチが養蜂家の手を借りずとも申し分なく生存し子孫を残せることを読者は理解されるだろう。具体例を挙げれば、ミツバチは蜜蝋を用いていかに巣を作るのか、分蜂やオス蜂の育児をおこなうタイミングをどう見極めているのか、高度に分業化された組織をいかに動かし餌や水を集めているのか、巣内の温度をどうやって一定に保っているのか、コロニー防衛にどう備えているのか、といった疑問がそこで検討されている。こうしたものはどれも、次世代のコロニーに遺伝子を引き継ぐためにミツバチのコロニーが身につけた複雑な適応行動の例である。

最後の第11章では、ミツバチの自然な生活を学ぶことで得られた有益な教訓を紹介する。章の前半では、それまで本書で報告してきた発見を二一の項目にまとめている。その際、野生コロニーと養蜂目的で飼育されている管理コロニーとの比較という形をとった。後半では一四の実際的な提案をしている。この提案を実践すれば、飼育するコロニーの生活を自然のライフスタイルに近づけ、ミツバチがよりストレスの少ない健康的な暮らしを送る手助けができるはずである。

第2章　ミツバチはまだ森にいる

私の死亡記事は大いに誇張されていました。[1]

――マーク・トウェイン

これから紹介する研究の多くは、コーネル大学のキャンパスがあることで知られるニューヨーク州中部の小さな都市、イサカ周辺の森でおこなわれたものだ。私はそこで、同僚たちとともに四〇年以上にわたり野生のミツバチのコロニーの研究をしてきた。イサカの街はカユガ湖の南岸に接している。この細長い湖は氷河の侵食によって生まれたもので、南北の全長は六五キロメートルにおよぶ。ニューヨーク州の中ほどには、フィンガーレイクスと呼ばれる一一の湖がある。[2] 両手の指のように細長く伸びていることからつけられた名前だが、カユガ湖もその一つに数えられている（図2‐1）。これらの湖に挟まれた土地はゆるやかな丘陵地で、石灰岩の岩盤を豊かな土壌が厚く覆っている。ブドウ畑、果樹園、酪農など、農業活動が盛んにおこなわれている肥沃で生産力の高い地域だ。だが湖の南側の地域、とりわけイサカ南部では森林や急峻な小山が多く見られ、地形も土壌も北側とは性質を大きく異にしている。曲がりくねった狭い渓谷は起伏の激しい丘に囲まれ、いくつかの場所ではほとんど垂直に切り立っている。岩盤は頁岩《けつがん》や砂岩からなり、その上に酸性土壌が薄くかぶさっている。イサカ南部はアパラチア高地に属し、標高は六一〇メートル超にもなる。ほとんどの土地が農業には不向きだが、美しい広葉樹林が広がり、クロクマ、ビーバー、ボブキャット、フィッシャー、ミンク、ヤマアラシ、キツネ、カラスなど、野生動物たちにとっては絶好の生息地だ。もちろん、そこには野生のミツバチのコロニーも暮らしている。

フィンガーレイクス地方の気候は北ヨーロッパに似ていて、短い夏は暑くて湿度も高いが、気温が三〇℃を超えることはめったにない。長い冬は寒くて雪も多く、気温はしばしばマイナス二〇℃を下回る。年間降雪量は平均で一五〇センチメートル以上ある。ミツバチがこうした環境で繁栄しようと思えば、季節ごとに劇的に変わる気候に対応しなければならない。

イサカの森の生態史

フィンガーレイクス周辺の土地に最初に住みついたのは、狩猟民のパレオ・インディアンたちである。[3]炭素年代測定法を用いて焚き火の跡を分析したところ、彼らは最後の氷河が消えて間もない一万三〇〇〇年前頃にやってきて、およそ四〇〇〇年前まで暮らしていたことがわかった。パレオ・インディアンのあとに現れたのは、農耕民のネイティブ・アメリカンだ。彼らは樹皮で覆ったロングハウスに暮らし、湖に挟まれた肥沃な土地で作物を育てた。栽培していたのは、ネイティブ・アメリカンの「三姉妹」として知られるトウモロコシ、カボチャ、マメ。それ以外にもニコチアナ・ルスティカ(*Nicotiana rustica*)という土着品種のタバコを好んで作ったようだ。シカ、シチメンチョウ、リョコウバト、ウナギ、サケを狩り、ドングリやベリーを摘むなど、狩猟採集もおこなった。それらを料理する陶

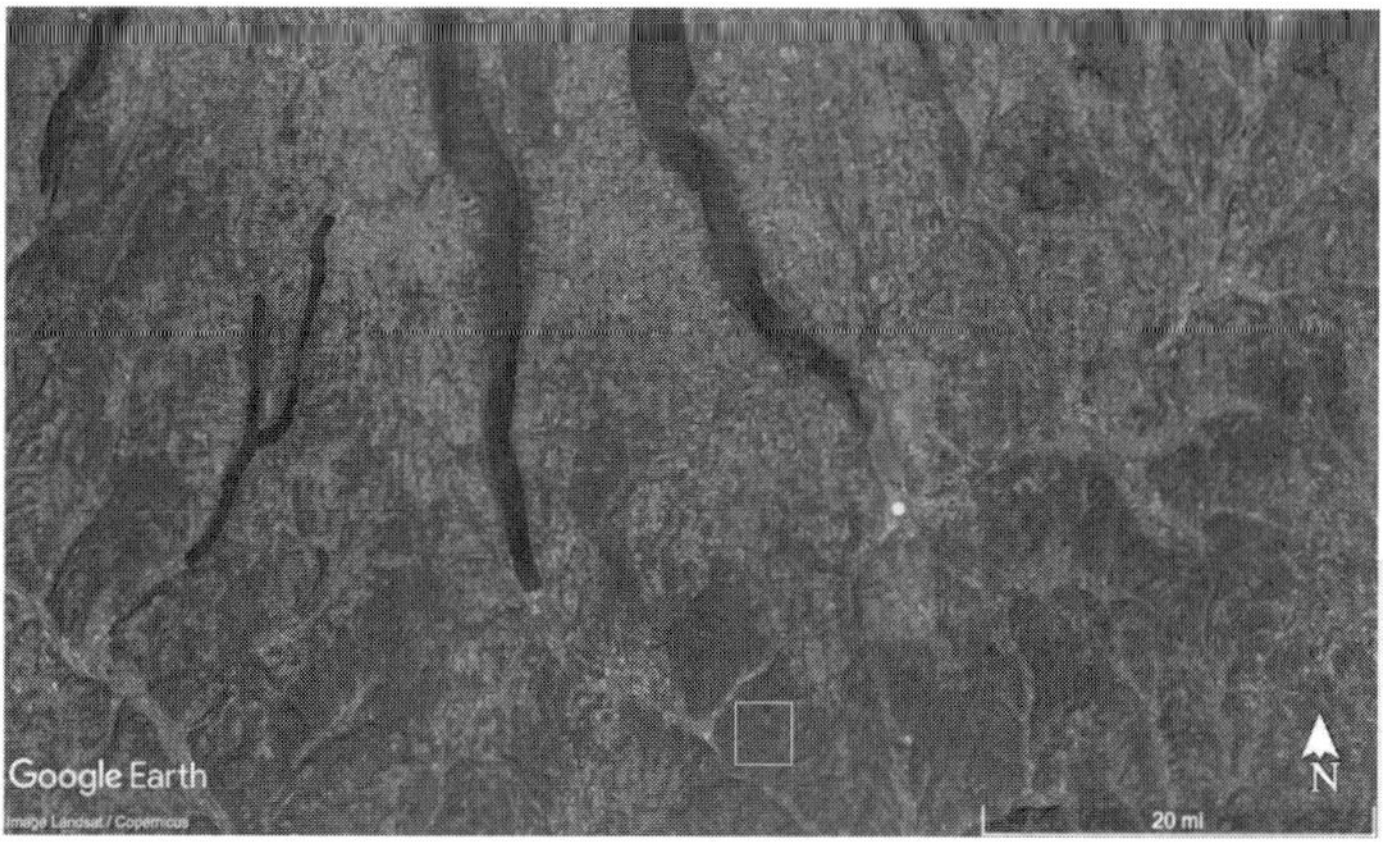

図 2-1　ニューヨーク州フィンガーレイクス地方の航空写真。中央右の点はイサカの街、その下の四角はアーノットの森を示す。20 マイルは 32 キロメートル。

製の鍋ももっていた。紀元前一〇〇〇年頃に確立したこの生活様式は、フランス、イギリス、オランダといったヨーロッパ人が侵入してくる一七世紀はじめまで変わらずに続いた。フィンガーレイクス地方のネイティブ・アメリカンは、イロコイ（あるいは「ロングハウスの人びと」という意味のホデノショニ）と呼ばれた。

アメリカ独立戦争（一七七五〜八三）が終わると、イロコイの土地はいくつかの小さな居留地を除いてすべてニューヨーク州に接収され、一七九〇年代後半に入植がはじまった。やってきたのは主に大西洋岸の各州（ニューヨーク、ペンシルバニア、ニュージャージー、マサチューセッツ、コネチカット）に一時滞在していた人びとだった。比較的裕福な入植者は、湖に挟まれたなだらかな丘陵地に農場を建設した。もともとはイロコイたちが開墾した緑豊かな広大な農地だ。一方で貧しい者は、森に覆われた起伏の険しいイサカ南部に住み着いた。そこの土地ならば格安で手に入り、また小作人でも借りることができたからだ。イサカ南部の農民は原生林を切り開き、ジャガイモや穀物（小麦、オーツ麦、大麦）や果物（主にリンゴ）を育て、羊毛目的でヒツジを飼った。一八四〇〜五〇年代にこの貧しい土地に暮らしていたのは、ジャガイモの疫病が原因で起きた大飢饉から逃れてきたアイルランド移民であり、その名残は地名に見いだすことができる。いくつか例を挙げよう。アーノットの森——私が野生ミツバチの調査を数多くおこなってきた一七〇〇ヘクタールの起伏に富んだ森林保護区——にあるもっとも小高い丘はアイリッシュヒルという名で親しまれている。また、ポニーホロウにあるカユタ村から、アイリッシュヒルの頂上にある打ち捨てられた農場へと続く岩だらけの道は、マクラリーロードと呼ばれている。一八六〇年代の国勢調査からは、アイリッシュヒルの入植者の多く——ウィリアム・ヘザリントン、エイブラムとアザラ・シーリー、メアリー・ピアソンなど——がアイルランド生まれであることがわかる。ところが、一八七〇年代になるとこの痩せた農地を見放す農民が続出し、一九二〇年代までには大多数がイサカ南部を去ってしまった。その結果、一八〇〇〜六〇年に大規模な森林伐採がなされた土地も、一八七〇年代には農業がすたれ、二次林へと回帰することになった。

イサカ南部の丘陵地にあった農場や牧場の大半は放棄され、今では林冠が閉じた往時の森林に戻っている。森のあちこちには、ずっと昔に見捨てられた家屋や納屋の礎石、井戸の石積み、かつて畑だったものの境界を示す立て石などが見つかる。放棄された墓地も少なからずあり、たとえば、アーノットの森を通るアイリッシュヒル・ロード沿いにも小さなものが一つ残っている。その墓地には二〇ほどの墓があるが、多くは棺桶の形をした地面のくぼみによってそれとわかるにすぎない。ほかに文字の刻まれていない墓石が二、三基、名前と命日が記された高価な花崗岩の墓石が六基ある。墓石に刻まれていた死亡年は、一八六〇年、一八六二年、一八六四年、一八七一年、一八八一年、一八八四年だった。ここからもアイリッシュヒルの人口増加が一八八〇年代には終わっていたことがわかる。人が少なくなるにつれ、森も復活していったのだろう。

およそ一三〇年にわたって続いてきたイサカ南部の再自然化の様子は、この地を覆う樹木の年輪を調べることではっきりと読み取れる。一九八六年に妻のロビンを連れてイサカに戻ってきた私は、丘の中腹にある四〇ヘクタールの森林地帯を買い取った。エリスホロウの一角に位置するハード・ロード沿いの土地で、私が子供時代を過ごした場所からわずか数キロしか離れていない。購入した森の大半はかつてハード家の農場だった。ハード家は、エイサ・ハードがペレグ・エリスとともにホロウにやってきた一八〇〇年代から、エイサの息子ウェズリーが八二歳で亡くなる直前に土地を売る一八八三年まで、二世代にわたって当地に暮らした。続く数十年は、代々の所有者が農場で干草を刈ったり家畜を育てたりしていたが、農場にある家には誰も住まず、母屋も納屋も農場自体も徐々にすたれた。こうして一九三〇年代までにはすべての土地が打ち捨てられ、広葉樹を中心とする豊かな森へとゆっくりと姿を変えていった。現在この森にはストローブマツ（*Pinus strobus*）が十分な間隔をおいてそびえ立っている。また、北向きの急斜面にはカナダツガ（*Tsuga canadensis*）が群生し、その暗い木立の下で土が冷たく湿っている。

イサカ南部の森林地帯がたいていそうであるように、我が家の森にも多種多様な原生の広葉樹が生い茂っている。少し列挙してみよう。レッドオーク、ホワイトオーク、チェストナットオークなどのオーク類（*Quercus* spp.）、サトウカエデ、ベニカエデ、シロスジカエデ、トネリコバノカエデなどのカエデ類（*Acer* spp.）、アメリカトネリコ、ビロードトネリコなどのトネリコ類（*Fraxinus* spp.）、シャグバークヒッコリー、ビターナットヒッコリー、ピグナットヒッコリーなどのヒッコリー類（*Carya* spp.）、イエローバーチ、ブラックバーチ、ホワイトバーチなどのカバノキ類（*Betula* spp.）、ブラックチェリー、ピンクチェリーなどのサクラ類（*Prunus* spp.）、バターナット、クロクルミなどのクルミ類（*Juglans* spp.）、アメリカブナ（*Fagus grandifolia*）、アメリカシナノキ（*Tilia americana*）、ユリノキ（*Liriodendron tulipifera*）、サッサフラス（*Sassafras albidum*）、キモクレン（*Magnolia acuminata*）、アメリカシデ（*Carpinus caroliniana*）、アメリカアサダ（*Ostrya virginiana*）、そして数は少ないながらもアメリカグリ（*Castanea dentata*）。またこのあたりならどこでも見られるように、セイヨウリンゴ（*Malus pumila*）やセイヨウナシ（*Pyrus communis*）の古木が、ちょうどハード家の母屋があった場所——石造りの地下貯蔵庫の存在によってそれとわかる——に残されている。

一九八八年の冬に家を建てるための土地に手を入れたとき、幹の直径が胸の高さあたりで八〇センチメートルほどあるホワイトオーク（*Quercus alba*）を何本か切り倒した。年輪を見てみると、樹齢は一〇〇〜一一〇年だった。最初の五〇年は成長が早く、その間に直径五六センチに達していたが、残りの期間はもっとゆっくり、具体的には五〇〜六〇年で二五センチほどしか成長していないこともわかった。オークの年輪、昔の敷地境界線に立っているカナダツガ（*Tsuga canadensis*）やサトウカエデ（*Acer saccharum*）の大木から飛び出す錆びた有刺鉄線の切れ端から推測するに、私が切り倒したホワイトオークは、一八八〇年代に放棄された牧場に姿を現し、陽光を奪い合うこともなかったので一九三〇年代までぐんぐんと伸びつづけ、やがて林冠が閉じるにしたがい成長の速度も鈍くなったと考えられた。今日の我が家の森は、この地域でよく見られるように樹齢一四〇年ほどの樹木が大勢を占めている。これらの巨木は洞も大きく、アライグマ、カンムリキツツキ、アメリカフクロウ、そしてミツバチにとっては格好の住処だ。実際、妻のロビン・ハドロック・シーリーは、二〇一六年八月、樹上を飛び交うミツバチの群れの羽音を聞きつけてそれを追いかけた末に、アカカエデ（*Acer rubrum*）にあいた暗い穴にミツバチたちが出たり入ったりしているのを目撃した。ミツバチの新居を発見したのである（図2-2）。

この森に暮らすミツバチは、どんな植物を食料としているのだろうか？　樹木でいえば、カエデ、サクラ、シナノキ、ユリノキ、キモクレン、クリはどれも、花粉と花蜜の豊かな供給源である。森の下層部、小川沿いや湿地の日当たりの良い場所に生えるさまざまな低木や草本植物も、ミツバチにとっては申し分ない食料だ。低木には、ヨーロッパハンノキ（*Alnus incana*）、ネコヤナギ（*Salix discolor*）、アメリカハゼノキ（*Rhus typhina*）、アメリカクロモジ（*Lindera benzoin*）、ザイフリボク類（*Amelanchier* spp.）、サンザシ類（*Crataegus* spp.）、カナダスイカズラ（*Lonicera canadensis*）などがある。草本植物はミツバチのいちばん重要な食料源で、キイチゴ類（*Rubus* spp.）、アキノキリンソウ類（*Solidago* spp.）、アスター類（*Aster* spp.）などがある。それに加えて、ミツバチは餌をさがしに巣から一〇キロ以上離れた食料源に飛んでいけるので（これについては第8章で詳しく見る）、森の外にある農場、庭、道端、谷間の荒れ地などに咲く花々を利用することもできる。そうした場所の例としては、リンゴ園、ニセアカシア（*Robinia pseudoacacia*）の木立、ソバ（*Fagopyrum esculentum*）畑、シロツメクサ（*Trifolium repens*）やシロバナシナガワハギ（*Melilotus alba*）やアルファルファ（*Medicago sativa*）が育つ牧草地などが挙げられるだろう。湿地で見つかるガマ（*Typha latifolia*）、ツリフネソウ（*Impatiens capensis*）、エゾミソハギ（*Lythrum salicaria*）なども上質な食料源だ。庭や道端では数多くの在来種や外来種が花を咲かせている。もっとも一般的に見られるのは、クロッカス（*Crocus vernus*）、セイヨウタンポポ（*Taraxacum officinale*）、チコリー（*Cichorium intybus*）、トウワタ（*Asclepias syriaca*）、イタドリ（*Fallopia japonica*）、それにイヌハッカ（*Nepeta cataria*）、ルリジサ（*Borago officinalis*）、ミント類（*Mentha* spp.）といったさまざまなハーブである。

イサカの森にはどれくらい多くの野生ミツバチが暮らしているか？

ミツバチが一七世紀なかばに北アメリカに持ち込まれ、すでに一八世紀後半にはミシシッピ川以東の森で繁栄していたことは、以前から知られていた。しかしながら、アメリカに暮らす野生コロニーの数について信頼できる情報が手に入るようになったのは、一九七〇年代になってからのことだ。それ以来、自然環境下でのミツバチのコロニーの密度（ひいては巣間の距離）に関する調査が、北アメリカ、ヨーロッパ、オーストラリアの複数の地域でおこなわれてきた。それらの調査の結果、アピス・メリフェラの自然誌の重要な側面が、より深く理解されるようになってきたのである。

私自身が野生コロニーの数に興味をもちはじめたのは、一九七〇年代、人工の巣箱ではなく自然の空間を住処とするミツバチの生活について、入手できる情報なら何でも求めていたときのことだ。その際もっとも実りある情報源になったのは、一九七一年に刊行された『一〇〇〇年の歴史をもつロシアの養蜂の調査（*Survey of a Thousand Years of Beekeeping in Russia*）』という魅力的なタイトルの本だった。著者は、ユニバーシティ・カレッジ・ロンドンのスラブ・東欧研究学院の研究者、ドロシー・ガルトンである。その中でガルトンは、ロシアでおこなわれていた自然の木を利用した養蜂、すなわち樹木養蜂（ボルトニキ）について記述している。この養蜂が盛んだった一二〜一七世紀のロシアでは、ミツバチが暮らす広

図 2-2　ロビンが見つけた蜂の木。写真上部に見えるアカカエデ（*Acer rubrum*）の木にあけられた巣の入口は、地上から 5.9 メートルの高さにあった。

大な森は皇太子たちの所有物で、大木はミツバチが住処として使えるように法律で保護されていた。こうした森に住む人びとは、ミツバチが営巣できるように木の幹の高いところをくり抜いて空洞を作り、頑丈な扉を取り付け、蜂が住みついたかどうかを定期的に調べた。それが領主から課された仕事だったからだ。夏の終わりが近づくと、ミツバチが住みついた木に木桶をかついで登り、コロニーが冬を乗り切れるくらいの量を残して扉の内側の蜂の巣を持ち去った（図2-3）。回収した蜂の巣は、水の中で砕くことで蜂蜜と蜜蝋に分けられた。蜂蜜の溶けた水は加工されてミード（蜂蜜酒）になり、水に浮かんだ蜜蝋はすくい取られて精製され、教会や修道院で使うろうそくになった。

ガルトンの説明によると、毎年数百トン輸出される蜜蝋はロシア経済にとって非常に重要な商品だったので、当地の樹木養蜂は高度に組織化された活動になっていたという。ガルトンの本には、ロシアの森林におけるミツバチのコロニー数に関する情報も掲載されている。モスクワの東に位置するニジニ・ノヴゴロド近郊にあったモロゾフ荘園の一七世紀後半の記録に基づいたものだ。この広大な地所には四つのミツバチの森があり、それぞれ一〇～八八平方キロメートルの面積と三～五〇本の蜂の木を有していた。それを計算すれば、コロニーの平均密度は一平方キロメートルあたり〇・五群（一平方マイルあたり一・三群）になるが、この数字に私は少し疑念をもった。ひょっとすると、これらの森に暮らすコロニーの密度はこの記録が示すよりも高かったのではないか？　ボルトニキの目が届かないような木の高いところに、自然の巣がいくつも隠れていたのではないだろうか？

一平方マイルの面積に少なくとも一つのコロニーがいると考えられたこと自体は、私には納得のいくものだった。というのも、一九七五～七七年の夏にミツバチの営巣場所の選好性を研究した際に、イサ

図2-3　くり抜いた樹洞に作られたミツバチの巣から蜂蜜を採集するバシキールの養蜂家。バシコルトスタン共和国で撮影。

カ周辺の森に暮らす野生コロニーの密度は一平方マイルあたり少なくとも一コロニーだという調査結果をほかでもない私自身が得ていたからだ。[4] 営巣場所の選好性の研究では、内部空間の広さや入口の大きさなど一つだけ条件を変えた巣箱を二つ一組で設置して、どちらが最初にミツバチの分蜂群に利用されるかを見た（第5章の営巣場所の選好性の項で詳述する）。巣箱は、イサカ南部のドライデンとキャロラインの町をつらぬく道路に沿って設置し、それぞれ道路から最低一〇メートルは森側に入った場所に立つ木々に一組ごと釘で固定した。各組の巣箱の間隔をおよそ一マイル（一・六キロメートル）としたので、一平方マイルあたりおよそ一組の巣箱があることになる。どの夏も、平均して二組あたり一群れのミツバチが住みついたのが確認できた。それはつまり、この地域には一平方マイルあたり〇・五の分蜂群（一平方キロメートルあたり〇・二の分蜂群）を生み出せる数の野生コロニーが存在しているということだ

（私が知るかぎり、同地域に管理コロニーにはほぼいなかった）。とはいえ、私が設置した巣箱にその地域のすべての分蜂群が集まったとは考えにくく、一平方マイルあたり〇・五群以上の群れが生み出されている可能性は高い。もしかしたら、実際にはその数倍のコロニーが暮らしているのではないか？　この疑問に答えるには、広大な森を調査して、そこに暮らす野生コロニーをすべて数え上げるしかない。

幸いなことに、イサカから南西にわずか二五キロメートルのところに、コーネル大学が所有する一七平方キロメートルにおよぶ広大な研究林があった（図2-1参照）。トムキンス群ニューフィールドとスカイラー群カユタに重なるように広がっているアーノットの森である[5]（図2-4）。野生動物の生息地域は、アーノットの森の境界に制限されるわけではない。森の北、西、南面は、傾斜のきついクリフサイド州立森林公園、そしてニューフィールド州立森林公園へと広がり、東面はいくつかの私有林へと続いている。またアーノットの森の北西の一角をかすめるポニーホロウの向こう側には、コネチカットヒル野生動物管理地区がある。州が管轄するこの保護区は、大半が起伏の激しい森林地帯で、面積は四七平方キロメートルにおよぶ。これらの地域では一〇〇年以上前に農業が見捨てられ、今日ではほとんどが広葉樹林に覆われているが、湿地や古い耕作地もいくつか残っている。こうした要素がいくつも集まって、ミツバチを含む野生動物を観察するのに最適な環境が形成されているのだ。

アーノットの森に暮らす野生ミツバチの調査を開始したのは一九七八年七月のことだ。私と同じミツバチを研究する学生であり、友人でもあるカーク・ヴィッシャーとの共同作業である。調査には、欧米で数百年にわたっておこなわれてきたビーハンティング（ビーライニングとも呼ばれる）の手法と道具を使うことにした[6]。ビーハンティングはミツバチの巣をさがす野外活動で、ふつうは蜂蜜を手に入れたり、

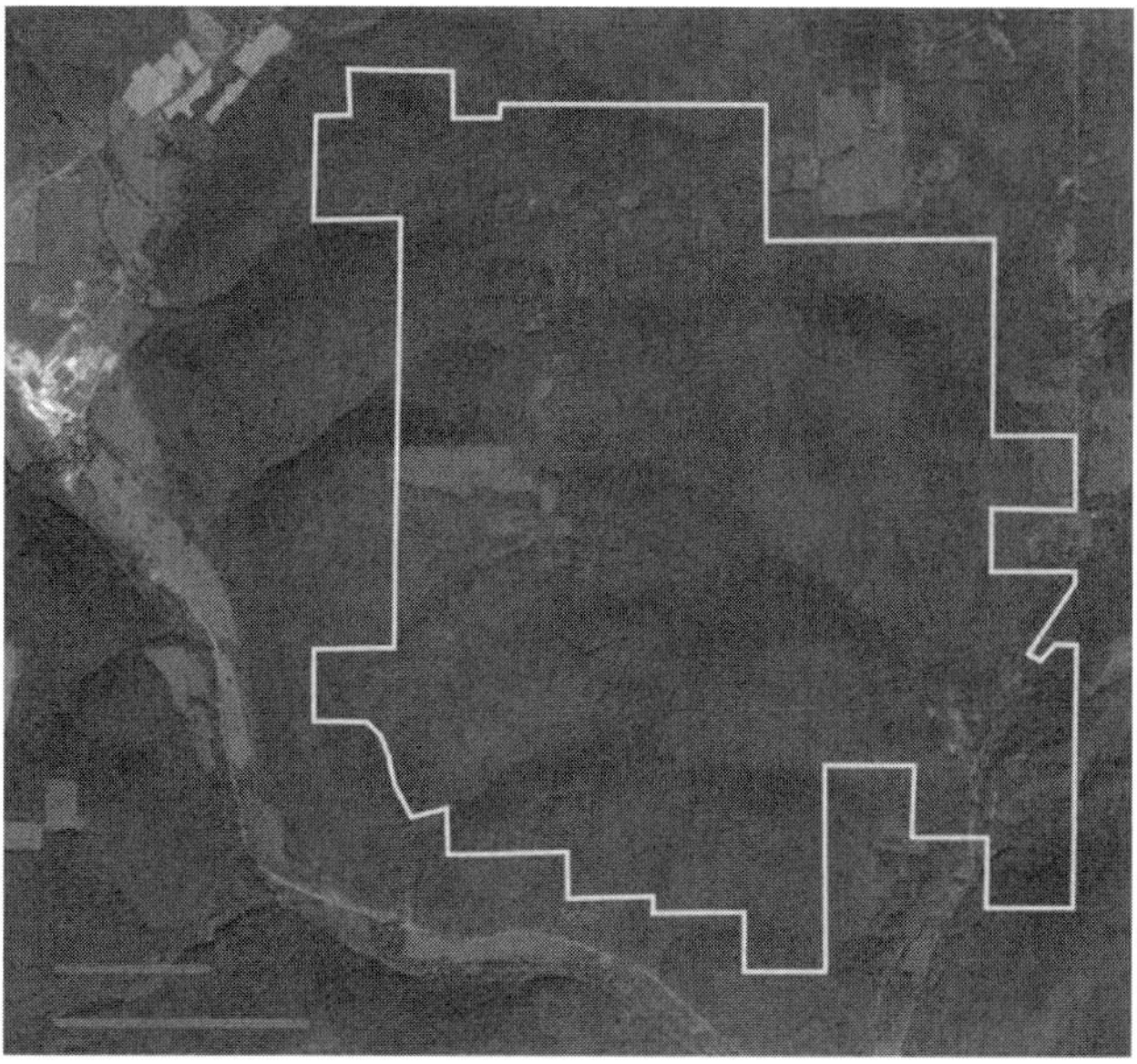

図 2-4　上：アーノットの森の航空写真（実線で囲まれた部分）。左下の太線は上が 1 キロメートル、下が 1 マイルを示す。左（西）の谷に見える建造物群は、ニューヨーク州南部とペンシルバニア州北部の広大な森林で伐採された広葉樹丸太を加工する製材所。下：アイリッシュヒル・ロードから南東に見えるアーノットの森の眺望。木々が紅葉しはじめた 9 月下旬に撮影。

レジャーとして愉しむためにおこなわれる。私たちの場合は、野生コロニーの数をさぐるという純粋に科学的な目的があったが、それと同時にやはり愉しい作業でもあった。

ビーハンティングをやることになったはいいが、私たちはどちらも未経験で、やり方を教えてくれる人もいなかった。そこで出会ったのが、一九四九年に出版された『ザ・ビー・ハンター（*The Bee Hunter*）』という第一級のガイドブックだ。著者は経験豊かなビーハンター（かつハーバード大学の建築史の教授）のジョージ・H・エッジェル。ニューハンプシャー州ニューポートにある自身の別荘周辺の山々で、数十年にわたって野生のミツバチを追ってきたという。エッジェルの説明によると、ビーハンティングはまず、ミツバチを引き寄せる花がたくさん咲いている、適当な広さの空き地（広ければ広いほど良い）に行くところからはじまる。次にその空き地に、二つの部屋に分かれた小さな木箱（蜂箱と呼ばれる）を置き、花から餌を集めているミツバチを捕まえる。半ダースほどのミツバチが捕獲できたら、糖液を満たした給餌器を箱に差し入れる。そうすると箱の中のミツバチたちは、おいしいごちそうをたんまりと飲んで、これで巣に帰る準備ができたことになる。五分もあればミツバチは箱内の餌を見つけるので、そのあとで箱から出してやり、飛んでいく方向を注意深く観察する。ここまでくれば、あとは飛び去ったミツバチの何匹かが再び木箱に戻ってくるのを不安な気持ちで待つばかりだ。そして実際、たいてい数匹は帰ってくる。空き地に咲いている花が貧相な食事しか提供していない場合は、ミツバチは糖液がたっぷり入った給餌器に興奮して、その宝物を十分に活用するために助っ人を連れてくることだろう。一時間ほどで、ミツバチは給餌器と巣をつなぐ飛翔ルートに慣れ、多くの蜂が直線コース（これがビーラインである）をたどれるようになる。このとき、ミツバチの消えていく方角をコンパスで確認して、巣がある方向を突き止める。それと同時に、半ダースばかりのミツバチに塗料で印をつけておき、その蜂たちの往復の時間を記録して巣までの距離を推定する。もし蜂が、巣に帰り、荷をおろして、再び戻ってくるまでに二、三分しか必要としないなら、巣の位置はそこからわずか一〇〇メートルほどのところにある。だが往復に六、七分かかるのであれば、一キロメートルは離れていることになる。ミツバチが帰っていく方向と距離がわかれば、そろそろ実際に巣をさがしてみたくなるはずだ。そのためにはまず、できるだけ多くの蜂を箱に捕らえてから、道具一式をもってビーライン沿いに一〇〇〜二〇〇メートル移動し、別の空き地を見つける。そこで蜂を解放して帰っていく方角を眺め、自分が正しい方向に進んでいるかを確認する。往復時間をいま一度記録して、距離の推定値を計算しなおす。この作業をビーラインに沿って辛抱強く繰り返していくうちに、やがてはミツバチが暮らす木立へといたり、住処のある一本の木が目に入り、そして最後には巣の出入口になっている穴や割れ目が見つかるはずだ。巣を突き止めた瞬間は、何度経験しても興奮で身震いするほどだ！

野生コロニーの調査を開始するにあたって、カークと私はアーノットの森の中心近くにある小さな空き地へと車を走らせ、ミツバチの訪問を受けている花をさがした。なかなか見つからなかったが、しばらくしてカークが満開のノイバラ（*Rosa multiflora*）の花に一匹のミツバチ発見し、なんとか蜂箱に捕まえることができた。カークは蜂を逃さないようにしながら、アニスの香りをつけた砂糖液の入った小さな蜜蝋製の給餌器を箱内に滑り込ませた。すると蜂は、その餌をたっぷりと体内に詰め込み、箱から解放されると東へと飛び去った。これで巣の大まかな方向が判明した。九分二〇秒後、ミツバチが戻ってきて、再び砂糖液を持ち帰るために給餌器の上に降り立った。蜂がおとなしく砂糖液を味わっている間、カークはその腹部に緑の塗料を塗った。これで識別ができるようになる。緑の腹の蜂は何度も往復し、一時間が経過する頃には、餌を運ぶための数十匹の助っ人も連れてくるようになった（図2‐5）。そこで私たちは新たに一〇匹ほどの新参者に印をつけ、帰っていく方角を同じように確認した。蜂たちが向かったのはほぼ真東である（図2‐6中央部の横線）。カークと私は、蜂の入った木箱を持って、巣までの飛行経路に沿って少しずつ移動していった。一度の移動に少なくとも一時間はかかったが、それでも一〇〇～二〇〇メートル程度しか近づけない。だが私たちはなんとしても蜂の木を見つけたかったので、粘り強く続けることにした。中継地点では、解放された蜂が消える方角を注意深く記録するのを忘れなかった。そのおかげでミツバチの住処への道筋を正確に見極めることができた――出発地点から東におよそ八〇〇メートル行ったところに立つカナダツガの木、高さ六メートルほどの高さに、とうとう巣の入口を見つけたのである。

　こうして第一回目は無事成功したが、七月上旬のアーノットの森ではミツバチを見つけるのが難しいことがわかったので、次のビーハンティングは八月下旬におこなうことにした。カークも私も、そのときになればアキノキリンソウ類が見渡すかぎり咲き誇り、道路脇を縁取り、森の空き地を埋め尽くすことを知っていた。きっと無数の採餌蜂が集まってくることだろう。そうすればミツバチを簡単に捕獲でき、ビーラインを見つけるのも楽になるに違いない。

　一九七八年八月二六日、アーノットの森に戻ってきた私は、数週間にわたる徹底したビーハンティングを開始することにした。予想していたとおり、満開のアキノキリンソウ類（多くはセイタカアワダチソウ（*Solidago canadensis*）だった）が海のように広がっていた。鮮やかな黄色の花房の間をミツバチたちが

図 2-5　応援に駆けつけた採餌蜂たちが糖液を満たした給餌器に群がる。ビーハンティング開始時に見られる光景。

元気に飛び回っている。その美しさといったら！　調査に使えるのは三週間だったが、その日数でアーノットの森全体を調べるのは不可能だとわかっていたので、森の南と西の区域に集中することに決めていた。その区域を選んだのは、南西部の境界線のすぐ外側に狭い平底谷があり（図２－６参照）、そこには打ち捨てられた牧場と、ところどころアキノキリンソウ類が生い茂る鉄道の廃線跡があったからだ。はたしてミツバチは簡単に見つかり、思わず顔がほころぶほどだった。この平底谷に入って作業を続けているときに、もう一つ気づいたことがある。蜂の去っていく方角を読み取るのが驚くほど簡単なのだ。というのも、給餌器から飛び立つ蜂は濃厚な砂糖液という重たい荷を積んでいるために飛ぶのも一苦労で、谷底から森にある巣へと帰るには、急な斜面をぜいぜいと登っていくことになったからだ。図2-6に示したとおり、帰巣するミツバチを追うことで私はさらに九つの野生コロニーを見つけることができた。うち八つがアーノットの森の中で、一つだけが西側の境界線の外で見つかった。このときのビーハンティングでは嬉しい発見がもう一つあった。養蜂場の管理コロニーからきた蜂は一匹もいなかったのだ！　これによってアーノットの森周辺には野生のコロニーしか生息していないことが明らかになった。

カークと私が見つけた九つの巣がこの森に暮らすコロニーのすべてではないことは、もちろん承知していた。結局のところ、森の北と東の区域からビーラインを追うことはしなかったのだから、アーノットの森の約半分はいまだ未知の領域《テラ・インコグニタ》だった。さらにいえば、調べた区域のコロニーをすべて見つけたという確信もなかった。そこで私は、九つのコロニーはせいぜい全体の半分といったところで、一七平方キロメートルの広さを誇るこの森には少なくとも一八のコロニーが暮らしていると考えた。言い換えれば、一九七八年九月にアーノットの森にいた野生コロニーの密度は、一平方キロメートルあたり少なくとも一群（一平方マイルあたり二・五群）と結論したのである。[7]

北アメリカ、ヨーロッパ、オーストラリアにおける野生コロニー数

私たちの一九七八年の研究を足がかりに、それ以降、北アメリカ、ヨーロッパ、オーストラリアのさまざまな場所でコロニー密度の調査が実施されてきた。最初の追加研究をおこなったのは、コーネル大学で昆虫学を教えるロジャー・A・モース教授である（一九六九年、まだ高校生だった私を寛大にも自身

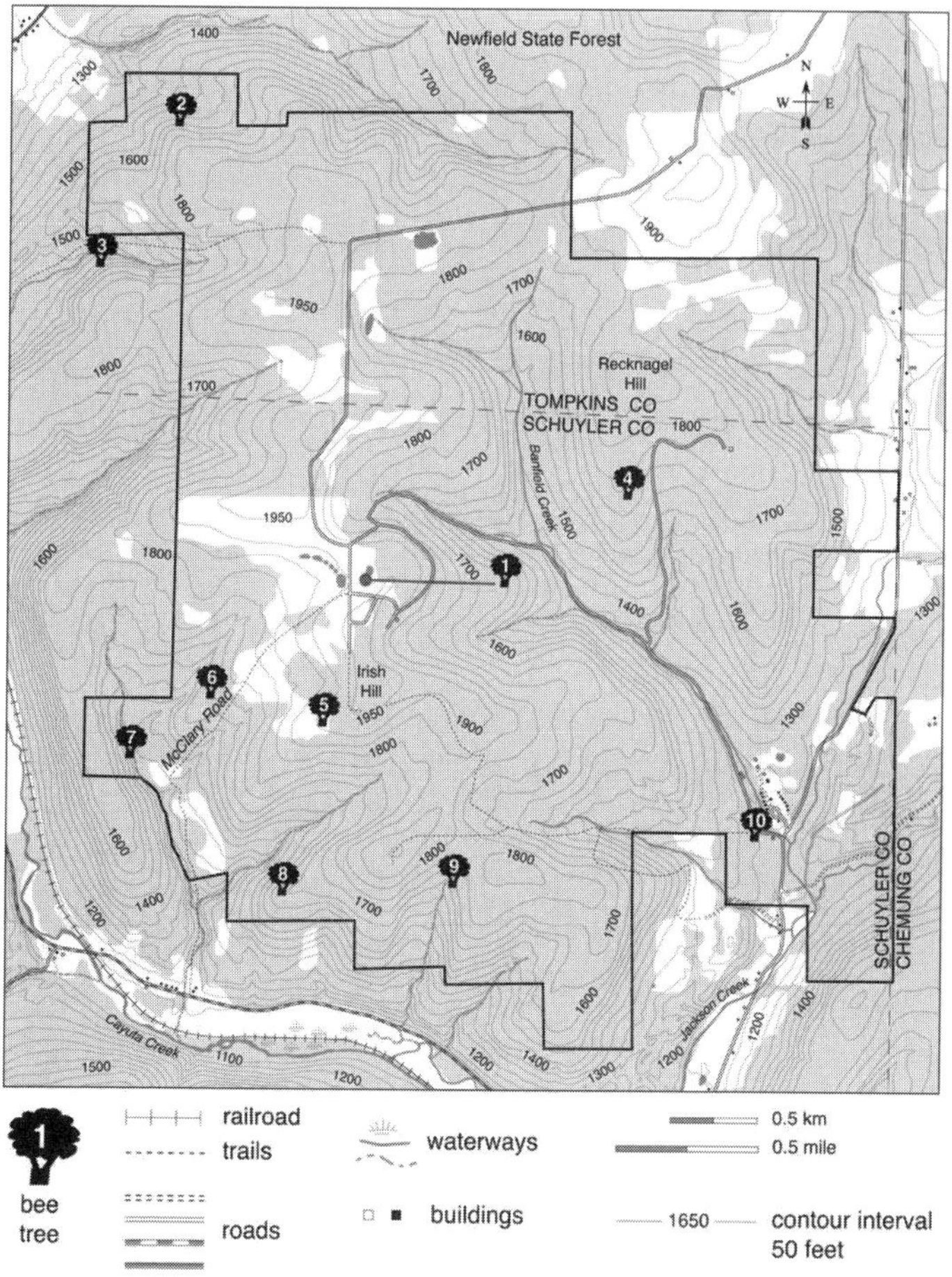

図 2-6　1978 年に見つけた 10 本の蜂の木の位置を記したアーノットの森の地図。木のシルエットは蜂の木を、中央部の横線は最初のビーハンティングの経路を示している。

のミツバチ研究室に受け入れてくれたのは、ほかならぬモース教授だった）。七名の大学院生が参加した彼の研究チームは、一九九〇年の春、ニューヨーク州北部にあるオンタリオ湖岸の小さな町オスウィーゴで調査をおこなった。[8] 調査のきっかけになったのは、ヨーロッパ系亜種とアフリカ系亜種（*A. m. scutellata*）の交雑種であるアフリカ化ミツバチのコロニーが見つかったことだった。ブラジルから輸入した貨物に巣を作っていたのである。この出来事は、アフリカ化ミツバチばかりか、それに寄生したミツバチヘギイタダニがすでに北アメリカに侵入しているかもしれないという懸念を呼び起こした。それを確認するために港近くに見つかるコロニーをすべて特定しようというわけである。研究チームは新聞とラジオに広告をうち、港から半径一・六キロメートルの半円内でコロニーを見つけた者には三五ドルの懸賞金を出すと告知した。その結果、樹木および建築物に暮らしていた一一群の野生コロニーと、裏庭の巣箱で飼育されていた一つのコロニーを確認することができた。調査からは、この小さな町には一平方キロメートルあたり二・七群（一平方マイルあたり七群）の野生コロニーがいることが明らかになったが、これはカークと私がアーノットの森で調べたよりもずっと高い密度である。幸いなことに、アフリカ化ミツバチとミツバチヘギイタダニは発見されなかった。

テキサスA&M大学のM・アリス・ピントらが一九九一〜二〇〇一年におこなった優れた研究では、野生コロニーの密度はそれよりもさらに高くなっている。[9] 調査地はウェルダー野生生物保護区。テキサス州南部にある三一・二平方キロメートルの面積をもつ自然保護区である。目的はアメリカ南部における野生ミツバチの「アフリカ化」の追跡であり、メキシコからアフリカ化ミツバチがやってきた時期、およびそれ以前と以後の野生ミツバチをサンプリングするという手法を用いた。アフリカ化ミツバチは、一九五六年に南アメリカからブラジルに持ち込まれたアフリカ系亜種（*A. m. scutellata*）の集団を祖先としている。持ち込んだ目的は、熱帯で進化したアフリカ系亜種を温帯で進化したヨーロッパ系亜種――すでにブラジルにやってきていた――と掛け合わせて、熱帯環境に適した交雑種を手に入れるためだった。ところが、検疫のために隔離されていた場所からアフリカ系亜種のコロニーの一部が逃げ出して、ブラジルの気候のもとで大いに繁栄してしまった。その結果、中南米の熱帯地帯のいたるところで、この亜種の野生コロニーが生まれることになった。

ウェルダー野生生物保護区では、開けた草原とシャパラル（低木林）が混在し、ところどころにメスキート類（*Prosopis* spp.）やライブオーク（*Quercus virginiana*）の木立も見られる（図2-7）。テキサスA&M大学の研究チームは、一一年にわたって、年に数回、保護区内にある六・二五平方キロメートルの調査区域でミツバチのコロニーをさがし、働き蜂を採集した。この森林地帯に営巣場所になりうる空洞は数多くあったが、ほとんどすべて（八五パーセント）のコロニーがオークの樹洞を利用していたという。また、研究チームが採集したミツバチのミトコンドリアDNAを分析して母系の祖先を突き止めたところ、調査を開始した最初の三年（一九九一～九三）に同区域にいた女王は、主にヨーロッパ系亜種の子孫であることがわかった。具体的には、六八パーセントが南ヨーロッパ由来のリグスティカ種（*A. m. ligustica*）とカルニカ種（*A. m. carnica*）、二六パーセントが北ヨーロッパ由来のメリフェラ種（*A. m. mellifera*）、六パーセントが北アフリカ由来のラマルキー種（*A. m. lamarckii*）だった。だが続く数年のうちに、同区域に暮らす女王は、南アフリカ系亜種（*A. m. scutellata*）の子孫が支配的になっていった。ところで、肝心のコロニー密度については何がわかったのだろうか？　調査で判明したのは、ヨーロッパ系ミツバチが主流だった最初の四年間について、草原、低木林、森林が混在するこの区域の野生コロニーの密度は非常に高かったということだ。驚くべきことに、一平方キロメートルあたり九〜一〇群（一平方マイルあたり約二四群）のコロニーが見つかったのである。

アピス・メリフェラの原産地であるヨーロッパでは、三つの研究チームが野生コロニー数の調査にあたっている。一つは、ブィドゴシュチュ市にあるカジミエシュ・ヴィエルキ大学のアンジェイ・オレクサが率いるチームで、ポーランド北部、バルト海南岸の低地に暮らす野生コロニーを調べた。[10] 同地は、耕作地、牧草地、果樹園などの農業用地が多く（六八パーセント）、残りの大部分（二七パーセント）は森に覆われている。ミツバチは依然として北ヨーロッパ系のメリフェラ種（*A. m. mellifera*）が中心である。オレクサらは、図2-8のような古木が整然と立ち並ぶ田舎道で見られる野生コロニーに調査の焦点を絞ることにした。対象になったのは、一万五〇〇〇平方キロメートルの調査区域を均等にカバーできるように注意深く選ばれた、二〇一本の道に沿って立つ一万五一一五本の樹木である。調査した道をつなぎ合わせると合計で一四二キロメートルにもなった。研究チームはそこで四五のコロニーを発見したので、一キロメートルあたり〇・三二群（一マイルあたり〇・五一群）のコロニーがいたことになる。また調査区域に占める道の割合を計算すると、区域全体におけるコロニーの密度は、一平方キロメートルあたり〇・一〇群（一平方マイルあたり〇・二六群）になると推定された。もちろん、研究チームがすでに指摘しているとおり、この推定値が同地の実際の野生コロニーの全体数よりも少ないのは間違いない。なぜなら、調査区域の二七パーセントを占める森林地帯が計算から除外されているからだ。加えて研究チームは、道沿いの樹木の高いところに巣を作ったコロニーがいくつか見落とされている可能性も指摘

図 2-7　ウェルダー野生生物保護区内にあるライブオーク（*Quercus virginiana*）の木立で、研究者がアフリカ化ミツバチの働き蜂を捕獲したところ。捕虫網のすぐ上に巣の入口が見える。

している。こうした注意点はあるが、それでもこの調査は、田舎道の古木が野生コロニーの避難場所として機能している点を明らかにした点で価値があるといえる。またこの調査は、自然環境が農業環境に広く取って代われた養蜂が非常に盛んな地域であっても、野生コロニーが変わらず存在できることも示した。調査が行われたポーランドのこの地域には、養蜂場の管理コロニーが一平方キロメートルあたりおよそ四・四群（一平方マイルあたり一一・四群）いたのである。

ポーランドの隣国であるドイツでは、ハレ大学のロビン・モリッツらが自然環境下に暮らすミツバチのコロニー数を調査してきた。[11] 対象となったのはドイツの南北に散らばる三つの地域だ。うち二つは国立公園で、ベルリン北方のミューリッツ湖地域にあるミューリッツ国立公園（三一八平方キロメートル）と、ドイツ中部の森に覆われたハルツ山地にあるハルツ国立公園（二五平方キロメートル）である。三つ目は、ドイツ南部のミュンヘン近郊にある田舎の土地だ。一連の研究では、三つの調査区域をしらみつぶしにあたるという力まかせの直接的な手法はとられなかった。その代わり採用したのが、遺伝子解析を利用した間接的なアプローチである。具体的には、一〇匹ほどの未交尾の女王に交尾飛行をさせたあと、それぞれが産んだ働き蜂の遺伝子を調べ、父親となったオス蜂を輩出したコロニーがいくつあるかを突き止めた。このアプローチが見事なのは、調査区域のオス蜂を十分にサンプリングするために、女王の驚くばかりの乱交ぶりを利用した点だ。女王はふつう一〇～一五匹のオス蜂と交尾をするので、女王を一〇匹調べたとすれば、同区域にあるコロニー出身の一〇〇～一五〇匹のオスをサンプリングした計算になるわけである。遺伝子解析からは、オス蜂は三つの地域でそれぞれ二四～三二群のコロニーに由来していることがわかった。女王とオス蜂が交尾をおこなう集合場所まで平均で九〇〇メートルの

図 2-8　セイヨウトネリコ（*Fraxinus excelsior*）やノルウェーカエデ（*Acer platanoides*）が立ち並ぶポーランド北部の田舎道。

距離を飛行すると仮定すれば、先の二四〜三二群のコロニーは、半径が一・八キロメートル、面積が一〇・二平方キロメートルの円に点在していると考えられる。したがって、三つの地域のコロニーの平均密度は、一平方キロメートルあたり二・四〜三・二群（一平方マイルあたり六・二〜八・二群）と推定される。ここで注意してほしいのは、ドイツでは国立公園内でも養蜂が可能（そして実際おこなわれている）という点だ。つまりこの調査結果は、野生のコロニーと飼育下のコロニーを合わせた数値になっている。

ドイツでは近年、ヴュルツブルク大学の大学院生パトリック・L・コールとベンジャミン・ルッチュマンも野生コロニーの調査をおこなっている。対象となったのは、人の手がほとんど入っていないヨーロッパブナ（*Fagus sylvatica*）の二つの森林地帯、すなわちドイツ中部のチューリンゲン州にあるハインリッヒの森（一六〇平方キロメートル）と、同南西部のシュヴェービッシェ・アルプにある生物圏保護区（八五〇平方キロメートル）内の複数の森である。ハインリッヒの森――ここでは例外的に養蜂が禁じられている――では、カークと私がアーノットの森で使ったのと同じ手法、ビーハンティングが用いられた。一方、シュヴェービッシェ・アルプの森林地帯では、すでに所在が判明しているクマゲラ（*Dryocopus martius*）の古い巣穴を調べるという手法が用いられた。クマゲラは北ヨーロッパ最大のキツツキで、その巣穴はミツバチの営巣場所として十分な容積（二〇数リットル）をもっている。ハインリッヒの森では九つの野生コロニーが確認され、そこから密度は一平方キロメートルあたり〇・一三群（一平方マイルあたり〇・三四群）と推定された。シュヴェービッシェ・アルプの生物圏保護区では、クマゲラの古い巣穴がある九八本のブナの木が調べられ、そのうちの七つの巣穴がミツバチに利用されていることがわかった。すでに知られていた当地のクマゲラの巣穴の密度から考えて、野生コロニーの密度は一平方キロメートルあたり〇・一一群（一平方マイルあたり〇・二八群）と算出された。ただし、いま挙げた二つの数値は、調査区域に暮らすすべてのコロニーを見つけたとはいえない以上、どちらも最小の推定値である。

一八二二年にヨーロッパ系ミツバチが持ち込まれて以来、現在まで外来種として繁栄してきたオーストラリアでも、コロニーの密度を調査するのに国立公園が利用された。[12] シドニー大学のベンジャミン・オールドロイド率いる研究チームが、バーリントン・トップス国立公園（七五五平方キロメートル）、ウェディン・マウンテンズ国立公園（八三平方キロメートル）、広大なワイパーフェルド国立公園（三五七〇平方キロメートル）でそれぞれ調査をおこなったのだ。いずれもオーストラリア南東部に位置する公園だが、植生は亜熱帯雨林から半乾燥のユーカリ林まで幅がある。この調査では、ドイツの場合と同様、遺伝子解析を用いる間接的なアプローチが採用された。ただし、オス蜂を頼りにコロニーの数を突き止めるというところまでは同じでも、具体的な方法は大きく違っている。ヘリウムの風船に吊り下げた罠でオス蜂を捕まえたのである（第7章を参照）。研究チームは、それぞれの国立公園でミツバチの交尾場所である「オス蜂の集合場所」を二カ所ずつ特定し、そこで捕獲したオス蜂の遺伝的特徴から、コロニー密度は一平方キロメートルあたり〇・四～一・五群（一平方マイルあたり一・〇～三・九群）と算出した。調査に使用した国立公園では養蜂が禁じられているので、管理コロニーの影響は考えられない。

人の手が入っていない森林生息地における野生コロニーの密度に関する最新の調査は、二〇一七年にロビン・ラドクリフがおこなったものである。[13] 調査が実施されたのは、アーノットの森から東におよそ三〇キロメートルの位置にある、二一平方キロメートルのシンデイゲン・ホロウ州立森林公園（図2-9）。ラドクリフは、そのうち五平方キロメートルの区域をビーハンティングを利用してじっくりと調べている。この調査では五つの野生コロニーが見つかっている。つまり、密度は一平方キロメートルあたり一群（一平方マイルあたり二・五群）となり、これは私たちが一九七八年にアーノットの森で発見したのとほぼ同じだ。また私が二〇〇二年の調査（本章の後半で紹介する）と二〇一一年の調査（第10章で紹介する）で確認した数値とも一致している。

さて、ここまでを振り返ってみて、ヨーロッパ系ミツバチの野生コロニーの数について結局何がわかっただろうか？　表2-1はこれまでの研究結果をまとめたものである。それを見ると自然環境下に暮らすコロニーの密度には大きな幅があることがわかるが、ほとんどの場合、一平方キロメートルあた

表2-1　ヨーロッパ系ミツバチの野生コロニーの密度の推定値。

調査地	1平方キロあたりのコロニー数	1平方マイルあたりのコロニー数
アーノットの森（アメリカ）	1.0+	2.5+
オスウィーゴ（アメリカ）	2.7	6.9
ウェルダー（アメリカ）	9.3–10.1	23.8–25.8
シンデイゲン・ホロウ（アメリカ）	1.0	2.5
田舎道（ポーランド）	0.1+	0.26+
2つの国立公園と森林地帯（ドイツ）	2.4 - 3.2	6.2–8.2
ハインリッヒの森とシュヴェービッシェ・アルプ（ドイツ）	0.1+	0.3+
3つの国立公園（オーストラリア）	0.4–1.5	1.0–3.9

り一～三群（一平方マイルあたり二・六～七・八群）の範囲にあると推定されている。明らかに野生コロニーの密度はかなり低い。つまり、ミツバチの巣が作られる間隔は概して広いといえる。たとえばアーノットの森では、各コロニー間の平均距離（最寄りの隣人までの距離）は〇・八七キロメートルだった。自然環境下のコロニーが、養蜂場という管理環境下のコロニーよりも一般的にはるかに広い間隔をあけて存在しているのは間違いない。こうしたコロニー間の距離の違いが、ミツバチの健康に甚大な影響をおよぼすことは第10章で詳しく見ることにしよう。

ミツバチヘギイタダニは野生ミツバチを一掃したか？

ミツバチヘギイタダニ（*Varroa destructor*）は、ミツバチに寄生する、小さいが危険なダニだ[14]。成熟したメスでも留め針《ピン》の頭程度のサイズしかなく、働き蜂にとっては取るに足らない大きさといえる。にもか

図2-9　左：シンディゲン・ホロウ州立森林公園内で見つけた蜂の木（カナダツガ（*Tsuga canadensis*））。右：その巣の入口。コロニーが巣の中でおとなしくしている11月下旬に撮影。

かわらず、この板のように扁平な赤褐色の生き物がいったん蔓延してしまうと、ミツバチのコロニーは死滅の危機を迎えることになる。ミツバチヘギイタダニがこれほどまでに危険なのは、食料である未成熟の蜂（幼虫や蛹）の脂肪体（エネルギー貯蔵）組織を食べる際に、ウイルスを撒き散らす点にある。このウイルスは発育途中の蜂を弱らせるばかりか、さらに悪いことに、腹部の萎縮や翅《はね》の奇形など命に関わる身体的欠陥を引き起こす可能性もある。後者はチヂレバネウイルスの症状で、このダニが媒介する病原体のなかでも特に危険なものだ。ミツバチヘギイタダニの恐ろしさは、発育が早いという事実によってさらに増大する――卵からかえって成虫になるまで一週間とかからないのである。これが意味するのは、たとえコロニー内のダニの数が春にはまだ少なかったとしても、指数関数的成長という魔法を通じて、夏の終わりまでに爆発的に増える可能性があるということだ。そしてコロニーが保有するダニ数が多いと、働き蜂は生まれたときからウイルスにさらされることになり、病気のため働けないという事態が生じる。その結果、巣の外で働いているときに捕食されたり事故にあったりして死んだ高齢の蜂の補充となるはずの元気な若い蜂が足りなくなり、またダニの寄生によって老化が加速されることによって、最後にはコロニーは崩壊してしまう。

ミツバチヘギイタダニは、元来東アジアの大陸部にのみ生息するダニだった。もともとの宿主は、イランの砂漠地帯以東、中央アジアの山岳地帯以南のアジア全域を生息地とするアピス・セラナ（*Apis cerana*）、つまりトウヨウミツバチである。残念ながら、このダニはアピス・メリフェラ（*Apis mellifera*）、つまりセイヨウミツバチへの宿主転換に成功しており、それ以来、新しい宿主とともにほぼ世界各地に広がっている。宿主転換は二〇世紀初頭、ロシア西部やウクライナにいたアピス・メリフェラのコロニーを、養蜂家がロシア最東端の沿海地方へと持ち込んだときに起きたようだ。この地方はアピス・セラナの生息地で、アピス・メリフェラが暮らす地域からは遠く離れていた。だが後者が持ち込まれたことによって二種のミツバチの生活圏が重なり、ダニもまた双方のコロニーにはびこるようになった。宿主転換はおそらく、アピス・メリフェラがアピス・セラナの巣から蜂蜜を盗んだ際に起きたのだろう。またそれと同時に、養蜂家がアピス・メリフェラのコロニーを増強しようと考えて、アピス・セラナのコロニーから取ってきた蜂児（幼虫や蛹）を与えたときに、意図せず助長してしまった可能性もある。ロシアの養蜂家はその後、一九五〇年代あるいは六〇年代にミツバチヘギイタダニをヨーロッパに広めることになった。ダニに寄生されたアピス・メリフェラの女王を、沿海地方からソ連西部へと出荷したのである。ヨーロッパのアピス・メリフェラのコロニーにミツバチヘギイタダニが広がっていると最初に報告が上がったのは、ブルガリアでは一九六七年、ドイツでは一九七一年、ルーマニアでは一九七五年のことだ。このダニはまた、一九七五年と一九七六年にルーマニアとブルガリアが海外援助プログラムの一環としてチュニジアとリビアに数百群のコロニーを送ったときに、北アフリカにも広がった。南アメリカには日本の養蜂家を通じて侵入している。一九七一年、日本国内でダニに寄生されたと考えられるアピス・メリフェラのコロニーがパラグアイに持ち込まれたのだ。翌七二年には、経路は不明ながらダニはブラジルにまで達している。

北アメリカに入ってきたのは比較的最近のことで、二つのルートを経由している。[15] 第一のルートはおそらくフロリダ経由で、一九八〇年代なかばに、ダニに寄生された女王をブラジルから密輸したか、あるいはダニに寄生されたアフリカ化ミツバチの群れが貨物船にまぎれてやってきたか、そのどちらかのようだ。フロリダ州の「植物・養蜂検査局」の記録によると、アフリカ化ミツバチの群れが見つかった中南米からの貨物船は、一九八三〜八九年の七年間で八隻を数える（たいていは輸送用コンテナ内で見つかった）。また同記録には、少なくとも一隻の船では「蜂にダニが蔓延していた」と記されている。第二のルートはテキサス経由で、一九九〇年代初頭、ダニに感染したアフリカ化ミツバチの群れがメキシコからアメリカへと国境を越えて飛翔してきたことによる。

私がミツバチヘギイタダニに初めて遭遇したのは、一九九四年六月、イサカの研究室で実験の準備をしていたときのことだ。その瞬間のことは今でも鮮明に覚えている。黄色い塗料で働き蜂に印をつけようとしたちょうどそのとき、驚いたことに、その蜂の胸部を一匹のダニがすばやく横切っていったのだ。致命的な寄生虫であることを知っていたので動揺はしたが、一方でまだ研究室に到来したばかりかもしれないと楽観視もしていた。ところが八月の終わりには、ダニが一九九四年以前から侵入しており、すでに研究室のコロニーに深く根をおろしていることを示す、ゾッとするような光景を目撃することになった。大量の働き蜂が、多くは縮れた翅で、巣箱の前の草むらをよぼよぼと這うように歩いていたのだ。コロニーの働き蜂の多くが病気にかかっているのは間違いなかったが、それでも私はまだ最悪の事態は避けられるのではないかと考えていた。事実、そのひと月後の一九九四年九月に研究所の一九群のコロニーを調べたときは、働き蜂の数も蜂蜜の蓄えも十分にあり、来たるべき冬を越える準備は整っているように見えた。だがその数カ月には、ミツバチヘギイタダニがミツバチの健康をいかに容赦なく奪い去るかを目の当たりにすることになる。一九群のコロニーのうち翌年の四月まで生き延びたのは、わずか二つだけだったのだ。わずか一年足らずのうちに八九パーセントのコロニーを失うという経験は、ミツバチヘギイタダニの毒性のすさまじさを身にしみて理解する恐ろしい教訓となった。

ミツバチを救う手立ては一つしかないように思えた――殺ダニ剤を使用するのだ。私は一九九五年の夏からフルバリネート（商品名アピスタン）を使いはじめ、二〇年以上経過した今は、研究所のコロニーの多くにギ酸やチモールをベースにした薬剤を用いている。ミツバチヘギイタダニが感染してコロニーがストレスを受けると、実験対象としては役に立たなくなってしまうからだ。

一九九〇年代なかば、私は学生と一緒に、実験室のコロニーにはびこるミツバチヘギイタダニをいかにコントロールすべきかに頭を悩ませていたが、同時にイサカ周辺の森の野生コロニーについても気をもんでいた。イサカの野生コロニーに殺ダニ剤は使われていなかった。それで、ミツバチたちは滅びつつあるのだろうか、それともすでに死に絶えてしまったのだろうかと疑問に思ったのだ。消失はありえることに思えたし、そちらの方が可能性は高いとすら考えた。たとえ森の中にわずかな生き残りが見つかったとしても、殺ダニ剤を処置した養蜂家の管理コロニーが分蜂したものにすぎないかもしれない。そうであれば、まだ生き残っているそのコロニーも、ダニが広めた致死的なウイルスによって短い一生を運命づけられていることになる。

野生コロニーに対する私の懸念は、次の三つの出来事によってさらに深刻になっていった。第一の出来事は、一九九〇年代なかばから気づいたことだが、四月下旬から五月上旬にかけてイサカの芝生や野原に咲き乱れるタンポポの花に、ミツバチを見つけることが難しくなっていたことだ。どうみても幸先の良いニュースではない。第二に、これもまた一九九〇年代なかばから気づいたのだが、樹木や建物にミツバチが巣を作ったから撤去してほしいというコーネル大学のキャンパス内からの依頼がめったに聞かれなくなった――一九八〇年代には夏になると必ず数件の電話がかかってきたものだったのだが。これは明らかに悪いニュースだった。第三に、一九九五年、カリフォルニア大学デービス校のベルンハルト・クラウスとロバート・E・ペイジ・ジュニアという信頼のおける二人のミツバチ研究者が、ミツバチヘギイタダニは「カリフォルニア州における野生ミツバチのコロニーの個体群動態に壊滅的な影響を与えている」と報告したことだ。[16] 二人はまた、「ミツバチヘギイタダニに対する前適応がカリフォルニア州のミツバチに広がっている兆候はまったく見られていない」とも述べていた。実に恐ろしいニュースだった。

私の懸念は、一九九七年六月、養蜂雑誌「アメリカン・ビー・ジャーナル」のとある記事を読んでいたときにさらに深まることになった。その記事は、アリゾナ州ツーソンにある農務省ミツバチ研究所の研究者ジェラルド・ローパー博士が書いたもので、彼が長年にわたり研究してきた、ツーソン北部ソノラ砂漠の山岳部に暮らす野生ミツバチのコロニーについての報告だった。[17] 一九八七年の調査開始以来、ローパーは二四七カ所の営巣場所（過去に使われていたものも含む）を特定し、そのほとんどが岩の割れ目だったという。遺伝子解析からは、巣の主はすべてヨーロッパ系ミツバチであることがわかり、なかでも六八パーセントがヨーロッパクロミツバチ（*A. m. mellifera*）のミトコンドリアDNAハプロタイプをもっていた。ローパーは、コロニーの越冬確認をするために毎年三月初旬に各営巣場所を確認し、六月には分蜂の結果を見るためにもう一度点検をおこなった。その際、可能な場合は、巣の出入口に息を吹きかけて飛び出してきた蜂を網で捕るという方法で、五〇～一〇〇匹の働き蜂の標本を採集した。アカリンダニ（*Acarapis woodi*）とミツバチヘギイタダニの検査をおこなうためである。

ローパーの報告から見えてくる光景は悲惨なものだった。その地域のヨーロッパ系ミツバチのコロニーは、双方のダニ、とりわけミツバチヘギイタダニの出現によって、大打撃を受けていることが明らかになったのだ（図2-10）。ミツバチヘギイタダニが同地域に現れる前の一九九二年と一九九三年、二四七カ所の営巣場所には一二〇～一六〇群のコロニーが暮らしていた。だが、ダニが大半のコロニーに感染した一九九四～九六年の間にコロニーの数は激減し、一九九六年三月にはわずか一二群が確認できるにとどまった。一九九五年以降のアフリカ化ミツバチの流入がなければ、おそらく野生コロニーは全滅していたことだろう。一九九〇年代後半にはコロニー数は増加に転じ、今日では再び繁栄しているという。この記事を読んで私は複雑な気持ちになった。ローパーの長期にわたる研究に深い感銘を受けたと同時に、ミツバチヘギイタダニの到来直後にヨーロッパ系ミツバチのコロニーが崩壊したという暗澹たる報告に大きく動揺したのである。

ローパーのアリゾナでの調査結果に加えて、自分が直接目撃してきたことを勘案すれば、イサカ南部の森にいる野生ミツバチのコロニーはおそらく死滅してしまったのだろう。二〇〇〇年代初頭、私はそう考えながら、野生生物の存在が人生の糧となっている者として、その死を心から嘆いた。だが一方で、好奇心の内なる声が次のような質問を繰り返すのも聞こえていた——本当に野生コロニーはすべて滅んでしまったのだろうか？　私の好奇心は、いつも私の手に余るほど多くの疑問を投げかけてくるので、大部分は脇に置いておくことになるのだが、ミツバチに関するこの質問だけは放っておけなかった。なにしろ、それに答えを出せる唯一の情報源、アーノットの森が研究室のすぐ外に広がっているのだから。カーク・ヴィッシャーと私が一九七八年におこなった調査によって、アーノットの森が、ミツバチヘギイタダニ侵入以前の野生コロニー数に関する確かな基礎情報をもつ、北アメリカ東部で唯一の研究林になっていたのはわかっていた。その調査をもう一度やり直したら、野生コロニーの生き残りを見つけられるだろうか？ あるいは、やはり完全に消失していたと念押しすることになるのか？ この問題を避けて通るわけにはいかないと承知していた私は、二〇〇二年、再びアーノットの森に狙いを定めて調査を開始することにした。調査は一回目とできるだけ同じ条件でおこなわなければならない。具体的には、前回と同じ八月中旬から九月下旬に実施すること、そして同じ手法を用いること。つまり、ジョージ・H・エッジェルの素敵な本『ザ・ビー・ハンター』のアプローチに倣うことである。

二回目のコロニー数調査を開始したのは、二〇〇二年八月二〇日の午後、アーノットの森の北東入口から入ってすぐのところにある、セイタカアワダチソウ（*Solidago canadensis*）が咲き乱れる空き地でのことだった。[18] 一回目の調査は一九七八年八月二六日に実施されているので、同じ時期といっていい。その日は晴れていて暑く、雨はもう何週間も降っていなかったが、アキノキリンソウ類が黄色い花房を鮮やかに広げていた。ミツバチをさがすには絶好の条件だ。だが、本当に見つけられるのだろうか？ そううまくはいくまいと私は覚悟していた。森の入口でトラックを降りるときに脳裏に浮かんだのは、午後を費やしてあちこち歩きまわっても、一匹のミツバチも見つけられなかった未来の自分の姿だった。私はきっと、ミツバチヘギイタダニとチヂレバネウイルスという最悪の組み合わせがアーノットの森の野生コロニーを本当に一掃してしまったことを思い知って、帰路へつくに違いない。最初の一〇分間、この予想は当たっているように思えた。ミツバチの姿は影も形もなかったのである。一方でマルハナバチ類（*Bombus* spp.）は数多く見られ、雨不足だったにもかかわらず、セイタカアワダチソウが蜂を引きつ

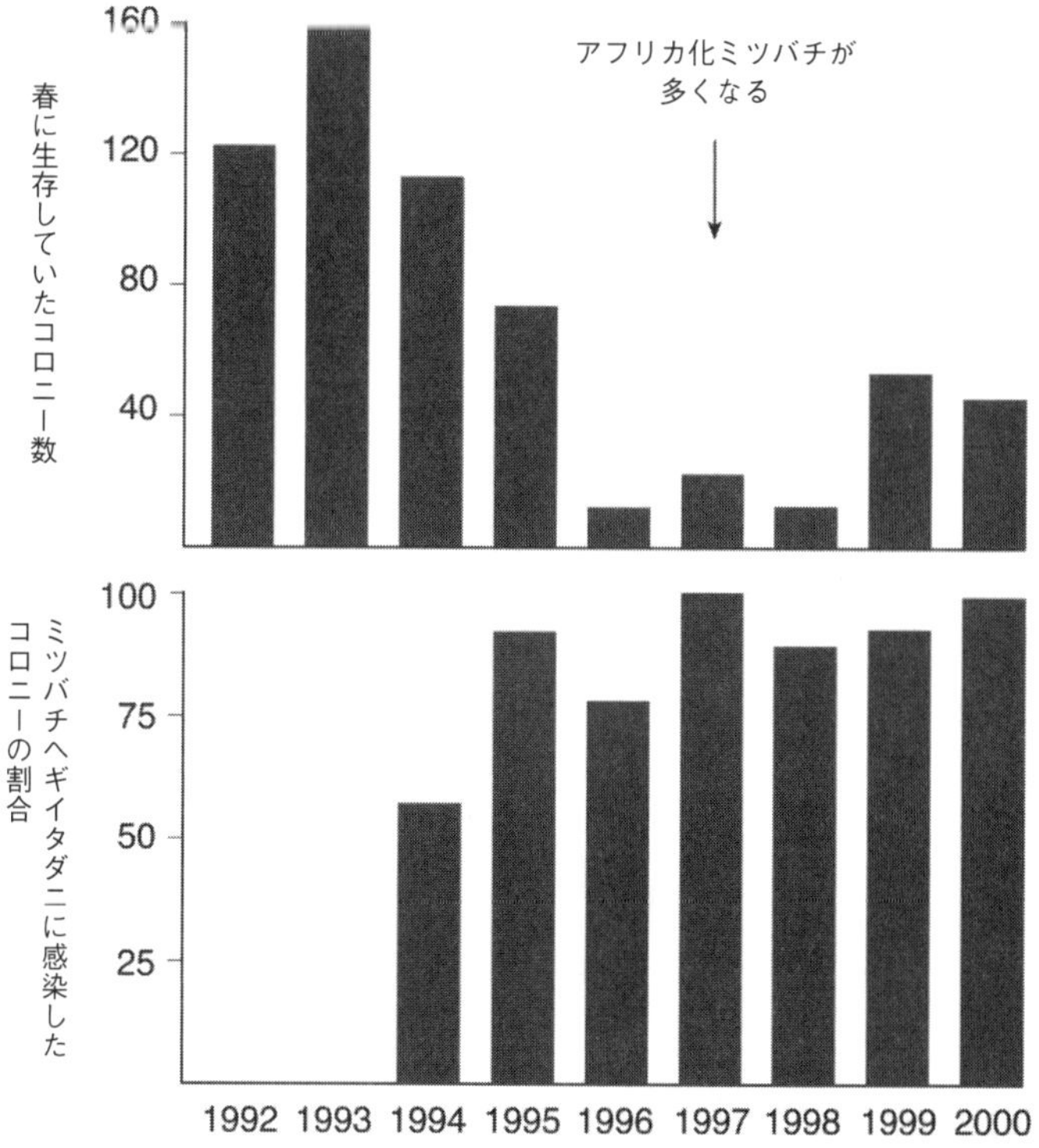

図 2-10　アリゾナ州ツーソン北部の山岳地帯に暮らす野生コロニー数の調査結果。アカリンダニは 1991-1993 年に広がり、ミツバチヘギイタダニは 1993 年に出現している。またコロニーを構成するミツバチはヨーロッパ系亜種が主流だったが、1997-1998 年にはアフリカ化ミツバチにその座を譲っている。

けられるほどの花蜜と花粉を蓄えていることが伺えた。輝くようなセイタカアワダチソウの花房に一匹のミツバチの姿を認めたのは、そのすぐあとのことだ（図2－11）。そして数秒後、そのミツバチは私の蜂箱の中でぶんぶんと大きな羽音を立てていた。さらに数分かけてさがしたところ、近くのセイタカアワダチソウにもう一匹ミツバチが見つかり、やはりすぐに箱に捕らえることができた。一時間後、私は合計で六匹の働き蜂を見つけ、捕まえ、餌付けして、解放することに成功していた。

ミツバチを発見できたということは、この森に餌をさがしにくる働き蜂がいるということだ。だが、その蜂はいったいどこからやってきたのだろうか？　アーノットの森にある蜂の木か、それとも森の外の養蜂場なのか？　答えは夕方までに判明した。糖液を満たした給餌器から蜂たちが騒がしく飛び立ち、一つは北、もう一つは南へと続くビーラインを描いたからだ。どちらの方角もアーノットの森の深いところを示しており、養蜂家が巣箱を置くような場所ではなかった。

続く六週間、私は天気が許すかぎりアーノットの森でのビーハンティングに没頭した。コーネル大学の新学期は八月下旬からはじまる。私が担当する動物行動学の講義は月曜日、水曜日、金曜日の昼だったので、ビーハンティングにあてられるのは平日の午後の数時間だけだ。また、そろそろ夜が冷えてきた時期でもあり、採餌蜂が花を訪れるのは朝の遅い時間になることもあった。それでも雨不足が続いていたのは私にとって好都合だった。豊かに蜜をたたえた花を見つけられないミツバチが、アニスの香りを漂わせた砂糖液入りの給餌器を見るとすぐさま群がってくれたからだ。

結局、私は合計二七日、一一七時間をビーハンティングに費やし、森の西半分に点在する一二の空き地からビーラインをたどることができた（図2－12）。一九七八年のように森全体をくまなく調査でき

図 2-11　アキノキリンソウ類（*Solidago* sp.）の花から蜜と花粉を集める働き蜂。

たわけではない。にもかかわらず、最終的には八つの野生コロニーを見つけたのである！　各コロニーは、しっかりと根をおろした生木に巣を作っていた。その内訳は、サトウカエデ（*Acer saccharum*）とアメリカトネリコ（*Fraxinus americana*）が各二本、カナダツガ（*Tsuga canadensis*）、ストローブマツ（*Pinus strobus*）、アメリカポプラ（*Populus tremuloides*）、レッドオーク（*Quercus rubra*）が各一本だった。ミツバチが住みついた木を八本も見つけられたのは嬉しい結果だった。二〇〇二年のアーノットの森にも、一九七八年に見つけた九つのコロニーとほぼ同数の野生コロニーが存在していることがわかったのである。

ミツバチヘギイタダニがニューヨーク州に到達してからすでに一〇年が経過しようとしていたのに、どうしてこのような結果になったのだろうか？　一つ考えられるのは、アーノットの森がミツバチヘギイタダニから隔離されていたという可能性である。私が見つけたビーラインのうち、森の外を指したものがほとんどなかった（図2-12の地点3、5、9から西を指したものだけ）という事実は、アーノットの森のそばには、もしあったとしても、ごくわずかの養蜂施設しかないことを示している。したがって、この森に暮らす野生コロニーは、まだミツバチヘギイタダニにさらされていないだけだと考えることできた。

アーノットの森の野生コロニーとミツバチヘギイタダニ

アーノットの森の野生コロニーにミツバチヘギイタダニが侵入しているか否かを確認するには、いくつかのコロニーを標準的な可動巣枠式巣箱に住まわせる必要があった。そうすることでダニの量が測定できるようになるからだ。その際、巣箱を待ち箱として森の中に設置して、それで分蜂群を捕獲するのがもっとも簡単な方法である。そこで私は、二〇〇三年五月、分蜂シーズンがはじまる前に、図2-12に示した地点1、2、5、7、10の五カ所にそれぞれ待ち箱を設置することにした。使用したのは古いラングストロス式巣箱で、八枚の働き蜂用巣枠と二枚のオス蜂用巣礎枠を挿入した。四対一という割合は、自然の巣で見られるものと同じである（これについては第5章で詳しく論じる）。入口は木片を使って一

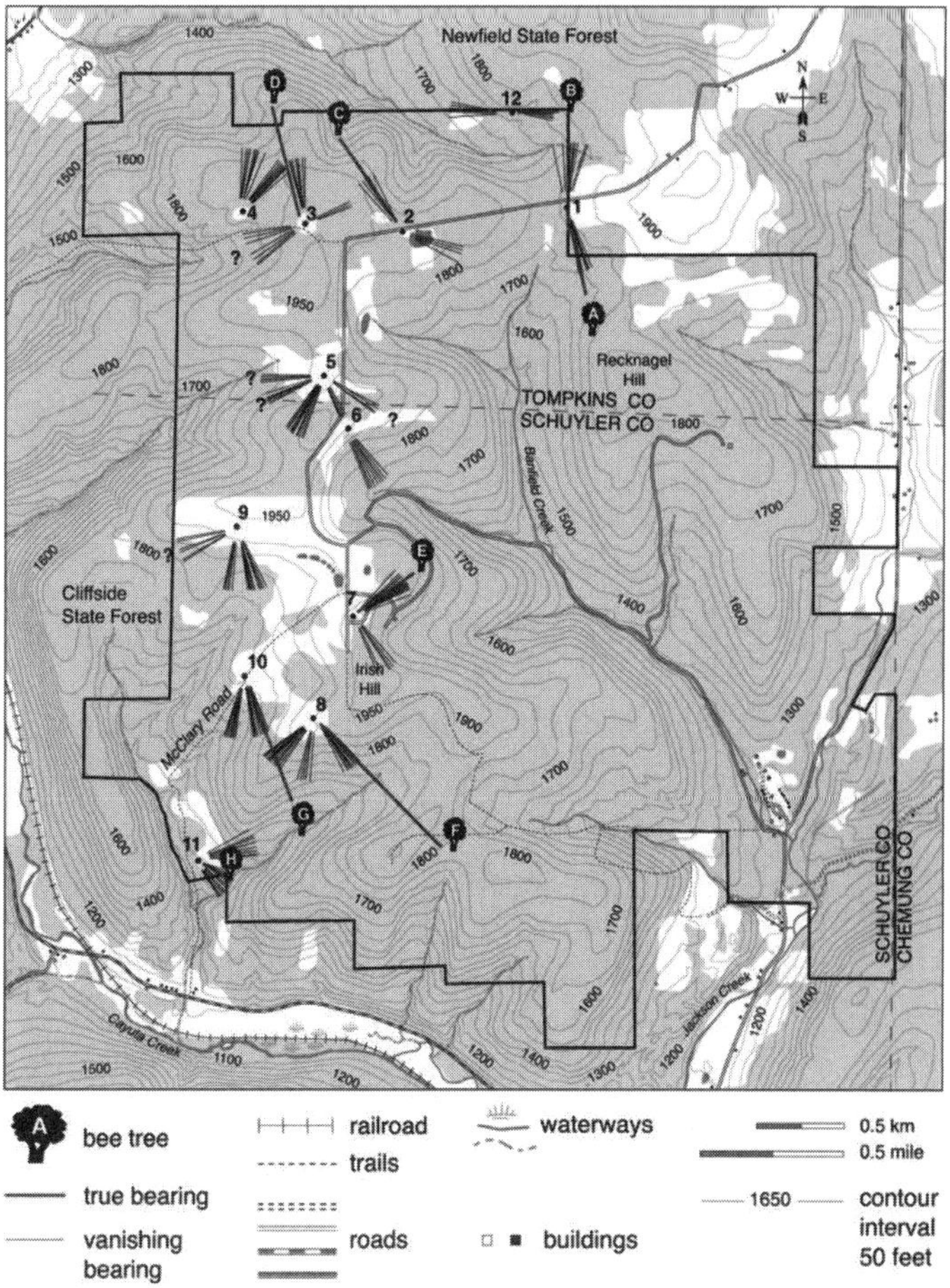

図 2-12　2002 年 8 月、9 月におこなったビーハンティングにおけるビーラインの起点（1-12）と見つかった蜂の木（A-H）を示したアーノットの森の地図。

部を塞ぎ、ふつう蜂が好むように、かなり狭い開口部（一六平方センチメートル）とした。そして最後に、入口が南に向くようにして、巣箱を地上四メートル程度の高さの設置台に取り付けた（図2‐13）。私が目指したのは、ヨーロッパ系ミツバチの営巣場所の選好性に一致した諸特性（内部空間の容積、入口の広さ、設置する高さなど）をもつ空間、いうなればミツバチにとって夢の家を提供することだった。

巣箱内のダニの量は、ダニスクリーンを使うことで容易に測定できるようにした。これはダニよりも小さいものだけが通り抜けられる単純なスクリーンで、巣枠を支える壁板（巣箱の胴部）と床板（巣箱の床）の間に設置しておく。コロニーのダニの量を知りたければ、スクリーンの下に粘着シート（上面に植物油を塗った厚紙）を敷き、四八時間後にそこに落ちていたダニの数を数えればいいという寸法だ。

この作戦はうまくいき、二〇〇三年七月には設置した五つの待ち箱のうち三つにミツバチが住みついていたので、八月から毎月ダニの量を測定することにした。その結果が表2‐2である。そこに示されている結果は明白だ。つまり、三つのコロニーすべてがミツバチヘギイタダニに感染していたのだ。だが同時にこの表は、ダニに寄生されているにもかかわらず、ミツバチが生き延びていったことも明白に示している。各コロニーのダニの数は、二〇〇三年の晩夏から秋は安定して推移し、続く冬に著しく減少、そして二〇〇四年の夏からゆっくりではあるが着実に増加している。各年の晩夏――二〇〇三年九月四日と二〇〇四年八月二九日――に巣箱を調べたところ、三つのコロニーとも良好な状態であることが確認された。どのコロニーにも、ミツバチの成虫と蜂児が十分に認められ、蜂蜜も豊富に蓄えられていた。翅の奇形などの病気の兆候も見つけられなかった。

二〇〇四年なかばには、三つのコロニーの一つ（コロニー2）を森から運び出して、コーネル大学の

図2-13　アーノットの森の木に取り付けた待ち箱（ラングストロス式巣箱）。この写真のように、地上約5メートルの高さに入口を南に向けて設置するのを基本とした。

表 2-2　アーノットの森の野生コロニーに見られるミツバチヘギイタダニの個体数の月次評価。48 時間のあいだに粘着シート上に落下したダニの数を各月のはじめに測定した。

測定月	コロニー 1	コロニー 2	コロニー 3
2003 年 8 月	30	14	21
2003 年 9 月	16	21	39
2003 年 10 月	36	3	22
2004 年 5 月	2	2	1
2004 年 6 月	3	11	2
2004 年 7 月	2	10	4
2004 年 8 月	3	5	7
2004 年 9 月	16	15	13
2004 年 10 月	42	40	22

私の研究室に置くことにした。次の春に女王を育てられるようにするためだ。残りの二つのコロニー（コロニー1と3）は森に残し、ダニのモニタリングを継続することにした。研究室のコロニー2は、二〇〇四年から二〇〇五年にかけての冬を良好な状態で生き抜いた。一方で森に残した二つのコロニーは、残念なことにクロクマ（*Ursus americanus*）に見つかって破壊されてしまった。最後に様子を見に行った二〇〇四年一〇月なかばから、次の確認予定日だった二〇〇五年四月なかばの間に起きた出来事である。クマの仕業だとわかったのは、どちらの現場にもその痕跡が残されていたからだ。巣箱を取り付けた木の幹には爪痕が刻まれ、木の下では巣箱がひっくり返り、クマが蜂児や蜂蜜を食べたあたりには巣枠が散乱していた。

第10章では、クマであっても、高いところにある自然の樹洞でひっそりと暮らしている野生コロニーを見つけるのは難しいことを見る。とはいえ、アーノットの森に暮らすクマのうち少なくとも一頭は、樹上に設置されたずんぐりとした木箱にミツバチが佇んでいることがあり、その場合は蜂蜜と蜂児という豪勢なごちそうにありつけることに間違いなく気づいてしまった。今では私も学生も、アーノットの森で分蜂群を捕獲するときには待ち箱を枝から吊し、クロクマの手が届かないようにしている（図2-14）。

二〇〇四年の夏の終わりには、アーノットの森に野生のミツバチのコロニーが数多く生存していること、コロニーにはミツバチヘギイタダニが感染していること、それにもかかわらずコロニーが死滅していないことが判明していた。野生コロニーが殺ダニ剤もなしにどうして生き残れたのかは、大きな謎として残された。なかでも不可解だったのは、野生コロニー内のダニの数が八月、九月に危険なレベルまで増加していなかったことだ。私が飼育していたコロニーでは、ギ酸やシュウ酸、あるいはエッセンシャルオイルをブレンドしたものなどの有効な殺ダニ剤を処置しなければ、夏の終わり頃にはダニが大発生していた。だとすれば、野生コロニーはどんな手を使ってダニの増加を抑えていたのだろうか？より広く言い換えれば、野生コロニーの一般的な生態——巣の構造、成長や繁殖の季節パターン、採餌活動、防衛機構、生活史など——は、養蜂家が飼育する管理コロニーのそれとはどう違っているのだろうか？

本書の第5章から第10章では、こうした疑問について私たち生物学者がこれまで学んできたことを概説する。だがその前に、続く第3章と第4章で、まずはミツバチと人間の関係の歴史を振り返ることにしよう。この歴史は、霧に包まれた先史時代——私たちの先祖がまだ人類ですらない時代——までさかのぼるものだ。それを追ううちに、アピス・メリフェラが過去一万年ほどの間にいかに半家畜化されて

図 2-14　クマ対策のために木の枝から吊り下げた待ち箱。ミツバチヘギイタダニに対するミツバチの耐性行動を研究している大学院生、デイヴィッド・T・ペック（写真）が取り付けた。

いったか、つまりいかに農業生態系に組み込まれ、人工的な環境に適応していったかが見えてくることだろう。これらの管理されたコロニーは、私たち人類がもっとも頻繁に、もっとも気軽に交流を重ねてきたものである。したがって、この重要なポリネーターの自然な生活について知らなかったのは、何ら驚くことではない。

第3章　野生を離れて

蜜のしたたる野生の蜂の巣を切り取って、蜜蝋から何からまとめて口に運ぶとき、その完璧さに私はいつも感嘆する。どんなに手を加えたところで、これ以上すばらしいものにはなるまい。

――ユーエル・ギボンズ[1]

ミツバチは農業に貢献する一方で動物行動の理解をも助けてくれたという理由で、昆虫界における「人類のもっとも親しい友」として褒めそやされてきた。この蜂はまた、昆虫界における「人類のもっとも古い友」としても称揚されるべきだろう。つまるところ、蜂蜜を口に入れたときに経験する私たちの喜びは、ずっと昔の祖先、おそらくまだ人類とすら呼べないくらい古い時代の祖先も間違いなく感じていたものなのである。[2]この身近な蜂と私たちの祖先との間にどのような交流があったのかはほとんど知られていないが、ミツバチ属の祖先が今から三〇〇〇万年前の漸新世《ぜんしんせい》にさかのぼれることははっきりしている。ミツバチの古代起源を示す証拠として、一九世紀にドイツのロットという町の亜炭層から発掘された化石があるが、それらの化石は昆虫化石のなかでもひときわ仔細なものである。[3]側面からの姿が完璧に保存されている図3-1の美しいミツバチ化石もその一つだ。この標本と、紙のように薄い炭質頁岩に見つかったもう一つの標本は、ミヤマアケボノミツバチ（*Apis henshawi*）に分類されている。どちらの化石も働き蜂だが、それは一方の標本の後脚に花粉プレスと呼ばれる部位がはっきりと見えることから確認できる。働き蜂がいたということは、その蜂が社会性を有していた、すなわち女王、働き蜂、オス蜂からなるコロニーが存在していたということだ。今日見られる社会性蜂はすべて、エネルギーを戦略的に保存するために巣に蜂蜜を蓄えるので、先の化石種の巣にも蜂蜜がしまいこまれていた可能性は高い。もしそうであれば、私たちの大昔の祖先である当時の霊長類にとって、ミツバチの巣はこのうえなく嬉しい食料源だったことだろう。なぜなら祖先たちは、人類の親戚であるチンパンジー、ボノボ、ゴリラ、オランウータンなどの類人猿が今日感じているように、蜂蜜をすこぶるおいしいものとして認識したはずだからである。

ミツバチがヨーロッパ、そしておそらく隣接するアフリカとアジアで数千万年にわたって生きてきたのなら、人類にとってその存在は常に自然の一部だったと考えられる。ホモ属の化石記録は、現生人類（*Homo sapiens*）がおよそ三〇万年前のアフリカで誕生したあとアジアとヨーロッパに広がったことを示しているが[4]、それらの土地にはそのずっと前から野生のミツバチが暮らしていたことになるからだ。実のところ最初期の現生人類は、私たちが今日、アフリカ、西アジア、ヨーロッパで見るのと同じ種のミツバチ（*Apis mellifera*）と出会っていたと考えて差し支えない。このミツバチの最古級の化石は、アフリカのコーパル（化石化した樹脂）内に見つかっている。こうしたコーパル化石の年代は正確にはわかっていないが、一〇〇万年以上前と考えられるものもある。

私たち人類は、その歴史のほとんどを狩猟採集をなりわいとして暮らしてきた。現代の狩猟採集民に

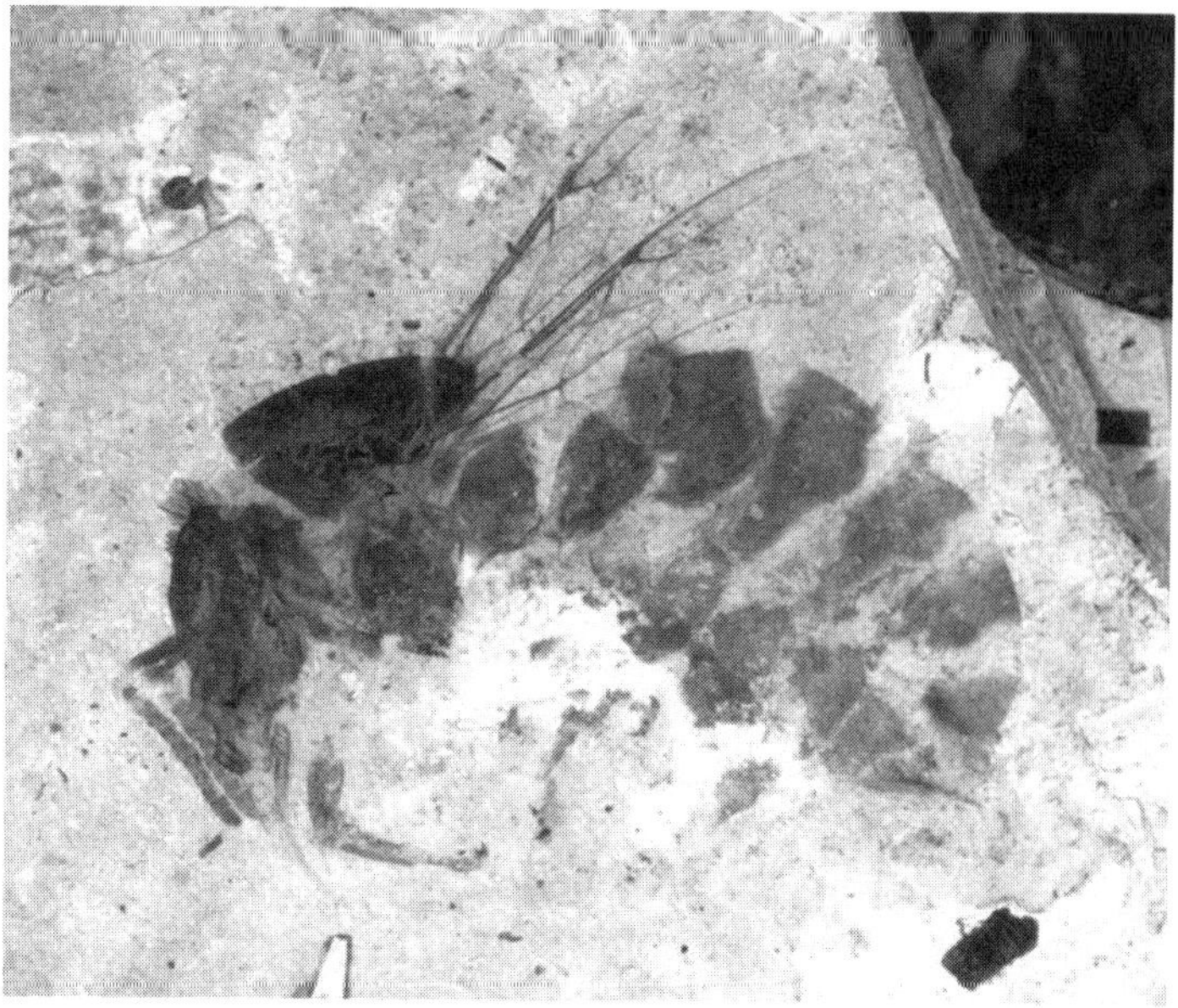

図3-1　ミヤマアケボノミツバチ（*Apis henshawi*）の化石標本。

関する近年の人類学的研究によると、栄養価の高い蜂児（卵、幼虫、蛹）やおいしい蜂蜜を目的としたミツバチのコロニー採集は、人類にとって長いあいだ重要な採食行動だったようだ。蜂蜜は驚くほどおいしいというだけでなく、自然界において並外れてエネルギーの高い食品でもある。一キログラムあたり一万三〇〇〇キロジュール（約三〇〇〇キロカロリー）ものエネルギーが詰め込まれているのだ。[5] 蜂蜜採りの豊かな伝統をもつ狩猟採集民、タンザニア北部のハッザ族は、好物として男女ともに蜂蜜を挙げるという。[6] 蜂蜜はまた、狩猟で得られる肉が少ない季節のカロリー源としてもきわめて重要な役割を果たしている。タンザニアは一一月から四月にかけて降雨量が多く、そのおかげで草の背丈は高くなり、木々は花をつける。それにともない、肉を目的とした狩りの成功率は最低水準に落ち込むが、蜂蜜採りは最盛期を迎える。この時期になると、ハッザ族の男は蜂蜜の採集に一日あたり五時間を費やし、一人あたり平均でおよそ一・五キログラムの蜂蜜を家に持ち帰る。

コンゴ民主主義共和国のイトゥリの森に暮らす狩猟採集民のエフェ族にとっても、ミツバチは欠かせない存在だ。雨季であり蜂蜜のシーズンでもある一一月から四月にかけての半年間は、蜂児と蜂蜜が生活を支える主な栄養源となっている。エフェ族は男女共同で蜂蜜採りをおこない、一人あたり平均三キログラム以上の蜂児と蜂蜜を一日で採集する。雨季の間は、カロリー摂取量のおよそ八〇パーセントを蜂蜜に依存しているのだという。人類が蜂蜜採りを伝統的におこなってきたという例はほかにも数多く報告されており、それを考えれば、この採食行動が人類の歴史と同じくらい古くからあることはまず間違いない。

遠い祖先たちにとって蜂蜜が非常に好ましく重要な食料であったことを示すもっとも説得力のある証拠は、南フランス、スペイン東部、南アフリカの洞窟に見つかった壁画ではないだろうか。[7]一九一七年にスペインのバレンシア県にあるクエバ・デ・ラ・アラーニャ（「クモの洞窟」の意）で発見された美しい壁画は、およそ八〇〇〇年前に描かれたとされ、蜂蜜採りの直接的な記録としては現時点で最古のものである（図3‐2左）。描かれているのは、切り立った崖から垂れ下がる長い気根（あるいは蔓《つる》かロープ）をよじ登る一人の男の姿で、崖の裂け目にあるミツバチの巣穴に手を突っ込んでいる。男の左手には採集した蜂の巣を入れる袋が見え、大きな蜂が数匹、そのまわりを飛び交っている。袋をもって気根を登る人物はもう一人いるが、まだずっと下の方なのでミツバチの反撃に悩まされることはないだろう。

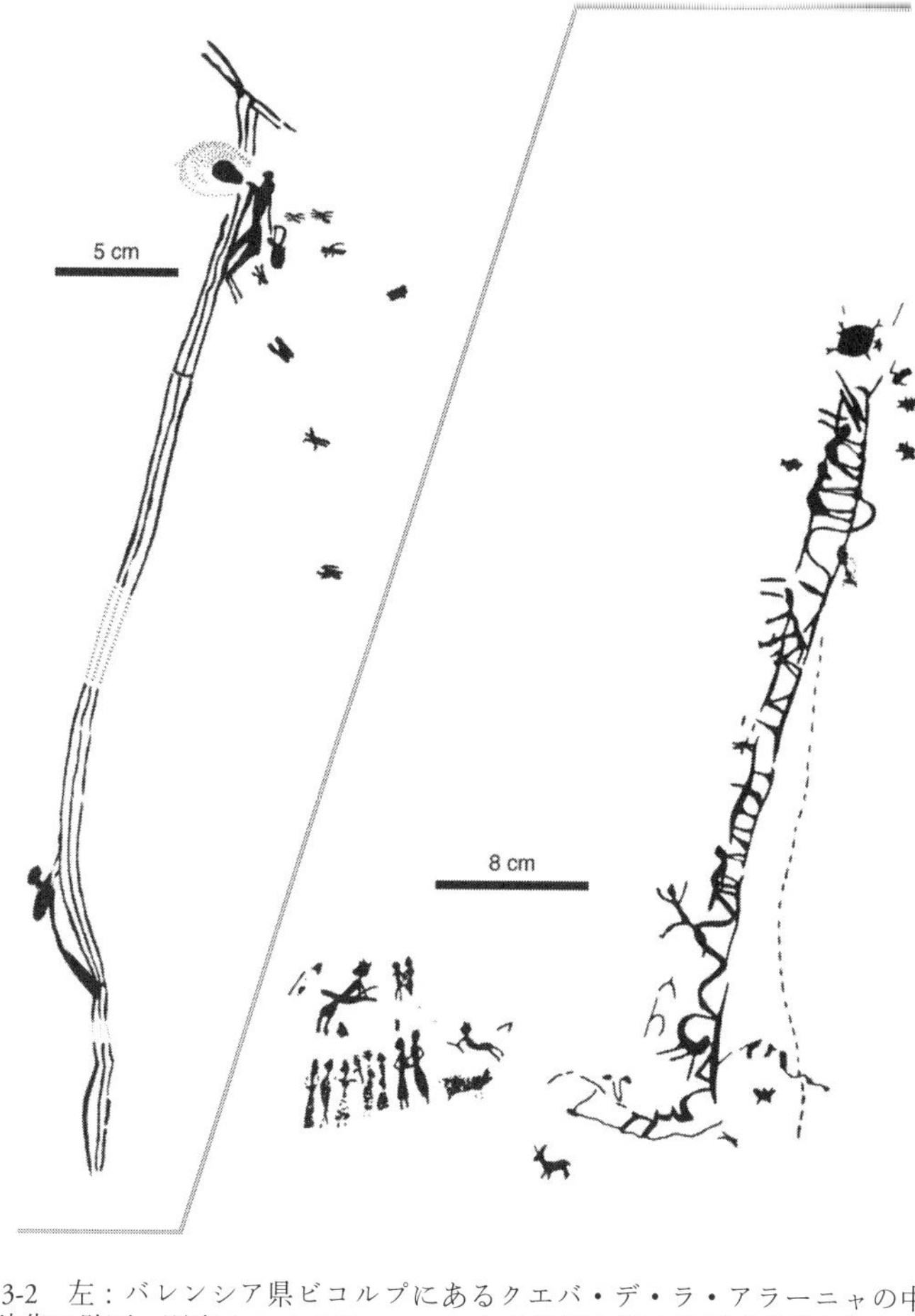

図3-2　左：バレンシア県ビコルプにあるクエバ・デ・ラ・アラーニャの中石器時代の壁画。野生ミツバチのコロニーから蜂蜜を集める様子が描かれている。右：カステリョン県のバランク・フォンドの壁画。同じく野生コロニーからの蜂蜜採集を描いている。

より詳細に描かれたものもある。同じくスペインのカステリョン県の深く侵食された河床で一九七六年に発見された壁画だ（図3－2右）。この壁画では、ミツバチの巣まで届く縄梯子が絶壁にかけられ、その足元には、おそらく収穫の分け前を待っているのだろう、一二人の人物が立っている。洗練された縄梯子は、二本のロープを堅固な横木でつないだもので、そこを五人の人物が登っているのが見える。最上部にいる二人と四番目の人物は、犬のような姿勢で両手と両足を使ってしっかりと横木につかまっているが、上から三番目は手足が虚空に舞っており、いまにも落ちてしまいそうだ！　同じように、一番下にいる五番目の蜂蜜ハンターも梯子から落下あるいは飛び降りようとしている。どちらの壁画にも蜂蜜採りに伴う大きな危険が描かれているが、そこからは中石器時代の人びとにとって蜂蜜がいかに魅力的な食料だったかが読み取れるのである。

養蜂の誕生

ここまで見てきたように、数千年前にはあらゆるミツバチのコロニーが野生環境下で暮らしており、蜂蜜ハンターたちの略奪にあったのも、おそらくごく一部にすぎなかった。したがって、初期人類はミツバチに対してほんのわずかな影響しか及ぼしていなかったはずだ。せいぜい影響といえば、見つかりにくい場所に巣を作るコロニーや、威嚇して巣を守るコロニーにとって有利な形で自然選択が働いたことぐらいだろう。人間の影響が今日世界中で見られるように並外れて大きくなったのは、蜂蜜採りが巣箱を用いた養蜂に取って代わられてから、つまり人工物にコロニーを住まわせるようになってからのことだ。巣箱を用いた養蜂は、一万年前に中東の肥沃な三角地帯で農業が出現した直後、あるいはそれと

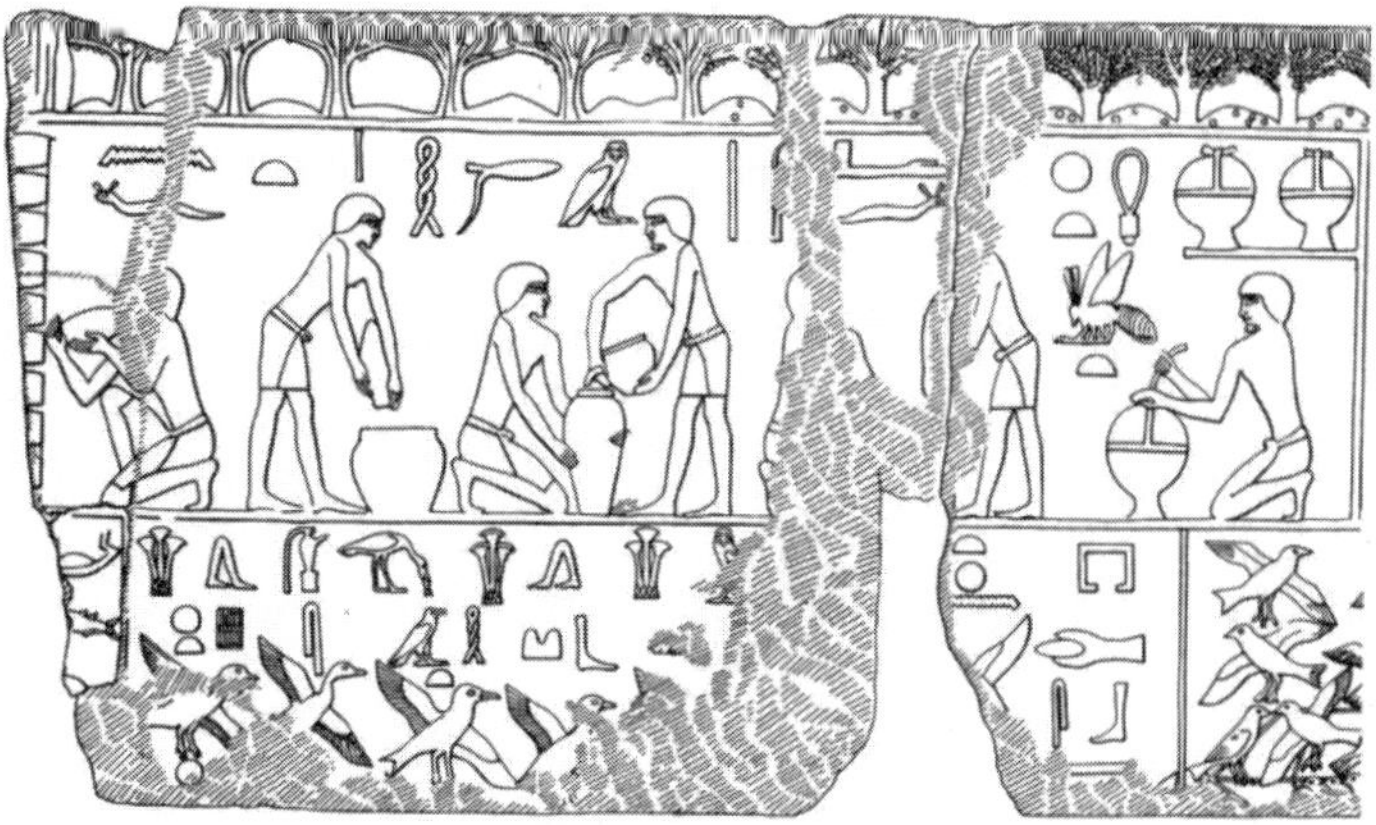

図3-3　4500年近く前に建てられたエジプトのニウセルラー王の太陽神殿で見つかった最古級の養蜂の記録。左端に見える膝をついた男は、縦に並べた9つの巣箱に煙を吹きかけている。中央に立つ2人の男は、一方が小さな壺から大きな瓶へと蜂蜜を注ぎ、もう一方が大きな瓶を支えている。右端でひざまずく男は、蜂蜜の詰まった容器を縛っている。男の上方の棚には同様に密封された容器が見える。

並行して誕生したと考えられる。そのとき私たちの祖先の一部は、ささやかな農業活動を始動させ、自分の利益のためにミツバチを含む動植物の生活に干渉しはじめたのである。

　巣箱を用いた養蜂の記録のうち現在知られている最古のものは、図3-3で示した石のレリーフで、およそ四五〇〇年前、紀元前二四〇〇年頃に制作された。[8] このレリーフは今でこそベルリンの新博物館に所蔵されているが、もともとはカイロの南一六キロメートル、アブ・ゴラブにあるニウセルラー王の太陽神殿の一部だった。当時蜂蜜はデーツと並ぶエジプト料理の主要な甘味料であり、養蜂はエジプトの重要な産業となっていた。レリーフの左端には、積み重ねられた九つの巣箱の横で膝をつく男の姿が見える。これらの巣箱は端に行くほど狭まった形をしていることから、焼成した陶器と推測される。男の頭上にある三つのヒエログリフを英語のアルファベットに変換するとNFTとなり、「通気する」という意味だ。ここから、蜂をおとなしくさせて巣から追い出すために、当時の蜂飼いが燻煙という由緒ある手法を用いていたことがわかる（一部欠けているが、男と巣箱の間に燻煙器も見える）。レリーフの中央から右側にかけては蜂蜜生産の様子が作業順に描かれていて、最後の右端の男——おそらく役人だろう——は、貴重な中身を保護するために容器を密封している。

古代に養蜂がおこなわれていた証拠はほかにもある。たとえば二〇〇七年には、イスラエル北部にある鉄器時代の都市テル・レホブの遺跡から、三〇基の巣箱が完全な形で発掘された。[9] その場所では一〇〇～二〇〇個の巣箱の残骸も同時に見つかっている。周囲に散らばっていた穀物を放射性炭素年代測定を用いて分析したところ、それらの巣箱は三〇〇〇年近く前、紀元前九七〇～八四〇年のものだと判明した。巣箱は未焼成の円筒土器で、外径が約四〇センチメートル、長さが約八〇センチメートル、出入口となる開口部の幅は三、四センチメートルで、今日の中東で使われている伝統的な巣箱とほぼ同じつくりだった。この発見で注目すべきなのは、これらの現存する最古の円筒形巣箱が、山小屋の薪のように三段に積み重ねられていた点だろう。積み重ねた巣箱の山は三列あり、それぞれ一メートルの間隔をあけて平行に配置されていた。ここから、三〇〇〇年近く前の養蜂もまた、現代の中東の伝統的養蜂と同じような形で運営されていたことがわかる（図3-4）。

エヴァ・クレーンは、一九九九年の記念碑的な著作『世界の養蜂と蜂蜜採りの歴史（*The World History of Beekeeping and Honey Hunting*）』で古代中東の養蜂について以下のように解説し、それが今日のエジプトの養蜂のやり方と一致していると推測している。[10]

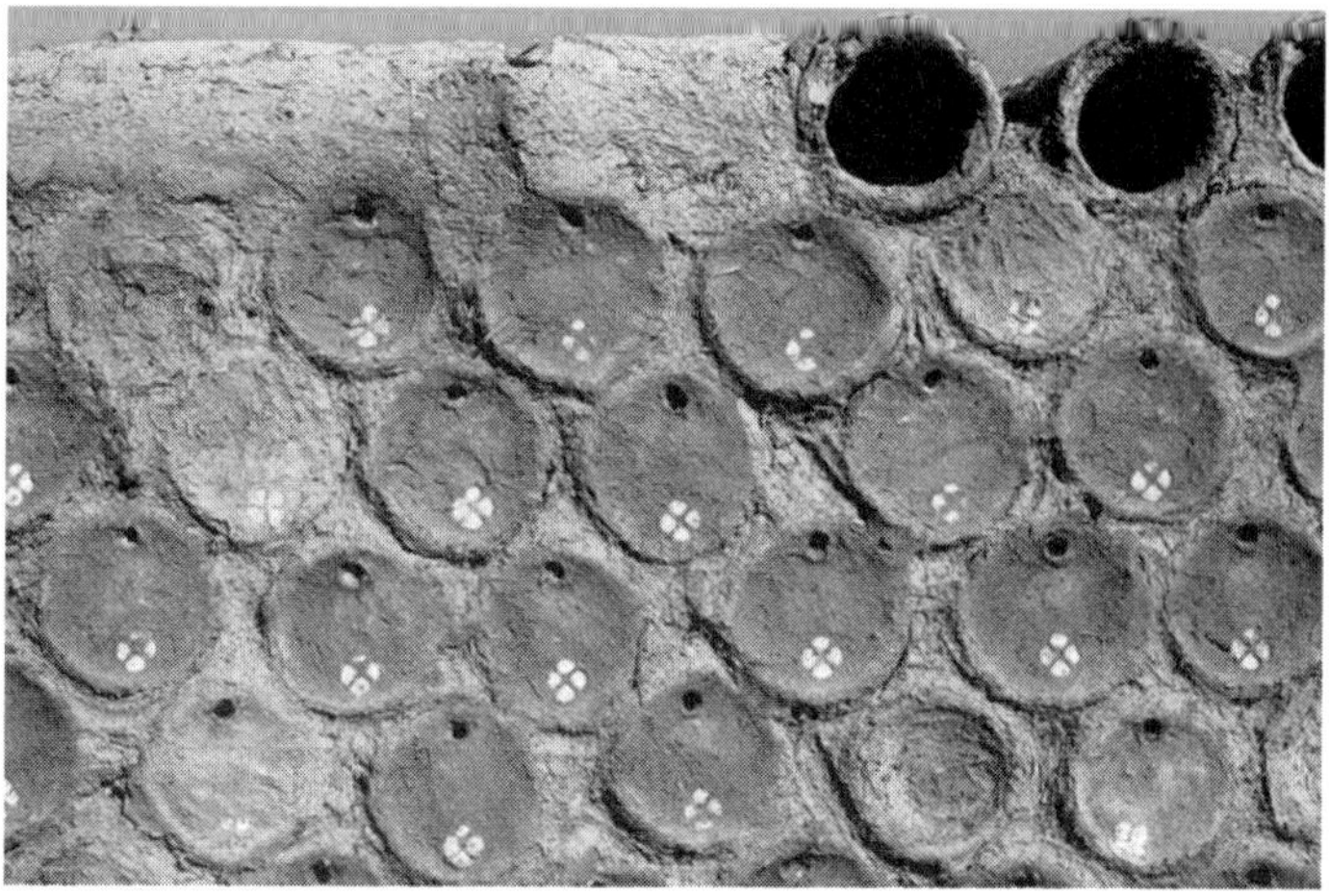

図3-4　円筒形巣箱を積み重ねたエジプト中央部の養蜂施設。巣箱間の隙間は、巣を作られないよう泥で埋められている。巣箱の前端には、丸い小さな開口部と、コロニーができたことを知らせる白い印が見える。

1　蜂飼いはふつう、巣箱の入口を守る門番蜂の攻撃を避けるために、積んだ円筒形巣箱の裏側で作業をしていた。

2　蜂蜜を収穫するときは、巣箱の後面を開けてから、煙を吹きかけてミツバチをおとなしくさせ、女王を巣箱の前端へと移動させた。それから鋭い平刃の道具（長い木の持ち手がついた大きなヘラのようなもの）を使って、蜂蜜の入った巣板を切り取った。

3　切り取った巣板に蜂児が含まれている場合は、その部分を巣箱に戻した。その際、巣箱の直径よりもわずかに長い棒を適切な位置に立てて巣板の支えとすると同時に、巣板が巣箱の長軸に対して直角になるよう（やがて円形の巣になるよう）配置した。

4　分蜂シーズンになると巣箱の前面を開けて、蜂児巣板を点検したり、分蜂を防ぐために不要な王台〔女王が育つ小部屋〕を除去したり、あるいは王台のついた巣板と働き蜂を空の巣箱に移し、スプリット（女王のいる新しいコロニー）を作った。

このようにエジプトや地中海以東の地域では、すでに数千年前には養蜂家が自分たちの利益にかなうようにミツバチのコロニーを管理していた。だが、当のミツバチにとっては必ずしも満足のいく状況とはいえなかった。つまるところミツバチたちは、狭い養蜂施設に詰め込まれ、せっかく蓄えた蜂蜜を横取りされ、繁殖までもコントロールされるようになってしまったのだから。

巣箱を用いた養蜂が中東から地中海地域の西および北側へと広がったときも、養蜂家とミツバチの関係はそれ以前の時代とあまり変わらなかった。古代ローマでおこなわれていた養蜂についてもっとも詳細な記述を残しているのは、一世紀のローマの農場主ルキウス・ユニウス・モデラトゥス・コルメラである。コルメラは、『農業について（*De re rustica*）』という一二巻本のうち第九巻の大部分を養蜂の説明に割き、その中で養蜂をはじめる人に適切な助言をしている。[11] すなわち、「主人の監視下」に置けるように自宅の横に壁で囲んだ養蜂場を作ってそこに巣箱を集めること、そのとき巣箱の配置は多くとも「三段重ね」までにすること、という助言だ。この配置からは、ローマの養蜂家が一般に横置きの巣箱（テル・レホブで発見されたようなもの）を使用していたことが伺える。コルメラは巣箱の形状や大きさについては具体的に言及していないが、材質に関しては、土器や陶器ではなく、コルクの木（*Quercus suber*）の厚い樹皮を利用した、断熱性の高い巣箱を使うよう勧めている。彼によると、陶器の巣箱では「夏の暑さに焼かれ、冬の寒さに凍る」のだという。コロニー管理に関する細かな指導も忘れていない。

たとえば、春になったら巣箱を開けて冬の汚れを取り除くこと、弱いコロニーは合同させること、分蜂群を捕まえて巣箱に住まわせること、王台を切り取って分蜂をコントロールすること、蜂児巣板を移動させること、オス蜂（「ほかの蜂よりも大きなサイズで生まれたもの」）を殺すこと、春と夏で巣箱の場所を変えること（「タイム、マジョラム、セイボリーなどの遅咲きの花から、蜂たちに十分な食事をとってもらうため」）などである。コルメラはさらに、蜂蜜の収穫は晩夏におこなうべきだと述べ、その際は少なくとも全体の三分の一は蜂蜜を残しておくことを推奨している。また「冬の到来に不安を感じている」ときは、巣箱の穴を「土と牛糞を混ぜ合わせたもの」で塞ぎ、寒さに備えるために巣箱の上に「植物の茎や葉をかぶせる」よう記してもいる。コルメラの時代の養蜂家がミツバチに愛情をそそぎ、世話を焼きたがっていたのは間違いなさそうだ。だがその一方で、自分たちの利益のために、ミツバチには大量の蜂蜜と蜜蝋を作ってほしいとも願っていた。

古代ローマ以降、地中海地域の北側でおこなわれていた伝統的養蜂は、二つの異なる軌跡をたどって発展していった。その一つが木を利用した樹木養蜂であり、人工の空洞あるいは自然の樹洞に扉を取り付けて、そこから蜂蜜を収穫するものである。この養蜂は、ヨーロッパ北東部、バルト海沿岸からウラル山脈まで約三〇〇〇キロメートルにわたる広大な落葉樹林帯を中心に実施されていた。[12] 人間がまばらにしか住んでおらず、山や海で分断されてもいないこの地域は、野生のミツバチが定着するには好都合な環境だといえる。ヤナギ、シナノキ、ハシバミ、オークの古木はミツバチにとって居心地の良い住処となり、開けた場所に見つかるキイチゴなどの草本植物は格好の蜜源、花粉源となった。樹木養蜂では、数人の男性がチームを組んで作業をおこなった。各チームは、営巣場所になりうる樹洞をもつ木が一〇〇本以上ある広範な区域を担当するが、実際に巣として使われる樹洞は毎年一〇くらいのものだったという。この密度の低さは、適切な営巣場所がなかったことではなく、食料が限られていたことが原因だろう。

樹木養蜂で利用された巨木は、自然の樹洞に扉を取り付けたものもあったが、大部分は人間が手をかけてくり抜いた人工の空洞だった。空洞を準備するには以下のような手順を踏む。まず対象となる木を選定し、革製のストラップなどを利用して、大きな枝を切り落としながら五〜二〇メートルをゆっくりと登る（図3-5）。登り終えたら、一般的には南に面する幹に、幅一〇センチメートル、高さ一メートルほどの細長い溝を垂直方向に刻んでいく。これは巣穴をくり抜くための作業用開口部で、実際次におこなうのは、柄の長いノミを使ってそこから四〇〜六〇リットルの内部空間をくり抜いていくことだ。それが完成したら、今度は巣門用の小さな穴をあける。これもふつうは南側に向け、巣穴の中央あたりの高さに設ける。巣門用の穴の大きさは幅五センチメートル、高さ一〇センチメートルほどだが、そのあとで木栓をはめ込んで巣門の広さを調整する。最後に、クマ、スズメバチ、キツツキなどの外敵から巣穴を守るために作業用開口部に扉をしっかりと取り付ける。こうした作業が樹上でおこなわれている間、チームのほかの者が、その土地の所有者の印——ヤギの角、弓、単純な線の組み合わせなどのシンボル——を木の根元に彫りつける。

養蜂家チームは、こうして完成した巣穴にミツバチが引っ越してきたか毎年初夏に点検し、ミツバチがいるとわかった穴には夏の終わりから秋にかけてもう一度訪れ、巣の一部を収穫する。養蜂家が空の樹洞にコロニーを移植したという記録はなく、またそのようなことが実現できたとも考えづらいので、

図3-5　木に登り、事前に準備した人工の樹洞から巣蜜を取り出すバシュキールの樹木養蜂家。男性がもっている道具には、木登りロープ、扉をこじ開けるための斧、面布、燻煙器、蓋付きの木桶がある。男性の手のすぐ右には巣門が見える。バシコルトスタン共和国で撮影。

樹木養蜂は野生の分蜂群に巣穴を使ってもらうことに完全に依存していたと思われる。

蜂蜜と蜜蝋は、森に厚く覆われた地域の自然から得られる数少ない富だったこともあり、中世のドイツ東部、ポーランド、バルト海沿岸地方、ロシアでは、養蜂が重要な経済活動とされていた。蜂蜜はミード酒の原料としてずっと貴重でありつづけ、蜜蝋はろうそくの材料として八世紀頃までキリスト教の教会、修道院、女子修道院で重宝されていた。一一世紀頃になると、蜂のいる森の多くはロシアの皇太子、ボヤール〔支配階級〕、修道院の所有となり、ボルトニキという特殊な農民がそうした森で養蜂に従事した（「ボルト」は「巣箱（内部をくり抜いた木の幹）」を表す古いロシア語である）。ボルトニキはふつう二人一組、あるいは小さな集団で、野生コロニーの世話や蜂蜜と蜜蝋の収穫にあたった。ロシアの農民は、働き蜂のことを愛情をこめて「神の小鳥」と呼び、蜂を殺すのは罪だと考えているという。それゆえ、一八五四年にロシアの近代養蜂の父ピョートル・プロコポーヴィチが、ボルトニキは一本の木から木桶一杯分（約六キログラム）以上の巣は収穫しないと報告していることは、何ら驚くに値しない。[13] ロシアの樹木養蜂家が持続可能な養蜂を目指していたのは間違いのないところである。

このように樹木養蜂では、野生のコロニーに居心地の良い営巣場所を提供し、晩夏に蜂蜜の蓄えの一部を控えめに集めるだけなので、ミツバチの生活もわずかに乱されるにとどまっていた。だが、ヨーロッパ北東部の広大な森が開拓されて農地になり、樹木が蜂の住処よりも木材として重宝されはじめると、樹木養蜂はしだいに巣箱養蜂――当初は丸太をくり抜いた巣箱が使われていた――へと道を譲るようになる。現在でも樹木養蜂をおこなう地域はあり、たとえば南ウラル、とりわけバシキール・ウラルでその姿を見ることができる。[14] バシキール・ウラルにあるバシキリア国立公園では、およそ一二〇〇本の木に人工の巣穴が作られ、そのうち三〇〇ほどが毎年ミツバチに利用されているという。

伝統的養蜂の二つ目の発展の流れは、現在のドイツ西部、オランダ、イギリス、アイルランド、フランスを含むヨーロッパ北西部で生まれた。[15] ミツバチが住める巨木が必ずしも豊富ではなかったこの地域では、大きな編みかごを逆さにした「スケップ」と呼ばれる巣箱が広く用いられた（スケップは「大きなかご」を意味する古ノルド語のスケッパから来ている。ここから、この単語が九世紀頃のバイキングのイングランド侵入後のものだということがわかる）。初期のスケップは、植物の茎（籐《とう》）で編んだものに泥や牛糞を塗って断熱や防水効果をほどこしていたが、のちにわら縄でも作られるようになった。どちらのスケップも、口の部分が平坦な石や木の台に面するように、ひっくり返して使用された（図3-6）。また置き場所には庇《ひさし》がかけられるのが一般的で、多くは住居の壁沿いに作った棚、ときには専用の差し掛け小屋が用意された。修道院や教会施設では、石壁のへこんだ場所（蜂の穴と呼ばれた）に置かれることもあった。

スケップを用いた養蜂はしばしば「分蜂養蜂」と呼ばれた。この養蜂の主な作業が、初夏に分蜂をさせて、その分蜂群をスケップに住まわせることだったからだ。養蜂家は、晩夏までコロニーを放置して自由に採蜜させ、自分が蜂蜜を収穫する段になると、コロニーの一部は殺し、残りは越冬させるために残した。分蜂シーズンには群れを捕まえるために継続的な監視がおこなわれた。晩夏にコロニー数を最大にしておく必要があったからである。分蜂群を捕まえるには、口を上に向けたスケップを持って蜂の木の下に立ち、その枝をゆすぶって蜂が新居に落ちてくるのを待つという方法が頻繁にとられた。また、捕獲器（円筒形の網）をスケップの出入口に置いて、分蜂がはじまったときに捕まえることもあった。

養蜂家のなかには、一回目の分蜂をすでに終えたスケップからラッパのような音が聞こえてきたら、まもなく二次分蜂がはじまることを知っていた者もいた。スケップ養蜂では頻繁に分蜂をさせる必要があり、養蜂家はスケップを小さくして巣箱内が混み合うようにすることで分蜂を促した。一六～一九世紀にイギリスで出版された養蜂関連の本で推奨されていたスケップの容積は九～三六リットルで、二〇リットル前後が一般的だった。巣枠が一〇枚入るラングストロス式巣箱が四二リットルであることを考えると、ずいぶん小さいことがわかる。

スケップ内の蜂蜜と蜜蝋を手に入れるときは、燃やした硫黄の上に吊るしたり、袋に入れて水中に沈めるなど、さまざまな方法でミツバチを殺した。だが一方で、別のスケップに追いやって蜂を殺さずに貯蜜巣板を収穫することもあった。この方法では、まず煙を吹きかけて、ミツバチが蜂蜜を腹いっぱい詰め込むように促す。それからスケップをひっくり返して、その上に空のスケップをつなげる。下の方のスケップの側面を数分間にわたって叩くと、ミツバチたちが驚いて上のスケップへと移動するというわけだ（残念ながら、夏の終わりに空のスケップへと移動させられたコロニーは、人の手で食料を与えられないかぎり冬を生き延びることは難しい）。ミツバチを殺さずに蜂蜜を収穫する方法はほかにもあった。それは煙で蜂を追い払ってから貯蜜巣板の一部を切り取るというものだ。これは樹木養蜂で見られたやり方と同じである。

スケップ養蜂には、エジプト式の円筒形巣箱やローマ式のくり抜いた丸太など、それ以前の巣箱養蜂に比べて優れた点がいくつかあった。たとえばスケップでは、流蜜期（蜜がよく吹く時期）にコロニーの場所を移動することができる。一例を挙げれば、ドイツのハンブルク南部にあるリューネブルガーハ

図3-6　木の台に置かれた籐のスケップと、ネット付きのフードをかぶった蜂飼いの姿を描いた木版画。

イデでは八〜九月にギョリュウモドキ（*Calluna vulgaris*）が咲き誇るので、そういう場所に移動させれば採蜜量も増加することになる。スケップではまた、巣板を比較的容易に点検することができ、それによってコロニーの勢い、蜂蜜の貯蔵状況、分蜂の準備状況（王台の有無）などの評価が可能になる。とはいえその点検は完全なものではなく、したがって、コロニーは有王か（産卵可能な女王がいるか）、巣板に蜂蜜はあるか、分蜂の準備はできているか、病気はないかなどが常にわかるとはかぎらない。さらにスケップ養蜂は蜂蜜の収穫の際にミツバチを殺すことを前提としているので、頻繁な分蜂によるコロニー数の増加が求められ、その結果、先述のようにコロニーは小さな巣箱に収容されていた。容積が小さければ、蜂蜜の生産量も少なくなる。それに加えて一九世紀には、採蜜のために無慈悲にミツバチを殺すことに対する反対意見も多く聞かれるようになってきた。養蜂家はもっと優れた巣箱を必要としていた。

ラングストロスの巣箱

一八四八年、三八歳のロレンゾ・ロレイン・ラングストロスは健康問題を理由に会衆派の牧師の職を辞し、マサチューセッツ州グリーンフィールドからペンシルベニア州フィラデルフィアへと居を移した。[16] フィラデルフィアでは、若い女性のための学校を開くとともに、商業養蜂家としての活動も開始した。彼が養蜂で用いたのは、主にガラスの広口瓶や小さなベルジャー〔釣鐘型のガラス容器〕だった。当時は、品質保証という観点から巣板に入ったままの蜂蜜（巣蜜）が仲買業者に好まれていた。したがって、ミツバチ自身によって蓋をされた貯蜜巣板が詰まったガラス瓶は一種のプレミアム商品となっていた。

巣蜜の詰まったガラス瓶の作り方は次のとおりだ。まず、複数の穴があけられた天板（ハニーボード）をもつ巣箱の上に、空っぽのガラス瓶を口を下にしてそれぞれ置く。それからガラス瓶を木の箱（スーパー）で覆って光が届かないようにする。こうすることでミツバチは自然の巣穴内と同様の行動をとるようになる。つまり、蜂児の入った巣板の上に蜂蜜を蓄えた白くて愛らしい巣板を作り、それがちょうどガラス瓶の中に収まるという仕掛けだ。

ラングストロスは、養蜂家として活動をしていくうちにミツバチのふるまいや社会生活の見事さを肌で感じるようになっていった。それと同時に、現在使っているものよりも高性能の巣箱を設計できないものかとも考えはじめた。当時のラングストロスが使っていたのは、高さが一五センチメートル、幅と奥行がそれぞれ四五センチメートルの背の低い木箱だった。巣箱の前面と後面の上部には、一二本のトップバー（上桟）を三・五センチメートル間隔で並べられるように溝が彫ってある。このバーを支点にしてミツバチが巣を作るのだ。ラングストロスは、天板が広くて多くのガラス瓶を置けるという点ではこの巣箱がお気に入りだった。だが、ミツバチが巣箱の内壁にも巣をくっつけてしまう点には頭を悩ませていた。というのも、蜂児のいる巣板を点検しようと思えば、それを壁からはがすという面倒な作業をまずおこなう必要があったからだ。

養蜂をより実際的で人道的なものにするには、今よりも優れた巣箱が必要だということをラングストロスは承知していた。理想をいえば、その巣箱は人間が簡単に扱えて、しかもミツバチが自然と同じような環境で暮らし、働けるようにするものであるべきだ。それが実現できれば、養蜂家は巣に余計な損害を与えることも、蜂を傷つけることも、蜂蜜を無駄にすることもなく、ミツバチの検査や支援をおこない、蜂蜜を収穫することが可能になるだろう。

ラングストロスは新しい巣箱を設計するにあたり、まずは巣箱の蓋を取るときに起きていた問題を解決しようと考えた。巣箱の蓋は、一二本のバーに触れるように置かれていた。よって当然のことながら、ミツバチは自分の巣穴の内側をコーティングするために集めたプロポリス（抗菌性の樹脂）を使って、蓋とバーを接着してしまうことになる。一八五一年、ラングストロスはこの問題を解決するために、巣箱の前面と後面の溝を従来より九ミリメートルほど深くしてみた。これによってバーは、巣箱の上端、ひいては蓋の下面よりも九ミリメートル下に位置することになる。はたせるかな、ミツバチはバーの上にできた隙間を埋めることはなく、狭い空間を残したままにした。こうしてラングストロスは、ビースペース——ミツバチが通路として使用する高さ七〜九ミリメートルの空間——を発見したのである。自然の巣ではこうした空間が巣板の縁に沿って見つかり、巣板間の通路として機能している（図3-7）。ラングストロスが当初、このビースペースの発見を巣箱の蓋が接着されてしまう問題の解決策としてしか見ていなかったのは興味深い。一八五一年の夏、彼は巣箱の蓋が簡単に開けられるようになったことに喜ぶ一方で、依然として面倒な作業に悩まされていた。巣板を点検したいと思えば、巣箱の壁にくっついた巣板を必ず切り離さなければならなかったのだ。この厄介な問題もビースペースで解決できると気づいたのはその年の秋、一〇月三〇日のことだ。ラングストロスはそのときのひらめきを次のように書き残している。[17]

バーを垂直材と合わせれば、巣箱の前面と後面にもビースペースが生まれ、ひいてはスラット［バーのこと］を出し入れ可能な木枠へと変えられるかもしれない……。この瞬間に、吊り下げられた可動式の巣枠、その巣枠を適切な間隔をあけて収容する箱がこの世に誕生したのだ。その一部始終が直感的に目に浮かんだ私は、もう少しで往来に飛び出して「わかったぞ《ユリイカ》！」と叫ぶところだった。

一八五一年一〇月三〇日のラングストロスの日記には、可動式の巣枠という新しい計画の概略が記されている。たとえば、バーに「状態の良い働き蜂の巣板」の一部を固定することや、ミツバチが枠面に

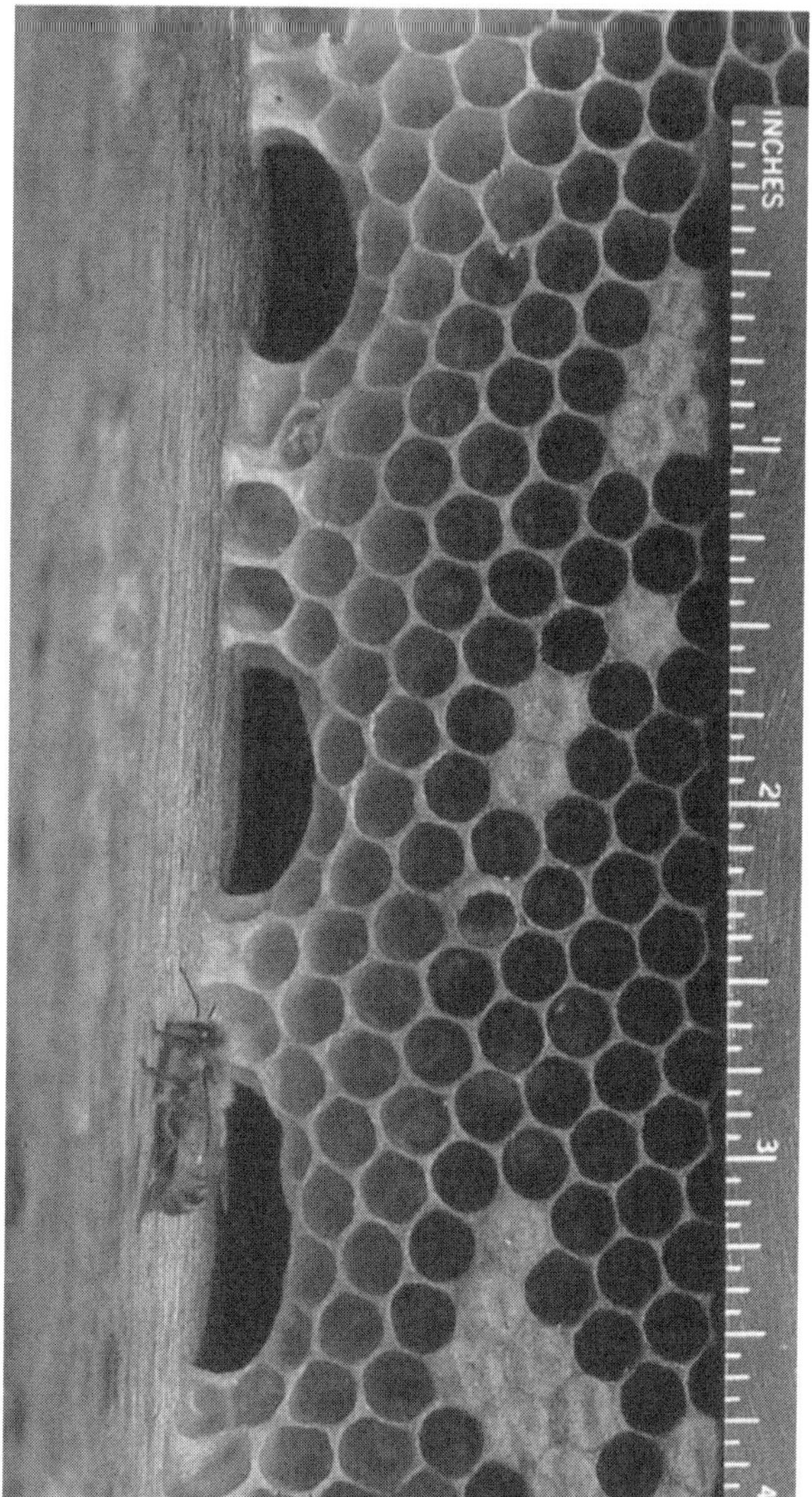

図 3-7　樹洞内部の巣の縁に作られた 3 つの通路。

巣を作れるように「バーの中心線に沿って蝋で細い線」を引くことなどである。ラングストロスはまた、垂直材とバーを組み合わせた「複合バー」の底に木材をさらに付け足せば、ビースペースが蓋や壁との間ばかりでなく、底板との間にも生じることに気づいた。こうして可動式の巣枠は、吊り下げる二ヵ所を除いてビースペースに囲まれることになったのである（図3‐8）。

ラングストロスが、ビースペースに囲まれた巣枠をもつ新しい巣箱の着想を得たのは秋のことで、そのアイデアを実際に試せる季節ではなかった。にもかかわらず、その年の一一月の日記からは、可動式の巣枠によって「養蜂家が蜂を完全にコントロールできるようになる」ため、その巣箱が養蜂の未来にとってもっとも重要な存在になることをラングストロスが確信していた様子がうかがえる。

一八五三年、ラングストロスは『ラングストロスによる巣箱とミツバチ——養蜂家マニュアル（*Langstroth on the Hive and the Honey-Bee: A Bee Keeper's Manual*）』という本を出版した。その中で彼は、自分の発明を「可動式巣板の蜂巣箱」と呼び、収益を目的とした養蜂で実際にそれを使用したと述べている。ラングストロスのこの発明によって、養蜂家は苦労することなく巣箱を開け、蜂と巣を点検し、管理することが可能になった。[18] そしてその結果、強勢コロニーを人為的に分蜂させる、弱勢コロニーに蜂蜜や蜂児を供給する、女王を見つけて交換する、害虫や病気が広がっていないか点検する、病原菌や寄生虫を除去する、蜂蜜を収穫するといった作業も容易になった。しかもそれらの作業を、いつでも好きなときに、巣へのダメージを最小限に抑えながら、蜂を傷つけることなく実行できるのである。

ミツバチをほぼ自在に管理できるようになったことで、特に花蜜や花粉の供給源が豊富で気候の良い地域では、コロニーあたりの蜜蜂生産量もずっと多くなった。したがって、養蜂家がラングストロスの

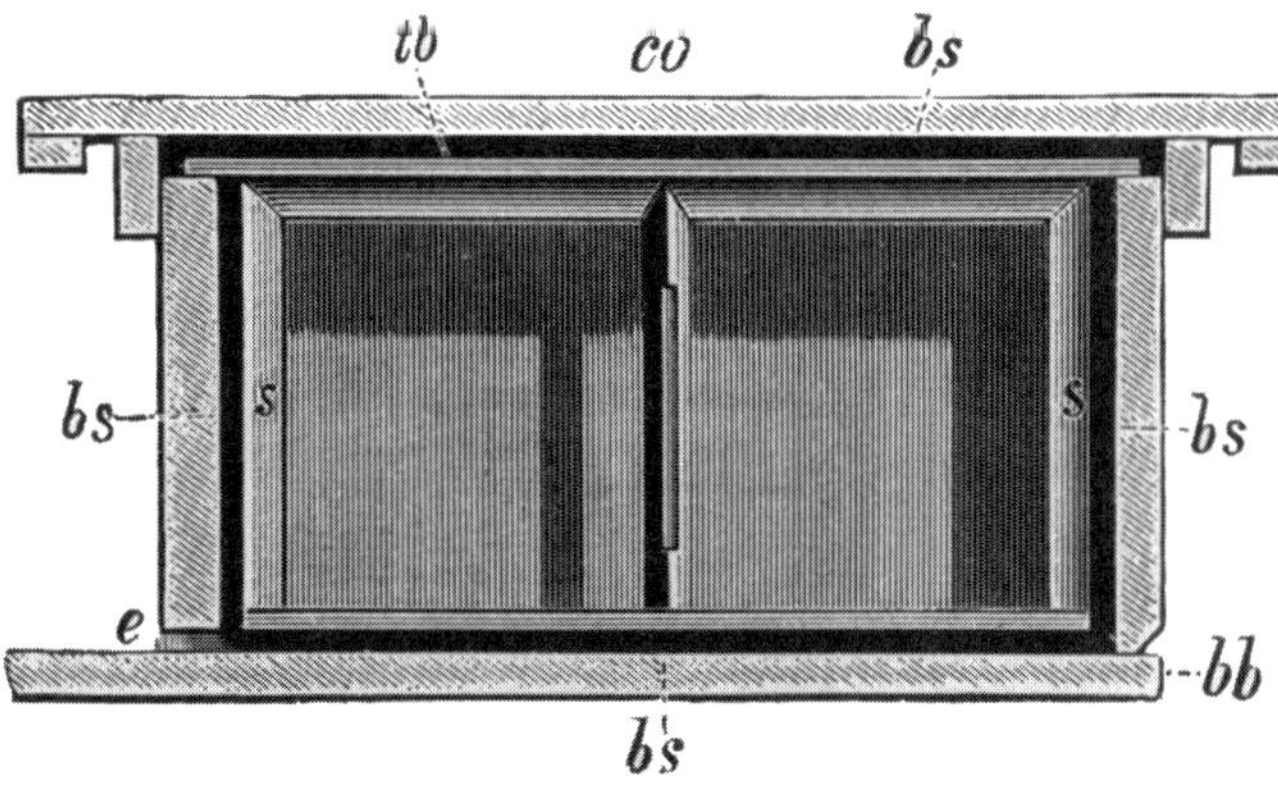

図 3-8　ラングストロスの可動巣枠式巣箱の断面図（Cheshire (1888) より）。巣箱のビースペースについて明記された初めての図である。co は蓋、tb はトップバー、bs はビースペース、s は側面、e は入口、bb は底板を表す。

巣箱をこぞって採用したことに不思議はない。またタイミングも後押しした。というのも、当時は動力機械のおかげで木工製品がより安く、より早く作られるようになった時期で、このため精巧な構造にもかかわらず、欧米の多くの地域で可動巣枠式巣箱を手頃な価格で入手できたからだ。一九世紀後半には鉄道の発展に伴い陸上輸送のさらなる機械化が進み、蜂蜜のマーケットが拡大したため、養蜂業の売上も増加した。そしてこの利益の上昇が呼び水となって、管理コロニーの生産性をいっそう高める技術発展が促されることになった。そうした技術発展には、巣蜜生産のための内部が小分けされた木箱、巣板から蜂蜜を取り出すための遠心分離機、ワイヤで補強した蜜蝋製の巣礎、育児室と貯蜜室を隔てる隔王板、採蜜前に巣から蜂を追い出すための化学物質と機械的な装置（脱蜂板）など、さまざまなものがある。

　蜂蜜の生産量を増加させるための技術発展は、同目的のためのコロニー管理にも根本的な変化をもたらすことになった。具体的にいえば、欧米の商業養蜂家は、春から初夏にかけてコロニーを大きくする一方で分蜂を未然に防ぎ、働き蜂の巨大な労働力をうまく利用して蜂が本来必要としているよりもずっと多くの蜂蜜を蓄えさせる（そしてその余剰を販売する）ことを目指すようになり、その状況は今日まで続いている。こうした養蜂は広々とした巣箱を用いることで実現されるが、その巣箱は五つ以上の箱からなり、営巣空間は二〇〇リットル以上、蜂蜜の貯蔵能力は一〇〇キログラム以上にもおよぶ。ミツバチが自分で営巣場所を選択するときに比べて三〜五倍も広い容積である（第5章参照）。コロニーを大きくして、蜂蜜の生産量を押し上げるもう一つの方法は、巣箱に複数の女王を入れることだ。この場合は、隔王板（働き蜂は通れるが女王は通過できない大きさの穴があいている金属製のシートや木の板）で隔離することで、女王同士が殺し合わないようにしておく。女王が複数いると、コロニーは巨大な蜂児圏と膨大な数の働き蜂をもつようになる。こうしたコロニーからは、特に蜜源の豊かな地域では、一巣箱あたり五〇〇〇キログラム以上の蜂蜜が収穫可能になるとさえある。

この章では養蜂の四五〇〇年にわたる歴史を振り返ってきた。その歴史では、最初は円筒土器やくり抜いた丸太、次いでスケップや単純な木箱、そして最後に洗練された今日の可動巣枠式巣箱が登場した。ロレンゾ・ラングストロスをはじめとする近代養蜂の発明者が、より良い巣箱を提供してきたのである。だが残念ながら、次の章で見るように、近代養蜂は蜂により良い生活を提供できたわけではなかった。

第4章　ミツバチは家畜化されたのか？

ミツバチは驚くほどの程度まで飼いならし家畜化することができる
――ロレンゾ・ラングストロス[1]

家畜化とは、人間が野生種を選抜し育種していく過程のことである。[2] その目的は、人工の環境で繁殖が可能で、食料、衣服、狩猟や牽引の補助、ペットなどとして人間の役に立つ変種を手に入れることにある。言い換えれば、家畜化とは人間が自身の生活を向上させるために他の種といかに提携してきたか、その足跡を示すものだ。人間による選抜は、少なくとも一万五〇〇〇年前のユーラシアではじまっていた。狩りのパートナーとしてオオカミを家畜化したのである。およそ一万年前、中東に暮らす人びとが生活の基盤を食料獲得（狩猟と採集）から食料生産（農耕と牧畜）へと移行させると、家畜化の対象はさらに拡大していった。たとえば、農作物、家畜、微生物（醸造用酵母など[3]）、ペットは、この時期に集中的に家畜化（栽培化）されている。一般的に家畜化の過程によって現れた生物は、人間に管理される環境では繁栄し、野生では悪戦苦闘するようになる。有名な例がトウモロコシ（*Zea mays*）だ。トウモロコシは栽培化の結果、種子が穂軸にしっかりくっついたままとなり、それを自然に分散させる有効なメカニズムを失ってしまったのである。

この章では、ミツバチは本当に家畜化されたのかという疑問について考えていくが、これはつまらない問いかけではない。というのも、この疑問に答えるには、ミツバチと人間のあいだに存在する特別な関係をしっかりと見つめなければならないからだ。議論をはじめるにあたって、まず、アピス・メリフェラが家畜化された一八種ほどの動物のリストに加えられるケースが多いこと、また養蜂家がミツバチを所有し（ある程度）コントロールしているのが事実である一方で、ミツバチの人間との関係が、ウシ、ニワトリ、ウマなどの畜産動物とは根本的に異なっていることに注意してほしい。いま挙げた三種の動物は、人工的な環境で人間の助けを借りて生きているという点で、進化における選択の舵取りはほぼ完全に人間に委ねられている。しかしながら、ミツバチは自然環境下で人間の助けを借りずに生きており、よって選択の舵はまだ自然の手のうちにあるといえる。ミツバチは依然として野生を自力で見事に生きていくことができる――本書ではその証拠を何度も目にすることになるだろう。

家畜化への道

前章で紹介したエジプトのレリーフ（図3－3参照）からは、およそ四五〇〇年前にはすでにミツバチが人間の管理下にあったことが見てとれるが、ミツバチの家畜化に向けた第一歩がいつ踏み出されたかは記されていない。とはいえ、煙を巧みに利用し、容器を念入りに密封するといった高度な作業風景から推測すれば、ミツバチ管理の起源がそのレリーフよりずっと前の時代にあったことは想像にかたくない。だとすれば、それはいつ頃だったのだろうか？　現時点での最新の手がかりは、中東の初期農耕社会でミツバチが広く利用されていたという考古学からの説得力のある報告だ。[4]具体的には、アナトリア（トルコ東部地域）にある約九〇〇〇年前の農村跡から発掘された大量の陶器の破片に、蜜蝋の化学的な痕跡が認められたのである。初期の農民にとって、蜂蜜（貴重な甘味料）や蜜蝋（おそらく道具や装飾や薬に使われた）をもたらしてくれるミツバチは重要な存在だったのだろう。このように人間とミツバチの緊密な関係が農業の誕生にさかのぼるならば、ミツバチもまた、ヒツジやヤギのように農業の発展と拡散に伴って家畜化の道を歩みはじめた動物の一つに数えても不自然ではなさそうである。

古代の農民は、なぜ自分の住居のそばにミツバチのコロニーを置いて世話をしようと思い立ったのだろうか？　思うに、最初にそれを実行したのは、その神秘的な小さな生き物の巣に隠された絶品の蜂蜜をとりわけ楽しんだ人びとだったのではないか。私たちの新石器時代の祖先が一片の巣板にかじりつき、目のくらむような甘さを味わい、魅惑的な芳香を吸い込んだとき、彼らが強烈な快感を覚えたであろうことは疑いようがない。それは歓喜に満ちた経験だったといっても過言ではない――黄金に輝く蜂蜜は当時知られていた随一の甘みだったからだ。約三五〇〇年前、モーセは「乳と蜜の流れる地」へと導くという神の言葉をイスラエルの民に伝えたとされる。[5]彼のその言葉には、砂糖、ブドウ糖、蜂蜜、メープルシロップなど多様な甘味料を大量に消費している今日の私たちには計り知れない重みがあったのではないかと、私はにらんでいる。

養蜂の起源を十分に理解するには、人間側の動機ばかりではなく、それを可能にしたミツバチ側の条件も考慮する必要があるだろう。そうした条件は二つあり、そのどちらもが農業社会の周辺に暮らすことにつながるミツバチの行動特性である。第一の特性は、ミツバチが大きなかごや水瓶《みずがめ》ほどの容量（二〇～四〇リットル）の空洞に営巣するのを好む点だ。[6]人間の居住地の周辺で野生のミツバチが最初に巣を作ったのは、野外に放置されていた空の瓶や、ひっくり返ったかごだったのかもしれない。[7] この見立ては肥沃な三角地帯の草原地帯では特にありそうな話に思える。そこではミツバチの食料は豊富でも、天然の営巣場所はさほどなかったはずだからだ。そして、もしこの仮定が正しければ、人間の住居のそばにまとまって置かれた人工物（巣箱／養蜂場）に暮らす第一歩を踏み出したのは、実は人間ではなく、ミツバチ自身だったということになる。

ミツバチを家畜化に導く第二の特性――おそらく第一のものよりも重要な特性――は、ロレンゾ・ラングストロスの『ラングストロスによる巣箱とミツバチ』の第2章に述べられている。その章題は「ミツバチは驚くほどの程度まで飼いならし家畜化することができる」という興味をそそるものだ。彼によると、ミツバチはスズメバチと同じくらい獰猛に巣を守ることができるにもかかわらず、必ずしも非常に警戒心が高いわけではないという点で決定的に異なっているという。ラングストロスはまた、胃（蜜胃）が蜂蜜で満たされている働き蜂は相手を刺すことに驚くほど及び腰で、この目をみはる特徴がなければミツバチは恐ろしい刺咬昆虫となり、飼いならすのは不可能だっただろうと説明している。

蜂蜜を腹に詰め込むと刺すのを避けるようになるという働き蜂の特性が適応的であるためには、次の二つの異なる文脈が考えられる。一つは、その蜂が分蜂群にいる場合だ。[8] 巣分かれをするミツバチは、新しい営巣場所をさがして蜜蝋で巣を作るためのエネルギーとして、蜂蜜を腹いっぱいに詰めている。おかげで体重は二倍近くにもなるほどだ。では、そうした蜂が刺さなくなる理由は何だろうか？　答えは単純だ――刺すという行為は働き蜂にとって死を意味する一方で、分蜂群は新しい巣を作るために一匹でも多くの働き蜂を必要としているからだ。第7章で見るように、群れの構成員が多いほど、引っ越し後の最初の冬を乗り切る可能性も高くなる。[9]
もう一つの文脈は、火事などで巣に危険が迫っているときに、煙を察知して危機に備える場合である。ジェフ・トライブ、カリン・スターンバーグ、ジェニー・カリナンは、南アフリカでケープミツバチ（*Apis mellifera capensis*）の調査をおこない、煙に気づき蜂蜜を飲んでおとなしくなることで、その蜂がどんな利益を得ているかを明らかにした。[10] トライブらは、ケープポイント自然保護区内の九八八ヘクタールの土地が山火事で焼失した七日後に、以前の調査で野生コロニーがいることがわかっていた一七カ所の営巣場所を調査した。[11] それらの営巣場所は、大きな岩の下や露頭の裂け目など、どれも岩壁に囲まれた空間である。調査チームが発見したのは、一七カ所すべてのコロニーが焼け野原のただなかで生き残っていたという事実だった。巣門のプロポリス製「防火壁」や（数は少なかったが）巣穴の奥の蜜蝋が溶けるなど、一部が破壊されている巣もあったが、ともかくコロニーは生きながらえていた。煙を察知したミツバチがすぐに胃を蜂蜜で満たし、耐火性のある巣穴のできるだけ奥に退いて、体内に蓄えた蜂蜜を利用しながら山火事を切り抜けたことは間違いない。山火事のあとはカリキン〔煙や灰に含まれる発芽促進物質〕によって刺激を受けた植物が一週間ほどで芽吹き、やがて花をつけるので、そうすればミツバチは採餌を再開することができる。トライブらによるこの調査は、南アフリカの山火事の多い地域に暮らすミツバチにとって、煙に反応して蜜を飲む行動がいかに適応的かを示すものだ。ただし、ミツバチが蜂蜜を体内に取り入れて静かになる理由に関してこの調査が明らかにしたことは、従来の一般的な説明——巣を放棄して火を逃れるため——とは少し異なっているようだ。私は従来の説明の方が間違っていると思う。なぜなら、火事の危険が迫ったコロニーが、うまく巣から脱出して炎と煙の中を飛んでいくのは明らかに困難で、特に身重の女王がそれほど器用に飛べるとは考えにくいからだ。

ところで、煙を数回吹きかけるだけで何千匹もの怒りっぽい蜂たちを沈静化させるこの魔法のような力に、人類はいつ気づいたのだろうか？　前章で見たレリーフ（図3‐3参照）には蜂飼いが巣箱を煙でいぶす様子が描かれていたが、そこから考えて四〇〇〇年以上前のエジプトではその知見が共有されていたことがわかる。さらにいえば、ミツバチを武装解除する煙の力は、エジプト時代の養蜂よりずっと前、人間がまだ蜂蜜採りをしていた時代に思いがけず発見されていた可能性すらある。考古学的証拠は、約一二万年前には人類が巧みに火を使用していたことを示している。[12]

一〇〇年に満たない人為選択の歴史

私たちが家畜（動物、植物、微生物）の生産性を増大させようとする場合、大まかにいって二つのやり方がある。一つは遺伝子を変えること、もう一つは環境をコントロールすることだ。これは、私がイサカ北部の肥沃な農地――まさに「乳と蜜の流れる」土地だ――を車で通るときにいつも思い出す事実である。イサカ北部には酪農場や養蜂場が数多くあるが、その景色を目にするたびに、そこで働く人たちが家畜の収益を高めようとして今どんなことをしてるのか考えてしまうのだ。[13] 酪農家は過去五〇年にわたって、遺伝子や生活環境を変えることで一頭あたりの牛乳生産量を増加させてきた。遺伝子に関していえば、かつてよく見た茶色のジャージー種やダッチベルテッド種は白黒のホルスタイン種に取って代わられた。また生活環境に関していえば、もはや乳牛は牧草地で草を食んで夏の日を過ごすことはない。今日ではその大半が、一年のほとんどを壁のない巨大な牛舎内にある個別の牛房、あるいは集団用スペースをもつフリーストール牛舎で過ごすのである。そこではタンパク質を強化したコーンやアルファルファが飼料として与えられ、抗生物質やホルモン剤も添加される。それもこれも牛乳の生産量を押し上げるためだ。このような環境に暮らすウシにとっては交尾すらも過去の遺物だ。出産した乳牛は、産後数日で子牛と引き離され、やがて乳量が少なくなると再び人工的に妊娠させられる（優秀な乳牛の父親となった実績のある雄牛の精子を用いる）。こうして「交配」した乳牛は、工場式農場の一生産単位としての仕事に再度舞い戻るのだ。

ミツバチは、経済的に重要であるがゆえに生産性向上のために人間によって徹底的にコントロールされる動物という点では、乳牛と同じ運命を共有している。とはいえ、繁栄のために人間による日常的な世話が必要なホルスタインとは異なり、ミツバチはいまだ自分の力だけで生活をすることができる。これはどうしてなのだろう？　言い換えれば、私たちはなぜ、人間の助けを必要とする乳牛のように、育種を通じてミツバチの遺伝子を変えてこなかったのだろうか？　まずいえるのは、ミツバチには経済価値の高い遺伝形質（たとえば蜂蜜の生産量）における個体間の違いという「育種にとって非常に重要な要素」が欠けているから、という答えは誤りであることだ。[14] ここでいうミツバチの個体とはコロニーのことを指すが、経済的に重要な遺伝的差異に関して、コロニーは実際にさまざまな点で互いに異なっている。例を挙げれば、蜂蜜の生産量、花粉の採集量、従順さ、分蜂のしやすさ、プロポリスの採集量、越冬能力、耐病性などである。

では、養蜂家が最近までミツバチの蜂蜜生産量や耐病性を向上させたり、攻撃性を抑えたりしてこなかった理由は何だろうか？　この疑問は次の一言で概ね説明がつく――養蜂家にはコロニーの繁殖を仔細に管理する手段がなかったのである。一般に動物のブリーダーは、望ましい性質を有する個体のみが子孫をもてるように交配を制限することで、次世代をコントロールしている。だが養蜂家はつい最近まで、特定のコロニーを繁殖させる方法、より具体的には、未来のコロニーの女王とそれを受精させるオス蜂を選別して繁殖させる方法を知らなかった。そうした問題はすべてミツバチに、つまりは自然に任せていたのだ。養蜂家は、自分が管理しているなかで最高のコロニーから女王とオス蜂を選び、それらがうまく子孫を残せるような仕組みを必要としていた。

こうした状況に変化が生まれたのは、ラングストロスが可動巣枠式巣箱（図3－8参照）を発明した一九世紀なかばのことだ。養蜂家は、ラングストロスの巣箱によって、大きな混乱を与えることなくコロニーを点検できるようになると同時に、いちばん状態の良いコロニーから分蜂王台（女王が分蜂前に産卵していく王台）を切り取って状態の悪いコロニーに与えることで優れた女王を移植し、養蜂場を拡大していくことも可能になった。とはいえ、ミツバチの育種に本格的に取り組めるようになったのは、ギルバート・M・ドゥーリトルによって女王の人工飼育の効率的な方法が発明されてからのことだ。この方法は、一八八九年刊行の『科学的な女王飼育（*Scientific Queen-Rearing*）』で広く知られるようになった。ドゥーリトルの方法で人工飼育された女王はたいてい自由な交尾が許されており、これはオス蜂に関して人為選択が働いていない状況といえる。だが時には、好ましいオス蜂を生産するコロニーがいる遠い場所（島や山あいの谷など）に移動させてから交尾をおこなわせることもあり、この場合はある程度のオス蜂の人為選択が働いている。

女王とオス蜂の双方に人為選択を強く働かせる、完全にコントロールされたミツバチの育種を可能に

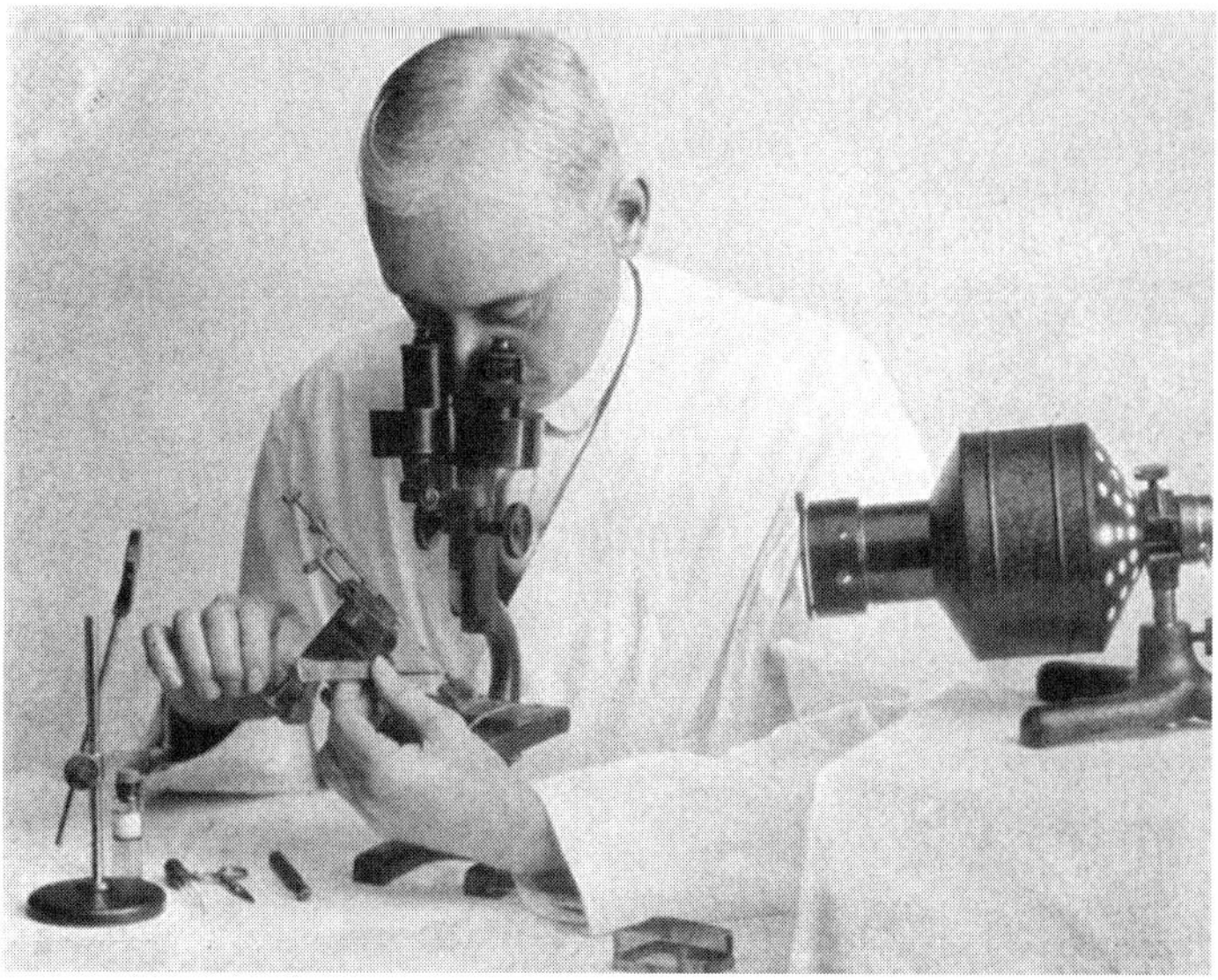

図 4-1　オリジナルの器具を使って女王の人工授精をおこなうロイド・ワトソン（1928 年）。両肘を机の上に載せ、顕微鏡のステージを利用して左手を固定している。

したのは、一九二〇年代にロイド・R・ワトソン（図4－1）が発明した女王の人工授精のための道具と技術である（彼はこの発見をコーネル大学の博士論文として発表した）。マイクロマニピュレータの設計、製作、操作に長じていたワトソンは、女王の人工授精を「器具受精」と呼び、その呼称は今日まで広く使われている。[15] その後一九四〇年代に入ると、ハリー・H・レイドローが人工授精の手順をさらに発展させるとともに、女王の卵管に精液を注入する注射器の改良もおこなった。これによって女王の貯精嚢《ちょせいのう》に精子を容易に送り込めるようになり、ひいては人工授精もより信頼できるものになった。こうして養蜂家は、コロニーの遺伝子を完全にコントロールすることについに成功したのである。

十分にコントロールされた育種の初期事例としては、アメリカ腐蛆病《ふそびょう》（AFB）への耐性を高めるプログラムが挙げられる。AFBとはパエニバシラス属の細菌が原因で起こる蜂児の病気で、主に盗蜂を介してコロニー間で容易に拡大するため、蜂児がかかる病気としてはもっとも厄介なものだ。[16] この育種プログラムの開始は一九三四年、参加したのはアイオワ州立大学の昆虫学者O・ウォレス・パークとF・B・パドック、アメリカン・ビー・ジャーナルの編集者フランク・C・ペレットという面々だった。[17]彼らはまず、AFBに対していくばくかの耐性をもっていると養蜂家が判断したコロニーの調査をした。そして一九三五年には、そうしたコロニーをアメリカ各地から二五群選んでアイオワの試験場に運び込み、耐性検査をおこなった。耐性検査では、長方形に切り取った蜂児巣板を各コロニーの巣箱に挿入した。二〇〇ほどの巣房をもち、うち七五〜一〇〇にはAFBスケール（AFBによって死んだ幼虫の乾燥した死体）が入っている巣板である。それに対してコロニーが見せた反応は、挿入された巣板を取り除く、汚染された巣房をきれいにする、何もしない、のいずれかだった。多くのコロニーでは夏の終わりの時点でAFBによって死んだ蜂児が見られたが、七つのコロニー（二八パーセント）には病気の兆候が現れず、よって耐性があると考えられた。翌三六年には、プログラムの次の段階として、テキサス州の一〇〇平方キロメートルの広さをもつ柑橘園の真ん中に半隔離状態の養蜂場を作り、AFB耐性のあるコロニー出身の女王とオス蜂を育て自由に交尾させた。そうした女王が率いるコロニーは二七群あったが、夏の終わりに前年と同様の耐性検査をしたところ、病気の兆候が見られないコロニーが九群（三三パーセント）あることがわかった。研究チームはその後一〇年にわたり、この半隔離状態の養蜂場で、もっとも耐性のあるコロニーの女王とオス蜂の交配を繰り返した。その結果、耐性をもつコロニー

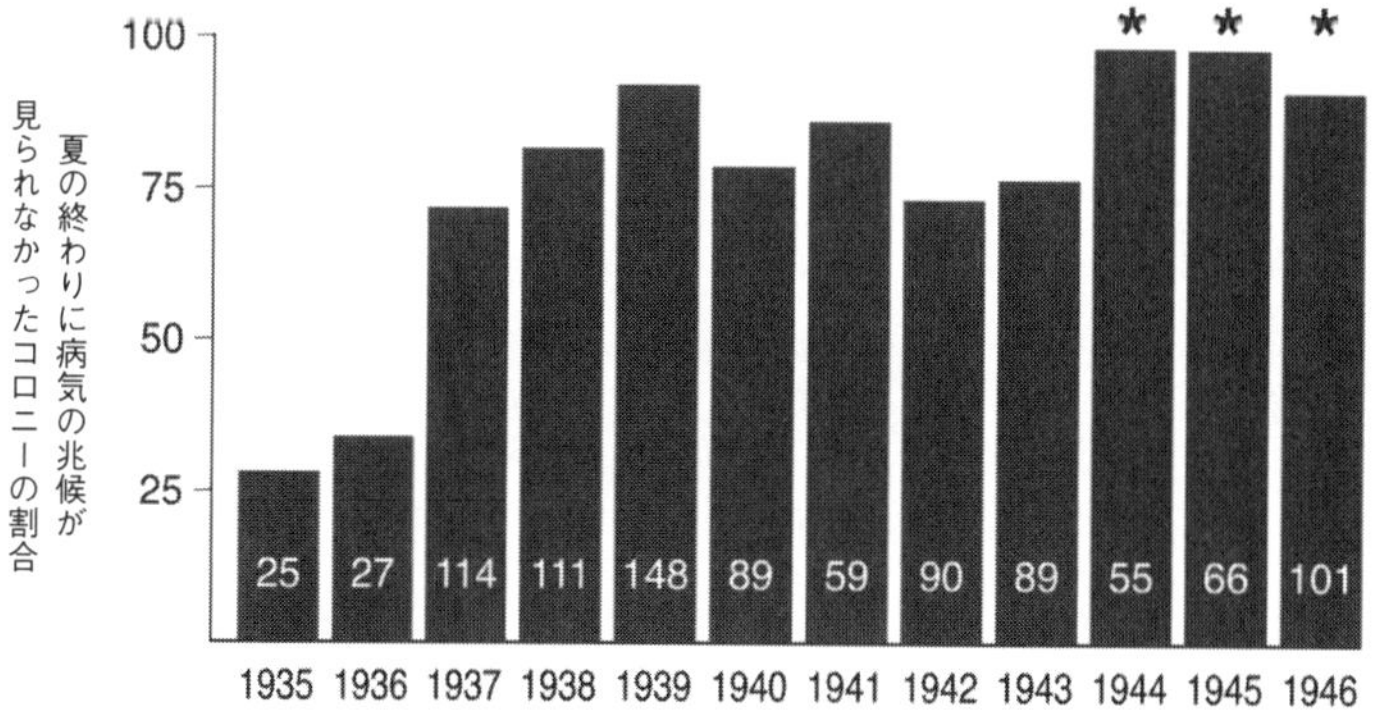

図4-2　アメリカ腐蛆病（ＡＦＢ）耐性を目的とした育種における著しい変化。12年の選抜育種の間、ＡＦＢの胞子を植菌したあとでも病気にかからなかったコロニーの割合は増大した。棒グラフ内の数字はコロニーの全体数、アスタリスクは女王の人工授精をおこなった年を示す。

の割合は劇的に上昇した（図4－2）。とりわけ一九四四年に人工授精を開始して、半隔離状態ではやむを得なかった交尾場での異系交配を締め出してからは、その傾向が著しく強まった――ＡＦＢ耐性をもつコロニーの割合が一〇〇パーセント近くまで上昇したのである。

いま紹介したパークらの育種プログラムの驚くべき結果、それに続いておこなわれたオハイオのウォルター・Ｃ・ロテンビュラーによるＡＦＢ耐性に関する遺伝子研究の成果は、ミツバチの育種において何が可能かを示す見事な事例だといえる。蜂児がかかる病気への耐性獲得を目指した育種はその後さらに進展し、チョーク病の原因菌であるハチノスカビ（*Ascosphaera apis*）や、アカリンダニ（*Acarapis woodi*）やミツバチヘギイタダニ（*Varroa destructor*）への耐性向上プログラムも実施された[18]。なお、こうしたプログラムはすべて、病気にかかった蜂児を取り除いて捨てるという「衛生行動」に焦点を絞っておこなわれてきた。というのも、

AFBがそうだったように、衛生行動が向上すればチョーク病やダニへの耐性も向上することが複数の研究によって示されていたからだ。衛生行動はまた、コロニー単位の性質として評価が容易という点でも魅力的な目標である。評価は以下のようにおこなう。まず蜂児巣板を巣箱から取り出し、そのごく一部を液体窒素で凍らせる。次にその巣板を巣箱に戻し、凍って死んだ蜂児が除去されているかどうかを一定時間後に点検する。二四時間以内に除去されていればそのコロニーは衛生的とみなされるわけだ。衛生的な働き蜂がいるコロニーは、ミツバチヘギイタダニに感染した蜂児を取り除く割合も高くなるため、アメリカの女王生産者の多くは、この方法を用いて自分たちのコロニーの評価をおこなっている。

ミツバチの人為選択プログラムのもう一つの成功例として、アメリカ農務省に勤務していたウィリアム・P・ナイとオットー・マッケンセンによって一九六〇年代に実施されたものが挙げられる。彼らはまずミツバチの近交系をいくつか作り、アルファルファから集めてくる花粉量に基づいてそれぞれをランク付けした（ミツバチにとってアルファルファは主に蜜を集めるために訪れる植物であって、受粉の役に立つことはほとんどない）。次に、ユタ州北部の多様な花粉源がある場所で、選抜を開始してから五世代目のミツバチを用いて試験をおこなった。すると、アルファルファの花粉を集めて帰ってくる働き蜂の割合は、高いランクの系統では五四パーセント、低いランクの系統では二パーセントであることがわかった。この研究はその後、アメリカの複数の種苗会社によって引き継がれた。[19] そこでは複数の系統を選抜し、近親交配を避けるために異なる系統同士を掛け合わせるという作業を繰り返しおこなった。育種を開始してから三年後に、選抜系統のコロニーをアルファルファ、ベニバナ、綿花、メロン、甜菜を植えた試験区に置いたところ、集めた花粉の六八パーセントがアルファルファであることがわかった。なお、標準的なコロニー（対照群）が集めたアルファルファの割合は一八パーセントにすぎなかった。この研究結果は、ミツバチの育種において何が可能かを示すもう一つの説得力のある事例だといえよう。しかしながら、結局のところ、アルファルファの商業生産に際してミツバチの選抜系統が利用されることはなかった。おそらくアルファルファなどの小さなマメ科植物にとっては、一部の単独性の蜂の方がミツバチよりも効率の良いポリネーターだったからだろう。

ミツバチに品種はない

育種によってミツバチの衛生行動や受粉行動を向上させたという確固たる成功例があるにもかかわらず、人為選択がミツバチの一般的な行動を変化させたという証拠はどこにも見当たらない。ミツバチの育種に目に見える持続的な効果がない、あるいは効果があったとしてもごくわずかなのはどうしてなのだろうか？　養蜂に関係するミツバチの性質に関してコロニー間で差異がないからだろうか？　そんなことはない。養蜂家であれば、巣箱内のあちこちをプロポリスで固めてしまうコロニーもあれば、プロポリスをめったに使わないコロニーもあること、巣箱を開けたときに即座に飛び回るコロニーもあれば、おとなしいコロニーもあることは誰もが承知しているだろう。さらにいえば、故郷のヨーロッパで暮らしているミツバチを見渡せば、土地に関連づけられる――イタリア系、スロベニア系（カーニオラン種）、コーカサス系、アイルランド系など――体色、形、行動の違いを見つけることができる。だがその一方で、そこには厳格な品種の違いは見られない。[20]

この状況は、人間にとって重要な他の動物、たとえばイヌとはどう違っているのだろうか？[21]　ミツバチと同様、イヌもまた古代ヨーロッパに暮らしていた動物の子孫、具体的にはハイイロオオカミ（*Canis lupus*）の子孫である。[22] 一方でミツバチとは異なることもある。現代のイヌ（*Canis familiaris*）が家畜化の影響を大いに受けて形づくられてきたという点だ。これは、たとえばジャーマン・シェパード、ビーグル、ダックスフント、ラブラドール・レトリバー、チワワ、アイリッシュ・ウルフハウンド、スコティッシュ・テリアなど、品種によって形やふるまいが千差万別であることからも明らかだろう。同じことはウシにもいえる。現代のウシは、氷河期の洞窟壁画に描かれた堂々とした体躯の赤茶色のウシ、つまりオーロックス（*Bos primigenius*）の家畜化された子孫である。オーロックスはすでに絶滅してしまったが、ローマ時代にはまだ自然に生息していて、ユリウス・カエサルはその姿形について「象よりわずかに小さい」と書き残している。私たちはこの古代種からウシを作り出し、鋤《すき》や牛車を引かせたり、肉や皮や牛乳を手に入れるのに利用しているのだ。現代のウシ（*Bos tauru*）の数百にものぼる品種――ホルスタイン・フリーシアン、ベルテッド・ギャロウェイ、テキサス・ロングホーン、ブラウン・スイス、ブラック・アンガス、スコティッシュ・ハイランドなど――に見られる形や能力の多様性を考えると、イヌと同様、ウシにおける人為選択の有効性に疑問の余地はない。

では、ミツバチはなぜイヌやウシと違って過去一万年にわたってほとんど変化していないのか？　一つには、私たちがミツバチの完全な育種――女王の育成と人工授精――に必要な道具をもつようになったのが、たかだか一〇〇年前だった点が挙げられる。だがおそらくそれよりもずっと影響が大きいのは、ミツバチの人為選択のための道具が、それが発明されてからも広範囲かつ継続的には使われてこなかったことだろう。実のところ、こと欧米に関しては、アピス・メリフェラが暮らす土地の大部分で、人為選択の影響は最小限に抑えられているのではないかと私は考えている。というのも、そうした土地では、ほとんどの女王が人間の管轄外の領域――オス蜂と出会えるところならどこでも――で交尾をおこなっているからだ。おそらく女王が会うオス蜂の大部分は、樹木や建築物、あるいは遺伝子操作をしていない養蜂家の巣箱に暮らすコロニーからやってくるはずだ。こうした状況では、育種がどんな遺伝子の変化を作り出そうとも、時間とともにその変化は消えていくほかない。そしてこのことは、ミツバチの遺伝的特徴が、多くの（おそらくほとんどの）場所で養蜂家による人為選択よりも自然選択によって形づくられることを意味している。ほかの家畜とは違い、ミツバチが人間の手による住処を必要とせず、自然の樹洞に完全になじんだままの理由は、これで説明がつくだろう。実際、分蜂シーズンに入ったミツバチが何のためらいもなく巣箱を捨てて樹洞へと旅立っていく場面をおろおろしながら目撃するのは、ほとんどの養蜂家におなじみの経験だ。巣箱での暮らしから野生の生活に戻ることは、ミツバチにとってさほど大きな変化ではないのである。

半家畜種としてのアピス・メリフェラ

私たち人間は、トウモロコシ、イヌ、ウシの遺伝子は巧みに操作してきたものの、ミツバチの遺伝子には根本的な変更を何ら加えてこなかった。[23] だが他方、パートナーである動植物の生産性を増大させる一つ目の方法は大いに利用してきた。つまり、環境のコントロールである。その最初の一歩は、数千年前、自分で用意した巣箱にミツバチを住まわせることによって踏み出された。こうしてミツバチの住む場所をコントロールしはじめた私たちは、蜂たちの家に容易に介入し、欲しかった蜂蜜と蜜蝋を手に入れられるようになった。コロニーの生活環境をコントロールする技術は近年さらに洗練され、そのおかげで養蜂家は、ミツバチが生み出す商品（蜂蜜、花粉、蜜蝋、ローヤルゼリー、時として蜂毒）や仕事（送粉）の効率を向上させることが可能になった。

ミツバチの収益性を高めるために養蜂家がおこなう環境操作のうち、もっとも一般的なものはコロニーの移動である。価値の高い蜂蜜を作れる場所や、ミツバチによる受粉が必要な農作物がある場所にコロニーを運ぶのだ。たとえばスコットランドでは、八月になると多くの養蜂家がヒースの咲き誇る荒野にコロニーを持っていき、ギョリュウモドキ（*Calluna vulgaris*）の蜜を集めさせる。[24] そうして作られる赤みがかったオレンジ色のかぐわしい蜂蜜は、蜂蜜のロールスロイスとでも呼ぶべき逸品で、ヒースに覆われた秋の丘に巣箱を運び上げるだけの価値があるものだ（図4-3）。同様にニューヨーク州の一部の養蜂家は、価値の高い黒褐色の蜂蜜を求めて広大なソバ畑にコロニーを移動させる。なお、ソバの蜜からできた蜂蜜はたしかに珍重されているが独特の匂いもあり、とある養蜂初心者などは、その匂いを知らなかったために、巣箱の近くに死体でもあるのではないかと心配したという。

コロニーの移動は、蜂蜜ばかりでなく、農作物の送粉サービスのためにもおこなわれている。そうした事例のなかには、カリフォルニア州セントラル・バレーにあるアーモンド農園にアメリカ全体の半分以上にあたる一五〇万群のコロニーを集結させるという、唖然とするようなケースもある。[25] この種の大がかりな移動ではミツバチの厳格な管理が不可欠だ。たとえば、フロリダ州やメイン州の養蜂家は大陸を横断してカリフォルニアに向かうことになるわけだが、その場合は、トレーラーの大軍団に乗せる前からコロニーに糖液と花粉パテを与え、蜂児を生産するよう促す。契約で定められた大きさにコロニー

図 4-3　ヒースが自生するスコットランド高地に運ばれた 2 つの巣箱。背後に見えるのはネアンの町にほど近い丘で、その中腹は満開のギョリュウモドキ（*Calluna vulgaris*）に覆われている。

を育てるためである。養蜂家たちは、一月下旬〜二月上旬にカリフォルニアに到着すると、サクラメントからベーカーズフィールドまで広がる三二万五〇〇〇ヘクタールのアーモンド農園にコロニーを配置していく。三月上旬にアーモンドのシーズンが終わると、今度はワシントン州のリンゴ園やサクランボ園での契約を済ませるために、北へ向けてトラックを走らせる。また、ノースダコタ州やサウスダコタ州のアルファルファ、ヒマワリ、クローバーの広大な野原で蜂蜜を作るために、東に向かう養蜂家もいる。

いま見たように、コロニーがどこに暮らすかは養蜂家の収入を大きく左右する要素だが、コロニーがどう暮らすかを管理することもまた重要だ。たとえば、自然環境下のミツバチは巣板を巣穴の天井や壁にしっかりとくっつけるが、現代の巣箱では、長方形の巣枠（木あるいはプラスチック製）の内側に巣を作るよう促され、その巣枠は木箱の中にファイルのようにしまわれている。養蜂家はこの構造によって、まるで事務員がキャビネットからファイルを取り出すように巣枠を引き出せるようになり、蜂蜜の詰まった巣板を手に入れたり、下段の育児室の蜂児枠を点検するのが容易になった。ミツバチの暮らし方を管理するもう一つの方法は、巣枠に巣礎（両面に六角形のハニカムパターンが圧印された蜜蝋あるいはプラスチック製のシート）を張ることだ。巣礎を見つけると、ミツバチはそのパターンに従って巣を作りはじめる（あるいは養蜂家がいうように「巣を引き伸ばす」）。一般に巣礎のハニカムパターンは、オス蜂用の大きな巣房ではなく、働き蜂用の小さな巣房に合わせて作られている。そうすれば働き蜂が増え蜂蜜の生産量が増すからだが、反対にオス蜂の数は減るので繁殖の成功率は下がることになる。

現代の養蜂が基礎を置いているのは、いま紹介した可動巣枠や巣礎のような発明だけではない。高度なコロニー管理の手法もまた現代の養蜂を特徴づけるものだ。[26] なかでも重要なのは、分蜂のコントロールだろう。養蜂家はふつう、大きな巣箱を用意してコロニーが過密状態にならないようして分蜂を未然に防いでいる。たとえば一部の養蜂家は、蜂児枠の間に空巣枠を挿入し、巣の中心にある蜂児圏が混雑しないように工夫している。それ以外にも、数は少ないが、王台を切り取って分蜂の準備に不可欠なプロセスを阻害する養蜂家もいる。このような対処をすることで、コロニーは自然の状態よりも繁殖に対する投資（分蜂）が少なくなり、そのぶん成長と生存に対する投資（巣板、働き蜂、蜂蜜）が増えることになる。表4－1は、コロニーの生産性を向上させるために使われている主な道具と技術のリストである。

農家や酪農家はウシ、ヒツジ、ニワトリなどの農場動物の遺伝子に根本的な変更を加えてきたが、ここまで見てきたとおり、養蜂家はミツバチに対してそのようなことはしてこなかった。したがって、ミツバチを真に家畜化された動物のリストに載せるのは誤りである。だが一方で、養蜂家はミツバチの暮らす環境——自然環境と住環境——を厳格に管理してきており、そのためミツバチを完全な野生種とは呼べないのも事実だ。そこで私が提案したいのは、アピス・メリフェラを半家畜化された種とみなすことである。つまり、人間はミツバチの遺伝子についてはごくわずかしか変えてこなかったが、環境については大きく変えることができ、また実際そうしてきたということだ。また私たちは以下のことを認識すべきだろう。すなわち、人間はこれまで、この勤勉な蜂たちを自分たちの住居の近くに住まわせ、管理下に置き、役立てようと、何百万ものコロニーに圧力をかけてきたが、それにもかかわらず、私たちの住居とは関係ないところに暮らし、管理もされず、人間の利益とも無縁のミツバチが依然として数え切れないほどいるということだ。こうした野生コロニーの存在は、ミツバチが自分たちの自然を人間に

表 4-1　コロニーの生産性向上のために現代養蜂で用いられる道具と技術。

道具	効果
可動巣枠式巣箱	コロニーや巣の内容物の管理を容易にする
巣礎	巣箱内にミツバチが作る巣の位置と種類を管理する
隔王板	育児室と貯蜜室を明確に分ける
巣蜜用分割巣箱	販売用の小箱に巣を作らせる
王籠	女王の移動や輸送を容易にする
遠心分離機	巣脾から効率よく蜂蜜を採集する
蜜刀	蜜蓋を切る
燻煙器	ミツバチをおとなしくさせる
人工王台	女王を大量生産する
脱蜂器／脱蜂板	ミツバチを巣箱から取り除くのを容易にする
忌避剤／フュームボード	ミツバチを巣箱から取り除くのを容易にする
給餌器	蜂児生産を促すための給餌を容易にする
花粉採集器	刺激給餌のための花粉の採集を容易にする
代用花粉	刺激給餌のための花粉の代替品
医薬品	病気の蔓延を防ぐ
防護服と手袋	すばやい作業を可能にする

技術	
分蜂管理	送粉と蜂蜜生産に強いコロニーを作る
大きな巣箱での飼育	蜂蜜生産への投資を増加させる
商業的な女王育成	コロニーを増やすために女王を大量生産する
刺激給餌	蜂児生産とコロニーの成長を促進する
コロニーの移動	送粉量と蜂蜜生産量を高める

いまだ明け渡していないことを示している。自力で生きるミツバチたちは、数百万年前から続く自らの生活様式に従いつづけているのである。

第5章　巣

目的に見事に合致した蜂の巣のこのうえなく美麗な構造を調べてもなお、それを熱烈に称賛することがない人間は、間違いなく愚鈍である。

——チャールズ・ダーウィン[1]

本書の目的は、野生に暮らすミツバチのコロニーに関してこれまでわかった事柄を総ざらいすることである。したがって当然ながら関心は主にミツバチそのものに注がれているが、ミツバチが作る「巣」を軽視するようなことがあってはならない。というのも、コロニーがどれほど生き、どれほど繁殖し、どれほど遺伝的な成功を収めるかは、ミツバチ自身の能力ばかりでなく、巣の出来ばえにも大きく左右されるからだ。それを考慮すれば、巣を作るミツバチが、遺伝的に受け継いだ行動規則に従っていると考えるのは自然なことだ。働き蜂はその規則に導かれて、良好な営巣場所を見つけ、タイミングよく蜜蝋を分泌し、六角形の巣房をもつ巣を巧みに作り、殺菌作用のある樹液で巣の壁を丹念にコーティングするのである。この章では、ミツバチの巣がコロニーの生存と繁殖に深く関わっているさまを見ていくことにしよう。

野生コロニーの巣をミツバチの体の延長線上にある生存のための道具だと考えてみてほしい[2]——そう

すれば、養蜂場に密集して置かれた可動巣枠式巣箱にミツバチを住まわせることで、養蜂家はミツバチの適応的な生態を破壊する危険を犯していると気づくだろう。これから見るように、コロニーが自然の樹洞で自力で生活するのではなく、人工の巣箱で管理された生活を送るとき、ミツバチは自分たちの家――しばしば大型で、断熱性に乏しく、密集して置かれる巣箱――への対応を余儀なくされている。ミツバチの自然な住環境を変更すること、それがコロニーの健康と生物学的適応度におよぼす影響を認識すれば、巣箱の最適なデザインやミツバチの最善の管理方法について、多くの疑問がわきあがってくることだろう。またそうした気づきは、ミツバチと養蜂家の間にある根本的な利害関係の対立も浮き彫りにする。

樹木に見つかる自然の巣

野生ミツバチの巣について現在知られていることの大部分は、コーネル大学で養蜂学を教えていたロジャー・A・モース教授（私の最初の科学の師でもある）と私が一九七〇年代におこなった研究が起点となっている。当時まだ二〇代前半だった私は、ミツバチの分蜂群が新しい住処を決める際に何を基準にしているのか調査をはじめた。最初の目標は、ミツバチの巣の自然な状態を記述することだった。そうすれば、ミツバチの理想的な住処の手がかりがつかめると考えたからだ。自然の営巣場所の標準的な条件（巣穴の容積、入口の面積や位置など）をまず知ることで、それらの諸条件がミツバチの選好性の結果なのか、あるいはたんにミツバチが利用可能なものを示しているにすぎないかを特定する実験が可能になるはずだった。

モース教授と私は、少なくとも二〇個の自然の巣を記録しようと考えていた。[3] 私はイサカ郊外にあった実家周辺の森を歩き回っていたので、蜂の巣がある木ならすでに三本、その所在を知っていた。足りない分は、地元の新聞「イサカジャーナル」に「求む蜂の木。ミツバチが住んでいる木の情報を提供された方には一五ドルまたは蜂蜜一五ポンドを進呈」という広告を打つことで対策を講じた。効果は予想以上だった。すばらしいことに、一〇日もしないうちに三六本の蜂の木のリストが出来上がり、しかもどの木もイサカから二五キロ以内にあったのである！　次の作業は、コーネル大学昆虫学科の実験助手であり、メイン州の森で木こりをしていた経験もあるハーブ・ネルソンの助けを借りて、蜂の木を安全に切り倒すことだった。リストにある蜂の木はほとんどが年老いた巨木で、私たちはまずそれぞれの木を視察することからはじめた。巣の入口の高さや方角を確認するのも視察の目的だったが、それより重要だったのはモース教授のピックアップトラックを近づけられるかどうかを調べることだった。巣を万全な状態で分析するには、巣の作られた木の幹ごとコーネル大学のダイス研究所に持ち帰らなくてはならず、そのためにはトラックが必要不可欠だったのである。三六本の蜂の木のうちトラックを近づけられたのは二一本だった。そこでハーブと私はそれら二一本の木を伐採し、巣が作られた幹の部分を苦労して切り出して、トラックの荷台に載せ研究所へと運んだ。その後、私は慎重に丸太を割って巣を露出させ（図5－1）、巣の解体調査に着手した。[4] 森の奥深くにあって巣を回収できなかった一五本の蜂の木のうち一二本については、巣の高さ、面積、方角など重要な特徴をなんとか測定することができた。

調査した三三本の蜂の木の巣の入口には、際立った特徴がいくつか見られた。第一に、巣の大半（七九パーセント）は開口部が一つだけで（図1－1、図2－9、図5－1を参照）、それ以外は二～五個の開口部をもっていたこと。第二に、開口部の過半数は節穴であり（五六パーセント）、次いで幹の割れ目（三二パーセント）、根の隙間（一二パーセント）だったこと。第三に、巣の方角は北向きより南向きが多かったこと[5]（前者が一〇個に対し後者が二三個）。第四に、巣穴を上中下に三分割した場合、開口部は中央部（一八パーセント）や上部（二四パーセント）よりも、下部（五八パーセント）に位置するケースが多かったこと。第五に、巣の入口の平均的な面積は二九平方センチメートルとかなり小さく、よく見られた面積は一〇～二〇平方センチメートルだったこと（図5-2上）。比較のために挙げておくと、ラングストロス式巣箱の標準的な入口の面積は、およそ七五平方センチメートルである。この結果を受けて私たちは、野生コロニーは小さくて防衛がしやすい入口を好むのではないかと考えはじめるようになった。

巣の高さについての調査結果は、考えるべき材料をとりわけ多く与えてくれた。というのも、私たちの調査から導かれた巣の高さに関する選好性は、それ以降の研究成果と矛盾するものだったからだ（この矛盾はのちに解消された）。図5-2下は、一九七〇年代なかばに調査した三三本の蜂の木の開口部が、ほとんどの場合、木の低い位置にあったことを示している。五メートル以上のものもあったが、四九個の開口部のうち約半数が高さ一メートル未満だったのである。正直にいえば、私はこの結果を知って、樹洞にできた巣の入口は巣箱と同じく一般的に低い位置にあるのだと考えた。だが、当時は確かに合理的に思えたこの結論も、のちに完全に間違っていることが明らかになった。

巣の入口の高さに関する私の考えは、一九七八年から二〇一一年の間に三回にわたって実施したアーノットの森の野生コロニーの調査で少しずつ変化していった。[6]どの調査でも、蜂の木を見つけると巣の入口をさがして高さを測定すべく骨を折り、たいていの場合はそれに成功した。測定の方法は、木に

図5-1　1975年に解体調査した21個の巣の最初のもの。左：巣を切り出す前の木の様子。左側の主枝に巣の入口が見える。右：研究室に持ち帰り、慎重に幹を割いて内部をむき出しにしたもの。上方には蜂蜜を貯蔵した巣房、その下方には蜂児の入った巣房が見える。巣の入口は左側中央よりやや上にある。

登って巻き尺を使うか、あるいは森林官のクリノメーター〔傾斜計〕を使用した。巣の入口が樹冠に隠れていて見つけられないコロニーも二つだけあった。図5－2で示したように、アーノットの森の調査で見つけた二一カ所の巣の入口はすべて地面より高い位置に見られた。いちばん低いものでも四メートルで、九〇パーセントは五メートル以上の高さにあった。また、アーノットの森では複数の入口をもつ巣は一つだけで、その入口の数は二つだった。ちなみに、野生コロニーの巣の入口が地面より高い位置にあるという傾向は、友人のロビン・ラドクリフが自身の農場に隣接するシンデイゲン・ホロウ州立森林公園でおこなった調査でも確認されている（第2章参照）。ロビンはビーハンティングを利用して五つのコロニーを発見しているが、そのうちの一つは森のすぐ外にある狩猟小屋の壁の中、残りの四つは森の中のカナダツガの古木に暮らしていた。カナダツガで見つかった巣の入口の高さは、平均で九・五メートルだった。

図5－2の二つのグラフで示された巣の入口の高さは、なぜこれほど違っているのだろうか？　振り返ってみると、モース教授と私が一九七〇年代なかばにおこなったサンプリングでは、期せずして低い位置に入口がある巣に有利になるような調査手法がとられていたことに気づく。当時の調査は主に住民の目撃情報に基づいていたが、低い位置にある巣は、入口が樹冠内にある巣に比べて、偶然に発見される可能性がはるかに高いのだ。だがそれとは対照的に、一九七八年、二〇〇二年、二〇一一年の調査では、こうしたサンプリングの偏りを回避している。言い換えれば、そのとき私は偶然に巣を見つけたのではなく、ビーハンティングの手法を用いて意図的に巣の位置を突き止めている。採餌蜂はどんな高さの巣であろうとも私を等しく案内してくれるため、ビーハンティングによる巣の発見には、高さの偏り

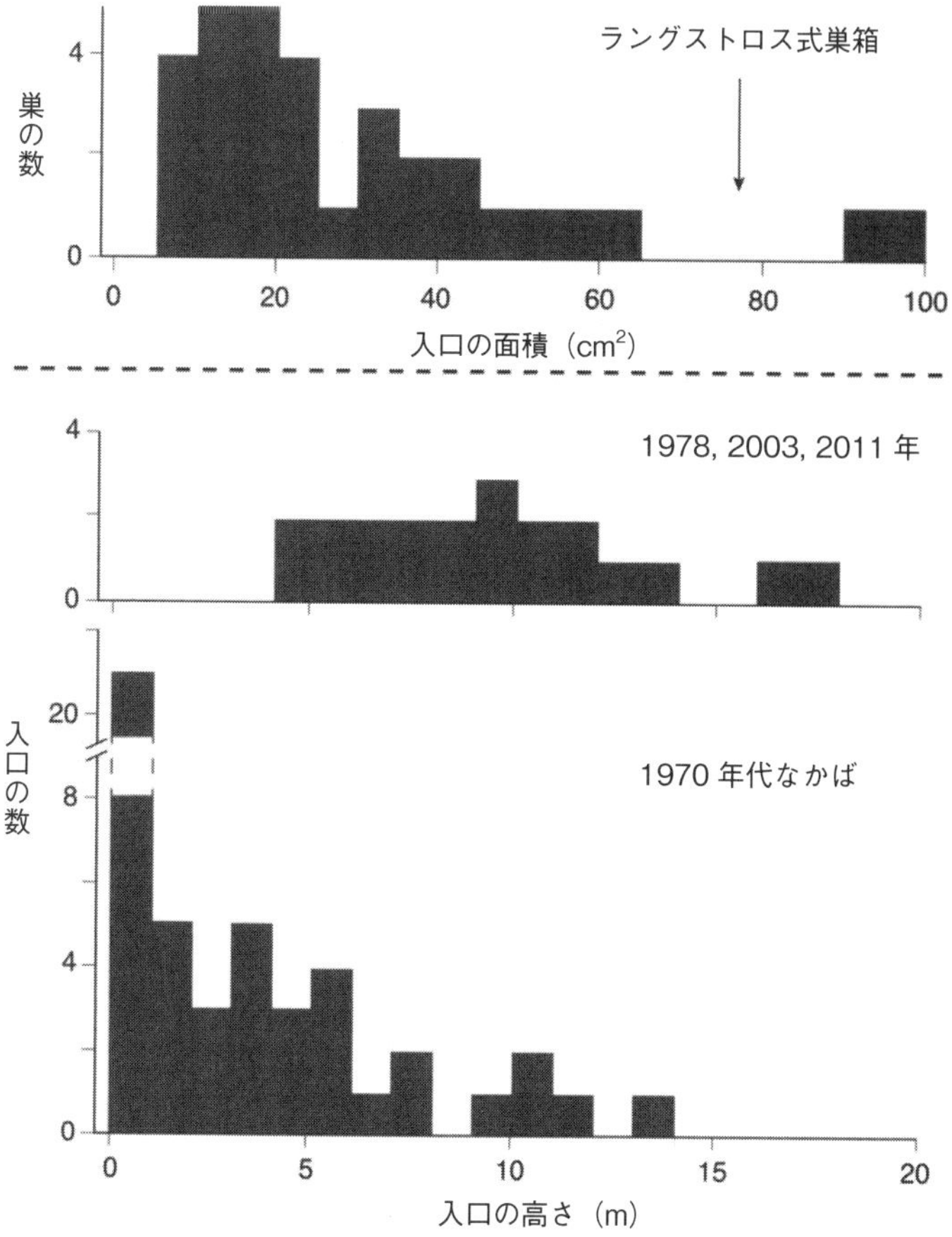

図 5-2　上：32 本の蜂の木の巣の入口面積の分布。204 平方センチメートルの入口もあったが、ここには示していない。下：1970 年代なかばに偶然発見された 33 本の蜂の木の巣の入口（49 カ所）の高さと、ビーハンティングによって発見された 20 本の蜂の木の入口（21 カ所）の高さの分布。

はほぼないと考えていい。巣の入口の高さに見られた著しい違いは、ミツバチ研究における重要な教訓を私に授けてくれた——意図しないサンプリングの偏りには常に警戒するように、という教訓である。図5-2のデータはまた、イサカ周辺の森に暮らす野生コロニーは木の高いところにある樹洞に暮らしており、そのため地上に生息する動物、なかでもクロクマからうまく逃れていることを示している（クロクマについては第10章で詳しく見る）。

モース教授と私は蜂の木の内部にも目を向けてみた。その結果わかったのは、ミツバチが巣を作る空間は一般的にかなりの高さがあり（平均で一五六センチメートル）、円筒形をしていること（直径は平均二三センチメートル）だったが、これは特に驚くような発見ではない。木の幹の形状を考えればごく自然なことだからだ。だが、野生コロニーの大部分が養蜂家の巣箱よりもずっと狭い空間に暮らしていると気づいたときには、さすがに驚いた。営巣場所の容積の平均はわずか四七リットルで（一つだけ並外れて大きなものがあったが、それは計算から除外している）[7]、ラングストロス式巣箱一つ分にあたる四二リットルをかろうじて上回るにすぎない（図5-3）。養蜂家はふつう巣箱を複数重ねて使用するので、この野生コロニーの営巣場所の大きさは、平均すると人工の巣箱の四分の一から二分の一程度ということになる。ここで疑いが生じる——実は野生コロニーは狭い営巣場所を好んでいるのではないだろうか？

樹洞に暮らすミツバチは、その営巣場所を複数の巣板（平均で八枚）でほぼ埋め尽くし、狭い空間を無駄なく利用している。巣板は細長い巣穴内にカーテンのように垂れ下がっているが、壁や天井との接合部分にはミツバチによって細い通路が設けられていた（図3-7参照）。この空間は、ミツバチが巣板

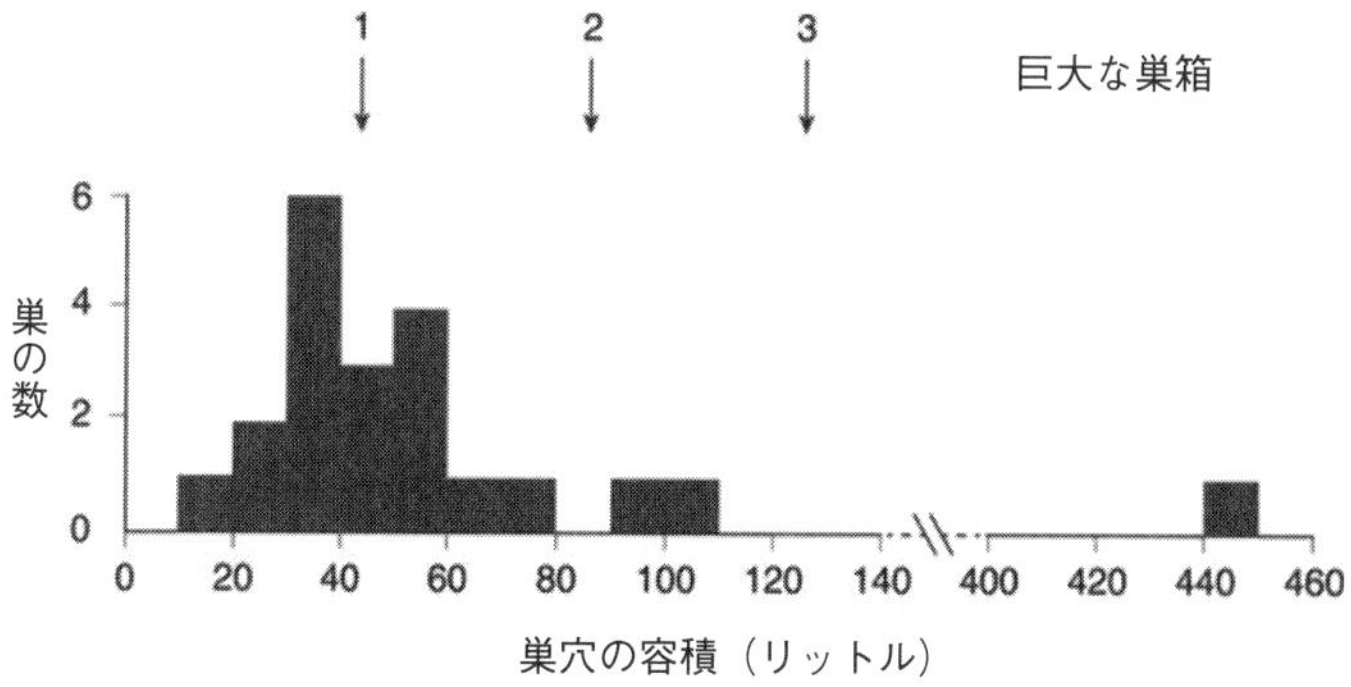

図5-3　21個の巣穴の容積の分布。

から巣板へと容易に移動できるようにするものと考えて間違いないだろう。大部分の巣板では、その下端と巣穴の床の間に数センチメートルの空間が残されていた。使われはじめてからまだ日が浅い巣穴には、黄色や薄茶色の巣板が垂れ下がり、床は数センチほどの厚さの柔らかい腐木の層で覆われていることが多かった。一方、使われはじめてから数年経つ巣穴は黒っぽい巣板で埋め尽くされ、乾燥して固くなった樹脂（プロポリス）が数ミリほどの厚さで床を覆い、防水の役割を果たしていた。また同様に、巣穴の壁や天井にも、樹脂による厚さ〇・五ミリほどのコーティングが施されていた（図5-4）。ここから明らかなのは、分蜂群が新しい巣穴に引っ越してくるとすぐに、巣板を取り付ける準備として、働き蜂が巣穴内部の腐って柔らかくなった部分を噛み切って固い芯の部分を露出させ、それから徐々に壁や天井に樹脂を塗布していったということだ。ミツバチのこうした作業は、カビやバクテリアが繁殖する無数の隙間を塞ぐのが目的ではないかと私たちは推測した。たいていの場合、樹脂でのコーティングは巣の入口の外側まで広がり、その場の溝などがプロポリスで埋められて表面が滑らかになる。

これによって、混雑が避けられない場所での流れが円滑になると同時に、巣穴に入る前にミツバチの脚（ふ節）を清潔にする効果があるのではないかと私はにらんでいる。

巣穴の壁に関しては、もう一つ注目すべき特徴があった。それは厚さ、ひいては断熱性である。巣穴に出入りする際にミツバチが通る木の幹にあけられた通路は、平均で一五センチメートル強の長さがあり、なかには七四センチメートルという事例もあった[8]！

私たちが分析した二一群の野生コロニーのうち、巣穴を巣板で埋め尽くしていたのは八つあった。そうした巣の総面積は平均で一・一七平方メートルだったが、これはラングストロス式巣箱の巣枠一三枚分に相当する。予想していたとおり、巣板の大半は働き蜂用の小さな巣房をもっていたが、オス蜂用の大きな巣房をもつ巣板も一〇〜二四パーセントとかなりの割合で見られた[9]（平均一七パーセント）。ここで恥ずかしながら告白すると、このとき私は働き蜂の巣房のサイズを計測するのを怠ってしまった。だが後日、当時撮影した写真から三つのコロニーを選び出して、働き蜂の巣房の内径を求めることができた。結果は、それぞれ五・一二、五・一九、五・二五ミリメートルで、平均すると五・一九ミリメートルになった。比較のために挙げておけば、私が現在管理しているコロニーでは複数のメーカーから購入した標準的な蜜蝋製の巣礎を使っているが、そこに作られた巣脾の働き蜂の巣房の平均は五・三八ミリメートルといくぶん大きなものになっている。私は以前、小さな巣房がミツバチへギイタダニの感染抑制につながるかを確かめる研究をおこなったことがあり（第10章参照）、その試験段階で、小さな巣房の巣礎の上に巣を作らせた[10]。そのとき完成した巣の働き蜂用巣房の内径は、平均でわずか四・八二ミリメートルだった。ここから私たちは、一九七〇年なかばに調査した野生コロニーの巣の働き蜂用巣房は、養蜂

図5-4　巣穴の内壁を樹脂でコーティングして作られたプロポリスの層。プロポリスが届いていない右上の部分には、腐りかけた木の基礎が見えている。無数の穴や溝があり、細菌にとっては理想の繁殖場所といえる。

家の巣箱で見られる標準的な働き蜂用巣房より小さく、試験段階で作られた働き蜂用巣房より大きいが、養蜂家の巣房の方にずっと近いと結論できる。

調査ではまた、養蜂家なら誰でも知っているやり方で、野生コロニーが巣板を組織的に構成していることも確認された。つまり、巣の上部では蜜を貯め、下部では蜂児を育て、その間の帯状の領域では花粉を蓄えていたのである。それに加え、蜂児圏内に花粉を貯めた巣房が点在していることも珍しくなかった。巣の大半は、夏の終わり（七月下旬から八月）に採集して分析したものだが、女王のいなかった一つのコロニーを除いて、すべて健康に活動していた。有王のコロニー（女王がいるコロニー）にいた働き蜂とオス蜂の個体数は、平均でそれぞれ一万七八〇〇匹と一〇〇四匹だった。だが、集められた蜂蜜で巣房が埋まっていくにしたがい、働き蜂とオス蜂の数がやがて頭打ちになることは明らかだった。平均すると、コロニーは一五・一キログラムの蜂蜜を蓄えており[11]、そのためにおよそ全体の五〇パーセントの巣房が使用されていた（働き蜂用巣房の五六パーセント、オス蜂用巣房の四八パーセント）。また、蜂児のために使われていたのは働き蜂用巣房の二五パーセント、オス蜂用巣房の二六パーセントで、それ以外（すなわち働き蜂用巣房の一九パーセントとオス蜂用巣房の二六パーセント）は空っぽだった。概してこれらのコロニーは、越冬に向けて必要な準備——二五キログラム以上の蜂蜜と多くの若い蜂——を順調に整えているところのように見えた。私たちは、アメリカ腐蛆病、ヨーロッパ腐蛆病、サックブルード病、チョーク病などの蜂児の病気も入念に調べてみたが、兆候はまったく見つからなかった。なおこの調査は、北アメリカでアカリンダニ（一九八四年にフロリダ州で発見）とミツバチヘギイタダニ（一九八七年にフロリダ州で発見）が確認される一〇年ほど前におこなわれたので、当然ながらどちらの寄生虫も見つからなかった。

営巣場所の選択

木の洞や岩の裂け目は、そこに暮らす野生ミツバチにとってはまさに世界の中心だといえる。そこは自分の巣を作る場所であり、命をかけて守る空間であり、何キロも離れた土地から花蜜と花粉を集めて帰ってくる地球で唯一の場なのだ。営巣場所も、その内部にある蜜蝋製の巣板も、ミツバチの体を拡張したサバイバルツールの一つである。巣穴を覗き込んで、その中にある巣に感嘆した経験がある者にとっては、それらの迷宮のように入り組んだ構造物がそこに暮らすミツバチの産物であることは明らかだ。結局のところ、巣の材料となる蜜蝋はミツバチの身体の分泌物であり、巣の見事なハニカム構造はミツバチのふるまいの成果物なのだから。だが一方で、それほど明らかにはなっていないこともある――精巧な巣を保護する樹洞や岩壁もまた、ミツバチの拡張されたツールキットの一つだということだ。これから見ていくように、ミツバチは確かに営巣場所を一から作りはしないが、それを注意深く選定している。よって、コロニーが住みつく空間もまた、ミツバチのふるまいの成果物だといえるのである。

新しい営巣場所を選ぶプロセスは、コロニーの繁殖時期（分蜂シーズン）にスタートする。イサカではちょうど晩春から初夏、つまり五〜七月にあたる時期だ。[12] 新居さがしは、分蜂群がまだ最初の巣にいるときからはじまっている。コロニーの古参のミツバチである数百匹の採餌蜂が、餌を集めるのをやめて、新しい居住区の探索をおこなうようになるのだ。[13] このとき採餌蜂の行動は劇的に変化する。採餌蜂たちは、甘い香りを放つ明るい蜜源や花粉源には立ち寄らなくなり、その代わり、コロニーが暮らすのに適したこじんまりした空間を求めて、暗い場所――節穴、木の幹の割れ目、根の間の穴、岩の隙間など――を訪ねるようになる。

巣の候補地を発見した偵察蜂は一時間近くかけてじっくりと調査をおこなう。[14] 調査では、候補地となった巣穴の内部を数十回に分けて、それぞれ約一分ずつ探索する。ミツバチは探索が終わるたびに外に出るが、そこでは入口となる開口部のあたりをすばやく飛び回ったり、巣穴の周囲をゆっくりとホバリングするなどして、巣穴自体や周囲の様子を視覚を用いてくまなく検査しているようだ。一方、巣穴の内部ではミツバチは内壁をあちこち歩き回る。最初のうちは入口に近いところだけだが、探索の回数が増えるにしたがい奥深くまで進んでいき、最後には空洞の隅々まで足を踏み入れる。調査が完了する頃には、偵察蜂は合計で五〇メートル以上歩き、巣穴の内壁のあらゆるところを踏破していることになる。私はかつて、壁を自由に回転させることができる円筒形の巣箱を用いて実験をおこなったことがある。巣箱に入った偵察蜂は、その仕掛けのおかげでランニングマシンの上の歩いているような状態になるのだが、それによって示されたのは、ミツバチは巣穴内を一周するのに必要な歩行距離を感知して、候補地の容積を判断しているということだった。だがその詳細なメカニズムについては、残念ながらまだ謎のままである。

こうした長時間の調査からは、その場所が適切かどうかを判断するのに偵察蜂が候補地の複数の条件を評価していることが示唆される。それに加えて、モース教授と私が発見した営巣場所のいくつかの条件——入口の面積、入口のある高さ、空間の容積など——における規則性は、ミツバチが自分の住む場所に対して強いこだわりをもっているという考えを裏づけた。しかしながら、私たちが見つけた規則性は樹洞の一般的な特徴を反映しているだけなのかもしれない。そこで私は、ミツバチの営巣場所の選好性に関する情報を求めて科学文献や養蜂資料を調べてみたが、フランスの養蜂雑誌に野生の分蜂群を捕まえるための魅力的な待ち箱の作り方が載っていただけで、それ以外は何一つ見つけられなかった。[15] 完璧な巣箱を設計しようという数世紀にわたる養蜂家の尽力を知っていた私は、この結果に少なからず驚いた。養蜂家は自然の巣を参考にしているのではないかと思っていたが、それは明らかに見当違いだったのである。だが、私はこの知識の欠落を見つけて嬉しくも感じていた。なぜなら、自然の巣に対する

図5-5　電柱に設置した1対の巣箱。入口面積（左が75平方センチメートル、右が12.5平方センチメートル）を除き、容積、形、入口の高さや向きなどの条件はすべて同一である。

好奇心に引き寄せられて、自分がミツバチ研究の未踏の領域にやってきたことに気づいたからだ。

ミツバチに好みの営巣場所を尋ねるために私が開発した方法はいたって単純である——特定の条件が異なる巣箱をいくつか設置して、野生の分蜂群がどれに巣を作るかを見るのだ。具体的には、二〜四個の巣箱からなるグループを作り、入口の面積や容積など条件を一つだけ変更した。巣箱はそれぞれ一〇メートルほど間隔をあけて、同程度の高さの木（あるいは電柱）に設置し、視界、風の当たり方、周囲の環境が一致するようにした（図5-5）。またその際、一つの巣箱には自然環境下に見られる典型的な営巣場所とまったく同じ条件（平均的な入口の面積や巣穴の容積など）をもたせ、それ以外の巣箱では、条件のうち一つだけを非典型的なものとした。一例を挙げれば、図5-2で示した入口の面積の分布が小さな入口に対する好みを反映しているのか検証するために、ほかの条件は同じだが、入口面積が一二・五平方センチメートルの巣箱（典型的巣箱）と、同面積が七五平方センチメートルの巣箱（非典型的巣箱）を設置した。そして、野生の分蜂群がどちらを選ぶかを見ることで、その選好性を評価した。

このように計画自体は単純なものだったが、それを実行に移すのは大変だった。一九七六年と一九七七年の夏に設置をするために、私は合計で二五二個もの巣箱を作ったのである。幸運にも野生の分蜂群の数は多く、調査はうまくいった。最終的に巣箱には一二四の分蜂群が集まり、ミツバチの秘密の多くを明らかにするには十分な数になった。

表5－1にこの調査の結果をまとめている。[16] そこからわかるのは、野生の分蜂群が入口となる開口部に関する五つの条件のうち四つで選好性を示していることだ。開口部がコロニーと外界をつなげる接合点であることを考えれば、これは特に驚くべきことではないだろう。コロニーが必要とする食料、水、樹脂、新鮮な空気が入ってくるのも、排泄物やゴミを運び出すのも、捕食者が狙ってくるもっとも脆弱なポイントも、すべてこの開口部なのである。また同じ表からは、空間そのものに関する五つの条件のうち二つに、分蜂群が選好性を示していることもわかる。その二つとは、容積と（以前のコロニーが使用した）巣板の有無である。

営巣場所の選好性とその機能

入口の大きさ　一四の試験地に入口の大きさだけが異なる二つの巣箱を設置して、分蜂群がどちらかを選択できるようにしたところ、そのうち六つの試験地でミツバチが巣箱に住みつき、すべての場合で

表5-1　分蜂群が定着した巣箱に基づいたミツバチの営巣場所の好み。A>BはAをBより好むことを示し、A=BはAとBで好みの違いがないことを示している。

条件	好み	理由
入口の大きさ	$12.5cm^2 > 75cm^2$	防衛と温度調節
入口の方角	南向き＞北向き	温度調節
入口の高さ	5m > 1m	防衛
入口の位置	巣穴の底部＞巣穴の上部	温度調節
入口の形	円形＝縦長	どちらでも変わらない
巣穴の容積	10 <40> 100 リットル	貯蜜と温度調整
巣穴の形	立方体＝直方体	どちらでも変わらない
巣穴の湿度	湿＝乾	水漏れがあっても防水処理ができる
巣穴の隙間	有＝無	穴や割れ目があっても埋められる
巣板の有無	有＞無	造巣の手間が節約できる

入口が小さい方（一二・五平方センチメートル）が選ばれていた。小さい入口は蜂蜜を盗もうとする動物から巣を守ってくれるので、これは当然の選択だといえる。イサカ周辺の養蜂家であればたいてい知っていることだが、秋口、特に霜がおりて花がしおれ、飢えたスズメバチ（*Vespula* spp.）がミツバチの貯めた蜂蜜を奪おうと必死になる時期には、巣箱の入口を狭くする工夫がなされる。小さい入口はまた、巣穴に吹き込む風の量を最小限に抑えてくれるため、冬季におけるコロニーの温度維持に役立っているとも考えられる。この考えに従えば、一部のコロニーが巣穴の開口部の大部分をプロポリスの壁——ミツバチが一、二匹通れるくらいの穴がいくつかあいている——で閉じて狭くする理由も説明できるだろう（図5‐6）。

入口が向いている方角　巣箱の入口を南東、南、南西に向けた試験地と、北東、北、北西に向けた試験地では、前者の巣箱の占拠率が著しく高くなることがわかった。ミツバチが南方に向いた入口を好むのは間違いない。カナダのアルバータ州でティボー・I・サボがおこなった研究からは、南向きの入口をもつ巣は、北向きの入口をもつ巣に比べて冬に氷や雪で入口を塞がれる可能性が低いこと、冬の間じゅう入口が開いていれば巣の通気性とコロニーの健康状態が向上することが示されている。[17] また南向きの入口は太陽の熱で巣穴が温まりやすく、それによって厳冬期の穏やかな日におこなわれる清掃飛行（体にたまった老廃物を除去するための飛行）が促進されると考えられる。

入口のある高さ　八つの試験地に二つの巣箱を高さが異なるように設置し、分蜂群がどちらかを選択できるようにしたところ、そのうち六つの試験地でミツバチが巣箱に住みつき、すべての場合で高い方の巣箱が選ばれていた。この結果は、ビーハンティングで突き止めた野生コロニーの巣の高さの分布と一致しており、ミツバチが地面から高い位置にある巣の入口を好むことをはっきりと示している（図5-2参照）。第10章ではアーノットの森でおこなった自然実験について説明するが、その実験からは、巣の入口を高くすることで得られる利益の一つ、つまりクマによる攻撃のリスクが下がることが判明している。また、冬の間にシカネズミ（*Peromyscus maniculatus*）などの森のげっ歯類によって巣が傷つけられるリスクも低下させているとも考えられる。

入口の位置　この条件については一二対の巣箱を用いて試験をおこなった。巣箱の寸法はすべて、高さ一〇〇センチメートル、幅と奥行がそれぞれ二〇センチメートルで統一した。ただし、巣箱の入口の

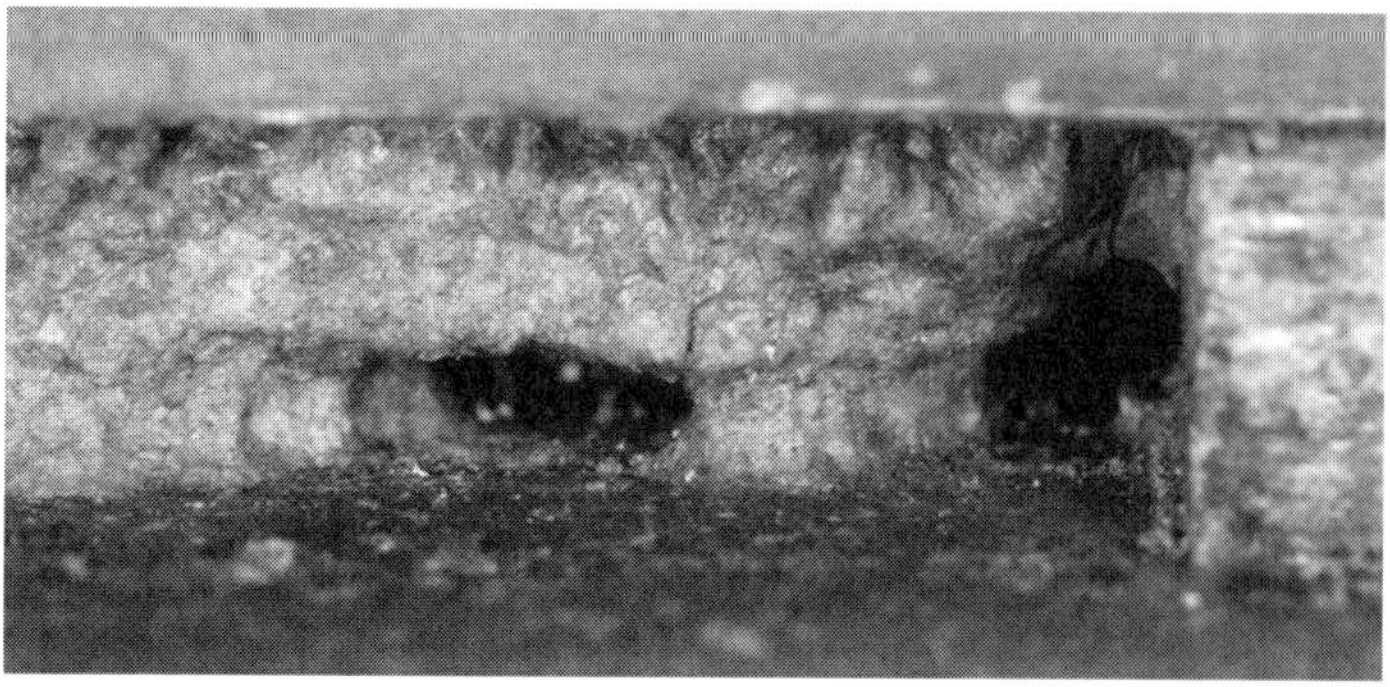

図5-6　プロポリスで埋められた巣箱入口（2×14センチメートル）の右半分。狭い通路が2本見えるが、左側は3匹のミツバチが同時に通れるほどの幅である。晩夏に撮影。

位置が変えられており、一方は床の高さに、もう一方は天井の高さに設けられていた。一二対の巣箱のうち一〇対に分蜂群が入居し、そのうち八つは低い入口のある巣箱、二つは高い入口のある巣箱だった。第9章では、高い位置に入口がないことで得られるミツバチの利益について考察した、工学者であり物理学者でもあるデレク・M・ミッチェルの研究を見る。[18]

巣穴の容積　この条件は、野生ミツバチの営巣場所選択に関する研究で私がもっとも入念に調査したものであり、北アメリカの生物学者によるさらなる研究をもっとも広く喚起したテーマでもある。[19] 私はまず、容積の異なる四つの立方体の巣箱を一組として、それらを一四カ所の試験地に設置した。容積はそれぞれ一〇、四〇、七〇、一〇〇リットルだった。それから二カ月にわたり、一〇リットルの巣箱は空のままである一方で、それより大きな巣箱には一一の分蜂群が引っ越してきた。一〇リットルの巣箱はミツバチにとって小さすぎるということなのだろう。次に、ミツバチにとって大きすぎるケースの有無も確認するために、四〇リットルと一〇〇リットルの巣箱を追加で一〇対作成して、試験地に設置した。結果は驚くべきものだった——四〇リットルの巣箱には七群が住みついたが、一〇〇リットルの巣箱には一群も引っ越してこなかったのである。これらの調査結果から、試験地の分蜂群は一〇リットルの巣箱（小さすぎる）を回避し、一〇〇リットル（大きすぎる）よりも四〇リットルの巣箱を強く好むことが結論された。容量の上限についてはこれ以上調査しなかったが、下限については以下のようにもう少し調べてみることにした。分蜂群が一〇リットルと二五リットルの巣箱のどちらか、あるいは一七・五リットルと二五リットルの巣箱のどちらかを選べるよう試験地に設置したところ、二五リットルの巣箱にはすぐに引っ越してくるが、一〇リットルの巣箱には一群も定着せず、一七・五リットルの巣箱に住みついた分蜂群もごくわずかしかいないことがわかった。これはよく理解できる話だ。というのも、一〇リットルの巣箱はもちろん、一七・五リットルの巣箱——ラングストロス式巣箱に比べると約四〇パーセントの容積しかない——でさえも、イサカ周辺のコロニーが冬の間に消費する約二〇キログラムの蜂蜜を収容するには小さすぎるからである。

私はこの調査結果を一九七七年に発表した。そのすぐあとにイリノイ大学の二人の研究者、エルバート・R・ジェイコックスとスティーブン・G・パリゼが、イタリア系ミツバチ（*A. m. ligustica*）の人工分蜂群は五・二リットルの巣箱は避けるが、一三・三〜二四・四リットルの巣箱には定着すること、スロベニア系ミツバチ（*A. m. carnica*）は五・二リットルと一三・三リットルの巣箱は避けるが、二四・四リットル、四三・五リットル、八五・一リットルの巣箱には定着することを示す研究成果を発表している。二人の研究成果は、原産地によってミツバチが許容できる巣穴の容積の下限が異なっていることを示唆している。

おそらく、寒い地域が原産のミツバチ（スロベニア系ミツバチなど）は、より多くの蜂蜜を蓄えるために、より大きな容積を必要としているのだろう。

営巣場所の選好性が気候に適応するよう調節されているという考えは、トーマス・E・リンダラーらによって一九八一年に実施された大規模な研究で裏づけられている。リンダラーらは、職場（ミツバチ育種・遺伝学・生理学研究所）のあるルイジアナ州バトンルージュ周辺の野生のヨーロッパ系ミツバチが、容積に応じてどのように選択を変えるかを調査した。この調査では、高さ三メートルの木製の設置台を建て、それぞれの上に六つの巣箱を置いた。巣箱の組み合わせには三つのパターンがあり、五、一〇、二〇リットルの巣箱が二つずつ、二〇、四〇、八〇リットルの巣箱が二つずつ、四〇、八〇、一二〇リットルの巣箱が二つずつという組み合わせだった。調査の結果わかったのは、分蜂群が主に二〇リットルや四〇リットルの巣箱を好み、非常に小さい巣箱（五リットル）や非常に大きい巣箱（八〇リットルと一二〇リットル）は避けるということだった。

ジャスティン・O・シュミットが一九八〇年代後半と一九九〇年代前半におこなった研究では、ヨーロッパ系ミツバチとアフリカ化ミツバチの容積の好みを比較している。これは、ミツバチが許容可能な容積の最小サイズを突き止めることに焦点を絞った研究である。アリゾナに暮らす野生のヨーロッパ系ミツバチとコスタリカに暮らす野生のアフリカ化ミツバチの分蜂群に、一三・五リットルと三一・〇リットルの容積をもつ巣箱（パルプ材の鉢）を選ばせたところ、どちらの分蜂群も一三・五リットルの巣箱を回避しないことがわかった。とはいえ、ヨーロッパ系ミツバチは三一・〇リットルの巣箱に定着することの方が多かった。

アリゾナのヨーロッパ系ミツバチの一部が、一三・五リットルの巣箱に定着したという報告は私を驚かせた。だがのちに、その結果が示唆しているのは、ミツバチがアリゾナの土地に適応したこと、言い換えれば、営巣場所の選好性を決める遺伝子に変化が生じていることなのだと気づいた。ニューヨークに暮らす野生のヨーロッパ系ミツバチは一三・五リットルの巣穴で冬を生き延びることはできないが、南アリゾナであれば間違いなくそれは可能だ。そしてその状況は、小さな容積の巣穴を回避することにつながる選択圧を緩和している可能性がある。

巣穴に残された巣板 この条件については、一二対の巣箱（四〇リットル）を用いて試験をおこなった。対の一方には古くて黒くなった巣板（三〇〇平方センチメートル）を壁に立てかけて置き、もう一方には何も入れなかった。その結果、一二対の巣箱のうち四対に分蜂群が興味を示し、うち三つは巣板を入れた巣箱、一つは空の巣箱に定着した。ここから、ミツバチは巣板のある巣穴を好むことが示唆される。空の巣箱に定着したケースに関しては、その対となる巣板入りの巣箱を調べてみたところ、スズメバチ（*Vespula germanica*）の大群が占拠しており、近づくことさえできなかった。つまり、ミツバチがその巣箱を利用するのは不可能だったのだ。そうすると結局、ミツバチは巣板の入った巣箱だけを選んでいたことになる。もちろんこの結果だけで結論を下すことはできないが、個人的には、ミツバチは巣板付きの巣穴に強い選好性を示していると考えている。

アルバータ州の研究者ティボー・I・サボによると、一揃いの巣板を備えた巣穴に引っ越してきたコロニーは、空の巣穴に越してきたコロニーに比べて、夏の間の蜂蜜生産量がほぼ二倍になるという[20]（前者は八一キログラム、後者は四三キログラム）。また、中世ロシアの樹木養蜂家が以前にミツバチが住んでいた樹洞に高い価値を見いだしていたという史実もある。

重要ではない条件

ミツバチは、同じ面積であれば、丸い入口よりも細長い入口を好むのではないかと私は考えていた。後者の方が巣を守りやすいからだ。だが、野生の分蜂群はこの条件の違いに対していかなる好悪も示さなかった。同様に、巣箱の床に二リットルの乾燥したおがくずを敷いた場合と、同量の湿ったおがくずを敷いた場合でも、どちらか一方に対する選好性は見られなかった。[21] さらに、巣箱の正面と側面の壁に直径六・三五ミリメートルの穴をそれぞれ二五個ずつあけた場合と、穴のない壁の場合も比べてみたが、やはり選好性は見いだせなかった。

湿度や風通しにこだわらないミツバチの選択を見て私は戸惑ったが、それもミツバチを移し替えるためにそれぞれの巣箱を開けてみるまでのことだった。驚いたことに、巣箱の床に敷いていたおがくずは、乾燥したものも湿ったものも、どちらもきれいに取り除かれていたのである。また隙間風が吹き込む巣箱に定着したミツバチも、壁の穴をすべてプロポリスで塞いでいた。突然、すべての辻褄が合った――引っ越してきたあとに改善できるような条件に関しては、ミツバチは好みがうるさくないのだ。もちろん、巣の高さや巣穴の広さなどの変えられない条件については、ミツバチは慎重に吟味して選択しなければならない。

私がいちばん驚いたのは、縦に細長い直方体の巣箱（高さ一〇〇センチメートル、幅と奥行はそれぞれ二〇センチメートル）と、同じ容積の立方体の巣箱でも好みの違いが見られなかったことだ。ミツバチの自然の生息地である森の中では、細長い樹洞を巣穴に選ぶのが一般的であることを私は知っていた。また、蜂蜜は上部、蜂児は下部と、巣の内容物を巣の上下にはっきりと分けることも承知していた。したがって私は、ミツバチが縦に長い形状の巣穴を好むのではないかと強く疑っていたわけだが、細長い直方体の巣箱と立方体の巣箱を一二対設置して調べてみても、そのような選好性の兆候は見られなかった。一二対の巣箱のうち九対に分蜂群が興味を示したが、うち三つが細長い直方体の巣箱に、六つが立方体の巣箱に定着したのである。ミツバチが背の高い巣箱を強く好んでいないことは明らかである。

巣を作る

居心地の良い営巣場所を見つけることは、野生の分蜂群が最初の年を生き延びるために越えなくてはならないハードルの最初の一つにすぎない。次のハードルは蜜蝋製の巣を作ることだ。独立したばかりのコロニーは、巣があることによって、蜂児のためのゆりかごや食料のための貯蔵庫を利用できるようになるわけだ。営巣は一刻も早くおこなわなければならない。巣がなければ、コロニー増強のための働き蜂を育てることも、越冬のための蜂蜜を貯めることもできないからである。したがって、分蜂群のミツバチの多くが新鮮な蝋片（うろこ状の蜜蝋）を腹部からぶら下げているのは特段驚くに値しない（図5-7）。それは営巣にとりかかる準備が整ったことの合図なのである。巣作りのために大量の蜜蝋が緊急に必要なことを示すもう一つの兆候は、十全に機能する蝋腺をもつミツバチの年齢層の幅広さである。蜜蝋生産の主力である中齢の働き蜂だけでなく、いったん引退したはずの高齢の働き蜂も蜜蝋を作るようになるのだ。高齢の働き蜂はふつう採餌に従事していて蜜蝋生産とは無縁なので蝋腺も衰えてい

図 5-7　働き蜂の腹部にある 4 対の蝋腺から白い蝋片が分泌されている。

るものの だが、分蜂群の一員になると蝋腺が若返り、巣作りに不可欠な蜜蝋の需要を満たすべく貢献する。実際、中齢のミツバチと高齢のミツバチでは、蜜蝋の生産速度の基準となる蝋腺上皮の厚さは同じである。[22]

巣の完成に必要な蜜蝋を合成するためのエネルギーコストは膨大なものだ。すでに見てきたとおり、野生コロニーの巣は一般的に数枚の巣板で構成されており、その総面積はおよそ一・二平方メートル、巣房が両面にあることを考えると、実際にはその倍の二・四平方メートルとなる。巣の表面積の約八〇パーセントは働き蜂用の小さな巣房（およそ八万二〇〇〇個）、残りの二〇パーセントはオス蜂用の大きな巣房（およそ一万三〇〇〇個）で構成されている。[23] この巨大な建造物を作るために、働き蜂は一・二キログラムの蜜蝋を生産しなければならないが、それは六万匹の働き蜂が一生かかって生産する量であり、分蜂群を構成する個体数の約五倍に相当する。[24] 具体的な数字を用いて考えてみよう。分蜂群の働き蜂は、六五パーセントの糖液を一匹あたり平均約三五ミリグラム有しているということができる。[25] 標準的な分蜂群は一万二〇〇〇匹のミツバチから構成されているので、一コロニーあたり合計で二七五グラムの糖によるエネルギー供給がおこなえることになる。重量ベースで見た糖から蜜蝋への変換係数はせいぜい〇・二〇ほどで、一グラムの蜜蝋から二〇平方センチメートルの巣の表面が作れることを考えると、標準的な分蜂群が有する糖を無駄なく蜜蝋に変換したとしても、およそ一一〇〇平方センチメートル分の巣の表面しか作れず、それは完全な巣の五パーセントにも満たない。巣作りの残りの九五パーセントは、それ以降数カ月、数年にわたる採蜜の収入で賄わざるをえない。

営巣にかかるコストは、コロニーが冬の間に消費するエネルギーとの比較という視点からも考えられる。蜂蜜を約八〇パーセントの糖液とみなすことができ、ミツバチがエネルギー（糖液）を蜜蝋に変換する効率がおよそ二〇パーセントであることを知っていれば、標準的な巣に必要な一・二キログラムの蜜蝋を生産するには、七・五キログラムの蜂蜜に相当するエネルギーを消費する必要があることがわかるだろう。この蜂蜜の量は、コロニーが冬の間に熱を生産するために消費する量のおよそ三分の一にあたる（詳しくは次の章で見る）。営巣にかかるコストは、コロニーの初年度エネルギー予算の重要な項目であることは間違いなく、この時期の省エネはコロニーにとって大きなメリットとなる。実のところ、コロニーの生存はこうした節約にこそかかっているのかもしれない。第7章で見るように、イサカ周辺の森に暮らす巣分かれしたばかりのコロニー（創設コロニー）のうち、翌春まで生き残っているのは二〇パーセント程度である。多くのコロニーは、冬のうちに蜂蜜を使い尽くして死滅してしまうのだ。[26]

分蜂群は、自分たちが選んだ樹洞に引っ越してくるとすぐに営巣を開始する。一部の蜂によって最初におこなわれるのは、巣穴の天井と壁の上部にむき出しになった、もろくてガサガサした木の部分（パンクウッド）を噛み切るという作業だ。それが終わると今度は別の蜂たちが、きれいになった内壁に樹脂（プロポリス）を塗りつけていく。これは巣の衛生状態を保つための長期的投資の一環であると同時に、初期段階では、巣を取り付けるための滑らかで固い接着面を作る機能を主に果たしている。こうした作業の間、分蜂群の蜂の多くは互いに寄り集まって、巣穴の天井や壁からぶらさがる蜂球を形成する。そして、それから数日にわたり、食料と水の調達係を除くほとんどすべての蜂が、新しく引っ越してきた暗い巣穴の中で基本的に動かずにぶらさがり、腹部の下側にある蝋腺から蜜蝋を分泌する（図5-7参照）。

巣そのものの建造は、蝋片の準備ができた蜂が自分の姉妹からなる蜂球から身を引き離し、それをよじ登って、巣穴の天井や壁に蜜蝋を重ねていくことからはじまる。蜜蝋を利用するには腹部の蝋腺腔からそれを取り除く必要があるが、ミツバチは自分の後脚を腹部の前方にしっかり押しつけてから後方へとスライドさせ、後脚の花粉ブラシの突起を利用して蝋片を串刺しにすることで、それを実行する。無事に蝋片が後脚に付着すると、頭の方に引き寄せて前脚で捉えてから、大顎でそれを噛み砕く。その際に大顎腺からの分泌物と混ぜ合わされて柔らかくなった蜜蝋を、作られはじめたばかりの（あるいはすでに造営が進んでいる）巣板表面に配置していくのである。蜜蝋は巣を作りはじめた当初はわずかな量しか積み上げられていないが、次第に隆起していき、最終的には数ミリメートルの高さをもつ塊になる。単房が作られるのは、この段階になってからのことだ。巣房作りではまず、蜜蝋の塊の一方の面に働き蜂用のサイズの穴が掘られ、それによって生じた蜜蝋のかすがその穴の縁に沿って積み上げられていく。この作業は塊の裏面でも繰り返されるが、巣房は二つ掘られ、その際は表側の巣房の中心が、裏側の二つの巣房の接合面に一致するように作られる。穴の縁に積み上げられた蜜蝋は、巣房を隔てる細い境界線へと成形されていき、それが基礎となって、一二〇度の内角をもった六枚の壁が築かれる。こうして各巣房は六角形の横断面をもつようになるわけだ。その後も蜜蝋はどんどんと積み上げられ、すでにある巣房から適切な距離をとった位置に新しい巣房の基礎が作られていく。またそれと同時に、蜜蝋の欠片を壁の上に付け足し、底を少しずつ削っていく――これによって薄く滑らかな平面が得られる――ことで、既存の巣房の壁が高くなっていく（図5－8中央）。削られた蜜蝋は、新鮮な蜜蝋と一緒に壁の上に積み重ねられ、以下この過程が繰り返される。このようにして、感心するほど薄い蜜蝋の壁が外側に向けて少しずつ増殖していくのである。

この造巣のプロセスに通底するテーマは、エネルギーコストの高い蜜蝋を節約して使おうというものだろう。そのテーマがもっともよく現れているのが巣房の形――内端に三面体のピラミッドをかぶせた正六角柱――だ。そのほかの蜂がみなそうであるように、ミツバチの巣房も元来は円形だった。[27] したがって、ミツバチの巣のことを、六角柱に圧縮された円柱の巣房の集まりと見ることも可能だろう。六角形の周の長さは、同じ面積の円の円周よりも五パーセント長くなる。だが一方で、六角形の巣房は隣の巣房と壁を共有できるが、円ではそれができない。よって六角形の巣房は、円形の巣房のわずか五二パーセントの量の蜜蝋で作ることができる。具体的な例を見てみよう。先述したとおり、私が調査した野生コロニーの働き蜂用の巣房の内径は、平均で約五・二〇ミリメートルだった。ここから計算すると、

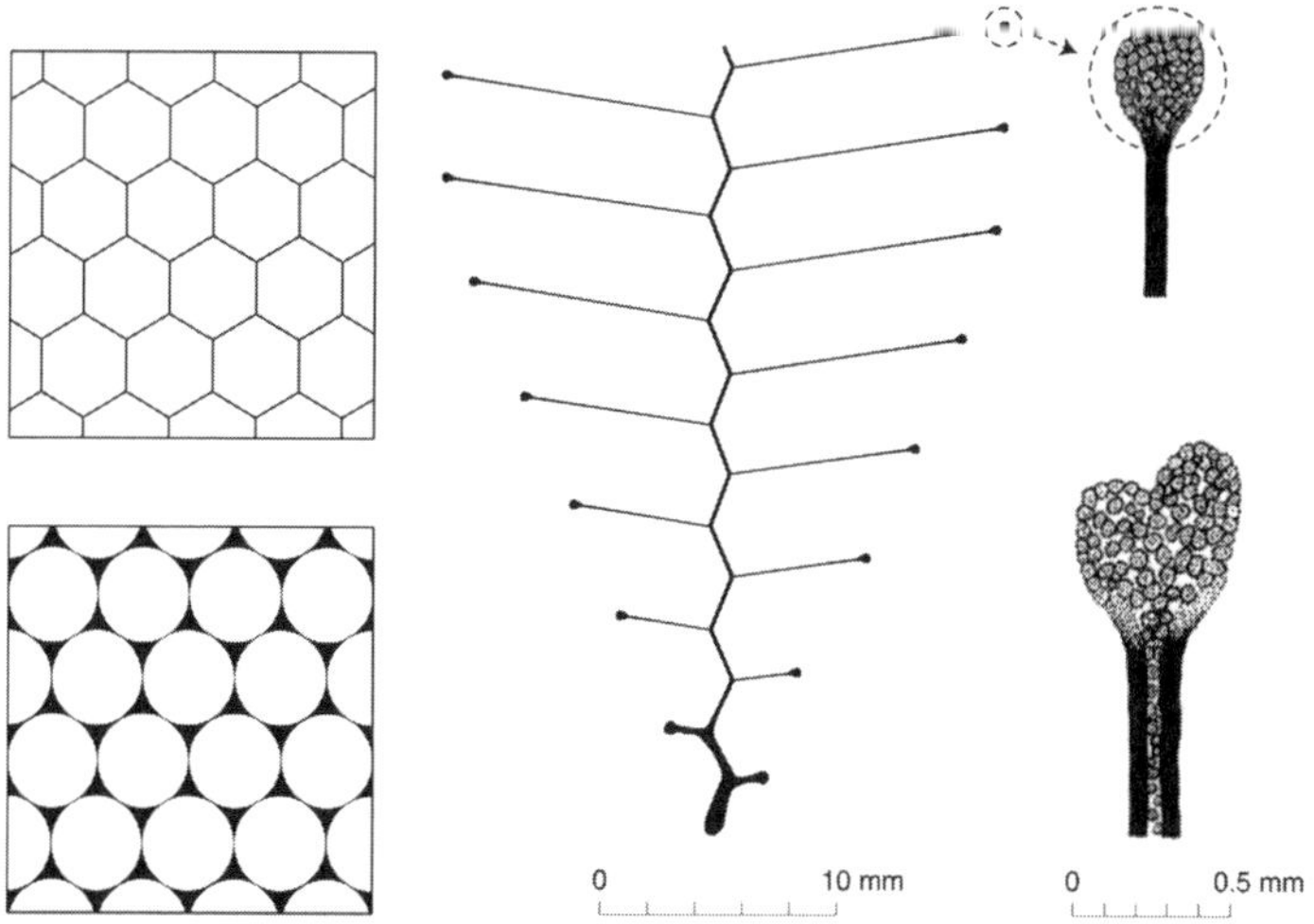

図 5-8　左：円形ではなく六角形の巣房にすることで蜜蝋の節約を実現している。中央：巣の断面図。巣房の壁を正確に削ることで造巣コストを最小限に抑えている。右：巣房の壁の外縁の断面図。上は正常な蜂が作ったもの、下は触角の一部を切断した蜂が作ったもの。一般的に、巣房の壁の上には蜜蝋の欠片が未加工のまま置かれ、それより下の部分は薄い 1 層の壁になっている。だが触角を切った蜂が作る壁は 3 層で、あまり節約がなされていない。

面積は二三・四〇平方ミリメートル、周の長さは一八・〇一ミリメートルになる。これと同じ面積の円の巣房の場合、円周は一七・一五ミリメートルにすぎない。ところが、六角形の巣房の壁は二つの巣房によって共有されるので、事実上の周の長さは一八・〇一ミリメートルの半分、つまり九・〇ミリメートルと考えてよい。九・〇〇ミリメートルを一七・一五メートルで割ると〇・五二であり、これが上記の数字の根拠である。また巣房が円形の場合は、巣房の壁の間を埋める蜜蝋も必要になる（図5-8左）。これらすべてを勘案すると、六角形の巣房をもつ巣に必要な蜜蝋の量は、同じ数の円形の巣房をもつ巣に比べて半分以下となるのである。

六角形の巣房以外にも、蜜蝋の節約に貢献している特徴がいくつかある。その一つが、巣房間の壁をわずか〇・〇七三ミリメートルの厚さまで削ることができる、働き蜂の技能だ。壁の厚さを感知するうえでは、触角が重要な役割を果たすことが判明している。[28] たとえばある実験では、ミツバチを数百匹集めてその触角を先端から六節分切断し、その後の造巣の様子を観察した。すると、巣房の壁をかじって穴をあけたり、通常の二倍の厚さをもつ壁を作ったりと、行動が大きく乱されることがわかった（図5－8右）。温度も巣の材料（蜜蝋）も一定だったことや、巣房の形が安定していたことから、働き蜂は大顎で壁を押すときに触角を使ってその弾力性を感じることで、巣房の壁の厚さを判断していると考えられそうだ。

ミツバチは古い蜜蝋を絶えず再利用することで、さらなる節約も実現している。たとえば、蛹が羽化して巣房を出るときは、成虫自身あるいは近くにいた育児蜂によって、その巣房に使われていた蓋の残りが丹念にかじりとられ、あとで再利用するために巣房の縁に置かれる。同様に王台――女王の育成に用いられる落花生のような形をした特別な巣房――も隣接する働き蜂用巣房から取ってきた蜜蝋の欠片で作られ、その役割が終われば、蜜蝋の再利用のために同じように解体される。

蜜蝋節約のためにミツバチがとる行動のなかでも特に重要なのは、巣を作るメリットが蜜蝋を生産するコストを上回るよう、造巣のタイミングを慎重に見極めることだろう。分蜂群が空の樹洞に引っ越してきたときのことを考えてみてほしい。巣はコロニーの将来にとって必要不可欠なものだから、このときに巣を作るメリットはとてつもなく大きい。巣分かれしたばかりのコロニーは、巣がなければ育児も貯蜜もおこなえず、よってここで造巣に集中的に投資するのは理にかなっているわけだ。このミツバチの行動については、私の研究室の博士課程の学生マイケル・L・スミスが詳しく記述している。マイケルは、コロニーが新しい巣穴にやってきてから死滅するまでを観察した。[29] 観察に用いたコロニーは、人工分蜂群の平均サイズ——約一万二〇〇〇匹の働き蜂と一匹の女王——で、三八リットルのガラス製観察巣箱に入れられた。巣箱に移す前の分蜂群には、自由に利用できる形で糖液が与えられていた。したがって分蜂群のミツバチは、自然の場合と同様、新しい住処にやってきたときにはエネルギーがたっぷりお腹に詰まった状態だった。[30] それから二〇カ月間にわたり、三つのコロニーを手を加えずに放置した。ただし週に一度だけ、巣箱を覆う断熱ボードを夜間にはずし、コロニーの働き蜂とオス蜂の個体数の測定、働き蜂用巣房とオス蜂用巣房の範囲の確認、巣房の内容物（蜂児、花粉、蜂蜜、空っぽのいずれか）の調査をおこなった。

図5-9は、最初の三週間で二〇〇〇～四〇〇〇平方センチメートルの巣が迅速に作られたことを示している。この面積の巣に見つかった働き蜂用巣房はわずか八五〇〇～一万七〇〇〇個で、完成した巣の二〇パーセントにも満たないが、それでも新しい巣穴に引っ越してきて間もないコロニーが働き蜂の育児をはじめるには十分な数だ。引っ越し直後の造巣はきわめて重要である。[31] というのも、働き蜂が卵から成虫になるまでは二一日（およそ三週間）かかり、その間に老いた働き蜂は死んでいくが、若い働き蜂によって労働力が補填されることはなく、コロニー内の個体数は着実に減っていくからだ。実際、図5-9に示されているように、最初の三週間が過ぎる頃にはどのコロニーでも働き蜂が二〇～五〇パーセントまで減り、夏の終わりになっても当初のレベルまで回復していないことがわかる。

引っ越し直後の集中的な造巣が終わりに近づくと、コロニーは巣を作りつづけるか、あるいはそこでやめておくかの選択を迫られる。この選択は次のようなジレンマを含んでいる。つまり、造巣を続ければ貯蔵能力が増えるため、予測できない流蜜を効率よく利用することができ、蜜の貯蔵係が空の巣房をさがす時間も短縮できるが、その反面、追加の蜜蝋が必要となるため、エネルギー源である蜂蜜の貯蔵量が減少するのである。もう一人の博士課程の教え子スティーブン・C・プラットは、ミツバチがこのジレンマをどう扱うかを一九九〇年代に調査している。[32] スティーブンはまず、造巣の時期と投資するエネルギー量を決める際にコロニーが直面する状況を、確率動的計画法と呼ばれる手法を用いてモデル化するところからはじめた。彼の目標は、分蜂後に迎える最初の夏において、追加の巣を作る最適なタイミングはいつかを突き止めることだった。その際に頼りにしたのは、採集可能な蜜の量、すでに（蜂蜜として）貯蔵されている蜜の量、巣の大きさだった。スティーブンのモデルからは、次の二つの条件を満たすときに巣の増築を制限すれば、コロニーがほぼ最適なタイミングで造巣できることが示された。その条件とは、①巣の使用率がある閾値以上であること、②コロニーが採蜜に忙しいことである。

スティーブンは、この予測を実験で検証してみることにした。実験では三種類の巣枠、具体的には、蜂児が入った巣板、部分的に蜂蜜が蓄えられた巣板、空の巣枠（巣を作る場所を与えるため）を備えた観察巣箱を用いた。また、コロニーを自然の蜜源のない場所に移動させ、給餌器の糖液の量を調整することで、コロニーの採「蜜」量をコントロールできるようにした。図5‐10は、巣の使用率がある閾値を超えると、それまで蜜を集めていたコロニーが追加の巣を作りはじめるという予測（①の条件）を検証した実験の結果を示している。第一段階では、コロニーの蜜の採集量は多いが、巣の使用率は低いレベルに保たれている。第二段階では、蜜の採集量は多いままだが、巣が蜜で埋まってきている。最後の第

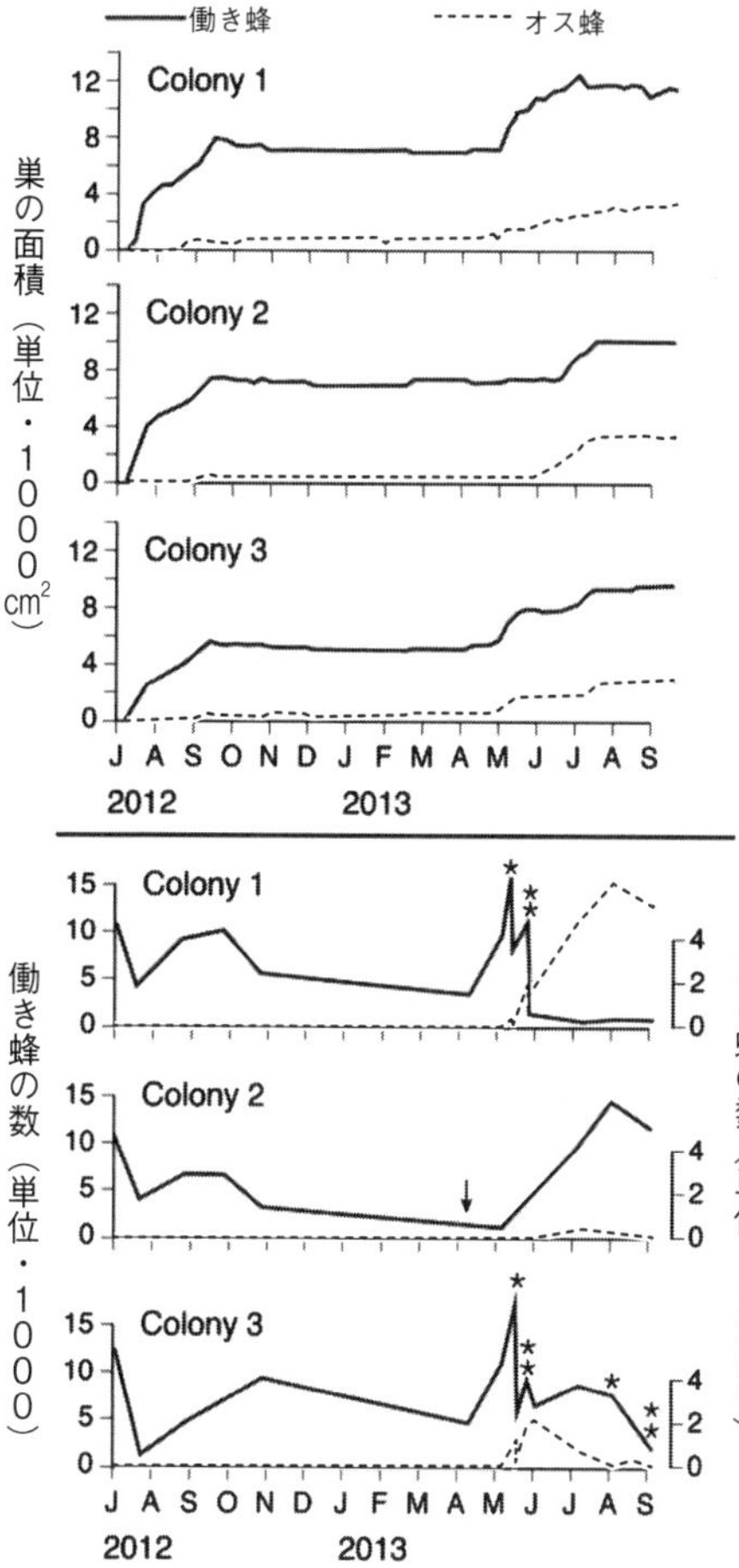

図 5-9　上：2012 年 7 月に 1 万 2000 匹の分蜂群からはじまった 3 つのコロニーによる造巣の記録。実線は働き蜂用巣房、点線はオス蜂用巣房である。造巣が盛んになる時期が 1 年目に 2 度だけ見られる。空の巣穴に引っ越してきたとき、そしてアキノキリンソウ類（*Solidago* spp.）が大量の蜜を吹く 8 月下旬〜 9 月初旬である。なお、巣の面積は巣板の両面を含む。下：同じ 3 つのコロニーの個体数の推移。実線は働き蜂、点線はオス蜂、アスタリスクは分蜂を示している。また 2 番目のコロニーに見える矢印は、それまでの女王が死んだので新しい女王を導入した時期を指している。

三段階では、コロニーは第一段階の状態に戻っている。当初の予測どおり、コロニーは第一段階では巣をまったく作らなかったが、第二段階で巣の使用率が閾値（およそ八〇パーセント）に到達すると、造巣を開始した。しかしながら、第三段階で巣の使用率が（スティーブンによって）低いレベルまで下げられているにもかかわらず、コロニーは造巣を中止しなかった。この実験が示したのは、貯蜜圏がすべて満杯になってしまう前にコロニーは造巣を開始するということである。私の考えでは、ミツバチがこうした戦略——必然的に早期造巣のリスクも伴う——をとるのは、流蜜が多くなった場合に備えて十分な貯蔵場所を確保するためではないかと思う。実験はまた、いったん造巣がはじまると、蜜の流入が乏しくならないかぎり（つまり造巣の燃料が十分に供給されるかぎり）継続されることも示している。スティーブンはほかにも、蜜の採集量は多くないが巣の使用率が高いレベル（八五パーセント以上）で維持されている場合の実験もおこなっている。その実験では、コロニーは巣を作らなかった。二つの実験結果を考え合わせると、スティーブンのモデル化分析が正しかったことがわかる。コロニーは、巣の使用率が閾値を超えていて、かつ蜜の採集量が多いときに、新しい巣を作りはじめるのである。

では働き蜂は、巣の使用率と蜜の採集量の双方をどのように監視して、造巣を開始する正しいタイミングを把握しているのだろうか？　可能性として考えられるのは、巣の貯蔵能力が限界に近づくと、蜜の受取係（巣に戻った採餌蜂の積荷を下ろす蜂）も新鮮な蜜を蓄えるための巣房を見つけるのが難しくなっていき、その結果、豊富な蜜の流入と貯蔵場所の不足の同時発生に対して、蜜蝋の分泌と巣の造営で応えるというものだ。この仮説は、蜜の受取係と造巣係はどちらも中齢（一〇〜二〇日齢）の蜂だという既知の発見によって裏づけられる。[33]つまり、受取係になる蜂は、同時に造巣係になるのに適した日

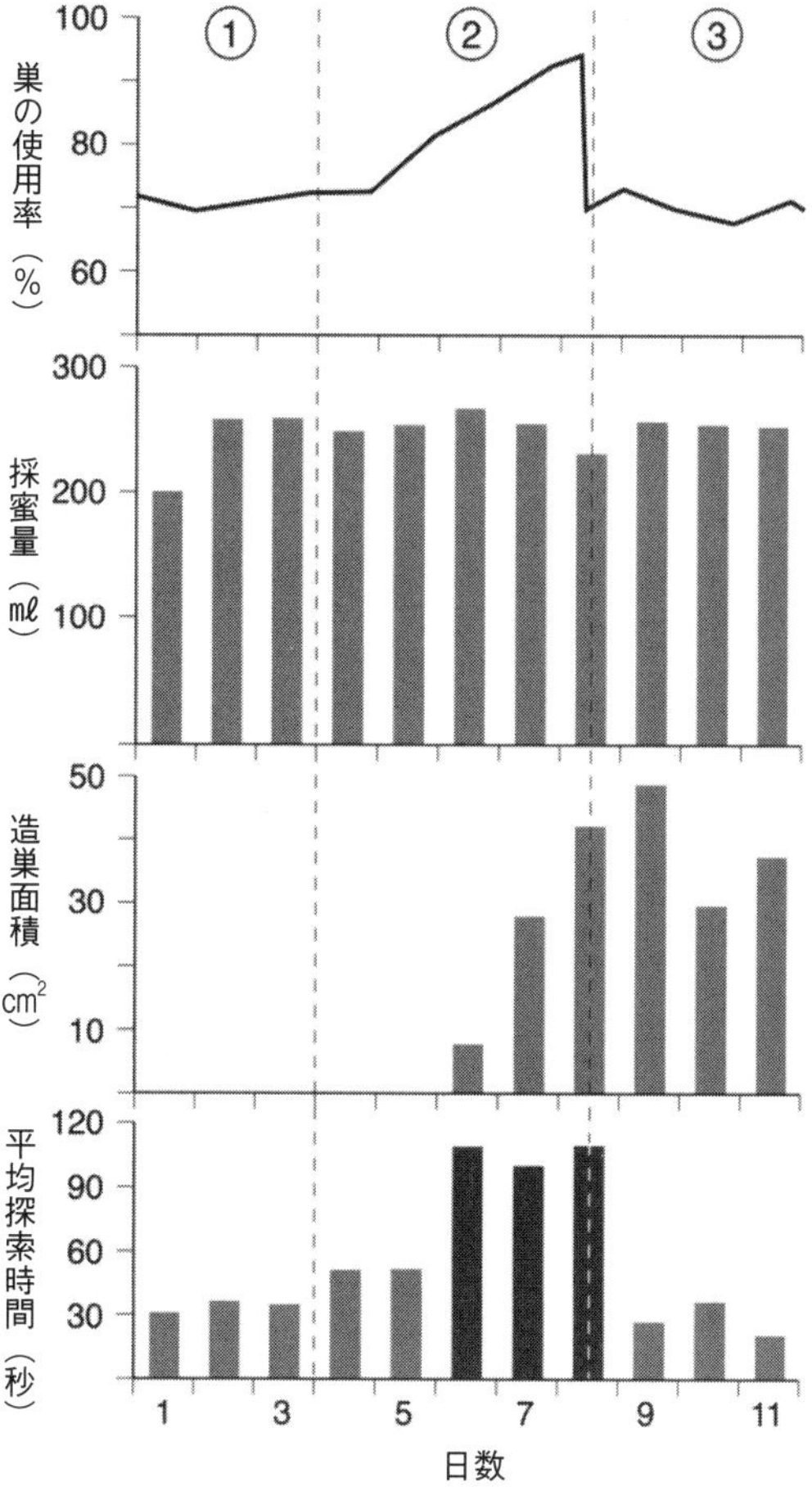

図 5-10　追加の巣を作りはじめるか否かを決めるにあたって、巣の使用率が果たす役割を検証した実験の結果。第 1 段階：蜜（65 パーセントの糖液）の採集量は多いが、蜂蜜の貯蔵量はまだ低いレベルにある。第 2 段階：蜜の採集量は依然として多いが、貯蔵巣房が満杯になりつつある。第 3 段階：第 1 段階の状態に戻っている。最下段のグラフにある探索時間とは、巣に戻ってきた採餌蜂が自分の持ってきた蜜を受け取ってくれる貯蔵係を見つけるのに要した時間である。色の濃い 3 本のグラフが他に比べて有意に高いのがわかる。

齢でもあるということだ。さらに先に紹介した図5−9の実験もこの仮説を支持している。実験をおこなった際、スティーブンは、採餌蜂が巣箱の中で蜜を受け取ってくれる蜂をさがす時間が、造巣開始後に著しく長くなることに気づいた。こうした探索時間の増加は、コロニー内の中齢の蜂が蜜の受取係から造巣係へと役割を変えたことで引き起こされたのかもしれない。ところが、受取係の三〇〜四〇パーセントに塗料で印をつけてからコロニーに造巣を促したところ、造巣係で印がついていたのは全体の五パーセント未満にすぎないことがわかった[34]。この意外な結果は、造巣の調節に関する知見がいまだ不完全であることを示している。今後の研究では、まだ仕事に従事していない造巣係のふるまいに焦点を絞り、その蜂が巣の使用率や蜜の採集量についての情報をいかに手に入れるのかを突き止める必要があるだろう。

巣房の種類の調節

コロニーが見極めなくてはならないのは、造巣のタイミングばかりではない。働き蜂用の巣房とオス蜂用の巣房のどちらを作るかも決めなくてはならないのだ。どちらの巣房も蜂蜜の貯蔵に利用されるが、体の大きいオス蜂を育てられるのはサイズの大きなオス蜂用巣房だけである。野生コロニーの場合、巣板全体に占めるオス蜂用巣房の割合は驚くほど高い——なんと平均で一七パーセントもあるのだ（図5−11）。オス蜂用巣房がこれほど多いのは、それによってオス蜂生産に多くの投資ができるようになり、その投資は繁殖の成功（遺伝的な成功）にとってきわめて重要なことだからである。だが、図5−9のマイケル・スミスの研究によると、実験に参加した三つのコロニーはどれも、分蜂直後の数週間は働き

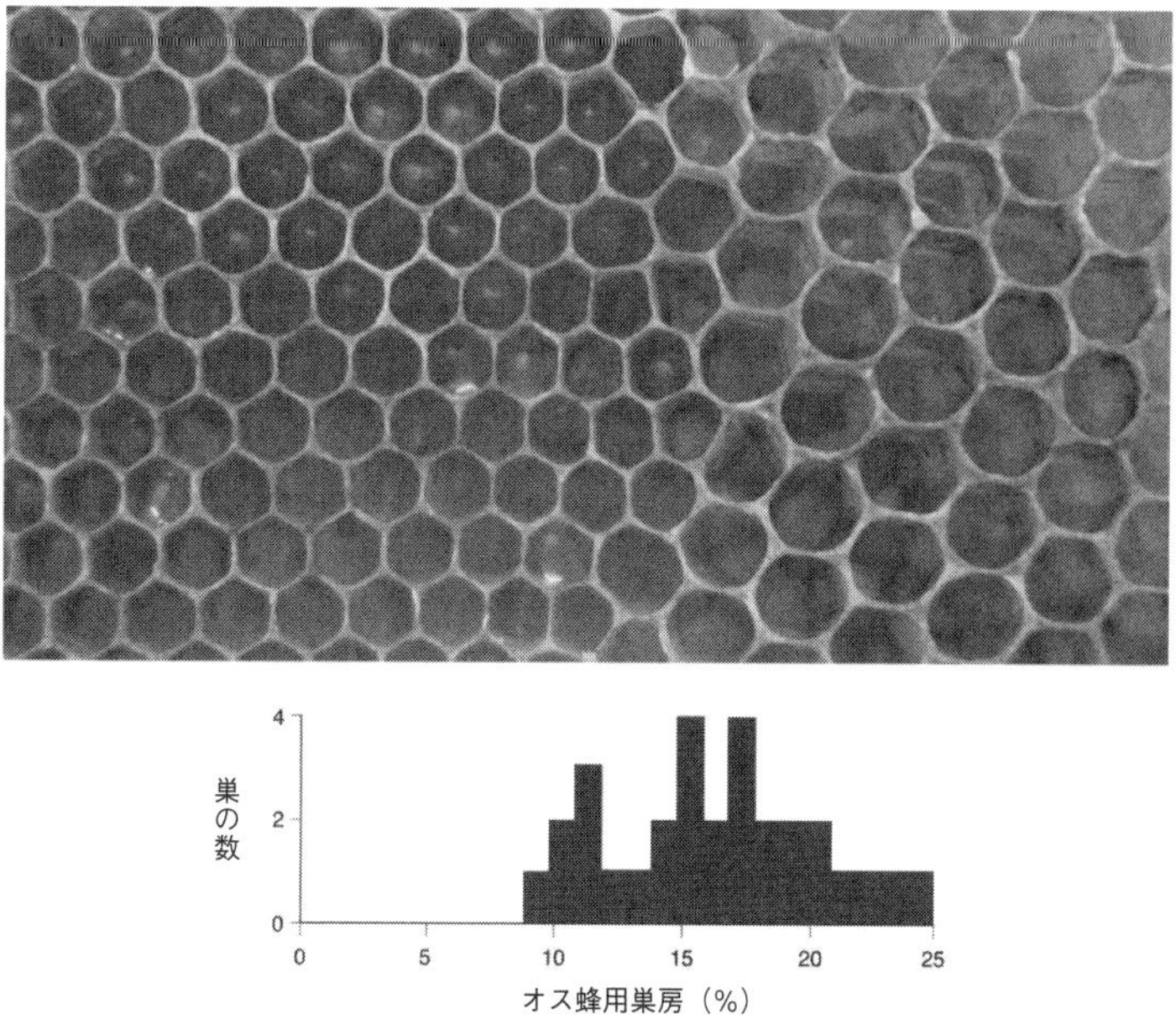

図 5-11　上：自然の巣の巣房の直径は双峰分布を示している。左半分を占める小さな巣房（内径およそ 5.2 ミリメートル）は働き蜂、右半分の大きな巣房（内径およそ 6.5 ミリメートル）はオス蜂の育成に用いられる。下：ニューヨーク州北部で捕獲した 8 群の野生コロニーと 22 群の疑似野性コロニーの巣におけるオス蜂用巣房の割合。平均値である 17 パーセントを中心にまとまっている。

蜂用巣房しか作らず、働き蜂しか育てていない。[35] もちろん、これは理にかなったふるまいだ。というのも、駆け出しのコロニーの生存に不可欠な巣を作り、蜜や花粉を集めるのは、オス蜂ではなく働き蜂だからである。

健康なコロニーは、やがて働き蜂とオス蜂のどちらの巣房にも投資できるほどたくましく成長する。では、そうした巣房の割合はどのように調節されているのだろうか？　ふつうに考えれば、造巣をおこなう蜂——あるいはもしかすると女王——は、現時点の巣房の割合を知っている必要があるが、働き蜂から見れば非常に大きい巣穴全体の状況を、いったいどうやって把握することができるのだろうか？　この作業にもっとも適しているのは女王である。なぜなら女王は、休んでいるかグルーミングされているときを除いて、巣を歩き回り、空の巣房の大きさを計測することに自分の時間の多くを費やしているからだ（巣房の大きさを計測するのは、産む卵の種類を決めるためである。働き蜂用巣房には受精卵、オス蜂用巣房には未受精卵を産み落とす）。こうして女王が確認を続けていけば巣房の数を把握でき、それを働き蜂に伝えて新しい巣房を作らせることで、巣房の割合の調節ができるかもしれない。

スティーブンは、どちらの巣房を作るかを決める際に使われる情報の経路についても調査をしている。[36]方法は以下のとおりだ。まず、それぞれ一〇枚の巣枠を備えた二つの巣箱に暮らす、女王のいる（有王の）通常サイズのコロニーを用意した。その後、各巣箱の巣房の種類や働き蜂の巣板へのアクセスを調節して、異なる実験環境を作り出した（図５‐12）。実験からは三つのことが明らかになっている。第一に、オス蜂用巣房の造営を抑制するには、働き蜂はオス蜂用巣房に接触してその存在を確認する必要があること。第二に、女王がオス蜂用巣房に接触しても、抑制には何の影響も与えないこと。第三に、オス蜂用巣房の造営の抑制は、オス蜂用巣房が空のときよりも、蜂児が入っているときの方が強力になることである。働き蜂がオス蜂用巣房に接触する必要があることから、働き蜂はその巣房に仕込まれた揮発性の化学信号には応答していないことがわかる。またこの実験結果は、女王はオス蜂用巣房の需要に関する情報を集めるのに絶好の立場にありながら、実はその造営の調整役として行動しているわけではないことも示していた。では、働き蜂はどちらの巣房を作るかをどう判断しているのだろうか？　もしかすると、働き蜂は巣の上を這い回って巣房の数を直接数えることで、割合に関する情報を少しずつ

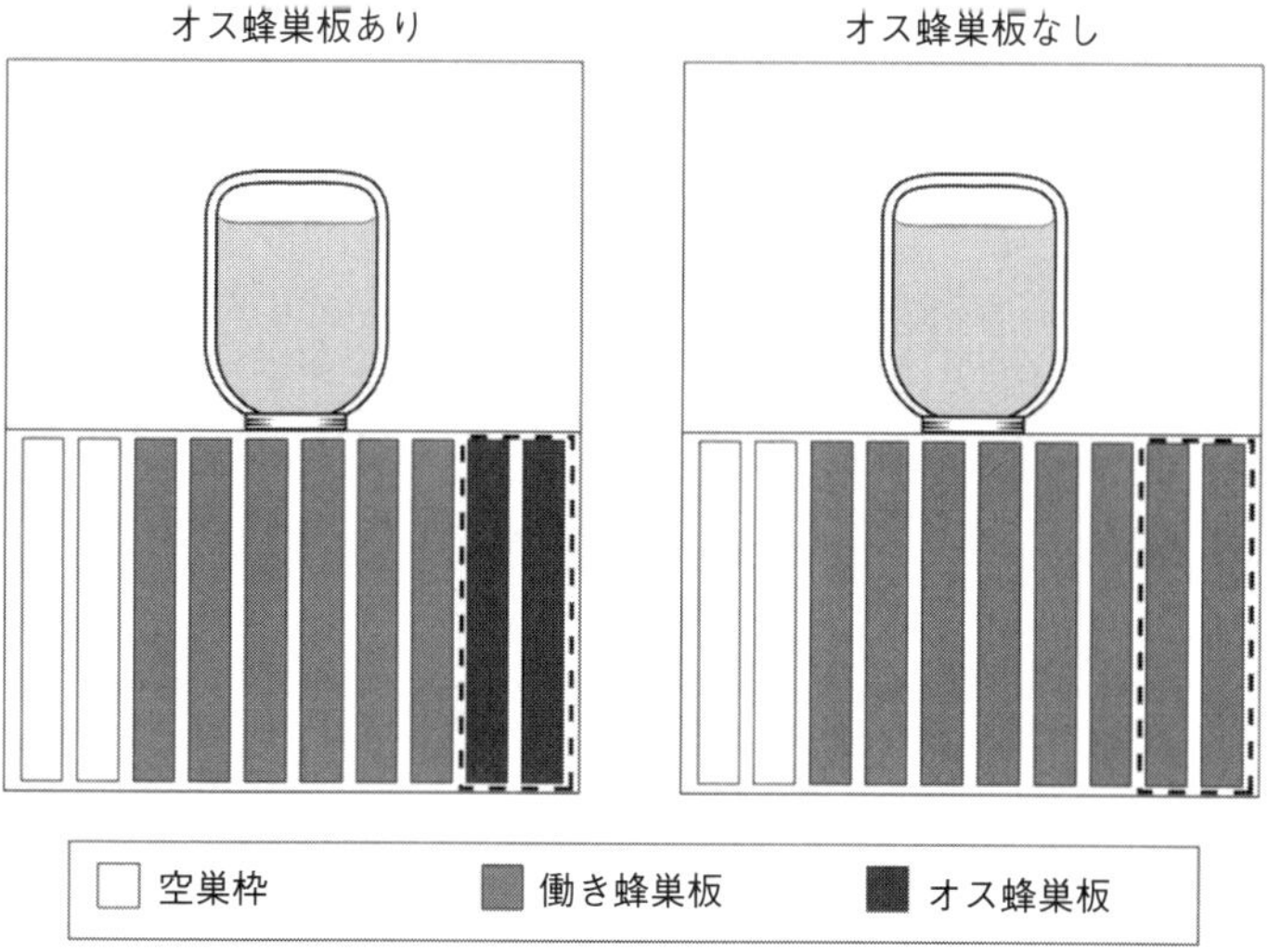

図 5-12　オス蜂用巣房の造営をおこなうか否かを決めるために、オス蜂用巣房に直接接触する必要があるかを検証するための実験計画。左側では 2 枚のオス蜂巣板が用意されているが、蜂（働き蜂と女王）とは金網で隔てられている。右側（対照群）では、働き蜂巣板が同様に金網で隔てられている。どちらの場合も造巣用に 2 枚の空巣枠が用意され、また巣箱の上には糖液を満たした給餌器（造巣を促進するため）が設置された。

蓄積しているのかもしれない。あるいは働き蜂もまた、巣房に頭と前脚を入れてその壁に触れることで大きさを計測するという、女王と同じメカニズムを利用している可能性もある。

以上をまとめると、巣房の割合の調節に関しては、造巣係が完成した両巣房との接触率を認識することで、働き蜂用とオス蜂用のどちらが必要かについての情報を得ている可能性がある、ということがわかる。またそれに加えて、造巣係は造営中の両巣房との接触率を認識することで、ほかの蜂との作業——どちらの巣房を作るか——を調節できる可能性があることもわかっている。だが、どちらの仮説も実験による厳密な検証が必要である。

プロポリスのコーティング

野生コロニーが暮らす樹洞の内部と管理コロニーが暮らす巣箱の内部の違いのうち、もっとも目を引くのは、おそらく壁の様子ではないだろうか。樹洞の内壁は樹脂でコーティングされていて、光沢があり防水性もある（図5‐4）。一方で巣箱の内壁は、何年も使っているものであってもその種のコーティングはなく、たいていは製材されたばかりの板のようにくすんで、水をよく吸うように見える。要するに、野生のコロニーだけがプロポリスの膜に包まれて暮らしているのだ。プロポリスの大部分は巣穴の内壁に薄く（一ミリメートル未満）塗られているが、亀裂などがある場合は、それを埋めるために黒い樹脂の継ぎ目ができる。また入口が大きすぎる場合、つまり部外者が侵入しやすかったり、通気が良すぎる場合は、乾燥した樹脂で頑丈な壁を作ることで大きさの調節をおこなっている（図5‐6）。ミツバチによる樹脂の利用例では、この入口を狭めるという用途がもっとも目立つものであり、養蜂家がその樹脂をプロポリスと呼びはじめたのも、そうした理由による（「プロ」は前方、「ポリス」は都市や共同体の意）。

では、この樹脂の供給源はいったい何の木なのだろうか？[37] ミツバチはこのねばねばした物質をどのように集めてくるのだろうか？　個人的な経験をいえば、私は研究室近くに生えているナミキドロ（*Populus deltoides*）でしか、ミツバチが樹脂を集めるところを目撃したことがない（ねばついた葉芽から樹脂を集めていた）。しかしながら欧米では、他の多くの樹木、特にセイヨウトチノキ（*Aesculus*

図 5-13　左後脚の花粉かごに輝く樹脂を載せたミツバチ。

hippocastanum）、ヤマナラシ（*Populus tremula*/*P. tremuloides*）、さまざまなカバノキ類（*Betula spp.*）の幹の傷や葉芽からミツバチが樹脂を採集する様子が観察されている。こうした種では、葉芽は樹脂の被膜で保護されており、輝いているように見える。ミツバチはまた、トウヒ類（*Picea* spp.）、マツ類（*Pinus* spp.）、カラマツ類（*Larix* spp.）などの針葉樹からも樹脂を集めている。

樹脂を採集する際、蜂はまず大顎で一片の樹脂を噛み切り、前脚でそれをつかんでから一方の中脚に受け渡し、最後に同じ側の後脚にある花粉かごに移動させる。[38] この動作は、きらきらと輝く樹脂の塊で花粉かごがいっぱいになるまで繰り返される（図5－13）。採集が終わって巣穴に戻ると、その蜂は巣を這い進んで樹脂が使われている現場に向かい、そこで五～二〇分ほどおとなしく待機する。その間に、樹脂を使う役割の蜂が両脚の花粉かごにある二つの積荷をかじりとっていくのである。樹脂を採集する蜂（採集蜂）も、それを使用する蜂（作業蜂）も、どちらもとても興味深い蜂だ。とはいえ、その蜂は何者なのだろうか？巣穴内でどのように樹脂を扱っているのだろうか？　また、その建築資材の採集量をどうやって調節しているのだろうか？　こうした疑問に対しては、近年まではっきりとした答えは見つかっていなかった。だから、玉川大学ミツバチ科学研究センターの中村純教授が二〇〇二年に私の研究室にやってきて、その謎を解こうとしてくれたのは、嬉しい出来事だった。[39]中村は、暖かい部屋に置かれたガラス壁の観察巣箱に暮らす、約三〇〇〇匹のミツバチからなるコロニーを使って調査をおこなった。調査ではまず、樹脂の採集蜂と作業蜂をそれぞれ個別に観察するために、三～四日ごとに一グループの割合で、日齢が〇日の蜂をコロニーに合計八グループ加えていった（この作業は五月いっぱいおこなわれた）。すぐに気がついたのは、作業蜂になる確率はとても低いということだった。印をつけておいた八〇〇〇匹のうち、樹脂の使用行動――コーキング（穴や割れ目に樹脂を詰める）や受取（採集蜂の花粉かごから樹脂をかじりとる）――を見せたのは、わずか一〇匹しかいなかったのである。また、一〇匹の作業蜂がすべて中齢であることもわかった。樹脂を使う作業をしていたのは一四～二四日齢の蜂で、これは育児蜂としての仕事を終えたあと、採餌蜂としての仕事をはじめる前の時期である。一方、樹脂の採集蜂はみな高齢（一五～三八日齢）で、これは蜜、花粉、水の採集蜂と同様だった。

中村はまた、樹脂の場合は蜜や花粉や水とは違って、巣箱の外で採集をする蜂と巣箱の内で作業をする蜂の間に、厳格な仕事の区別がないことも発見した。三五匹の樹脂の採集蜂について、それぞれが観察巣箱に入るところからビデオで撮影してそれに気づいたのだ。採集蜂は巣箱に入ると、巣箱上部あるいは側部に向けて一目散に這い進んでいった。そこで作業蜂に樹脂を渡し、ガラス壁と木枠の間の溝を

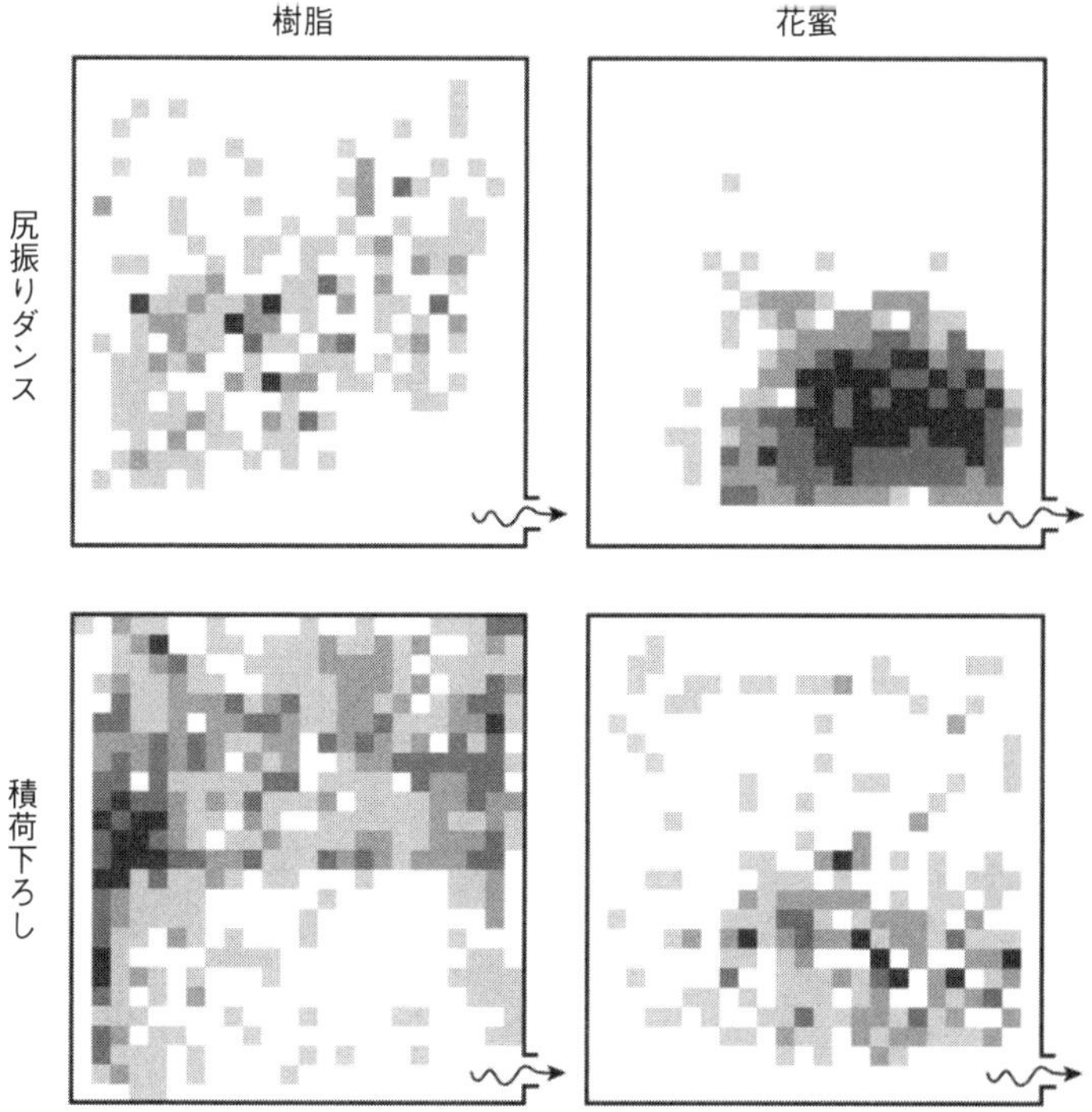

図 5-14　2 枚の巣枠を備えた観察巣箱に暮らすコロニーの樹脂の採集蜂と蜜の採集蜂が尻振りダンスや積荷下ろしをおこなった場所の空間分布。下方の矢印は巣箱の入口を示す。

埋めてもらうのだ（図5-14）。そのうちの五匹の採集蜂は、花かごだけではなく口器にも樹脂の塊を入れて持ち帰っており、すぐに作業場に歩いていくと、口の中の樹脂を使って自分で穴埋め作業をはじめた。一方、口に樹脂を入れていなかった残りの採集蜂は穴埋め作業をおこなわなかった。そうした蜂は、五〜一八分その場にたたずんで、ほかの蜂（作業蜂）が自分の積荷をかじりとってくれるのを待つばかりだった。

採集蜂がコロニーの樹脂の需要をどのように判断しているかは、まだわかっていない。状況を直接（作業をしたことのある蜂であれば、実際に樹脂を使うことで）判断しているか、間接的に（積荷を下ろすのにかかる時間を認識することで）知るか、あるいはその両方かもしれない。ただ、調査をしたコロニーの採集蜂が、樹脂が必要だと継続的に判断していたのは間違いないようだ。というのも、印をつけて巣箱の出入りを観察した一〇二匹の採集蜂のうち、六八匹（六七パーセント）が死ぬまで樹脂の採集を続けたからである（残りの三四匹はやがて蜜や花粉の採集に鞍替えした）。採集蜂が樹脂の需要が続いていると判断したのは、中村が毎週のように巣箱の汚いガラス壁をきれいなものと取り替えていたからかもしれない。それによってガラス壁と木枠の間に新しい溝ができるので、それが採集蜂を刺激したということも考えられる。すでに明らかにされているように、採集蜂は巣穴内に溝や割れ目や粗い表面――どれも清潔に保つのが難しい状態である――を見つけると刺激を受けるのだ（実際、養蜂道具を扱うアメリカの企業の多くが、プロポリストラップという商品を販売している。これは、鉛筆の芯ほどの幅の細長いスリットが数百本あけられたプラスチック製のシートで、複数の巣枠にまたがるよう巣箱上部に設置することで、蜂を刺激してプロポリスの採集とコーキングを促すものだ。こうしてシートにたまったプロポリスは、抗菌作用をもつチンキ剤やローションの材料として利用される）。

ミネソタ大学のマイケル・シモン＝フィンストロムらは最近、樹脂の採集蜂の方が、花粉の採集蜂よりも、ある学習に関する能力が高いことを発見した。具体的には、一ミリメートル幅の細長い溝をもった表面に触れたときの触角の刺激を、糖液の報酬に結びつけるという学習である。また、粗い表面（紙やすりの表面）に触角で触れたときの刺激を糖液の報酬に結びつける学習についても、同じ結果が導かれた。[40] この触角刺激の学習における違いが、経験に基づくものなのか、遺伝的なものなのかは不明である。だがいずれにしても、樹脂の採集蜂のこの能力が、巣穴内の溝や穴の存在に関する学習に一役買っているのは、十分にありそうなことだ。

プロポリスは、巣箱の蓋を開けたり巣枠を取り出したりする際の障害となるため、大多数の養蜂家は厄介な邪魔者とみなしている。だが、ミツバチにとってはきわめて重要なものに違いない。そうでなければ、ねばねばした樹脂を噛み切り、それを後脚に載せて巣まで持ち帰り、巣穴の隙間を埋めたり壁をコーティングするといった労力をわざわざ費やしたりはしないだろう。近年の研究からは、プロポリスは主に抗菌作用をもつ被膜として機能し、コロニー内の病気に対する防衛コストを低下させることが明らかになっている。この話題については、コロニー防衛を多面的に論じた第10章で改めて検討するつもりだ。だが、こうした問題やコロニーの機能に関する三つの主要なテーマ――繁殖、採餌、温度調節――について深く掘り下げる前に、まずは一年間の活動サイクルを検討することで、野生コロニーの生活をより俯瞰的に見ていくことにしよう。

第6章　一年の活動サイクル

昼は比べるものなく美しく、夜は幽霊のように見える白い果樹園、
そこに集う私たちに喜びを与えよ、
比類なき木立を群れ飛び交う幸福な蜂たち、
それを見る私たちに幸せを授けよ。

――ロバート・フロスト[1]

寒い冬がやってくる土地に暮らすミツバチの自然な生活を理解するには、そのユニークな年間サイクルを知ることが一つの鍵となる。たとえば冬の間、ほかの社会性蜂（マルハナバチや社会性のコハナバチ）のコロニーが、冬眠する交尾済みの女王だけを残して死滅する一方で、ミツバチのコロニーは、およそ一万五〇〇〇匹の働き蜂と一匹の女王からなる社会的集団としての機能を保ちつづける。しかも、冬の寒い地域に暮らす昆虫一般に見られるように休眠状態に陥るのではなく、活動を継続したまま寒さと格闘するのだ。巣穴内のミツバチは、互いに近密に寄り添って断熱性のある「越冬蜂球」を形成する。そして、飛翔筋の等尺性収縮を利用して自らを暖める熱を生み出すことで、気温がマイナス三〇℃を下回る環境にあっても、その境界温度を一〇℃以上に維持することができる。[2]この強力な温度調整能力の

燃料として、コロニーが夏の間に備蓄した蜂蜜、およそ二〇キログラムが消費される。

ミツバチの年間サイクルは、越冬以外の点でも特別である。冬至を少し過ぎ、日は次第に長くなってきたが、イサカ郊外はまだ雪に覆われている頃、ミツバチのコロニーは越冬蜂球の中心部の温度を三五℃程度まで上げて育児を開始する。最初のうち、蜂児の入った巣房は巣全体で一〇〇程度しかない。だが春がやってきて、アカカエデ、ネコヤナギ、ザゼンソウ（*Symplocarpus foetidus*）などの花が咲き、蜜と花粉がたっぷり手に入るようになると（図6-1）、蜂児の入った巣房は一〇〇〇以上にもなり、コロニーの成長速度も日を追うごとに増していく。春が終わりに近づく頃、マルハナバチやコハナバチではようやく最初の働き蜂が成虫になるが、ミツバチのコロニーはすでに三万匹程度の規模に成熟しており、繁殖もはじまる。ミツバチのコロニーの繁殖は、近隣コロニーの女王と交尾するオス蜂を育てる単純なプロセスだけではなく、分蜂（コロニーの分裂）という複雑なプロセスをも含んでいる。分蜂では、巨大な労働力である一万～一万五〇〇〇匹の働き蜂とコロニーの生みの親である女王が、新しいコロニーを作るために突如として巣を旅立っていく。

本章の主な目的は、一年の間にコロニーに起こる出来事を通じて、イサカ周辺の森に暮らす野生ミツバチの生活を概観することである。この視点によって、ミツバチが野生でいかに暮らしているかに関する、いくつかの基本的なテーマが明らかになることだろう。そのテーマはまた、続く数章に通底するテーマでもある。本章には第二の目的もある。それは、北アメリカやヨーロッパの寒い冬が訪れる土地に暮らすミツバチが冬眠をせず、それゆえ同地に生息する昆虫のなかでも独特の年間サイクルをもつようになった理由を説明することだ。これから見ていくように、温帯（四季の変化に富み、冬の気温が低い

図6-1　初春のザゼンソウ（*Symplocarpus foetidus*）から花粉を集める働き蜂。ザゼンソウは花だけが顔を出していて、茎とのちに顔を出す葉はまだ地中にある。

地域）に暮らすアピス・メリフェラの特色のある年間サイクルは、ミツバチの現在置かれた環境と太古からの歴史が融合したものとなっている。寒冷な気候の生活への適応は、この蜂が熱帯に暮らした祖先から受け継いだ生理的、社会的特性の上に重ね合わされているのだ。

エネルギーの年間収支

寒さと格闘して冬を生き延びるのは、エネルギーを大量に消費する行為だ。真冬のミツバチのコロニーの重量はおよそ二キログラムで、主に発熱のために二〇〜四〇ワット相当のエネルギーを消費している（このワット数は小さな白熱灯とだいたい同じである）。当然ながら、コロニーが長く生き延びようとすれば、冬季のエネルギー支出と夏季のエネルギー収入のバランスがとれている必要がある

（夏は、エネルギーを豊富に含む花蜜を採集でき、蜂蜜の蓄えを取り戻せる大切な時期だ）。それゆえ、コロニーと周囲の環境との間を行き来するエネルギーの流れは、ミツバチの自然誌にとって鍵となる要素であり、生物学者と養蜂家の双方にミツバチの生活に関する価値ある視点を提供するものだといえる。このエネルギーの流れを一年を通じて観察すれば、コロニーの年間サイクルに対する総観的な視点が得られると同時に、コロニーが毎年遭遇する一つの困難――短い夏の間に冬の暖房用燃料を蓄える必要があること――の詳細が理解できることだろう。

コロニーを出入りするエネルギーの正味の流れを観察する単純ながら効果的な方法は、コロニーの重量、具体的には蜂、巣、貯蔵食料の重量を記録することだ。[3] 重量は食料が巣に持ち込まれたときに増加し、貯蔵食料が消費されたり、繁殖のために巣分かれをしたり、コロニーの構成員が死んだときに減少する。夏季あるいは一年を通じてのミツバチのコロニーの重量変化については、アメリカ、カナダ、ドイツ、イギリスなどの温帯に属する多くの国において詳細な記録が発表されている。[4] だがそうした記録はほとんど例外なく養蜂目的で集められているため、内容に関しても農地で管理されている管理コロニーの重量増減についてしか記述がない。したがってここから先は、野生コロニーのエネルギー収支に光を当てる目的で私がおこなった研究の成果を中心に議論を進めていきたい。

私がその研究の中心にすえたのは、二つの非管理コロニーの重量変化を毎週記録することだった。[5] コロニーの住居はラングストロス式巣箱を二つ重ねたもので、総容積は八四リットル、これは野生コロニーの標準的な巣穴よりも大きい（図5－3参照）。私は、一九八〇年一一月初旬から一九八三年六月下旬まで、毎週日曜日の夕方にそれら二つの巣箱の重さを台秤《だいばかり》で測定した。晩春と夏と初秋に月二回ずつ蜂児の状態を確認するのを除いては、研究がはじまってからコロニーの管理や干渉は一切していない。実験で用いたコロニーの諸条件のうちで、もっとも自然と違いがあったのはその場所だろう。巣箱は、コネチカット州ニューヘイブンという小都市の緑豊かな住宅街にあるオスニエル・C・マーシュ植物園に置かれていたのである[6]（当時、私たち夫婦はこの植物園の管理人の家に住んでいた。巣箱は家の近くにあったので、週一回の測定を楽におこなうことができた）。実験のコロニーが利用できた食料源は、森の奥深くにいるミツバチよりも豊富だったはずだ。したがってこの研究では、野生コロニーの食料採集の難しさが実際より低く評価されていると考えられる。

図6-2に示した測定記録を見ると、冬になるとコロニーの重量が急減していることがわかる。九月から翌年四月にかけて、二つのコロニーは毎年平均して二三・六キログラムも重量を減らしているのだ。このうちおよそ一キログラムは死んだ働き蜂を巣から取り除いたことによるもので、残りはすべて貯蔵していた蜂蜜と花粉の消費が原因である。この二〇数キログラムの消費の大半は、育児に必要な高いコストが原因だと私はにらんでいる。育児がもっとも盛んな三月に失った重量（〇・八四キログラム／週）は、蜂児がいない一二月に失った重量（〇・四二キログラム／週）の二倍にもなるからである。

ウィスコンシン大学の昆虫学者、クレイトン・L・ファラーが一九三〇年代におこなった実験からも、冬の育児のエネルギーコストが高いという証拠が示されている。この実験は、花粉の蓄えの有無、ひいては冬季の育児の有無という視点から、コロニーの重量変化の記録を比較したものだ[7]。花粉の蓄えがあるコロニーの重量は、一〇月から五月にかけて平均で二二・七キログラム減少していた。一方、花粉の蓄えがないコロニーでは一一・八キログラムしか減少していなかった。この一〇・九キログラムの差は、冬に育児を開始したコロニーが負担する、温度調節のためのエネルギーコストが主な原因だと考えられている（第9章参照）。蜂児がいないコロニーは冬季蜂球の表面温度を約一〇℃に保てばよいが、蜂児のいるコロニーでは、蜂球の中心部を蜂児圏にとって最適な温度である約三五℃に維持しなくてはならない。

図6－2は、コロニーの年間サイクルに関する二つ目の重要な事実、つまりエネルギー収支がプラスになる期間の短さを示している。私が調べた二つのコロニーの重量が増加した期間は、一年のうち平均で一四週間にすぎなかった。さらに驚くことに、増加した重量の八六パーセントは、四月一六日から六月三〇日までのわずか七五日に得られたものだった。

私のこの調査から見えてくるのは、冬が寒い土地のコロニーにとってエネルギー危機は常に身近にあるという現実である。コロニーは毎冬二〇キログラム以上の蜂蜜を消費するが、それに比べると食料の備蓄を回復させる夏の期間はあまりに短い。次の項で見るように、こうしたエネルギー問題は巣分かれしたばかりの新生コロニーにとって特に深刻である。すでに独り立ちしたコロニーとは異なり、前年からの貯蔵食料に頼ることができないからだ。新生コロニーはまた、造巣の高いコストもまかなわなければならない。もちろん、すべてのコロニーがこうした厳しいエネルギー問題を経験しているわけではないかもしれない。たとえば、より温暖な気候や、食料がより豊かな地域にいるコロニーにとっては、捕食者の脅威や営巣場所の不足の方が厳しい難題として立ちはだかっていることも十分に考えられる。とはいえ、生息域の北限に近い欧米で独力で生きているアピス・メリフェラのコロニーにとっては、やはり冬の消費と夏の貯蓄の間でエネルギー収支のバランスをとることが、生存のために非常に重要な条件

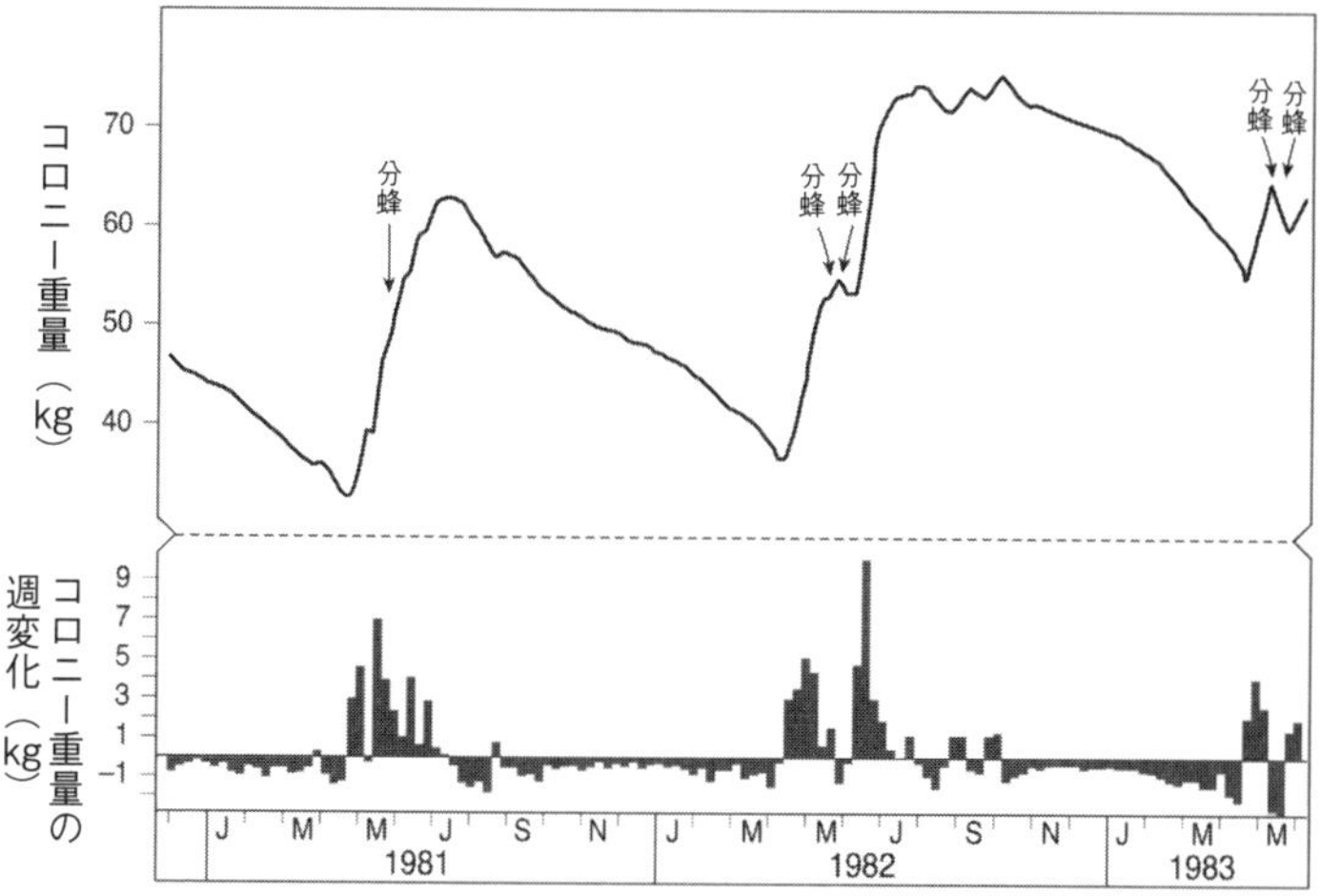

図 6-2　ニューヘイブンに暮らす 2 つのコロニーの重量（巣箱、蜂、貯蔵食料）の週変化。ここに示したデータは、両コロニーで記録された重量変化パターンの代表的なものである。

になっていると私は思っている。

コロニーの成長と繁殖

コロニーの成長と繁殖を正しいタイミングでおこなうことは、冬が寒い土地に暮らすミツバチの生存にとって欠くことのできない能力だ。先に見たように、ミツバチのコロニーは、夏のうちになんとか集めた二〇キログラムあまりの蜂蜜を燃料にした集中的な温度調節を介して、寒くて花も咲いていない冬の日々を生き抜いていく。これほど大量の蜂蜜を備蓄するためには、正確なタイミングでの成長と繁殖が必要なことはもうおわかりだろう。それに失敗してしまえば、適切な時期に十分な労働力を手に入れることができず、越冬のための食料確保という生死に関わる難問に対処できなくなるのである。

コロニーの成長と繁殖の年間サイクルは容易に調べることができる。まずコロニーの成長パターンについては、これまで二つの方法で記述されてきた。一つは、蜂児の入った巣房の数を定期的に数えるというやり方。もう一つは、成虫の個体数調査を繰り返しおこなうというやり方だ。[8] コロニーの繁殖パターンについては、オス（オス蜂）とメス（女王）でプロセスが異なるので説明は少々複雑になる。オスの繁殖は、発育中のオス蜂が入った巣房を数えることで簡単に記述できる。同じように、メスの繁殖も、女王のゆりかごともいえる王台の出現を観察することで突き止めることができる（図6-3）。ところが、コロニーはしばしば女王育成の開始を偽る――王台は作るが女王が育つ前に破壊してしまう――ため、それよりも分蜂群の登場を記録する方が信頼できる方法だといえる。[9] 結局のところ、分蜂群の存在こそがメスの繁殖を示す真の指標なのである。

図6-4は、私がニューヘイブンで調査した二つのコロニーの成長パターンを示している。[10] この調査は一九八〇年から一九八三年にかけて、二カ月に一度の頻度で蜂児の数を計測したものだ。グラフからは、晩秋〜初冬に蜂児がいない時期が数カ月続き、一月あるいは二月になると育児がはじまることが読み取れる。育児の開始が日照時間の増加に呼応しているのは間違いないだろう。[11] 最初のうちは、巣箱や樹洞に見つかる蜂児巣房の数は一〇〇〇未満である。だが三月下旬〜四月になるとその数は急増し、五〜六月のピーク時には三万以上にもなる。その後まもなくすると、分蜂に伴う女王の離脱によってコロニーには卵を産める女王が一〇〜二〇日のあいだ不在になり、蜂児の数も急減する。やがて新しい女王が現れてライバルたちを排除して交尾を終えると、育児が再開され、そのまま数週間にわたりほぼフル稼働で続けられる。この活動は夏の経過とともに次第に弱まっていき、一〇月には完全に停止することになる。この年間サイクルは温帯気候に暮らすミツバチに総じて当てはまるが、ただし春に見られる蜂

児の急増のタイミングは、緯度によってかなりのずれがある。[12] 一例を挙げれば、ウィリアム・J・ノランが調査したメリーランド州サマセットのコロニーは、そこから二五〇キロメートル北にあるコネチカット州ニューヘイブンのコロニー（私が調査したもの）に比べて、三週間も早く急成長の段階に入っていた。育児サイクルに見られるこうした地理的な違いは、その土地の気候と植物相への適応を反映した遺伝的な因子が部分的に影響している可能性がある。このことは、フランスでおこなわれたパリ（フランス北部）とランド地方（同南西部）のコロニーの交換実験によっても確認されている。[13] この二つの地域でのミツバチの育児のピークは、異なるタイミング、具体的にはパリは初夏、ランド地方は晩夏にやってくることが知られていた。実験からは、どちらのコロニーも、新しい土地に行っても以前と同じ繁殖パターンを維持することがわかった。

図 6-3　女王を育てるための王台。大きくてピーナツのような形をしている。

コロニーの繁殖は晩春――働き蜂の蜂児が急増した直後――に開始され、夏がはじまる頃には大部分が完了している。たとえば、イギリス南部のロザムステッド農事試験場でおこなわれた研究では、五～六月のコロニーの蜂児全体にオス蜂が占める割合は九パーセントだったが、七～八月になるとわずか一パーセントまで下がっていた。[14] オス蜂生産のピークは、どの地域でも分蜂群が発生する二、三週間前に来るのが一般的である。その時期であれば、分蜂したコロニーの女王が交尾飛行をおこなうときに、オス蜂もそれに参加できるくらいに成長しているからだ。図6‐5は、イサカにある私の研究室の大きな観察巣箱で飼育している強勢コロニーが、四月下旬――五月下旬～六月上旬の第一分蜂群、および続く二つの二次分蜂群の発生までかなりの余裕がある時期――からどれほど集中的にオス蜂を育成するかを示している。図6‐4上からは、それら三度の分蜂の時期がイサカでは標準的であることがわかる。また図6‐4中では、一九七一～八一年にイサカおよびその周辺で捕獲した三〇一群の分蜂群――コーネルのダイス研究所に寄せられた駆除依頼に対処したもの――のうち、八四パーセントが五月一五日から六月一五日のひと月の間に出現していたことが示されている。晩春から初夏にかけて分蜂するというパターンは、欧米の各地からも報告されている。[15] とはいえ、育児の場合と同様、分蜂のピークにも地理的なばらつきがある。

冬に育児をはじめることで晩春～初夏までに分蜂に必要な規模に成長することは、ミツバチのコロニーがもつ驚異的な能力の一つである。早期の分蜂は、多くの時間を使って巣を作り、多くの蜂を育て、冬将軍が訪れる前に蜜を集められるという点で、きわめて適応的だ。だがそうはいっても、最初の冬を乗り切ることができるコロニーはほんの一握りにすぎない。たとえば、イサカ周辺の森に暮らす野生ミ

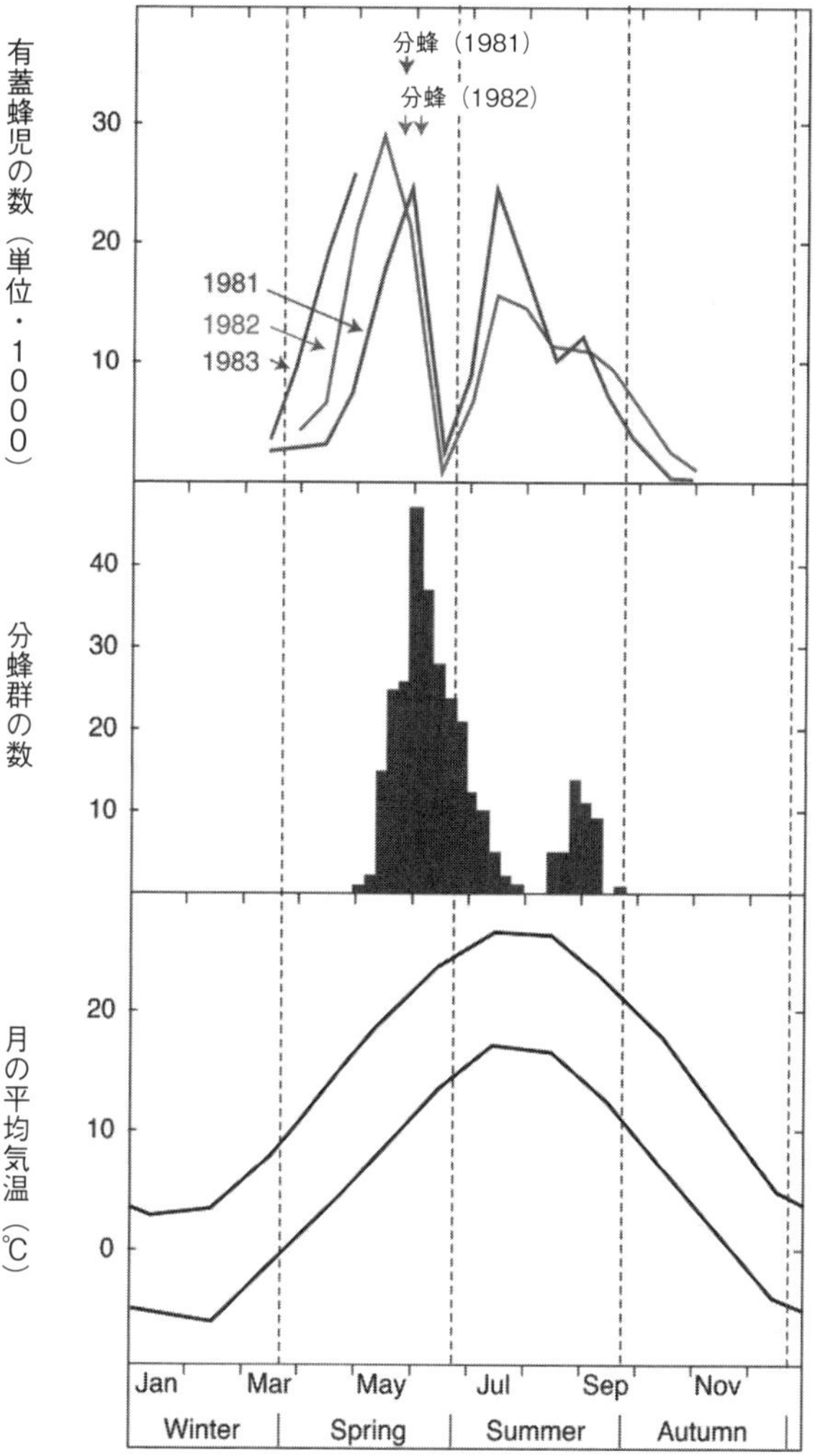

図 6-4　年間を通して見た育児と分蜂と気温の変動。上：有蓋蜂児巣房（蛹）の平均数。中：1971 ～ 81 年の 10 年間にイサカで捕獲した 301 群の分蜂群の発生時期。下：ニューヘイブンの気温。

ツバチでは、夏に独り立ちしたばかりのコロニーのうち、一一月から四月まで続く寒くて雪の多い冬を切り抜って次の春まで生存しているのは、平均でわずか二三〜二四パーセントにすぎない。一方、一度その困難を経験したコロニーは、七八〜八二パーセントの割合で次の冬も乗り越えることができる。[16]

一九七〇年代後半、同僚であり友人のカーク・ヴィッシャーと私は、冬のさなかに育児をはじめられるミツバチの能力に大いに興味をもち、その適応的な意義を調べてみようと思い立った。私たちがおこなった実験は二つある。第一の実験では、通常のタイミングで育児をはじめるコロニー（対照群）と、育児の時期を冬から春――たくさんの食料が手に入る四月一五日――に遅らせたコロニー（実験群）を比較した。[17] 五月一日に個体数を確認したところ、その差は歴然だった。対照群のコロニーには平均一万八〇〇〇匹の蜂がいたが、実験群にはわずか二六〇〇匹しか見つからなかった。それに加えて、対照群は実験群よりずっと早く分蜂をおこなうこともわかった。前者は五月下旬、後者は六月下旬〜七月上旬だったのである。この実験からは、冬の間に育児を開始するミツバチの能力が、夏に向けて態勢を整えるにあたって大いに役立っていることが明らかになった。

第二の実験では、早い分蜂と遅い分蜂の結果を比較した。具体的には、コロニーを五月二〇日と六月三〇日に人工的に分蜂させて、それぞれが越冬できる確率を調べた。この二つの日付は、イサカおよびその周辺に暮らすコロニーが分蜂をおこなう日の中央値から前後に二〇日ずらしたものである（図6-4）。分蜂群には、一つの箱からなるラングストロス式巣箱に定着するように促した。巣箱内にある一〇枚の巣枠には蜜蝋製の巣礎だけが張ってあり、したがってコロニーは自然環境と同じように一から巣板を作る必要があった。実験をおこなった四年のうち三年は、食料源が極端に多いか少ないかのどち

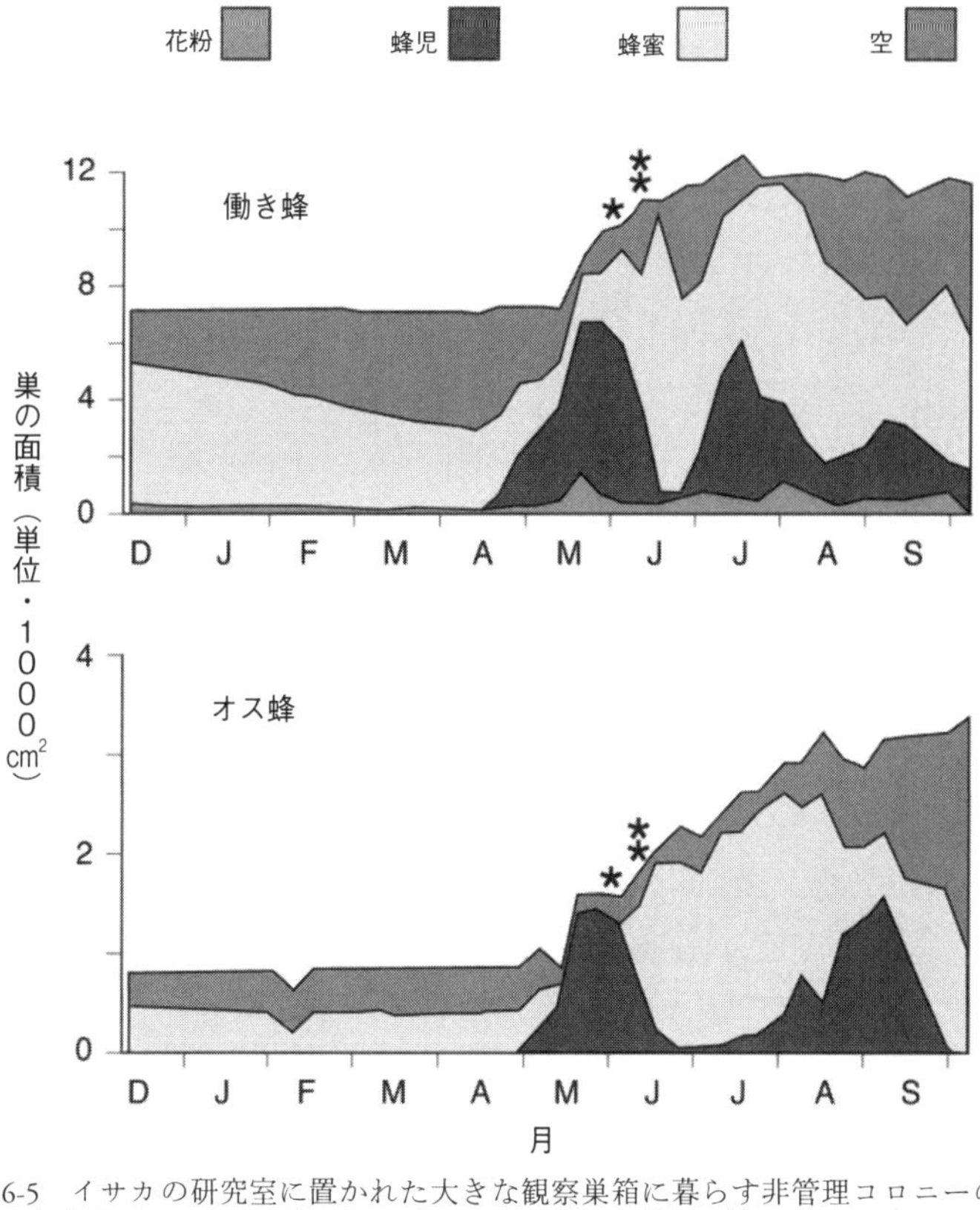

図 6-5　イサカの研究室に置かれた大きな観察巣箱に暮らす非管理コロニーの巣の内容物（2012 年 12 月〜 2013 年 10 月）。巣の面積は巣板の両面を含み、アスタリスクは分蜂がおこなわれたことを示す。

らかで、少ない年（一年）にはコロニーは春を前に全滅し、多い年（二年）にはほとんどが冬を乗り切った。だが食料が並みの年には、早く分蜂したコロニーのほとんどが生き残る一方で、遅く分蜂したコロニーは食料不足によって全滅した。

これら二つの実験からわかるのは、冬が寒い土地に暮らすミツバチの生存にとって、冬の育児と春の早い時期の分蜂は非常に重要だということだ。[18] 一般的にそうした土地は、蜜を貯められる期間が短いのに、冬を乗り切るのに必要な蜂蜜量は多い。この困難な状況を考えれば、冬に育児を開始して早春には十分な労働力を備えているコロニーに対して自然選択が有利に働くことは想像にかたくない。また、コロニーの構成員を早めにそろえておくことは早期の繁殖の準備ともなり、このことは巣分かれしたコロニーがその後の数年を生き延びられるかどうか、きわめて重要な要素となるのである。

ミツバチのユニークな年間サイクル

本章の冒頭でも述べたように、ミツバチとマルハナバチの年間サイクルは著しく異なっている。ミツバチのコロニーは年間を通じて活動的で、冬になっても巣穴内は局所的に暖かい。また、成長と繁殖のピークが初夏に来るように調節されていて、オス蜂を育てることと分蜂群を生み出すことで繁殖をおこなう。一方、マルハナバチは春が来ると女王が一匹で活動を開始して働き蜂を育て、夏にはオス蜂と女王の育成に変わり、秋になるとコロニーは崩壊する。冬の時点でコロニーの生き残りは交尾済みの若い女王たちだけになり、運が良ければ冬を生き延びて、春に自分のコロニーをもつようになる。[19]

ミツバチが冬を乗り切るにあたって革新的な手段を身につけたことで、一見したところ、ミツバチとマルハナバチの年間サイクルはまったく異なっているように思えるかもしれない。ミツバチは、巣内に蓄えた蜂蜜を燃料にして働き蜂が熱を生じさせることで、局所的に暖かな環境を作り出す。一方のマルハナバチはもっと単純な方法で冬の問題を解決する。凍結を防止する成分を血液中に増やした女王が土中で休眠状態に入るのだ。ここで注意したいのは、マルハナバチの越冬のメカニズムはミツバチよりはるかに単純であるにもかかわらず、ずっと効果的だということだ。たとえば、ホッキョクマルハナバチ（*Bombus polaris*）というマルハナバチの一種などは、ミツバチ（*Apis mellifera*）の自然の生息域（図1－2参照）のはるか北にある、北極圏（北緯六六度三三分以北）のツンドラ地帯に生息している。[20] この二つの蜂は、年間サイクルと越冬への対処の点で、なぜこれほど根本的に違っているのだろうか？　その答えは、それぞれの祖先が暮らした環境にあると私は思う。ミツバチの祖先は熱帯地域、マルハナバチの祖先は温帯地域に生息していたのである。

熱帯地域は社会性が非常に高い二つの蜂、つまりミツバチとハリナシバチの祖先が暮らした土地だ。[21] ミツバチとハリナシバチのコロニーは多くの点で異なっているが、熱帯に暮らした社会性蜂の遺産として、次の二つの基本的な性質を共有している。すなわち、①数年のコロニー寿命、②分蜂によるコロニーの繁殖である。この二つの蜂のコロニー寿命が複数年である理由は、祖先が暮らしていた熱帯では年間サイクルに孤独相（冬眠する女王など）を組み込む必要がなかったからだと考えられる。また、コロニーが分蜂を通じて繁殖する理由も、その二つの蜂の祖先がどちらも熱帯に暮らしていたからなのは間違いない。たとえば熱帯においては、働き蜂を連れずに単独で巣を出た女王の初期コロニーは、アリによる捕食に対して非常に脆弱である。社会性スズメバチの世界的権威であるロバート・L・ジーンによると、防衛されていないスズメバチの巣に対するアリによる捕食は、温帯の森より熱帯の森の方がずっと激しいのだという。ジーンはこのことを、スズメバチの幼虫がアリに持ち去られる時間を計測することで実証した。[22] アリだけが出入りできる小瓶に幼虫を入れたところ、コスタリカ（北緯一〇度）では幼虫の八六パーセント以上が四八時間以内に持ち去られたが、ニューハンプシャー（北緯四三度）ではその割合は五〇パーセント未満だった。

熱帯から北上して温帯へと広がり寒冷な気候に適応するにあたって、ミツバチはそのコロニーの複雑な社会組織――何千匹もの働き蜂に支えられる、きわめて多産な一匹の女王――の制約を受けたのだと私は思う。ミツバチは、女王がコロニーの生き残りとして単独で冬眠するというマルハナバチのような形に社会組織を見直すことはしなかった。それに加えて、コロニー全体が冬眠できるように生理機能を変更することもなかった。その代わりミツバチは、既存の生態を微調整するという、おそらくもっとも安易な道をたどって温帯の冬を乗り切ることにしたのだ。この微調整には、営巣場所の選好性、温度調整機能の向上、貯蜜量の増大、成長と繁殖の年間サイクルの軌道修正も含まれているだろう。このように、温帯に暮らすミツバチのユニークな年間サイクルは、熱帯の社会性昆虫として元来もっていた生態の「上に建てられた」ものとして考えると、もっとも良く理解できるように私は考えている。

第7章　繁殖

平均数以上の遺伝子を将来の世代に残す可能性が高いのであれば、その個体は適合しているといえる。

——ジョージ・C・ウィリアムズ[1]

ミツバチのコロニーとリンゴの木には、遺伝子をいかに次世代に伝えるかという点でいくつかの類似点がある——ミツバチの繁殖の仕組みを理解するうえで、この視点は大いに役に立つことだろう。第一の類似点は、ミツバチのコロニーもリンゴの木も同時的雌雄同体のように機能することだ。[2] つまりどちらの生物も、毎夏にメスとオス（女王と種子／オス蜂と花粉）の両方を生殖ユニットとして生み出すことで遺伝子を拡散させる。第二は、メスの生殖ユニットを、巨大で複雑な構造体（一万匹あまりの働き蜂からなる分蜂群／無数の植物細胞からなるリンゴ）に潜ませて送り出すこと（図7-1）。そうすることで、群れに守られた女王や果肉に包まれた種子という形で安全に放散できるのである。第三は、オスの生殖ユニットは「裸」で、ひいては安価に送り出されること。具体的にいえば、オス蜂は交尾飛行に単独で飛び立っていくし、リンゴの花粉は蜂の毛にくっついて勝手に花から旅立っていく。そして第四は、メスの生殖ユニットはオスのユニットよりも何千倍も大きくコストがかかるので、両者の数が著しく異なること。ミツバチのコロニーは、女王を含む分蜂群を夏の間に二、三群生み出す一方で、オス蜂は何千匹も送り出す。また健康なリンゴの木が生み出す種子を含むリンゴは数百個にすぎないが、花粉は何百万と送り出される。

この章は、野生に暮らすコロニーの繁殖の全容をはっきりと示すことを目的としている。そのためには、養蜂家に生殖を管理されていないコロニーが次世代に遺伝子を受け渡すために何をしているかを見る必要があるだろう。養蜂家の大半は、蜂蜜生産量を増やすために分蜂群やオス蜂の生産を阻害するという形でコロニーを管理しているので、ミツバチの繁殖は最近まで主に養蜂の観点からしか検討されてこなかった。だが、それではこのテーマを歪んで見てしまうことになる。幸いなことに、ミツバチのコロニーの自然な生殖習慣に関する詳細な情報が近年いくつかの研究によって報告されており、本章ではそうした研究で明らかにされた事柄に焦点を絞ることにしたい。またそれと同時に、分蜂群やオス蜂の生産を適応的に調節する、コロニー内部の仕組みについても検討する。本章を読み終える頃には、野生ミツバチのコロニーが「平均数以上の遺伝子を将来の世代に残す」ために、その繁殖行動をいかに制御しているかが理解できるだろう。

女王生産とオス蜂生産

ミツバチのコロニーの繁殖の成功は、多くのオス蜂と大きな分蜂群の両方を生み出すことにかかっているが、この二つの生産プロセスは同時におこなわれるものではない。オス蜂生産のピークは普通、近隣のコロニーから分蜂群が出ていき未交尾の女王が交尾飛行をはじめる、およそ三〇日前にやってくる

図 7-1　ミツバチの分蜂群。約 1 万 2000 匹の働き蜂からなる蜂球の内部に 1 匹の女王が守られるように潜んでいる。

のだ。その理由は単純明快である。オス蜂の発育期間は二四日で、それに加えて性的に成熟するまで出房後一二日あまりが必要になる（女王の発育期間は一六日、性的成熟期間は六日で、オス蜂よりずっと短い）[3]。したがって、未交尾の女王がもっとも潤沢な時期（分蜂シーズン）に、性的に成熟したオス蜂の数をできるだけ多くしようと思えば、コロニーは分蜂のピークのずっと以前にオス蜂の育成をはじめなければならない。ロバート・E・ペイジ・ジュニアがカリフォルニア州デイビスでの研究で明らかにしたのも、まさにそのことだった。図7-2が示すとおり、ペイジが研究対象とした一三群のコロニーにおけるオス蜂の蜂児生産は、早春（四月初旬）にピークを迎えている。他方、分蜂のピークは約三〇日後の五月初旬である。同様の現象は図6-5でも示されている。その図からは、イサカの観察巣箱に暮らすコロニーが、オス蜂の育成を四月下旬、つまり分蜂がはじまる五月下旬のひと月前に開始したことがわかる。

では、コロニーが人の手を借りずに暮らしているとき、言い換えれば、どれだけオス蜂用巣房を作ろうと自由なとき、そのコロニーは実際にオス蜂をどれほど生産するのだろうか？　この疑問に対しては、二つの研究のデータを用いて答えることができる。どちらの研究も、管理されていない巣箱に暮らし、一般的な割合（約二〇パーセント）のオス蜂用巣房をもっているコロニーについて、夏の間のオス蜂用巣房の面積変化を記録したものだ。具体的には、先述したペイジによる一九七八年の研究と、前章で紹介したマイケル・L・スミスらの二〇一三年の研究である（図6-5参照）。一つ目のペイジの研究では、一〇枚の巣枠（うち二枠がオス蜂巣板）をもつ標準的な可動巣枠式巣箱に暮らす一三群のコロニーについて、有蓋のオス蜂用巣房（蛹）の面積を測定した。二つ目のスミスらの研究では、前年に造巣した自然巣板がある大型観察巣箱の四群のコロニーについて、蜂児（卵、幼虫、蛹）が入っているオス蜂用巣

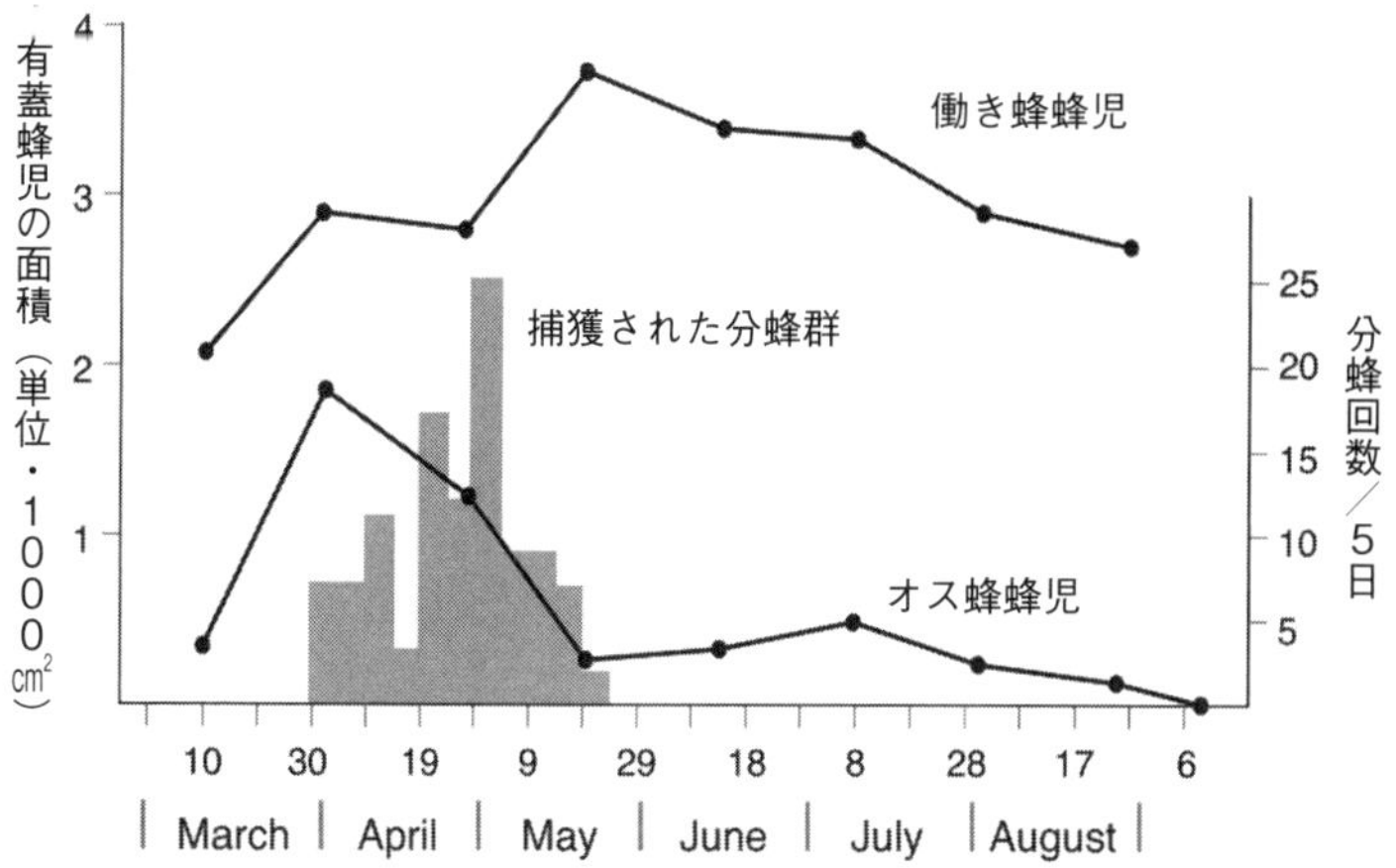

図 7-2　16 群の試験コロニーにおける有蓋蜂児巣房（蛹）の割合（1978 年）とカリフォルニア州デイビスに暮らすコロニーの分蜂回数（1979 年）。

房の面積を測定した。私は、その二つの研究で報告されたもの――夏の各時点で使用されていたオス蜂用巣房の面積――を、各サンプリング日に使用されていたオス蜂用巣房の推定数へと変換した。[4] そして次に、夏の間のオス蜂用巣房の数とそれらが使われた日数を掛け合わせた値を、オス蜂の発育期間（ペイジの有蓋蜂児は一四日、スミスらは二四日）で割ることで、夏の間にコロニーが生産したオス蜂の総数を算出した。二つの研究から導かれたもの、つまり標準的な枚数のオス蜂巣板をもつ巣箱に暮らす非管理コロニーが夏の間に生産するオス蜂の平均数は、七八一二匹（ペイジの研究）と六九四九匹（スミスらの研究）で、同じような数値に落ち着いた。これらの数値の重要性は、コロニーが繁殖の手段としておこなうオス（オス蜂）とメス（女王）への投資をそれを用いて比較する際に明らかになるだろう。

　ミツバチのコロニーはオス蜂の育成を早春にはじめることで利益を得るが、前年の夏と秋の時点では、オス蜂用巣房は蜂蜜の貯蔵に使われている。そのため春先になると、いまだ多くのオス蜂用巣房が蜂蜜で塞がれているという問題にしばしば直面する。それを考えれば、オス蜂の育成が必要になる春にはその巣房から蜂蜜を取り除くことを優先し、蜂蜜を蓄えるべき晩夏から秋にかけては優先して貯蜜に用いるのは、ごく当たり前の話だ。ある時期からオス蜂用巣房が貯蜜に使われるようになることは、マイケル・L・スミスらがイサカでおこなった最近の研究でも確認されている。[5] その実験では、四月から九月にかけて月に一度、コロニーの巣箱に二枚の試験巣枠を挿入した。一つはオス蜂巣板、もう一つは働き蜂巣板で、巣房には糖液を詰めておいた。またそれらの試験巣枠は二枚の蜂児巣板の両脇に配置し、常に育児蜂がそばにいるよう工夫した。試験巣枠は挿入の一四日後に回収して、巣房から糖液がなくなっている面積を記録した（図7‐3）。その結果わかったのは、糖液が取り去られた巣房の平均面積は、四月と五月には働き蜂巣板よりオス蜂巣板の方が際立って広かったが、八月と九月になると逆転し、オス蜂巣板より働き蜂巣板の方が著しく広くなったことだった。推測するに、コロニー内の働き蜂は、晩夏と秋にはオス蜂生産がもはや最重要事項ではないことを知っていて、オス蜂用巣房から糖液をそれほど取り去ろうとしなかったのだと思われる。

女王生産と分蜂

ミツバチのコロニーのライフサイクルは、コロニーが働き蜂の数を増やし、分蜂準備として数匹の女王を育てる季節、つまり春からはじまると考えることができる。分蜂準備の第一歩は、蜂児巣板の下縁

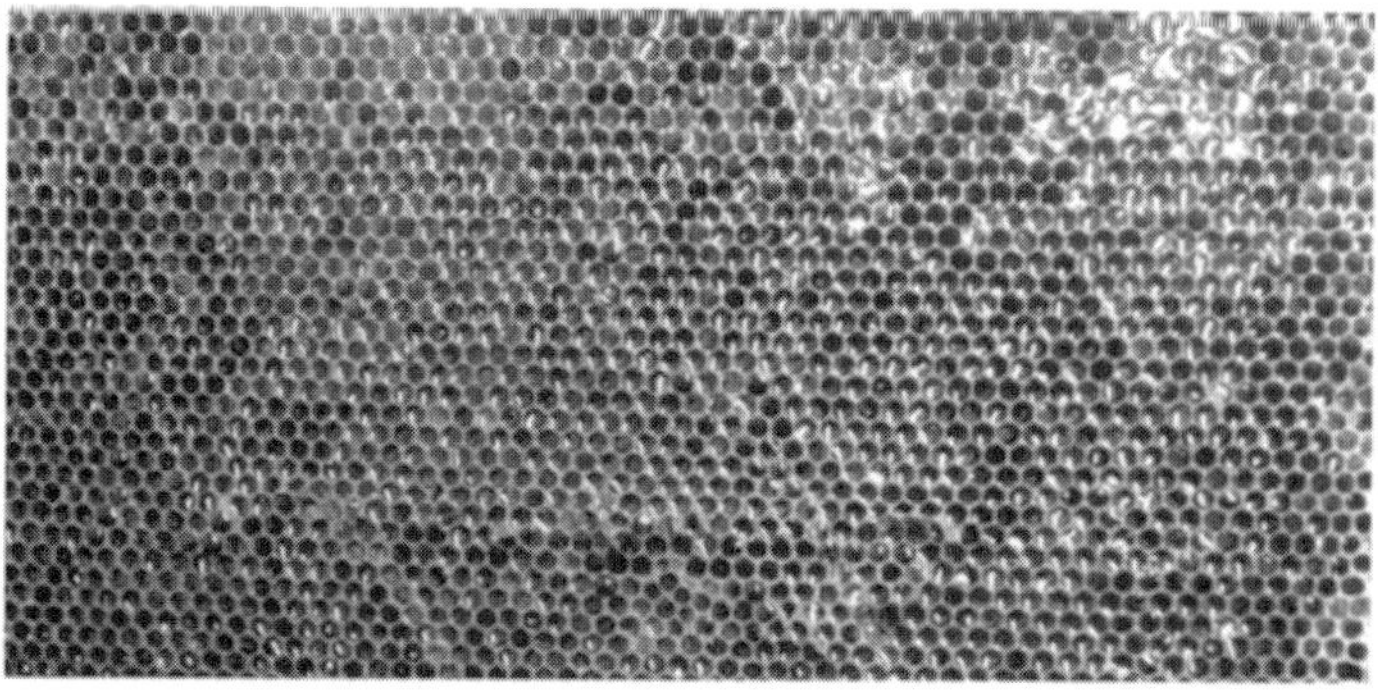

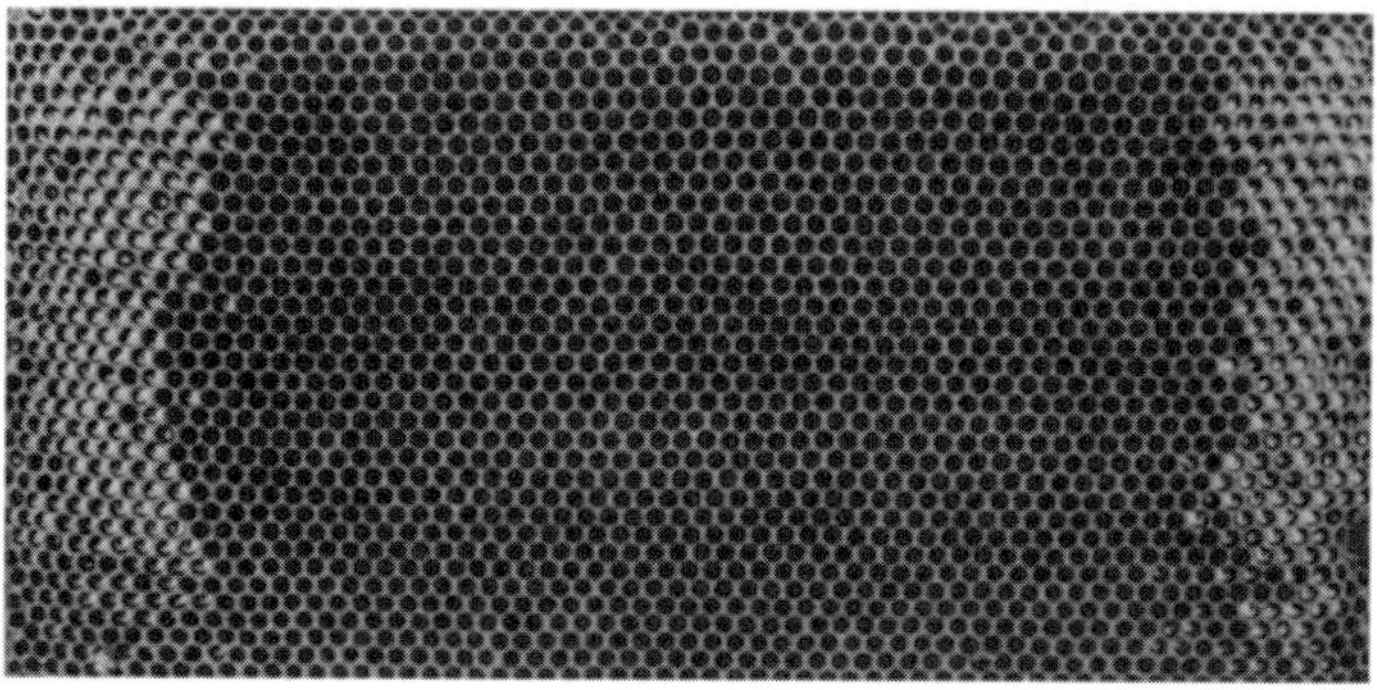

図 7-3　4 月におけるオス蜂巣板の挿入時（上）と回収後（下）の様子。どちらの画像も、光っているように見える巣房には糖液が入っている。下の画像からは、育児スペースを作るためにミツバチが巣板の中央部から「蜜」を取り除いたことがわかる。

に蜜蝋で王椀を作ることである。王椀は小さなお椀を逆さまにしたような形をしており、女王が発育する大きな楕円形の巣房の基礎となる（図6-3）。王椀が十数個できると女王はそこに産卵し、卵がかえると働き蜂が幼虫にローヤルゼリーを与え、女王が育っていく。新しい女王の成長は驚くほど早く、産卵後わずか一六日で巣房から成虫が這い出てくる。こうして娘である女王たちが成長すると、母親である女王の生理にも変化が現れる。日を追うごとに働き蜂からの給餌が少なくなり、産卵量の減った女王の腹部は劇的に収縮する。それに加えて、女王は働き蜂に揺さぶられるようにもなる。[6] 働き蜂は前脚で女王をつかむと、五〜六回にわたり振動させるような動きをするのである。こうした揺さぶり行動は一時間あたり四〇〜八〇回に達することもあり、それによって女王が巣内を歩きつづけるよう強要しているように見える。給餌量の減少とこの強制的な運動により、女王の体重は二五パーセント減少することになる。[7] その後最初の王椀に蓋がされると、ほどなくして母親の女王は一万〜二万匹の働き蜂からなる分蜂群とともに巣から飛び去る（そのとき巣に残る働き蜂の数は全体の約四分の一ほどである）。[8] 分蜂群は短い距離を飛んだあと、木の枝に集まってあごひげのような蜂球を形成する（図7-1）。そしてここを起点として偵察蜂が新しい営巣場所を探索し、適切な巣穴が見つかると、蜂球を解散して新しい住処へと飛んでいくよう群れに合図を送る。[9] 新しい住処が元の巣から三〇〇メートル以内にあることは珍しく、ときには三〇〇〇メートル以上離れた場所になることもある。[10]

分蜂群が旅立つと元巣は女王不在になるが、この状態はおよそ八日後に娘女王が王台から現れると終止符が打たれる。このとき、最初の分蜂群（養蜂家は「第一分蜂群」と呼ぶ）が出ていったことで著しく弱ってしまったコロニーでは、最初に現れた娘女王が巣内を探索してライバルの姉妹たちをさがしだし、

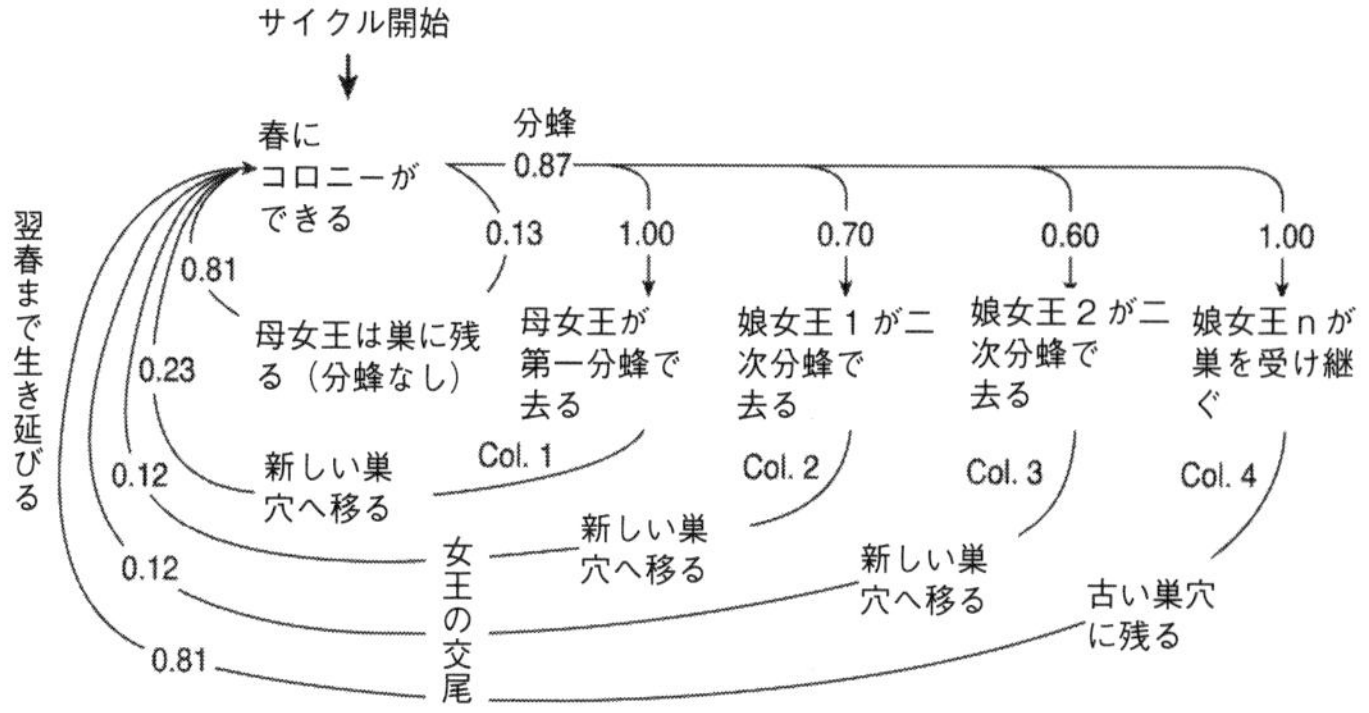

図 7-4　コロニーのライフサイクルにおける主なイベント。このサイクルは、コロニーが働き蜂を増やし、分蜂の準備をおこなう春からはじまると見ることができる。線上にある数値は各イベントの確率を示している（たとえば、冬を乗り越えたコロニーが分蜂をおこなう確率は 0.87 である）。

まだ王台にいる間に刺し殺す。だが通常は、最初の娘女王が現れるまでに、コロニーの勢いを回復するのに十分な数の若い働き蜂が蜂児巣房から出てきている。その場合、働き蜂はほかの女王が殺されないように王台を破壊から守り、その最初の女王を揺さぶって飛び立つ準備を促し、最終的には二次分蜂群として巣の外に追い出してしまう。図７‐４で示すように、この分蜂のプロセスは次の娘女王でも繰り返されることもあり、その場合コロニーは弱いままでそれ以上の分裂ができなくなるのが一般的だ。もし、この時点で複数の娘女王が巣内を歩き回っている場合は、働き蜂は女王たちが残り一匹になるまで互いに争うのを黙認する。そして、運と実力によって生き残った一匹の女王が、蜜蝋の巣と貯蔵蜂蜜という財産を受け継ぐ。巣は、やがてやってくる冬を乗り切る可能性を高めてくれる、とてつもなく重要な資産なのである。

　二次分蜂が起こるか否かは、第一分蜂群が去ったあとのコロニーの勢い――働き蜂（とりわけその蜂児）

の数――に大きく依存しており、その回数も年によって変わる。喜ばしいことに、非管理コロニーの分蜂に関する詳細な諸研究のおかげで、図7‐4に示すように各種イベントの発生率を見積もることができるようになった。まず、長年の研究（次節で詳述する）からは、イサカ周辺の非管理コロニーの女王が一年のうちに交代する確率が平均で〇・八七であることがわかっている。[11] ここから、コロニーの母女王が第一分蜂群として巣を去り、数百〜数千メートル離れた新しい営巣場所へと移る確率として〇・八七は妥当な推定値だといえる。次いで、カンザス州ローレンスのマーク・L・ウィンストン、イサカのデイビッド・C・ギリーとデイビッド・R・ターピーによる徹底した調査からは、母女王が分蜂で去ったあとに非管理コロニーで生まれた娘女王の運命について多くの事柄がわかっている。[12] たとえばギリーとターピーは、大きな観察巣箱を使って、第一分蜂を終えた五つのコロニーの娘女王の行動を（救援チームの助けを借りて）継続的に観察した。観察は、コロニーを受け継ぐ一匹を除いて娘女王がすべて巣から旅立つか、あるいは殺されるまで、二四時間体制で続けられた。三人の研究を総合すると、第一分蜂を終えた非管理コロニーに二次分蜂が起こり一匹目の娘女王が巣を出ていく確率は〇・七〇、再び二次分蜂が起こり二匹目の娘女王が去る確率は〇・六〇、三匹目の娘女王が巣を受け継ぐ確率は一・〇〇だった。[13]

女王生産とコロニー設立のプロセスは、生き残った娘女王がすべて巣から旅立ち、近隣コロニーのオス蜂と交尾をしたときに完了する（オス蜂との交尾については本章後半で論じる）。その時点で、新しい営巣場所に引っ越したコロニーは造巣をはじめており、元巣を含めたすべてのコロニーが個体数を増やすために育児をおこない、冬に備えて蜂蜜を確保するために集中的な採餌を実施している。元巣と蜂蜜を受け継いだ幸運な娘女王が冬を生き残る確率は、およそ〇・八一とかなり高い。他方、分蜂をおこなった母女王とそのほかの娘女王は新しい巣を一から作らなくてはならず、悲しいことに越冬の確率はしばしば〇・二〇未満とずっと低いものになる。[14]

わざわざ自分の巣を離れて越冬生存の確率を低くするような母女王が、なぜ淘汰されてこなかったのかと疑問に思う人もいるかもしれない。答えはいたって単純だ。つまり、分蜂群として巣から飛び去ることで、母女王は王台から出てきた娘女王に殺される高いリスクを回避しているのである。巣にとどまることで生じる母女王の危険は、未交尾女王による王殺しに関するデータによって裏づけられている。ギリーとターピー、そして一九五〇年代にスコットランドのアバディーンで研究をおこなったM・デリア・アレンは、六つの研究用コロニーで生まれた四四匹の未交尾女王の運命を報告している。[15] 彼らの観察からわかったのは、平均して一四匹の未交尾女王が二次分蜂をおこない、一匹の未交尾女王が巣を受け継ぎ、五・三匹の未交尾女王がライバルに刺し殺されるということだった。この結果を見れば、王台から殺し屋が出現する前に元巣という殺戮の場から逃げ出すことが母女王にとっていかに賢明かがわかるだろう。

コロニー数はいかに維持されているのか？

夏の終わりに生存しているコロニーは、条件が良ければ冬を生き延び、翌年の夏には繁殖にとりかかる。だが、野生のミツバチは必ずしも好条件に恵まれているわけではなく、多くのコロニーが冬の間に飢えや病気のせいで、あるいは老いた女王の跡継ぎを見つけられずに死滅していく。コロニーの死亡率が出生率（分蜂率）を上回ると、その地域のコロニー数は減少し、完全に消失してしまうこともある。第2章では、アーノットの森周辺の野生コロニーについて、一九九〇年代にミツバチヘギイタダニへの耐性を獲得してからはその数が安定していることを見た。そこでこの節では、イサカ郊外の野生環境下に暮らすコロニーの増減パターンについての研究をまとめることで、野生コロニーの数がいかに維持されていくのかを見ることにしよう。このテーマに関する知見は、私がおこなった個体群動態についての二つの長期研究（一九七四～七七年、二〇一〇～一六年）に基づいている。[16]

どちらの長期研究も二つの調査から成り立っている。すなわち、可動巣枠式巣箱に暮らす疑似野生コロニーの繁殖（分蜂）調査と、自然の巣穴に暮らす野生コロニーの生存調査である。前者の調査では、およそ二〇群の疑似野生コロニーを半ば隔離された場所に設置した。疑似野生コロニーは、自然の分蜂群を――分蜂蜂球のとき、あるいは待ち箱を用いて[17]――捕まえたもので、捕獲後に一〇枚の巣枠を備えたラングストロス式巣箱へと入居させた（図7－5）。巣枠の内訳はオス蜂用が二枚、働き蜂用が八枚で、巣門を狭くして自然の状態に近づけるようにした。これによって、壁が薄く設置位置が低い点を除けば、自然の巣穴を模した状態になったわけである。また、コロニーの女王には塗料で印をつけ、交代の有無がわかるようにした（点検時に新しい女王を見つけるたびに印をつけ、数年にわたり印のついた女王がコロニーに存在しつづける状態にした）。コロニーの点検は夏に三回、具体的には五月初旬、七月下旬、九月下旬におこなった。イサカ地域の第一分蜂のシーズン（五月下旬～七月中旬）および二次分蜂のシーズン（八月中旬～九月中旬）の前後にあたるよう選定されたものである。[18] 点検には、女王の交代（主に分蜂による交代）の有無、蜂児病の有無を確認するという二つの目的があった。

図 7-5　疑似野生コロニーを入居させるのに使用した巣箱。巣箱とブロックの間に見えるのは、ミツバチヘギイタダニの数を知るために設置したダニスクリーンである。このスクリーンはダニの量を非侵襲的に測定するためにすべての巣箱に常時設置されている。

後者の生存調査では、多くの野生コロニーの場所を把握している必要があった。そこで私は、アーノットの森でビーハンティングをして蜂の木を突き止めたり、分蜂群の駆除依頼を受けたときに見つけたり（分蜂蜂球付近の木や建物に元巣を見つけるケースが多々あった）、樹木に住みついたミツバチをさがしていると告知することで、その問題に対処することにした。いったん見つけてしまえば残りの作業は簡単である。毎夏に三回（五月上旬、七月下旬、九月下旬）、コロニーが定着した（あるいは最近までしていた）とわかっている巣穴を訪れて、コロニーがまだ生きているか、または空き家になっていた巣穴が再び占拠されているかを確認すればよいのだ。一九七四～七七年の調査では四二の巣穴（二六ヵ所が樹洞、一六ヵ所が狩猟小屋、納屋、農場の家屋などの郊外の建造物）、二〇一〇～一六年の調査では三三の巣穴（二〇ヵ所が樹洞、一三ヵ所が郊外の建造物）を観察した。

一九七〇年代と二〇一〇年代の研究からは、自力で暮らすミツバチのコロニーがいかに生存し繁殖しているかについて、驚くほど似通った結果が得られた。それをまとめたのが表7－1である。いちばん左の列は、コロニーが夏に分蜂をした確率（〇・八七）と、分蜂しなかった確率（〇・一三）を示している。ここから、すべてではないがほとんどのコロニーが分蜂していることが読み取れる。その隣の列は、第一分蜂が終わったあとに起こりうる各種イベントの確率である。具体的には、母女王が新しい巣に定着する確率、娘女王が元巣を受け継ぐ確率がともに一・〇。娘女王が一回目の二次分蜂として巣を去る確率が〇・七、二回目の二次分蜂で三匹目の娘女王が巣を去る確率が〇・六となっている。表にはまた、翌夏までの生存率も記されている。母女王に率いられたコロニーは〇・二三、巣を受け継いだ娘女王のコロニーは〇・八一、一回目および二回目の二次分蜂で去った娘女王のコロニーはどちらも〇・一二である。この〇・一二という厳しい値は、第一分蜂群より二次分蜂群の方が多くの困難に直面することに由来する。具体的には、造巣を開始する時期が遅いこと、女王が交尾をしてから産卵まで二週間の時間が必要なため育児も遅れること、交尾飛行の際に女王が死んでしまう可能性が高いことなどが挙げられるだろう。[19]

表7－1に示した結果から、私は二つの特筆すべき知見を引き出した。第一に、イサカ周辺の野生コ

表 7-1　分蜂後に起こる各イベントの確率と各コロニーの最終的な生存率。

分蜂をする確率（SW）	分蜂後のイベント	各イベントの確率（E）	生存率（S）	最終的な生存率（SW × E × S）
0.87	母女王が新しい巣穴に入居する	1.00	0.23	0.20
	娘女王が巣を受け継ぐ	1.00	0.81	0.70
	娘女王が二次分蜂 #1 で巣を去る	0.70	0.12	0.07
	娘女王が二次分蜂 #2 で巣を去る	0.60	0.12	0.06
				1.03 コロニー
分蜂をしない確率（nSW）	**その後のイベント**			**最終的な生存率（SW × E × S）**
0.13	母女王が巣に残る	1.00	0.81	0.11 コロニー

ロニーの大半（約八七パーセント）が夏に分蜂し、しかも多くの場合に複数の分蜂群（平均して一・三群の二次分蜂群）を生み出すとしても、コロニー数の正味の増加率は依然として低いこと――毎年、わずか〇・一四群のコロニーが新たに加えられるにすぎないのだ（一・〇三＋〇・一一＝一・一四）。ただし、コロニー数の増加率は確かに低いとはいえ、これくらいの率であれば、餌が乏しかった夏や特別に過酷だった冬における深刻な死亡率から回復するのに十分であるように見える。第二の知見は、このコロニー数がイサカ周辺の森や野原の収容能力――持続可能なコロニー数の上限――に近い数値だと考えられることだ。新しい巣穴に引っ越したコロニーの生存率の低さは、すでに軌道に乗ったコロニー数には加わる隙がほとんどないことを明確に物語っている。

巣穴の使用年数

分蜂群が樹洞などの自然の巣穴に住みついたあと、その営巣場所はどれくらいの期間にわたって使用されるのだろうか？　言い換えれば、営巣場所はミツバチのコロニーとともにどれくらい「生きる」のだろうか？この疑問に答えるべく、私は表7－1に示した確率を利用して、分蜂群が定着した営巣場所の「平均寿命」を計算してみることにした。具体的な計算方法は以下のとおりである。[20] まず営巣場所の「年齢」（〇～二〇歳の二一年齢）に年齢別の「死亡率」をかけ、得られた二一の数値を合計したのち、その合計値に〇・五を足した（最後に〇・五年を足したのは、実際の寿命は死亡時の年齢より平均して半年長くなるからだ。たとえば、享年が八〇歳の人は平均して八〇・五年生きていると考えられる）。年齢別の死亡率は、その前年までの生存率にその年の死亡率（後述）をかけて算出した。計算をするにあたり、営巣場所は母女王の分蜂群（すなわち第一分蜂群）によって使用が開始されたと仮定した。したがって、年齢が一歳時の営巣場所の生存率は〇・二三となる（死亡率は〇・七七）。二歳以降の生存率には〇・八一という値を用いた（死亡率は〇・一九）。これはすでに独り立ちしたコロニーの生存率であり、その年の分蜂の有無は関係がない（分蜂があれば巣は娘女王が受け継ぎ、なければ母女王が巣にとどまっている）。この一連の計算から、イサカ周辺の蜂の木にある営巣場所の平均寿命は一・七年と推定された。かなり短い年数に思えるが、その主な要因は野生環境に暮らすコロニーの一年目の越冬生存率が悲しいほど低い（〇・二三）という点にある。だが、いったん最初の冬を乗り切りさえすれば、それ以降のコロニーの生存率はずっと高くなる（〇・八一）。つまり、その営巣地はさらに数年にわたってミツバチと生きる可能性が高くなるのだ。計算によると、最初の危険な冬を生き延びたコロニーが暮らす営巣場所は、さらに五・二年にわたり使用される。これは理論だけの話ではない。実際私は、二〇一〇～二〇一六年の間に野生コロニーが暮らす三三の巣穴を調査し、そのうち八つの巣穴を継続的に観察したが、なかには六年連続で使用されたものが二つ、四年の巣穴も二つあった。さらに前者のうち一方は、二〇一七年五月時点で七年連続の使用記録を打ち立てている。図7‐6に示したのは、二〇一七年九月時点で六年の使用記録をもつ巣穴で、巨大なビッグトゥースアスペン（*Populus grandidentata*）に作られたものだ。出入口は小さな節穴で、高い位置にあって南西を向いている。

雌雄への投資比率

ミツバチの繁殖生態のなかでも特に目を引くのは、その性比が著しく偏っていることだろう。[21] 本章で見てきたように、野生コロニーはふつう一年間に約七五〇〇匹のオス蜂を育てるが、分蜂群は平均でわずか二・三群しか生み出さない（第一分蜂群が一群、二次分蜂群が一・三群）。しかしながら進化論によると、もっとも単純なシナリオ――多くの繁殖個体群、均質な個体、ランダムな交配、異系交配への強い圧力――においては、自然選択は雌雄の子孫に均等に資源を配分することを好むはずだ。なぜなら、繁殖個体群のあらゆる個体（ミツバチの場合はコロニー）の遺伝子は、半分がオスの生殖成功を通じて（つまり精子を介して）、残り半分がメスの生殖成功を通じて（つまり卵子を介して）受け継がれているからだ。オスとメスという機能は、遺伝的成功の実現においては等しく効果的な手段なのである。それを考えれば、ミツバチのコロニーが数千匹のオス蜂とわずか数匹の女王を生み出すという事実は、少なくとも一見したところでは不可解といえよう。

このように理論と現実の間には大きな乖離があるように見える。そこで、その謎を解決するための第一歩として、まずはオスとメスを介した繁殖におけるミツバチのコロニーの投資が何から構成されているかを検討していくことにしよう。オスの子孫については明快だ――オス蜂を生産し、その生涯にわたって支援するためにコロニーが費やした資源なら、すべてが含まれるはずである。[22] 一方、メスの子孫に関しては話はそう簡単ではない。個人的には、メスを介した繁殖の投資総量を計算するには、分蜂群を生み出すために費やした資源をすべてそこに含めるべきだと考えている。この視点は、本章冒頭に述べたミツバチのコロニーとリンゴの木の類推を思い描くとわかりやすい。つまり、ミツバチのコロニーは分蜂群に守られた女王を生産し、リンゴの木はリンゴの実に包まれた種子を生産するわけだ。

このような視点をもてば、オスを介した繁殖とメスを介した繁殖にそれぞれどれほど投資されているのか比較する方法が明らかになるだろう。すなわち、コロニーが繁殖のために生産するオス蜂と働き蜂の乾燥重量の合計を求めればよいのである。まずは、投資の尺度としてのオス蜂の乾燥重量から考えてみよう。すでに見たように、ロバート・E・ペイジとマイケル・L・スミスらによる二つの研究からは、コロニーが夏に生産するオス蜂の数がそれぞれ平均で七八一二匹、六九四九匹であることがわかっている。この二つの研究をまとめると平均は七三八〇匹になる。オス蜂一匹あたりの乾燥重量は四五ミリグラムなので、夏季におけるコロニーのオス蜂への投資総量は、乾燥重量換算で四五ミリグラム×七三八〇匹＝三三二グラムと考えられる。

では、分蜂群への投資はどうだろうか？　表7-2に計算結果を示したが、コロニーは夏に平均で二万三〇二四匹の働き蜂（メス）を生産して分蜂の土台を築いている。働き蜂一匹あたりの乾燥重量は一七ミリグラムなので、分蜂群への投資総量は一七ミリグラム×二万三〇二四匹＝三九一グラムと推定できる。オス蜂の三三二グラムと働き蜂の三九一グラムという二つの推定値からは、生殖ユニットとし

図7-6　ビッグトゥースアスペン（*Populus grandidentata*）に作った巣の入口に群がる働き蜂。入口は9.4メートルの高さにあった。年に3度の調査からは、2011年8月27日に発見してから2017年9月20日まで6年にわたりこの蜂の木が継続的に巣として使用されていたことがわかっている。だが最新の調査（2018年5月8日）で、長くて厳しい冬の間にコロニーが死んでしまったことが確認された。

表 7-2　コロニーが投資する分蜂群の働き蜂数の計算。

分蜂の確率(P_{sw})	分蜂群の種類	それぞれの確率(P_{type})	働き蜂の平均数(W)	コロニーが投資する働き蜂の想定数($P_{sw} \times P_{type} \times W$)
0.87	第一分蜂群	1.00	16,033	13,949
	二次分蜂群 #1	0.70	11,538	7,026
	二次分蜂群 #2	0.60	3,926	2,049
				計 23,024

てのオスとメスを生み出すために、コロニーがほぼ同程度の資源を投入していることが読み取れる[23](図7-7)。それに加えて、これらの投資量に、繁殖に関与する燃料補給のコストを含めれば、その差はさらに縮まるように思われる。働き蜂の燃料補給は、分蜂群として巣を離れる直前に一度だけおこなわれるが[24]、オス蜂の場合は、出房から死ぬまでの数週間の生涯を通じて続けられるからだ[25]。

分蜂投資率の調節

もしあなたが養蜂家なのであれば、次のような悲惨な出来事は決して経験したくないと思っているはずだ――流蜜期に巣箱の蓋を開けてみたら、勤勉に蜂蜜を蓄えているはずのあふれんばかりのミツバチがどこにも見当たらない。巣箱の中はがらんとしている。なんてことだ、コロニーは分蜂してしまったのだ。多くの働き蜂が、あなたが豊作を大いに期待していた蜂蜜をもって旅立っていった。ついこの間までは、すばらしいコロニーだったというのに！　どうしてこれほど大量の働き蜂が第一分蜂群として巣を去ってしまうのだろうか？　ジュリアナ・ランゲルとH・カーン・リーブと私は、第一分蜂群として巣を去る働き蜂の割合（これを「分蜂投資率」と呼ぼう）が自然選択によって

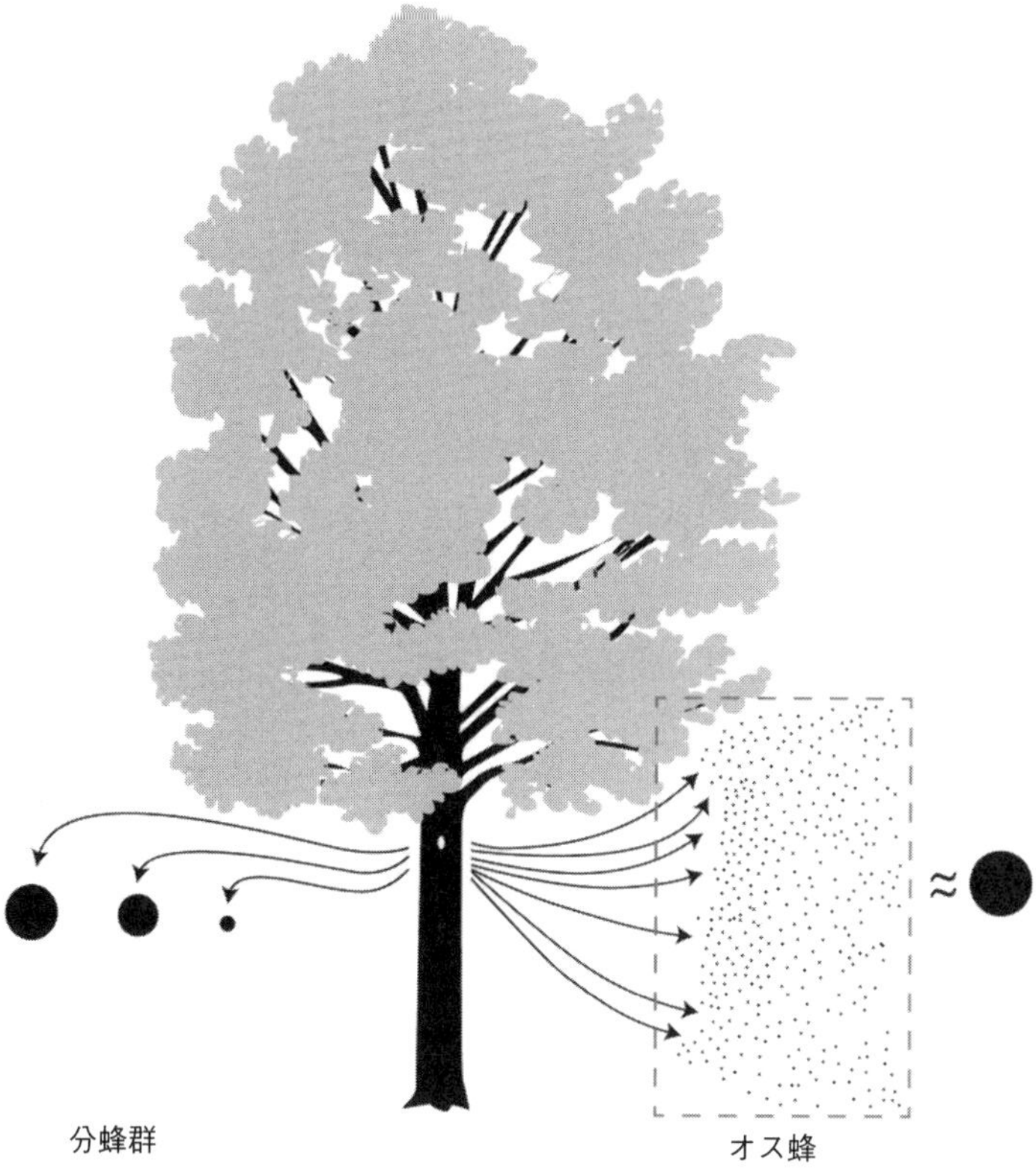

図 7-7　メスを介した繁殖（分蜂群）とオスを介した繁殖（オス蜂）への投資の相対量を図で示したもの。左側の 3 つの黒丸は分蜂群（第一分蜂、1 回目の二次分蜂、2 回目の二次分蜂）、右側の黒丸はオス蜂を表し、それぞれへの投資量（乾燥重量換算）が面積に反映されている。分蜂群とオス蜂の数や規模は大きく異なっていたとしても、合計の乾燥重量はほぼ等しいことがわかる。

いかに調節されているのかを調査した。ミツバチの機能設計のこの部分は、養蜂家に操作されていない、つまり完全にミツバチ自身のものであるため、この生態の調査は私たちにとって非常に魅力的だった。分蜂群に加わるか巣にとどまるかという身の振り分けは、分蜂の際に成虫の働き蜂が必ず対処しなければならない問題だ。すでに承知のとおり、旧女王（働き蜂の母）が率いる分蜂群は、新しい営巣場所に移ったあと営巣という大仕事に取り組まなければならない。一方、新女王（働き蜂の妹）が率いるコロニーは、ひとそろいの巣板、多くの蜂児、相当量の蜂蜜といった豊かな資源を譲り受ける。こうした資源の著しい非対称性を考えてみれば、コロニーの労働力の多くを分蜂群に振り分ける必要があると予測できるだろう。では、どの程度の割合に振り分けるのが最適なのだろうか？

私たちはこの問題を二つに分けて検討した。[26] まずおこなったのは、働き蜂は自身の遺伝的成功を最大化するように身を振り分けているはずだという進化生物学の知見に基づいて、包括適応度モデルを構築し、分蜂群（母女王コロニー）と巣（妹女王コロニー）への最適な配分を突き止められるようにすることだった。このモデルは次の三つの要素から成り立っている。すなわち、①それぞれの女王が残す子孫と働き蜂の遺伝的類似性（r）、②コロニーから分蜂投資率xだけの働き蜂が母女王と出ていった場合、両コロニーの越冬生存率（$s_{MOTHER}(x)$ および $s_{sister}(x)$）、③コロニーから分蜂投資率xだけの働き蜂が母女王と出ていった場合、冬を乗り切った両コロニーの繁殖成功（$w_{mother}(x)$ および $w_{sister}(x)$）である。ここで変数xは「分蜂投資率」であり、分蜂前のコロニーの成虫の働き蜂のみを参照している。というのも、母女王コロニーと妹女王コロニーにどのように配分するかを決められるのは、それらの働き蜂だけだからである。

このモデルを用いて最適な分蜂投資率を求めるには、働き蜂の割合に応じた両コロニーの越冬生存率を突き止める必要があった。そこで私たちは次に、一五群のコロニーを人工分蜂させてそれを確かめてみることにした。具体的にいえば、三パターンの分蜂投資率（〇・九〇、〇・六〇、〇・三〇）をそれぞれ五つのコロニーに適用して人工分蜂群を作り出したのである。そして分蜂群を一〇枚の巣枠（蜜蝋製の巣礎付き）を備えた巣箱に入居させると、その後は造巣も採餌も育児も自由におこなわせた。ただし、二〇〇八年七月から二〇〇九年四月にかけてはコロニーの生存確認を月に一度だけおこなった。その結果、得られたデータは以下のとおりである。母女王コロニーについて、分蜂投資率（sf）に応じた越冬生存率（p）は、sfが〇・九〇のときpは〇・八〇、sfが〇・六〇のときpは〇・二〇、sfが〇・三〇のときpは〇・〇〇。また妹女王コロニーについては、越冬生存率がそれぞれ〇・二〇、〇・四〇、〇・四〇だった。[27]

この結果を参照すると同時に、分蜂投資率に応じたコロニーの繁殖成功の関数（w(x)）は母女王コロニーも妹女王コロニーも同じだと仮定することで、私たちは分蜂投資率に応じた働き蜂の包括適応度を算出した。その結果が図7－8である。この図が予測しているのは、分蜂投資率が〇・七六〜〇・七七のときに働き蜂の包括適応度がもっとも高くなるということだ。また、分蜂投資率がおよそ〇・六五〜〇・八〇という高い範囲内にあれば、働き蜂の包括適応度が高いことも予測している。では、実際のコロニーに見つかる分蜂投資率はどれくらいなのだろうか？　三つの研究が、それぞれ〇・六八、〇・七二、〇・七五という平均分蜂投資率を報告しているので、全体での平均は〇・七二ということになる。[28]

モデルが予測した分蜂投資率の最適値（〇・七六〜〇・七七）が、実際に観察された値（〇・七二）と非常に近いという事実は、妹女王のもとにとどまるよりも、母女王と旅立つことを強く選好することで、働き蜂が実際に遺伝的成功（包括適応度）を最大化していることを示している。働き蜂にとっては、妹女王（おそらく異父姉妹）の子孫よりも、母女王の子孫（女王やオス蜂）の方が関係が近いことも、このような結果をもたらした一因である。母女王コロニーに加わるという強い選好性はまた、自然選択によっても支持されてきたはずだ。というのも、分蜂群は新しいコロニーを確立するという大変な難題に直面するわけで、それゆえ次の夏まで生き延びるチャンスを増やすために多くの労働力を必要とするからである。

野生の交尾

結婚飛行へと飛び立った未交尾女王と若いオス蜂が、どちらも巣の近くで無作為にパートナーをさがしているわけではないことは、すでに一九五〇年代から知られていた。[29] 女王とオス蜂は、その代わりに「オス蜂の集合場所」と呼ばれる特別な場所に向けて長い距離を飛行し、そこで落ち合うと、高さ一〇～二〇メートルの空中でつがうのである。オス蜂はだいたい午後一時頃にその待ち合わせ場所にやってくる。これは女王よりも一時間ほど早く、よって通常は、最初の女王が姿を見せるまで多数のオス蜂がその場所で飛び回ることになる。若い女王が精子を得るために外界に出るとき、守ってくれる従者の働き蜂を連れていかないのは、特筆すべき事実だ。単独で移動する女王はトンボなどの飛翔昆虫の格好の獲物になるため、この交尾飛行は女王の生涯でもっともプライベートな時間というばかりでなく、もっとも危険な行為でもある。それを考えれば、未交尾女王の交尾飛行が普通は一度だけであり、一〇～

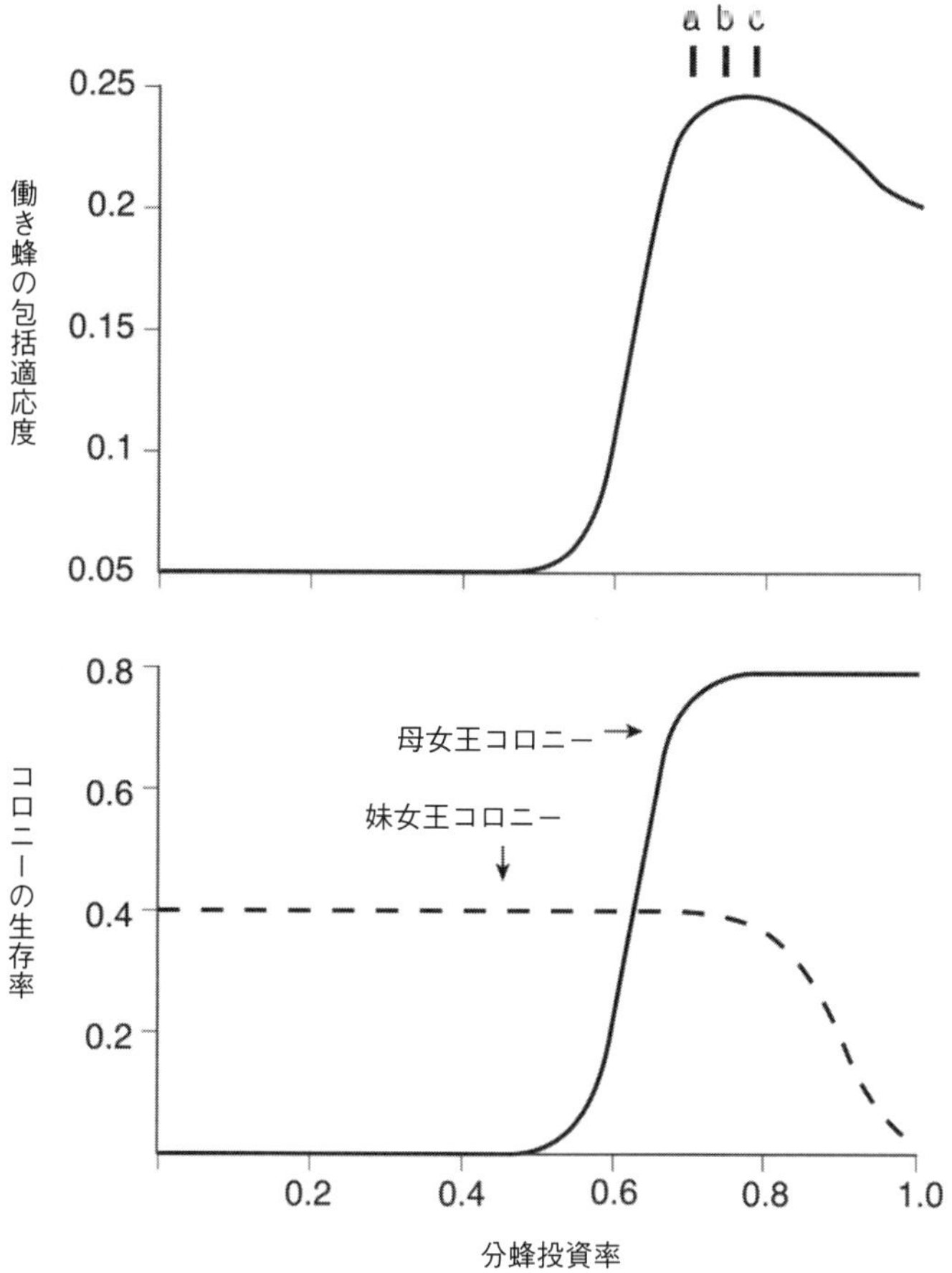

図 7-8　上：母女王コロニーにおける分蜂投資率に応じた働き蜂の包括適応度。投資率が 0.77 のときに最大となる。グラフ上の 3 本のバーは報告値を示している。下：分蜂投資率に応じた母女王コロニーと妹女王コロニーの生存率曲線。野外実験のデータと一致している。

二〇匹のオス蜂とだけ手早く交尾を済ませることは、ごく自然ななりゆきだといえる。

女王とオス蜂が交尾のために出会う場所は、毎年変わらないように思われる。たとえば、オーストリア・アルプスのルンツ・アム・ゼー周辺にある複数のオス蜂の集合場所は、これまで継続的に調査されてきたところだが、一九六〇年代から五〇年以上にわたってずっと変わっていない。そのほかにも数十年続いている場所がいくつか知られており、一九六〇年代にノーマン・E・ゲイリーが発見したコーネル大学キャンパスの集合場所もその一つだ（ゲイリーがそれを発見したのは、性誘引フェロモンとして機能する女王物質の主成分（E－9－オキソ－2－デセン酸）を突き止める実験をしているときだった）[30]。そのオス蜂の集合場所とは、獣医学部の建物のちょうど北に位置する、森に覆われた丘陵地にぽっかりあいた小さな（一〇〇×一〇〇メートルほどの）芝地の上空である。私は六月の晴れた午後にその芝地に寝ころんで、彗星のように（あるいはスリングショットから発射した小石のように）女王を追いかけるオス蜂たちが青空を横切るのを何度も目撃したものだ。あるときなどは、地面に衝突した交尾済み女王を捕まえたこともある。私はその女王で新しいコロニーを作ろうかととっさに考えたが、そんなことをしたら元のコロニーが孤児になってしまうと気づき、すぐに解放したのだった。

オス蜂の集合場所に関する私たちの知見の大半は、兄弟ともに研究者であるフリードリヒ・ルットナーとハンス・ルットナーが一九六〇～七〇年代にオーストリアでおこなった研究と、それを継承した同じく兄弟研究者のグートラン・ケニガーとニコラウス・ケニガーによる（オーストリアとドイツにおける）研究に基づいている。彼らが発見したところによると、女王とオス蜂では実際に交尾をする領域が著しく異なるという。たとえばルットナー兄弟は、水素を詰めた風船に吊り下げたケージに女王を入れ、それをオス蜂の集合場所内で三〇メートルほどずらしたところ、その周囲をホバリングしていたオス蜂の数がしばしば一〇分の一まで減ることを見いだしている。ルットナー兄弟はまた、山間部で研究をした際に、女王とオス蜂がスカイライン〔陸と空の境界線〕の低い点に向かって飛ぶことで、集合場所を目指しているように見えることも発見した。もしかするとオス蜂は、その低い点を光度がもっとも強い方角として知覚していて、スカイライン上の光度が均一になる場所に出るまでそうして飛びつづけているのかもしれない。スカイラインが平坦な場所でオス蜂の集合場所がどう定まるのかは謎のままだが、オス蜂が平地上をかなり均等に分布していて、女王が発する魅惑的な香りを感知したときだけ、その発信源をたどって集まるという可能性も考えられる。

ミツバチの生殖習慣に関してはほかにも二つ調査報告があり、それぞれ交尾場所の密度と、交尾場所までの女王とオス蜂の移動距離を調べている。まず密度についてドイツ南部のエルランゲン近郊で実施された集中的な調査では、三平方キロメートルの面積をもつ円形の区域に、五つのオス蜂の集合場所が見つかっている。密度を計算すると、一平方キロメートルあたり約一・六カ所となる。オーストリアのルンツ・アム・ゼー近郊で実施された同様の調査結果を図7－9に示す。この調査で得られた密度はエルランゲン近郊よりずっと低く、一平方キロメートルあたりおよそ〇・一カ所だった。

移動距離に関しては、女王が平均で二～三キロメートル、オス蜂が五～七キロメートル以上と、どちらも巣から集合場所まで長い距離を飛ぶことがはっきりとわかっている。[31] オス蜂が長距離の交尾飛行をおこなっていることを証明したもっとも印象的な研究は、ルットナー兄弟がオーストリア・アルプスで一九六〇年代なかばに実施した大規模な調査ではないだろうか。[32] 彼らが調査したのはルンツ・アム・

ゼー近郊で、そこにはオスの集合場所が六カ所あることがわかっていた。また彼らは、その地域に点在する一九の養蜂場を利用することができた（図7－9）。ルットナー兄弟が最初におこなったのは、養蜂場に足を運んで出身コロニーがわかるように数千匹のオス蜂に塗料で印をつけることだった。そして後日、六カ所あるうちの二カ所の集合場所でその印のついたオス蜂を捕獲した。捕獲方法は以下のとおりだ。まず、小型のプラスチック製ケージに女王を閉じ込めて、それを水素を充填した風船から吊り下げる。次に、女王のケージの周囲をオス蜂の群れが旋回しはじめるのを待つ。最後に、風船の高度をゆっくりと下げていき、女王に気を取られているオス蜂たちを柄の長い捕虫網で捕まえる。驚いたことに、集合場所C――調査区域の中央部にある谷――で捕獲したオス蜂は、一九の養蜂場のうち一八カ所からやってきたものだった。唯一捕獲されなったのは養蜂場9のオス蜂で、その養蜂場は集合場所Cから一・六キロメートルしか離れていなかったが、三〇〇メートルあまりの高さをもつゼーコプフ山が間に横たわっていた。ルットナー兄弟は、どの養蜂場からどれくらいのオス蜂がやってきて捕獲されたかも報告している。私がそのデータから集合場所BおよびCについてオス蜂の平均移動距離を算出したところ、前者は三・〇キロメートル、後者は二・三キロメートルだった。またこの調査で判明したもっとも長い移動は、養蜂場17から集合場所Cへの遠出で、これは山を越える直線ルートだと三・九キロメートル、あるいは（よりありそうなことだが）湖につながる長い谷（ゼータル）をつたった迂回ルートだと約六キロメートルになった。

オーストリア・アルプスでのオス蜂の移動距離に関するこれらの印象的な発見は、ドナルド・F・ピアが一九五〇年代にカナダのオンタリオ州でおこなった研究によっても裏づけられる。[33] ピアの研究では、

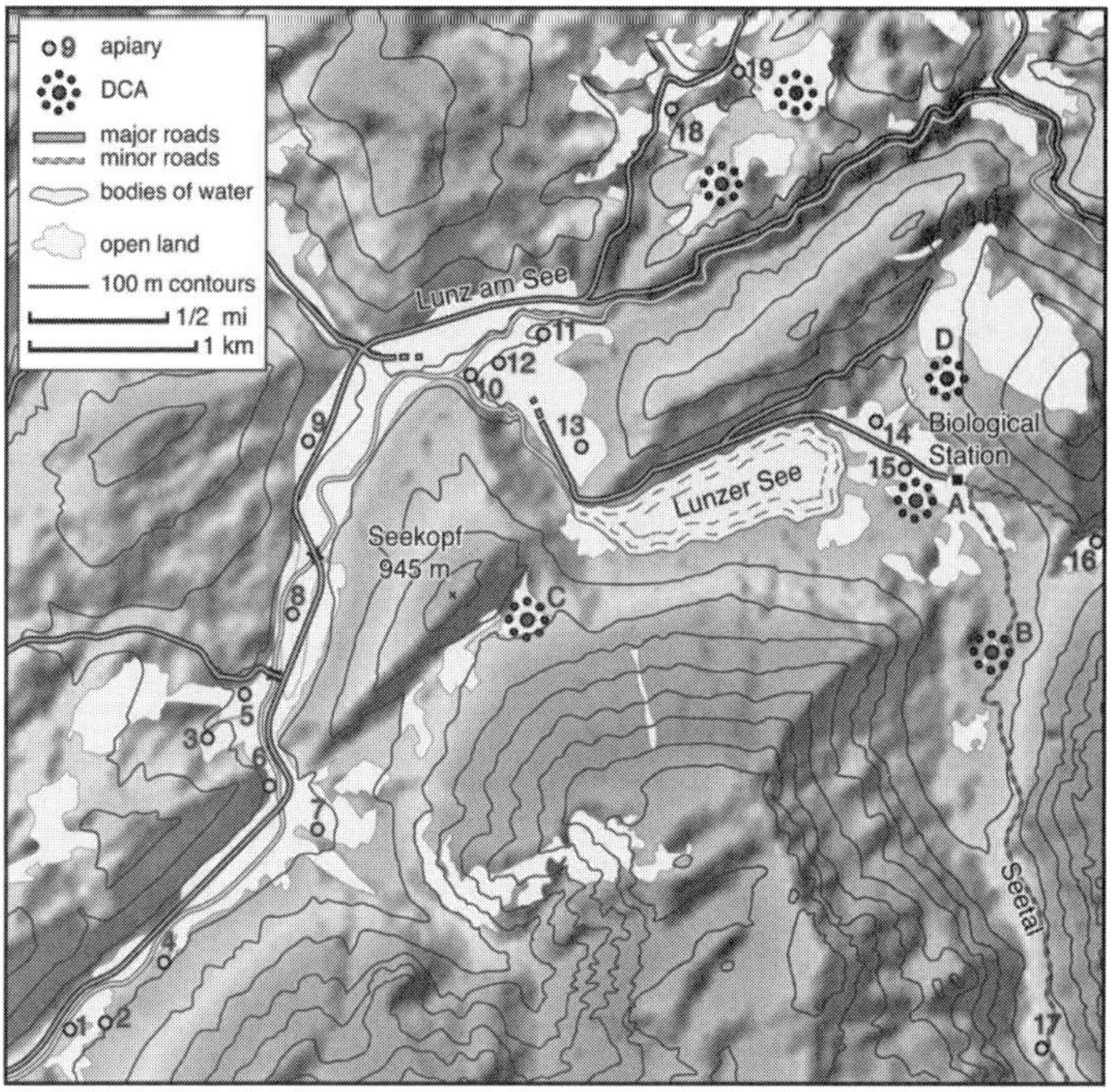

図 7-9　オーストリアのルンツ・アム・ゼー周辺の山間部にあるオス蜂の集合場所（DCA）と養蜂場の地図。調査の結果、地図中央に見える集合場所 C には、養蜂場 9 を除くすべての養蜂場からオス蜂がやってくることが判明した。

交尾範囲を明らかにするために、まずミツバチが生息していない広大な針葉樹林にコロニーを移動させ、二〇群の調査コロニーからなる養蜂場を作った。このとき調査コロニーは、コルドバン対立遺伝子（体色変異をもたらす潜性遺伝子）をもったオス蜂だけが生まれるようにした。ピアはまたオス蜂がいない小コロニー（交尾群）も準備し、その女王にもコルドバン対立遺伝子をもたせることで遺伝的な印をつけた。そして、その交尾群（未交尾女王を含む）を、調査コロニー（オス蜂を含む）からさまざまな距離に設置した。その結果わかったのは、調査コロニーから一九・三〜二二・六キロメートル離れた地点に置いた場合は、二二匹の女王のうち一匹も交尾に成功せず、距離が一六キロメートル未満の場合は、ほとんどの女王が交尾できたことだった（交尾相手はコルドバン対立遺伝子をもつオス蜂だけだった）。ピアのこの研究結果が明らかにしたのは、交尾範囲の最大値であって標準値はないが、それでもミツバチがこれほど広い範囲で交尾をしているという事実は、まず間違いなくアピス・メリフェラは異系交配を強力なルールとして自らに課していることを示している。

ミツバチのポリアンドリー

一匹のメスが多数のオスと交配するポリアンドリー（一雌多雄）は、昆虫界では一般的とはいえないが、ミツバチではすべての種で驚くほど頻繁に見られる。[34] アピス・メリフェラのポリアンドリーのレベルは、コロニーの働き蜂の遺伝子型を調べて、その遺伝的多様性を説明するのにどれくらい多くの精子提供者が必要なのかを突き止めることで判定できる。そしてその種の調査からは、女王は平均して約一二匹のオス蜂と交尾をしていることが示されている。ミツバチの女王はなぜそれほどまでに乱婚なのだろうか？　すでに知られているように、生涯にわたって利用するのに十分な量の精子を確保するためであれば、そうしたふるまいは不要だ。オス蜂の精液には平均で約一一〇〇万の精子が含まれているので、交尾飛行で女王が受け取る精子の総量は一億以上になる場合もある。ところが、標準的な女王が受精嚢にためる精子はせいぜい五〇〇万ほどである[35]（得られた精子からランダムに選別される）。だとしたら、どうして十数匹もの相手が必要なのか？　実のところそれは、女王の受精卵が遺伝的に多様な労働力を生み出せるようにするためだ。働き蜂の遺伝的多様性が高くなるとコロニーが多くの利益を得ることは、これまで多くの研究によって示されてきた[36]。たとえば、病気への耐性の向上、蜂児圏における温度の安定性の向上、より広範囲で対応力のある採餌行動を通じた食料資源獲得の強化などがその利益だ。なぜこうしたことが起こるのかについては、ヘザー・R・マティラがコーネル大学のポスドク時代に入念な研究をおこなっている[37]。マティラの研究対象の一つにコロニーの採餌能力がある。彼女はその能力を調査するために、複数父系のコロニー（一〇匹のオス蜂から採取した混合精子を用いて人工授精をおこなった女王が率いるもの）と、単独父系のコロニー（一匹のオス蜂から採取した同じ量の精子を用いて人工授精をおこなった女王が率いるもの）の採餌蜂のふるまいを比較した。それによってわかったのは、複数父系コロニーが採餌における旗振り役――一日の早い時間に採餌（および尻振りダンス）をはじめることでコロニーの採餌活動全体を活発化させる働き蜂――を数多くもつことで、利益を得ていることだった。こうした積極的なふるまいを見せる働き蜂は、複数父系コロニー内の一握りの系統にしか現れず、単独父系コロニーでは一切現れないことが多かった。

　アピス・メリフェラ（欧米に暮らすヨーロッパ系亜種）の女王の交尾回数については、最近まで例外なく、養蜂場の密集した管理コロニーの働き蜂をサンプリングして推定値を算出してきた。つまり、オス蜂がきわめて多い区域で交尾飛行をおこなう女王に率いられたコロニーを対象としていたのである。だとすれば、その推定値はコロニー間の間隔が広い野生コロニーにも当てはまるのだろうか？　それとも、コロニー密度が低いということは潜在的な交尾相手も少ない可能性があるのだから、交尾回数もまた少なくなるのだろうか？　そう疑問に思った私は、デイビッド・R・タービー（ノースカロライナ州立大学）とデボラ・A・ディレイニー（デラウェア大学）と協力して、アーノットの森に暮らす野生コロニーの女王の交尾回数を突き止めることにした。[38]

調査の第一段階として、二〇一一年八月に私とショーン・R・グリフィン（コーネル大学の学部生）が、アーノットの森の内外にあった一〇本の蜂の木の位置を特定した。その際は、第2章で紹介したビーライニングの手法を用いた。それぞれの蜂の木からは少なくとも一〇〇匹の働き蜂を採集する予定であり、私たちは蜂の木から一〇〇メートル以内の場所に給餌台を設置して、そこに集まる働き蜂を捕まえるようにした（のちに遺伝子分析でも確認されたが、それくらい近寄ると給餌台に集まるのは目的のコロニーの採餌蜂だけになった）。

私たちはまた、比較のために最寄りの管理コロニーの女王の交尾回数を知りたかったので、同じく二〇一一年八月に、アーノットの森付近にある二つの養蜂場からそれぞれ一〇群のコロニーを選び、各コロニーから働き蜂を一〇〇匹ずつ採集した。一方の養蜂場（養蜂場1）は、商業養蜂家が二〇一一年五月にはじめたばかりの新しい施設で、アーノットの森の南西の境界からわずか一・〇キロメートルのところにあった（図7‐10参照）。この養蜂場のコロニーの女王はカリフォルニア州の業者からその春に

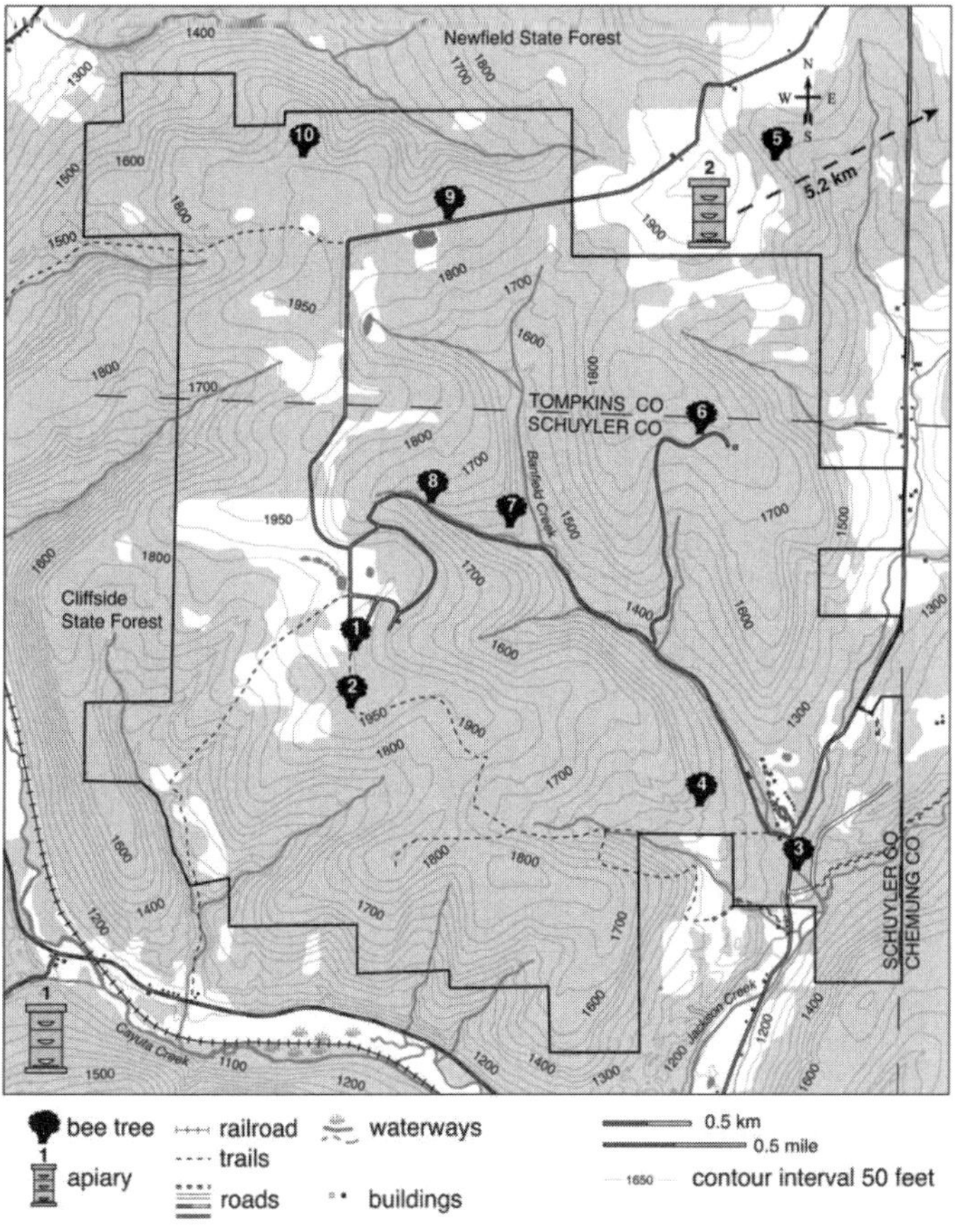

図 7-10　アーノットの森周辺の地図。2011 年 8 月時点における 10 本の蜂の木、森の近くの 2 つの養蜂場の位置を示している。

購入した若い女王だったので、同コロニーの働き蜂からわかるのは、商業目的で生産された女王の交尾回数であることは間違いなかった。もう一つの養蜂場（養蜂場2）は、アーノットの森の北西の角から五・二キロメートルの地点に位置していた。養蜂場1の経営者が二〇〇〇年代前半にはじめたもので、カリフォルニア州の同じ業者から購入した女王を定期的に導入していた。同じ地域に暮らす野生コロニーと管理コロニーの比較が可能になるという点で、アーノットの森の近くのこの二つの養蜂場があることは都合が良かった。しかしながら、その存在は私にとって心配の種でもあった。というのも、養蜂場1はアーノットの森からわずか一キロメートルしか離れておらず、森に暮らすミツバチの遺伝子に影響を与える恐れがあったからだ。ところが、その心配もそれほど長くは続かなかった——二〇一一年一一月にクロクマが養蜂場1を荒らすと、それ以降その施設は放棄されてしまったのである。

ターピーとディレイニーは、私が三〇群のコロニーから採集した一〇八九匹の働き蜂（一コロニーあたり三六・三匹）に対して父性解析を実施したが、三つのグループ（蜂の木、養蜂場1と2）の女王の交尾相手（精子提供者）の平均数に有意な差は見られなかった（図7-11）。養蜂場1の平均交尾回数は一九・八回（つまりその数のオス蜂を相手にしている）、養蜂場2は一六・六回で、アーノットの森の一五・九回と統計的な差はなかったのである。この結果は、広く点在している野生コロニーの女王の交尾相手が、密集して暮らしている管理コロニーの女王より必ずしも少ないわけではないことを示している。なぜそうなるのだろうか？　それは、たとえコロニーが郊外に広く点在していようと、交尾はいくつかの特定の場所（オス蜂の集合場所）でおこなわれるからである。結局のところ、野生環境下のコロニー密度の低さは、女王が受精をする場でのオス蜂の密度を低下させるわけではないのだ。人間が管理を開始する以前、ミツバチのコロニーは広く分散していた。したがって自然選択は、ほかのコロニーの個体を見つけて交尾をするために長い距離を飛ぶという能力をもった女王やオス蜂に有利に働いたはずで、それを考えればこの結果は驚くべきことではない。

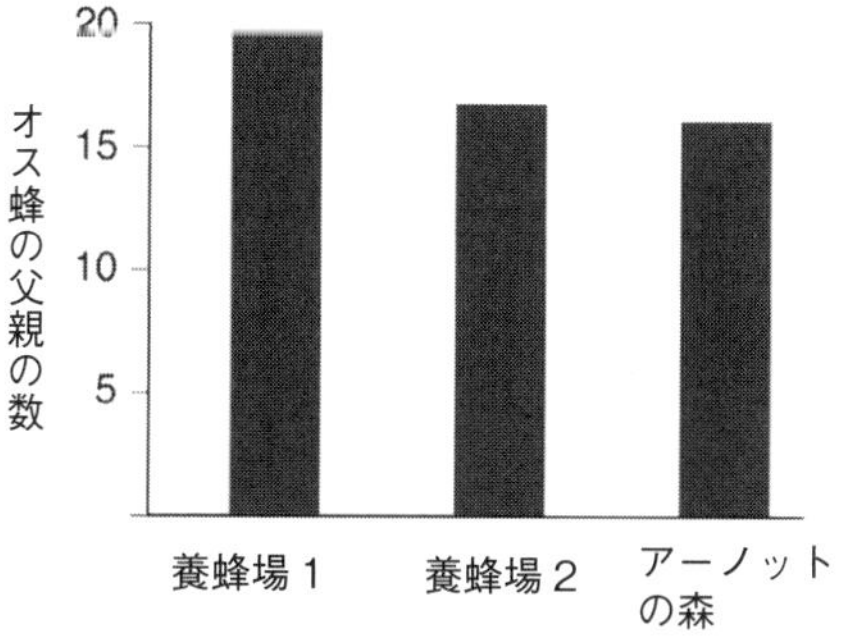

図 7-11　3 つの集団（蜂の木と 2 つの養蜂場）から採集した 10 匹の女王の平均交尾回数。養蜂場 1 のコロニーの女王は、カリフォルニア州の大規模な商業養蜂家のもとで育成され、交尾していた。

第8章　採餌

山から野へ、湖と逆巻く波を越えて
無頓着な顔つきで飛んでいき
ついに穴ぐらの家をさがしだす
そのあやまたぬ腕前のなんと見事なことか。

――トーマス・スマイバート[1]

私たちは普通、ミツバチのコロニーのことを巣箱や樹洞の中で暮らしている蜂の一家というイメージで眺めることが多い。だが少し考えをめぐらせてみれば、それがミツバチの生活の一側面にすぎないことがすぐにわかる。コロニーの働き蜂の多くは、昼には巣穴の外に出て、周囲の自然の中を遠くまで飛び広がっていく――食料をこつこつと集めるためだ。採餌蜂は、この仕事のために花の咲く場所を求めて最大で一四キロメートルもの距離を飛行する。[2] そこで花蜜か花粉（あるいはその両方）を集め、巣に戻ると収穫物をすぐに降ろして次の採餌に向かうのである。標準的な日で、コロニーは数千匹（全体の三分の一ほど）の働き蜂を採餌に駆り出している。[3] 広範囲に散在する食料源を求めて、同時に複数の方向をかなり遠くまで探索するミツバチたちは、まるで巨大なアメーバとして機能しているように見える。

必要とする蜜や花粉をうまく集めるには、コロニーはその環境内にある食料源を丹念に監視していなくてはならず、また十分な量の食料を栄養バランスに気を配りながら効率よく採集するには、各食料源に採餌蜂を巧みに展開させる必要もある。それに加えて、集めてきた食料をいま消費するか、あるいは未来のために貯蔵するかを適切に判断することも重要だ。しかもミツバチのコロニーは、そうしたことすべてを常に変化する環境下——巣の外では採餌のチャンスが現れたり消えたりし、巣の内では必要とされる栄養が季節によって変わっていく——でおこなわなければならないのだ。本章では、野生コロニーがそうした困難にいかに対処しているのかを見ていくことにしよう。

野生コロニーの経済活動

ミツバチのコロニーが生きていくためには、新鮮な空気のほかに四つの資源が必要だ——すなわち、花粉、花蜜、水、樹脂である(図8-1)。花粉は、アミノ酸、脂肪、各種のミネラルとビタミンを含んでいて、この短いリストのなかでもっとも栄養価が高い。幼虫を健康に育て上げ、成虫を元気に活動させるための必需品である。たとえば育児蜂は、花粉が不足すると下咽頭腺が衰えて幼虫に餌を与えることができなくなってしまう。そのため育児蜂にとっては、蜂児圏近くに花粉が詰まった巣房があることが非常に重要になる。育児蜂のこうした需要を知っていれば、ガラス壁の観察巣箱を覗き込んだときに、後脚に色鮮やかな花粉団子を二つ載せて巣に帰ってきたばかりの採餌蜂が、蜂児圏の周縁を歩き回って花粉を振り落とす巣房をさがす理由がわかることだろう。[4] 採餌蜂は適当な貯蔵巣房を見つけて、腹部の先端をそこに一〇秒ほど差し入れ、その間に後脚を勢いよくこすり合わせることで花粉を巣房に

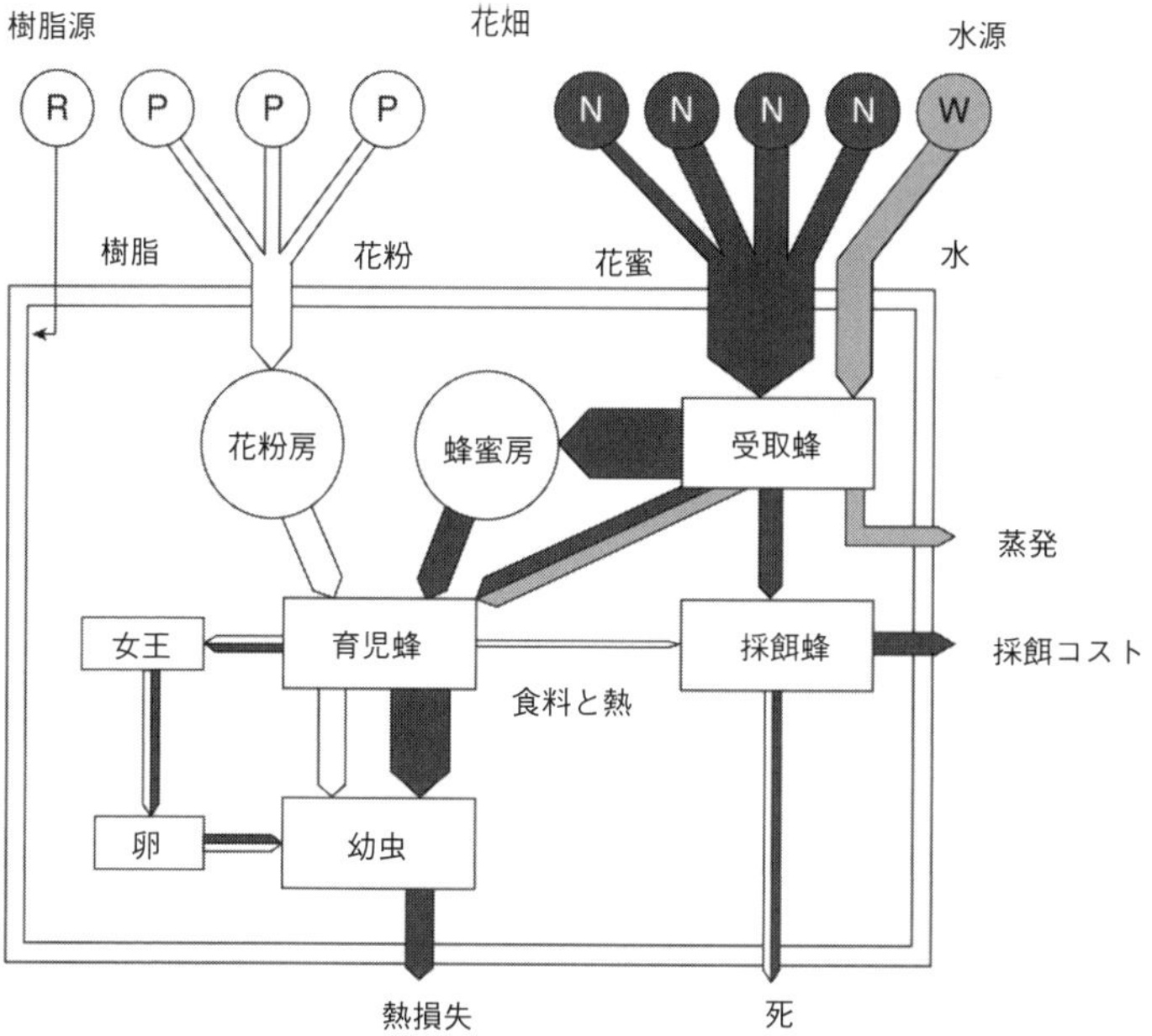

図 8-1　ある夏の一日のコロニーでの各資源の流れ。矢印の幅は流通量を反映している。資源の多くは、コロニーの構成員を増やすために幼虫のもとに集約されるか、雨や冬の日の予備物資として貯蔵巣房に集められる。

落とす。花粉採集に従事する働き蜂が皆このようにふるまうことで、蜂児圏の周囲に花粉の貯蔵巣房の帯が整然と出来上がるのである。

採餌から戻ってくる働き蜂のなかには、後脚に花粉を積む代わりに、腹部を大いに膨らませて巣門に降り立つものもいる。この蜂を巣穴に消えてしまう前に捕まえて、やさしく翅をつかんだままピンセットでそっと腹部を押してやると、透明あるいは淡い黄色の液体を吐き出すのが見られるはずだ。液体の成分を分析すると、たいていは濃縮糖液——主にグルコース、フルクトース、ショ糖——という結果になり、つまりはミツバチの炭水化物源である花蜜であることがわかる。しかしながら、腹を膨らませて戻ってくる働き蜂のすべてが蜜の採餌蜂というわけではなく、多くはないが純度の高い水を持ち帰ってくる蜂もいる。[5] これは水たまりや小川などの利用しやすい水源から帰ってきた水の採集係である。集めるのが蜜であれ水であれ、運んできた働き蜂は蜜胃からそれを吐き戻して、巣にいる働き蜂に受け渡す(図8-2)。具体的には、受け渡す側の蜂は大顎を大きく開き、折りたたんだ口吻《こうふん》(舌)の根本に液滴を吐き出す。すると受け取る側の蜂は口吻を精一杯伸ばし、その液滴をすばやく飲み込む。蜜や水を受け取るのは中齢の働き蜂である。[6] 蜜を受け取った蜂(蜜受取係)は、腹を空かせた蜂にその一部を配る一方で、残りの大部分は蜂蜜へと加工処理をして将来の消費に備える。水を受け取った蜂(水受取係)は、それを撒いて巣を冷やしたり、育児蜂へと配布したりする。育児蜂のための水の採集がもっとも頻繁におこなわれるのは春先である。春先はコロニーが前年に保存した蜂蜜と花粉で暮らしを立てている時期で、そうした食料を幼虫用に適切な濃度に希釈するために水が必要となるからだ。

採餌蜂が普段からよく集めているのは、花粉、蜜、水の三つの必需品である。ところが、晩夏から初

図 8-2　食料の貯蔵係（左）に蜜を受け渡す蜜の採餌蜂（右）。腹を膨らませた採餌蜂の口器に貯蔵係が舌を差し入れている。

秋にかけて巣箱の入口を注意深く観察していると、数匹の働き蜂が茶色く輝く樹脂を花粉かごに載せて戻ってくるのを見かけることがある（図5‐13参照）。第5章で見たように、ミツバチはこのねばねばした物質を使って壁の小穴や割れ目を埋め、風雨と外敵に対して自分の巣を強化している。また樹脂には抗菌作用があり、巣穴の壁をそれでコーティングすればコロニーの健康が増進することがわかっている。

ここから先では、コロニーによる蜜と花粉の採集について、その年間消費量に重点を置きながら定量的に見ていくことにしたい。このテーマを概観することで、野生に暮らす比較的小さなコロニーであっても、その採餌行動は大規模に展開されていることがわかるだろう。なお、樹脂についてはすでに第5章で検討し、水については巣の温度調節を論じる次章で見る予定なので、ここではコロニー経済における蜜と花粉のみに着目する。

ミツバチの蜜と花粉の消費に関する知見の多くは、

蜂蜜生産のために飼育されている管理コロニーの研究に基づいている。だが、本書が対象としているのは野生コロニーなので、ここでは非管理コロニーまたは疑似野生コロニーに関する私の研究が明らかにした事柄を中心に話を進めていきたい。私の研究では、自然の巣穴と同じ大きさの巣箱にコロニーを入居させ、主に週に一度の重量測定を通じて三年にわたり観察を続けた。[7] 第6章で見たように、この研究をおこなったのは一九八〇年代前半、私がイサカから東におよそ四〇〇キロメートルのところにあるニューヘイブンに住んでいたときのことだ。観察した疑似野生コロニーは、冬の終わり（三月）がもっとも小さく約八〇〇〇匹、分蜂をする直前の春（五～六月）がもっとも大きく約三万匹の成虫の働き蜂がいた。コロニーの各時点の生物量はそれぞれ約一キログラムと約四キログラムとなる。[8] ミツバチのコロニーはかなりの重量をもち、大量の食料を消費するので、コロニーの重量、貯蔵食料の重量、巣の重量（この三つの合計値を「巣箱重量」と呼ぶことにする）をそれぞれモニタリングすることで、調査コロニーの食料消費をほぼ年間を通じて追跡することができた。調査コロニーは、九月下旬から四月下旬まで食料をほとんど、あるいはまったく集めなかったため、その期間中は蜂蜜と花粉を消費するにつれて巣箱重量が少しずつ減少していく。第6章でも述べたが、各コロニーが冬の間に消費した食料の総重量は平均で約二五キログラムであり、そのうち一キログラムが花粉、残りが蜂蜜だった。

夏季（ニューヨークとニューイングランドでは四月下旬～九月下旬）における蜂蜜と花粉の総消費量を突き止めるのは、冬季の場合より難しい。というのも、その時期には外部から巣へと資源が持ち込まれ、食料消費によるコロニー重量の減少を埋め合わせるからである。運の良いことに、私が調査をおこなった年の夏は寒くて雨も多かったので、蜂が採餌をおこなわない期間が長く続いた。したがって、その期間の巣箱重量の減少は夏の資源使用率を示していると考えられる（ただし、その重量減においては食料消費か間違いなく低く見積もられている。蜂児のために消費される蜂蜜と花粉は体重に変換されるため、巣箱重量の減少としては現れないからだ）。雨が降っている時期の巣箱重量の減少は週あたり一・〇〜四・〇キログラムの間で、平均は二・五キログラムだった。ニューヨークやニューイングランドの夏季が二二週間（四月下旬〜九月上旬）続くと考えると、その地の野生コロニーが夏の間に消費する資源の総重量は、二・五キログラム×二二週＝五五キログラムになる。この総重量に占める花粉量は、一匹の働き蜂を育てるには約一三〇ミリグラムの花粉が必要で、[9]夏の間のコロニーの平均個体数が三万匹であることに着目して推定できる。働き蜂の寿命は約一カ月なので、[10]約五カ月（二二週）であれば一五万匹の働き蜂を育て上げることになる。したがってコロニーは毎夏に、一三〇ミリグラム×一五万匹＝二〇キログラムの花粉を消費していると考えられる。

ここまでをまとめると、私が住んでいる地域の野生コロニーが一年間に消費する食料は、花粉が約二〇キログラム、蜂蜜が約六〇キログラム（冬に二五キログラム、夏に三五キログラム）と推測される。いうまでもなくこれは大まかな推定値であり、コロニーの大きさ、気候、食料環境によって正確な値は変わってくるはずだ。一方、欧米の管理コロニーが示す値は、これよりもずいぶん高い。具体的には、管理コロニーでは一年間に一五万〜二五万のミツバチが育ち、二〇〜三五キログラムの花粉、六〇〜八〇キログラムの蜂蜜が消費されると見積もられている。[11]

野生コロニーが資源を調達するためにおこなう採餌飛行の回数と、その採餌行動の効率に関しては、どちらも容易に算出できる。まず花粉については、一回の採餌で持ち帰る重量が約一五ミリグラムであり、したがって二〇キログラムを集めるには、およそ一三〇万回の採餌飛行が要求される。往復の平均飛行距離が四・五キロメートル、飛行に使うエネルギーが一キロメートルあたり六・五ジュール、花粉一グラムあたりのエネルギーが一万四二五〇ジュールだと仮定すると、コロニーが一年間の採餌飛行に費やす総コストは、およそ三・八×一〇の七乗ジュール（一・三×一〇の六乗（採餌飛行の回数）×四・五キロメートル（一回の飛行距離）×六・五ジュール（一キロメートルあたりの消費エネルギー））になり、花粉のエネルギーはおよそ二・九×一〇の八乗ジュール（二万グラム（一年間の消費量）×一万四二五〇ジュール（一グラムあたりのエネルギー））になる。そしてこの計算結果からは、花粉採集におけるエネルギー収支がおよそ八対一であることがわかる。コロニーが一年間で消費する六〇キログラムの蜂蜜を手に入れるのに必要な採餌飛行の回数についても同様の計算ができる。花蜜の糖度は平均四〇パーセントだが、蜂蜜になると八〇数パーセントになる。また、一回の採餌で持ち帰る重量は四〇ミリグラムなので、そこから六〇キログラムの蜂蜜を生産するには、およそ三〇〇万回の採集飛行が必要だとわかる。さらに計算を進めると、花蜜採集におけるエネルギー収支はおよそ一〇対一になる。[12]

　これらの数字は、野生コロニーがおこなう食料採集が非常に大がかりな事業であることを明確に示している。またこうしたコロニーのことを、一〜五キログラムの重量をもち、毎年一五万匹の蜂を育て、二〇キログラムほどの花粉と六〇キログラムほどの蜂蜜を消費する生命体と考えることもできる。その生命体は、広大な土地に散在する花の内部にある小さな食料を集めるために、働き蜂を四〇〇万回にもおよぶ採餌飛行に出動させ、その飛行距離は合計で二〇〇〇万キロメートルにもなる。こういった事実を知ると、ミツバチのコロニーが、食料の獲得と使用において卓越した能力をもつように強い選択圧を受けてきたことが推察できるのである。

広大な採餌範囲

ミツバチは、一〇〇平方キロメートル以上の広範囲にわたって食料収集をおこなえるという、にわかには信じられないような能力をもっている。採餌蜂は、巣から六キロメートル以上離れた場所にある食料源にも飛んでいくことができるのだ。[13] ミツバチの飛行速度は時速三〇キロメートルほどで、六キロメートルの旅程であれば一二分ほどで到着する。[14] これだけ聞けば大した話には思えないかもしれないが、ミツバチの大きさを考慮に入れると、その採餌範囲が実に衝撃的なものだとわかる。体長一五ミリメートルのミツバチにとって六キロメートルは自身の四〇万倍の距離にあたるが、この比率を一・五メートルの身長をもつ人間に当てはめれば、移動距離は六〇〇〇キロメートルにもなる。これはボストンからワシントンD・C、チューリッヒからベルリン、ロサンゼルスからサンフランシスコへの移動距離に相当する。

今からもう五〇年ほども前のことだが、養蜂をはじめたばかりの私は、巣箱が置かれた草むらに寝そべり、夏の終わりの青空を採餌蜂が流れ星ように飛び交うのをよく眺めていた。そんなことをしながら自然に頭に浮かんだのは、この採餌蜂たちは自分の仕事場までどれくらいの距離を飛んでいくのだろうかという疑問だった。それから数年後、私は大学生になり、採餌蜂の活動範囲について書かれた研究論文をいくつか読んだ。一部の論文では、研究者におなじみの「マーク・アンド・リキャプチャー」方式を用いた調査を扱っていた。[15] つまり、巣箱にいる採餌蜂に（塗料、蛍光粉、放射性同位体を含んだ糖液、遺伝的カラーマーカーなどで）印をつけ、その後に別の場所で捕獲したときの個体認識に利用する方式だ。それ以外にも、ワイオミング州北西部にある半砂漠地帯にコロニーを移動させた研究もあり、それはずっと興味深く感じられた。その地域には二八キロメートルの距離を置いて二つの灌漑地域があり、そこにはアルファルファ（*Medicago sativa*）とシナガワハギ（*Melilotus officinalis*）が群生していたが、それ以外に蜜源は存在しなかった。研究者のジョン・E・エカートは、二つの灌漑地域を結ぶ「曲がりくねった古い馬車道」沿いにコロニーを配置して、どのコロニーが半砂漠地帯にあるオアシス（蜜源）を見つけ出して利用できるかを観察したのである。また、ノーマン・E・ゲイリーらによる、従来の「マーク・アンド・リキャプチャー」方式を巧みに発展させた研究もあった。ゲイリーらの新しい方式は、調査コロニーの巣箱の入口に磁石を設置する一方で、採餌に出ている働き蜂を捕まえて、その腹部に金属製の認識票を軽く接着するというものだった。働き蜂が巣箱に戻ると、入口にある磁石が自動的に認識票を回収する仕掛けである。どの野原でどの認識票をつけたかを記録しておくことで、働き蜂がどこで食料を集めていたのかが正確にわかるというわけだ。

いま挙げた三つのアプローチのうちのいずれかを用いた研究からは、調査コロニーの採餌蜂の大半が巣から二キロメートル以内の場所で食料を集めていること、ただし食料源が近くにないケース（ワイオミング州の半砂漠地帯がこれに該当する）では最大で一四キロメートルも飛行する場合があることが報告されている。だがこれらの研究はどれも、自然に暮らすコロニーの採餌活動の空間分布を示すものではない。それは一つには、研究が人工的な環境――調査コロニーは農地のそば、あるいは不毛の半砂漠地帯に設置されていた――でおこなわれたからであり、また一つには、採餌蜂が花をさがしにいった場所だけでなく、研究者が蜂をさがしにいった場所の影響を受けていたためだ。研究者は、採餌蜂が向から場所ならどこでも足を運んだわけではないのである。さらにいえば、「マーク・アンド・リキャプチャー」方式を用いた研究の大半は、食料源が並外れて豊富な環境で実施されていた。

一九七九年の春、友人のカーク・ヴィッシャーと私は、自然環境下で暮らすコロニーの採餌活動の正確な見取り図を作ることを目標にした研究に着手した。[16] 私たちのアプローチは、アーノットの森の中心部に設置したコロニーの採餌蜂が日々訪れる餌場を地図に描き起こすというものだった。実験には、観察巣箱に暮らすコロニーの採餌蜂の尻振りダンスを見張るという手法を採用することにした（カール・フォン・フリッシュの教え子であるヘルタ・クナッフル博士が一九四八〜五〇年に考案した手法である）。[17] クナッフルのアプローチの良いところは、たとえそのコロニーが複数の餌場を利用していて、しかも各餌場がそれぞれ数キロメートル離れていたとしても、採餌蜂が向から場所を明らかにできる点にあった。とはいえ、これで採餌蜂が毎日向かっているすべての餌場がわかるわけではない。なぜなら、ダンスによって場所を伝えるのは、特に収益性が高い餌場から帰ってきた蜂だけだからだ。継続的に利用する価値のある餌場で食料を集めている蜂であっても、救援として呼ばれた蜂でなければ尻振りダンスで餌場を伝えることはないため、その餌場はダンスを監視していても見えてこない。だがたとえそうだとしても、コロニーが利用している主要な餌場はすべて、その使用初期段階におこなわれる尻振りダンスによって伝えられるため、この「ダンス監視」手法は、コロニーの採餌活動の空間スケールについて正確な見取り図を提供してくれるはずだ。

さて、具体的な調査方法についてだが、私たちはまず標準サイズのコロニーが暮らすのに十分な大きさの観察巣箱を作るところからはじめることにした（図8－3）。巣箱の容積は、イサカ周辺の野生コロニーの巣穴の中央値である四〇リットル（図5－3参照）。また巣箱には四枚の巣枠を用意し、その総面積（一・三五平方メートル）が同地のコロニーの巣と同等になるようにした。巣箱内でおこなわれる尻振りダンスを漏れなく見られるようにしたかったので、採餌蜂が前面から巣箱に入るように誘導した。また、入口近くの巣枠の両側を蜜蝋で塞いで、巣に戻ってきた採餌蜂が巣枠の後ろへと入り込まないように工夫もした。たいていの場合、採餌蜂のダンスは巣（巣箱）に入った直後におこなわれる。そこで、戻ってきた採餌蜂を巣箱の前面に誘導することで、入口付近に「ダンスフロア」を作ることにした。加えて、そのダンスフロア上のガラスにグリッドを描き、それによってデータ収集を開始する際に、ダンスをしている蜂をランダムにサンプリングできるようにした。ここまで準備が終わると、私たちは約二万匹の働き蜂と一匹の女王（といくばくかのオス蜂）からなるコロニーをこの巣箱に入居させ、その後アーノットの森の中央部に作っておいた小屋へと移動させた。小屋の屋根は半透明のグラスファイバー製で、それがあるおかげでミツバチのダンスを観察するための太陽光を手に入れることができた。

尻振りダンスのデータを取りはじめたのは、巣箱を小屋に設置してから数日後のことだ。具体的には、午前八時から午後五時まで巣箱の横にすわりこんで、ダンスをしている蜂をランダムに選び、一匹ずつ手作業で記録した。記録したのは、①尻振り走行の（巣箱の垂直方向に対する）角度、②尻振り走行の持続時間、③（もしあれば）持ち帰ってきた花粉の色、④ダンスがおこなわれた時間である。この四種類の情報によって、その蜂が餌を集めている場所、そこで採集できるもの（蜜だけか、花粉も採集できるのか）を推定することができる。私たちは最終的にそれぞれのダンスが示す目的地を地図上にプロットし

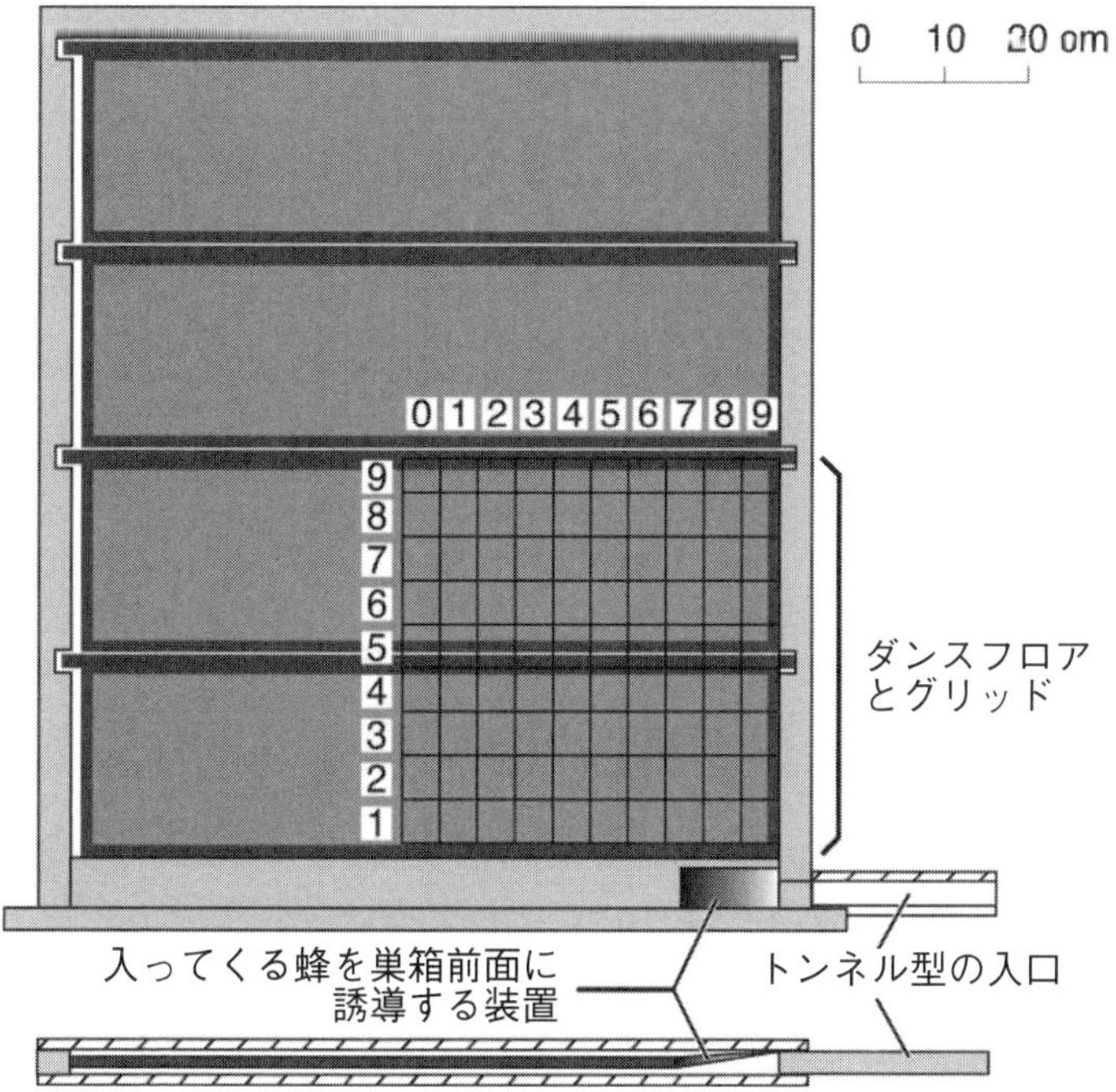

図8-3　採餌蜂のダンスを解読して、餌場の場所を突き止めるために使用した巨大な観察巣箱。

た。そしてそれによって、日ごとに変化する採餌機会——ダンスによって伝えられる特に豊かな餌場——の総合的な見取り図を手に入れることができた。

　図8‐4は、調査コロニーがアーノットの森で利用していた餌場までの距離の分布を示したものだ。一九八〇年の夏に計三六日（九日間×四期）にわたり観察した一八七一回のダンスに基づいたデータである。見てわかるように、採餌蜂は巣箱から数百メートル以内で仕事をおこなうこともあれば、数キロメートル離れた餌場に飛んでいくことも少

なからずある。巣箱から餌場までの距離のうち、最頻値（もっとも一般的な値）は〇・七キロメートル、中央値は一・七キロメートル、平均距離は二・三キロメートル、最大距離は一〇・九キロメートルだった。餌場までの平均飛行距離が夏の間に変わっていたのも興味深い。たとえば、データ収集の第二期（一九八〇年七月九日〜一七日）の平均飛行距離は約二キロメートルだったが、第三期（七月二八日〜八月五日）では約五キロメートルだった。七月下旬から八月上旬にかけて、調査コロニーの採餌蜂が良質な食料源を見つけるのに苦労していたのは間違いない――ダンスからは、コロニーがその期間を通じて食料の大半を五〜六キロメートル北にあるポニーホロウ・バレーで集めていたことがわかっている。ポニーホロウには農場がいくつかあるのを知っていたので、現地に行って確認してみたところ、採餌蜂たちがアルファルファの花から蜜と花粉をせわしなく集めている姿を観察できた。

図8‐4に示した分布図で特に注目すべきなのは、九五パーセンタイルの位置がおよそ六キロメートルにあたることだろう。言い換えれば、餌場の九五パーセントが入るように巣箱を中心とした円を描いたならば、その面積は一一三平方キロメートル以上になるということだ。これほど広範囲で採餌をおこなうとは、その調査コロニーが異常だったのだろうか？　私はいくつかの理由から答えはノーだと考えている。まず第一に、救援を求めるミツバチのコミュニケーションシステム（尻振りダンス）は、豊かな食料源を見つけた採餌蜂が、巣箱から十数キロメートル離れた餌場に仲間たちを案内できるよう、自然選択によって調節されているという生物学的事実があること（図8‐4参照）。つまり、ミツバチのコミュニケーションシステムは、長距離におよぶ採餌活動を取り仕切れるように進化してきたのだ。第二に、豊かな餌場を利用するためにミツバチが一〇キロメートル以上移動していると報告している研究が

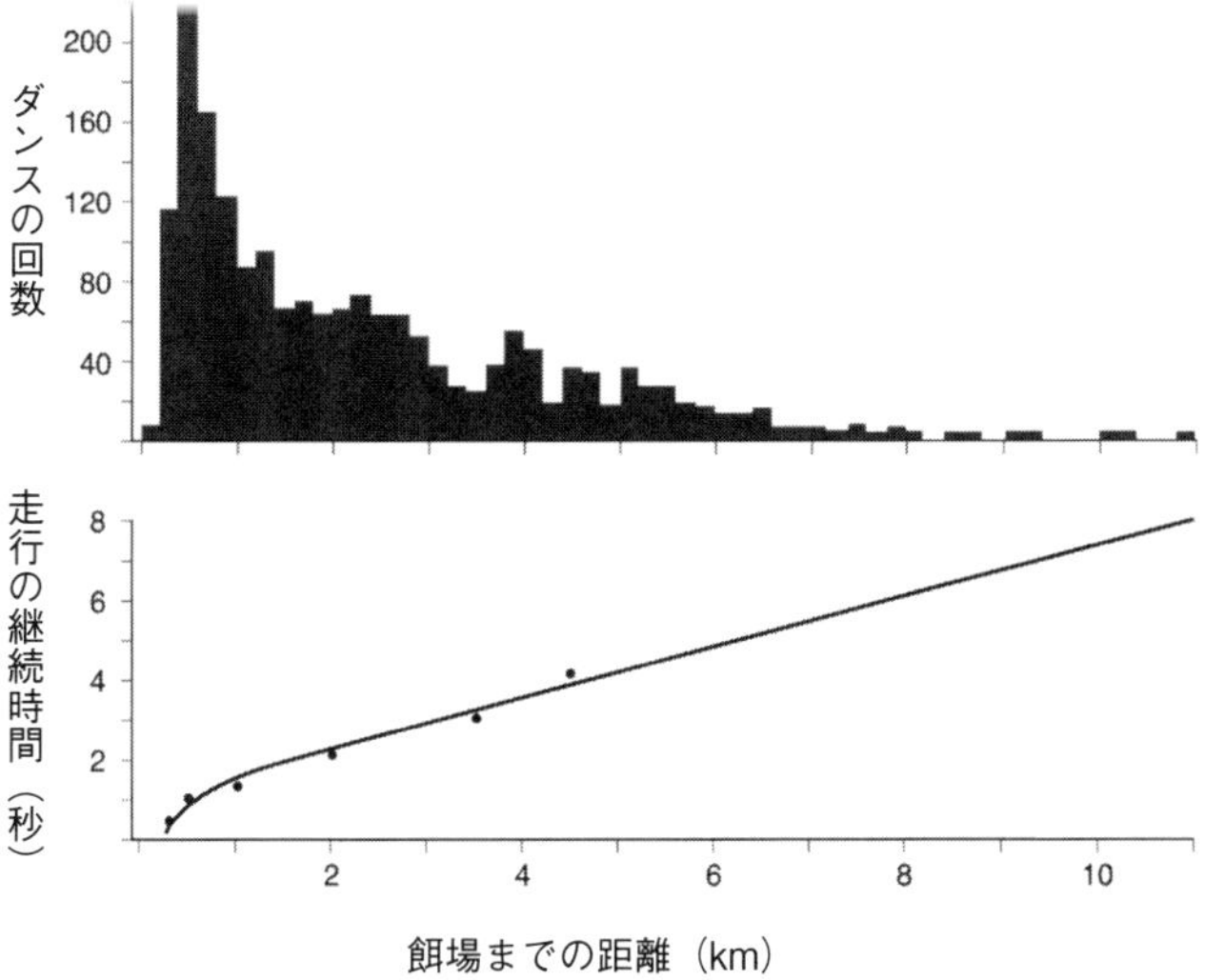

図 8-4　上：1871 例の尻振りダンスの解読に基づいた餌場の距離分布。下：解読した尻振りダンスの距離情報。尻振り走行の継続時間は飛行距離に比例している。

ほかにもいくつかあること。一九五三年にヘルタ・クナッフルがおこなった研究はその最初のものだ。彼女は、オーストリアのグラーツ市内に設置した小さな観察巣箱に暮らすコロニーをモニタリングして二四五六例のダンスを解読したが、その九五パーセントは、二キロメートル以内にある食料源（セイヨウトチノキ（*Aesculus hippocastanum*）など）を伝えていたという。だがその一方で、五〜六キロメートル、そして九〜一〇キロメートル先の豊かな餌場の発見を伝えるダンスを観察したとも報告している。

ミツバチの採餌が広範囲におよぶことの実例は、マデリン・ビークマンとフランシス・L・W・ラトニークスがイギリスのシェフィールドでおこなった研究によって、特に印象的な形で示されている。[18]

二人は観察巣箱に暮らすコロニーの採餌蜂の様子をビデオにおさめ、それをもとに四四四例の尻振りダンスを解読した。調査を実施したのは一九九六年八月中旬の三日間で、これは主要な蜜源であるギョリュウモドキ（*Calluna vulgaris*）がシェフィールド西のピーク地方で満開になる時期である。解読の結果、調査コロニーは二つの地域で採餌をおこなっていることがわかった——一つは巣箱から比較的近い二キロメートル以内の場所、もう一つはずっと遠方の五〜一〇キロメートル離れた場所だった。全体的に見ると、観察されたダンスの五〇パーセントが巣箱から六キロメートル以上、一〇パーセントが九・五キロメートル以上離れた場所を示していた。最大飛行距離が長い働き蜂がいることで食料採集をおこなえる範囲が広がり、それによってコロニーが大きな利益を受ける時期があるのは間違いないところである。

ミツバチの宝さがし

六キロメートル以上離れた場所での採餌活動からそれに見合う見返りを得るためには、巣の周囲およそ一〇〇キロ平方キロメートル以内でもっとも豊かな餌場を見つけ出す必要がある。それに加えて、コロニーはそうした良質な食料源をライバルのコロニーに占有されてしまう前に発見しなければならない。以上のことを考え合わせると、次のような重要な疑問が浮かんでくる——自身が暮らす環境（沼地、森林、野原）に良質な餌場が出現したかどうかを判断する野生コロニーの監視能力は、どれほどの精度をもっているのだろうか？　この疑問を解決するために、私は一九八〇年代なかばにある実験をおこなった。それは四つのコロニーを対象に二度の「宝さがし」をしてもらうもので、具体的には、広大な森の中にソバの群生地をいくつか用意して、コロニーがそのすばらしい食料源を見つけられるかを観察した。[19]

実験の舞台としたのは、コネチカット州北東部にあるイエール・マイヤーズの森だ。三二一三ヘクタールの面積をもつこの広大な森林地帯には、アーノットの森と共通点がいくつかある。どちらも州あるいは個人所有の森に囲まれており、また一八七〇年代に耕作放棄地となったあとは、カナダツガやストローブマツなどの木立からなる硬葉樹林としてゆるやかに回復した。しかしながらイエール・マイヤーズの森には、アーノットの森には見られない特徴が一つある。それはビーバーの活動によってできた広大な湿地帯の存在だ。日当たりの良いその土地にはガマやエゾミソハギが生い茂り、ミツバチに多くの食料を提供している。実験をはじめる前に私は森の南東部を歩き回り、樹洞に暮らす野生コロニーを四群見つけることができた。それはその森が、アーノットの森と同様、アピス・メリフェラの野生コロニーの第一級の生息地であることの証拠だった。この状況は現在でも変わっていない。私は二〇一七年八月のある一日をその森でのビーハンティングに費やしたが、何の苦労もなく森の中心部に咲く花の上にミツバチの姿を見つけることができたのだった。

私が実験に用いたのは、一カ所にまとめて置いた四つの巣箱と、六カ所に点在するソバの花の餌場だ(図8-5)。餌場はすべて同じ広さ(一〇〇平方メートル)だが、巣箱からの距離が一・〇~三・六キロメートルの間でそれぞれ異なるようにした。またソバの種をまく時期を調節して、それ以外の食料が少なくなる時期に花が咲くように工夫した(具体的には、キイチゴ類(*Rubus* spp.)とスマック類(*Rhus* spp.)の流蜜期が終わった六月下旬、あるいはアキノキリンソウの流蜜期の前にあたる八月中旬)。そうすることで、ソバの花にミツバチが群がりやすくなるようにしたのである。そしてソバの花が咲いたあとにそれぞれの餌場に足を運び、忙しく食料を集めているおよそ二〇〇匹の採餌蜂から一五〇匹を選んで、場所ごとに異なる色の塗料で印をつけた。それから急いで巣箱のある場所に戻って巣門を監視した。印をつけた採餌蜂が巣箱を出入りしているのを見つけたら、コロニーがその印の色に対応する餌場を見つけたことがわかるという寸法だ。実験の結果、四つのコロニーが一・〇キロメートルおよび二・〇キロメートル離れた餌場を見つける確率は、それぞれ七〇パーセント、五〇パーセントと高かったが、意外なことに三・二キロメートルおよび三・六キロメートルでは〇パーセントだった。

この確率はミツバチの実際の探索能力を低く見積もっているのではないかと私は思う（おそらく私の手法ではコロニーが見つけた餌場を漏れなく検出できていなかったのが理由だと考えられるにせよ）。だがそれを考慮に入れたとしても、私の「宝さがし」実験は、良好な餌場を求めて環境を調査するミツバチの驚くべき探索能力を明らかにしている。一〇〇平方メートルというのはテニスコートのおよそ半分の大きさで、半径二キロメートルの円の面積のわずか一二万五〇〇〇分の一にすぎない。にもかかわらず四つのコロニーは、五〇パーセント以上の確率でその小さな餌場を見つけることができたのである。

餌場の選択

巣のまわりの森、沼地、野原、庭などにある無数の花々から効率よく採餌をおこなうには、生産的な餌場をさがしだす能力と、そのなかでも特に有望な場所に採餌蜂を派遣する能力を併せ持っている必要がある。言い換えれば、選択肢を見つけるだけではなく、そこから選択することにも長けていなければならないのだ。広範囲に分散した食料源のなかから選択をおこなう野性コロニーの驚くべき集合知を最初に示唆したのは、本章ですでに見たカーク・ヴィッシャーと私の研究（アーノットの森でおこなった尻

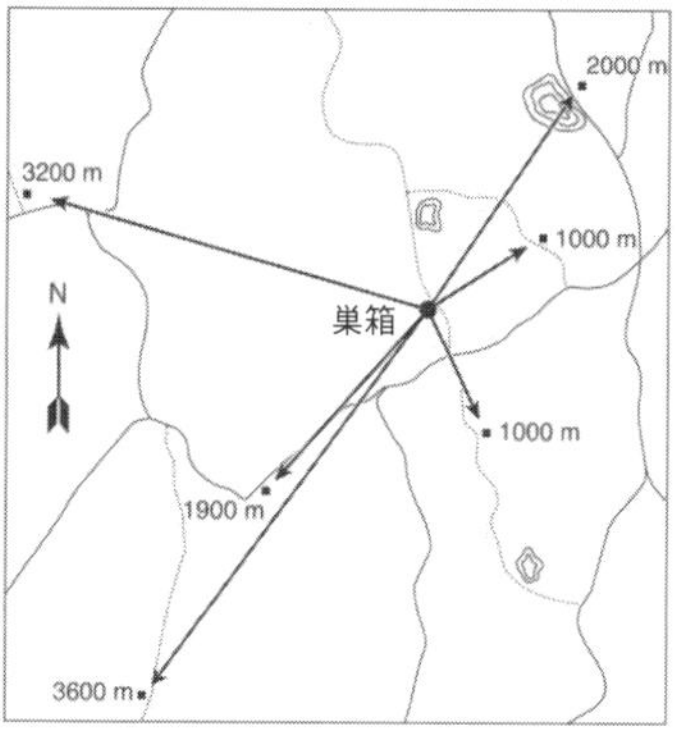

図 8-5　上：ミツバチの採餌範囲を評価するためにイエール・マイヤーズの森に準備した 6 カ所の餌場（ソバ）のひとつ。下：その餌場の位置を記した地図。

振りダンスの観察）である。そこで説明したとおり、私たちは巣箱からランダムに選んだ採餌蜂のダンスを分析して、それが伝える餌場の位置をプロットした。継続時間の長いダンスをおこなう蜂——カークと私がもっとも頻繁に目にしたもの——は、第一級の餌場に訪れていた蜂だけだということが今ではわかっている。よって、図にプロットされた目的地は、その日におけるもっとも魅力的な食料源であると見て差し支えない。

尻振りダンスの解読結果をプロットして日別の餌場の空間分布を示した図のうち、四例を図8-6に挙げた。[20] ここから、コロニーにとって特に豊かで魅力的な食料源の分布が、日によって劇的に変わっていることがわかる。実際、私たちが観察をした三六日のあいだ、ダンスが伝える主要な食料源の分布は日ごとに新しく更新されたのである。以下に記載した短報は、図8-6に示した四日間の動態をまとめたものだ。

一九八〇年六月一三日　晴天。ダンスが示す主な餌場は明瞭だ。すなわち、巣箱から南南東および南南西に〇・五キロメートル、黄色と黄灰色の花粉。そして、巣箱から南南西に二〜四キロメートルの大きな餌場、主に花蜜。長いダンスで伝える価値のある餌場はほかに二カ所。一つは北東に一キロメートル、オレンジ色の花粉。もう一つは北東に四キロメートル、黄灰色の花粉。

一九八〇年六月一四日　晴天。北東四キロメートルの黄灰色の花粉源を伝えるダンスが、あったとしてもごくわずかしか見られない。我々のサンプリングにまったく「ヒット」しないのだ。北西〇・五キロ

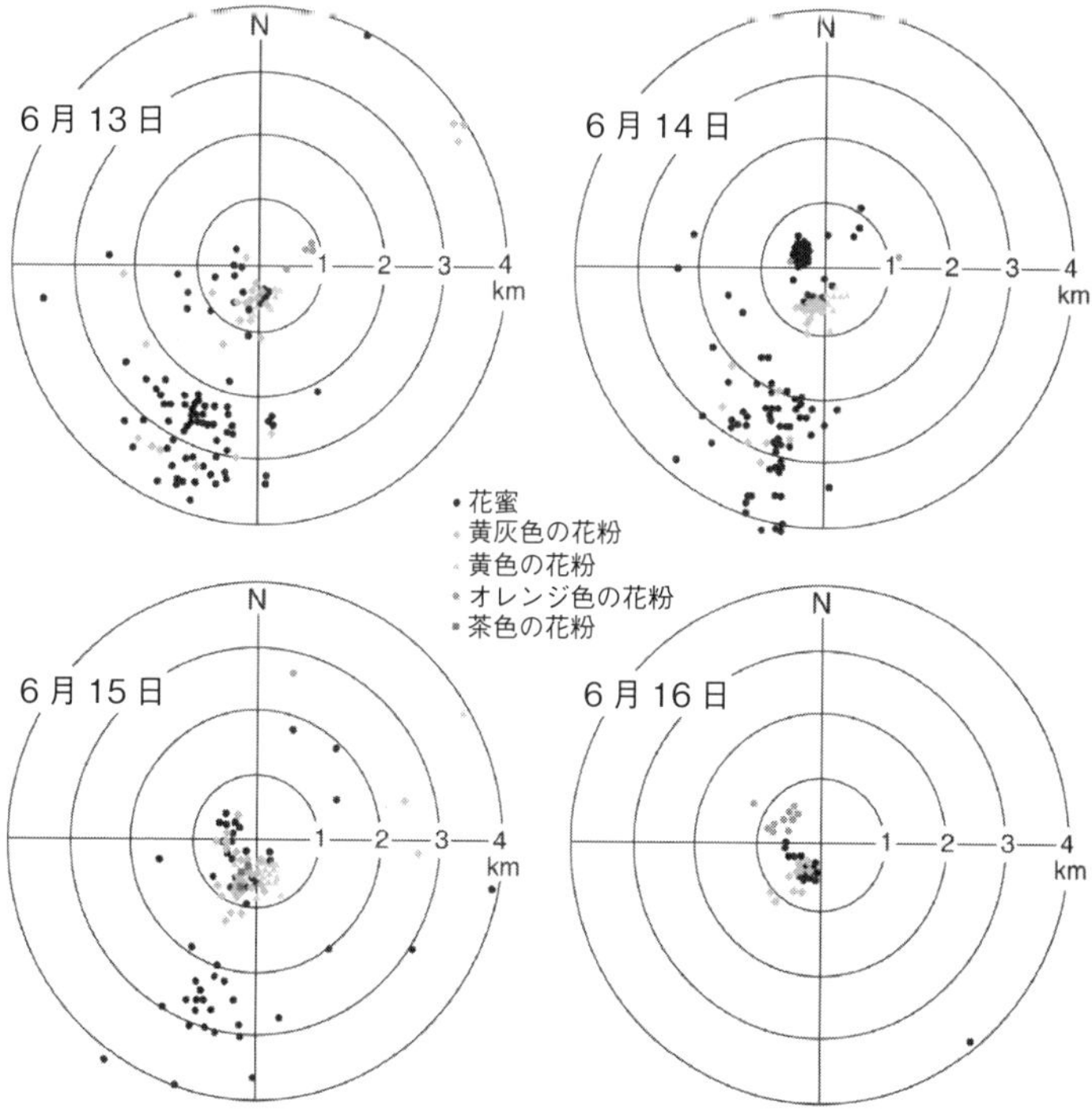

図8-6　尻振りダンスを解読して推定したコロニーの採餌場所の日別の図。各点は1度のダンスで示された場所を表している。この4日間で4キロメートル以上離れた餌場を伝えるダンスはごくわずか（2パーセント）しか見られず、そのほとんどがこの図には示されていない。

メートルの蜜源が非常に有望になり、多くの働き蜂が継続的にダンスで伝えている。南南東および南南西に〇・五キロメートルの花粉源と、南南西に二〜四キロメートルの蜜源は変わらず人気だった。

一九八〇年六月一五日

晴天。南南西二〜四キロメートルの蜜源と北西〇・五キロメートルの蜜源は、あまり魅力がなくなってきた。南南東および南南西に〇・五キロメートルのところにある黄色と黄灰色の花粉が得られる餌場は、変わらず非常に人気がある。南西に約〇・五キロメートル、茶色の花粉が得られる餌場の情報がはじめてもたらされた。

一九八〇年六月一六日 断続的な雨、肌寒い。採餌活動は比較的少なく、巣箱の近くでしかおこなわれなかった。南南西〇・五キロメートルにある黄灰色の花粉が得られる餌場は依然として人気があるが、その近傍にある南南東の黄色の花粉源を伝えるダンスは見られなくなった。北西に〇・五キロメートル、オレンジ色の花粉が得られる餌場が有望。この雨の日にもっとも豊かな蜜源とされたのは、巣箱から南に〇・五キロメートルのところにある新しい餌場だった。

変化する採餌機会のなかから有望なものを選択するというミツバチの能力については、私が数年後におこなった実験によって、さらに詳細な姿が明らかにされている。[21] その実験では、さまざまな餌場を伝える尻振りダンスの変化をたんに記録するのではなく、実際に餌場にやってくる採餌蜂の数の変化を計測するという、技術的により難しいアプローチを採用した。実験の準備として私は一つのコロニーを選び、四〇〇〇匹いた働き蜂すべてに苦労して印をつけ個体認識ができるようにした。イサカの研究室で丸二日かけて印をつけ終えると、今度はそのコロニーを二四〇キロメートル北にある私のお気に入りの研究施設、クランベリー・レイク生物実験場（CLBS）へと移動させた。ニューヨーク州北部のアディロンダック公園（面積は二万四四〇〇平方キロメートル）の北西の角という人里離れた場所にある実験場である。CLBS周辺は、どちらの方角にも少なくとも一〇キロメートルにわたって森、池、沼、湖が広がっているが、ミツバチが利用できる豊かな食料源はない。事実、食料があまりに乏しいためここにはミツバチの野生コロニーは存在しておらず、ただマルハナバチのコロニーがいくつか見つかるだけだ。これは、野生コロニーの採餌蜂が実験に割りこんでくる心配がないこと、また実験の要である糖液を入れた二つの給餌器よりも魅力的な自然の食料源がないことを意味している。

実験ではまず、巣箱から南北にそれぞれ四〇〇メートル離れた二つの場所に給餌器を設置して、調査コロニーの一〇〇匹の蜂にそこで餌が手に入ることを覚えさせた。学習期間の給餌器には、南北どちらも薄め（濃度三〇パーセント）の糖液を入れておいた。この濃度は、給餌器を訪れて継続的に採餌するくらいには魅力的だが、巣にいる仲間を呼ぼうとは思わない程度のものである。[22] 本格的な観察は、肌寒い雨天で蜂が巣箱を離れられない日が一〇日続いたあと、六月一九日の朝七時三〇分にはじめた。このときには、北の給餌器には三〇パーセントの糖液、南の給餌器には六五パーセントの糖液が入っており、それぞれにやってくる個体の実数を記録した。その結果、利用される餌場に大きな差が見られた——南の濃度の高い給餌器からは九一四匹の働き蜂が食料を持ち帰ったが、北の濃度の低い給餌器を利用したのはわずか一二匹にすぎなかったのだ（図8‐7）。午後は南北の給餌器を入れ替えてみた。すると、四時頃にはコロニーの主な派遣先が南から北の給飼器へと変わっていることが確認された。また翌日の二度目の実験でも、餌場を選択するというコロニーの能力を再び実証することができた。このように、調査コロニーに収益性が異なる二つの食料源のどちらかを選択させるようにすると、収益性が高い方に一貫して採餌活動を集中させることがわかった。それによって、コロニーは変化する環境内でもっとも豊かな餌場を着実に追うことができるのだ。この実験で特に印象的だったのはコロニーの反応の速さだろう。豊かな餌場と貧しい餌場を正午過ぎに入れ替えてからわずか四時間あまりで、コロニーは採餌蜂の派遣先を完全に反転させていたのである。こうした結果は、カーク・ヴィッシャーと私がアーノットの森で尻振りダンスを観察したときに突き止めたのと同様、野生コロニーが採餌機会の変化への対処に非常に長けていることを示しているといえる。

野生コロニーの盗蜂

養蜂場での盗蜂が深刻な問題になりうることは以前から知られていたが、[23] 野生コロニー間の盗蜂の重要性については、最近までまったく語られてこなかった。だがどちらの場合も、盗蜂に強いインセンティブがあることは間違いない。たとえば、蜂蜜の糖度は約八〇パーセントであるのに対し、花蜜の糖度は（平均で）わずか四〇パーセントほどである。つまり蜂蜜を盗んで帰ってくる働き蜂は、花蜜を集めて帰ってくる働き蜂の二倍のエネルギーをコロニーにもたらしていることになるわけだ。さらにいえば、蜜胃を蜂蜜で満たすようにすれば、花蜜で同じことをするよりも獲得コストをずっと低く抑えられる。盗蜂をおこなう蜂は一カ所の巣に向かうだけですむが、採餌蜂が蜜胃を満たすには普通、数十ないし数百の花を訪れる必要があるからだ。もちろん、盗蜂をおこなう蜂には相手コロニーの門番に殺されるというリスクもある。だが、盗みに入るコロニーが弱体化していたり死滅しているときなどそのリスクが低い場合は、エネルギー面において盗蜂に大きな利点があるのは間違いない。

盗蜂は、仲間の食料の横取りという形で現れる寄生、言い換えれば「同種内の労働寄生」であるという理由から、ミツバチの生態のなかでも興味深いテーマだと考えられている。だが私にとって盗蜂の第

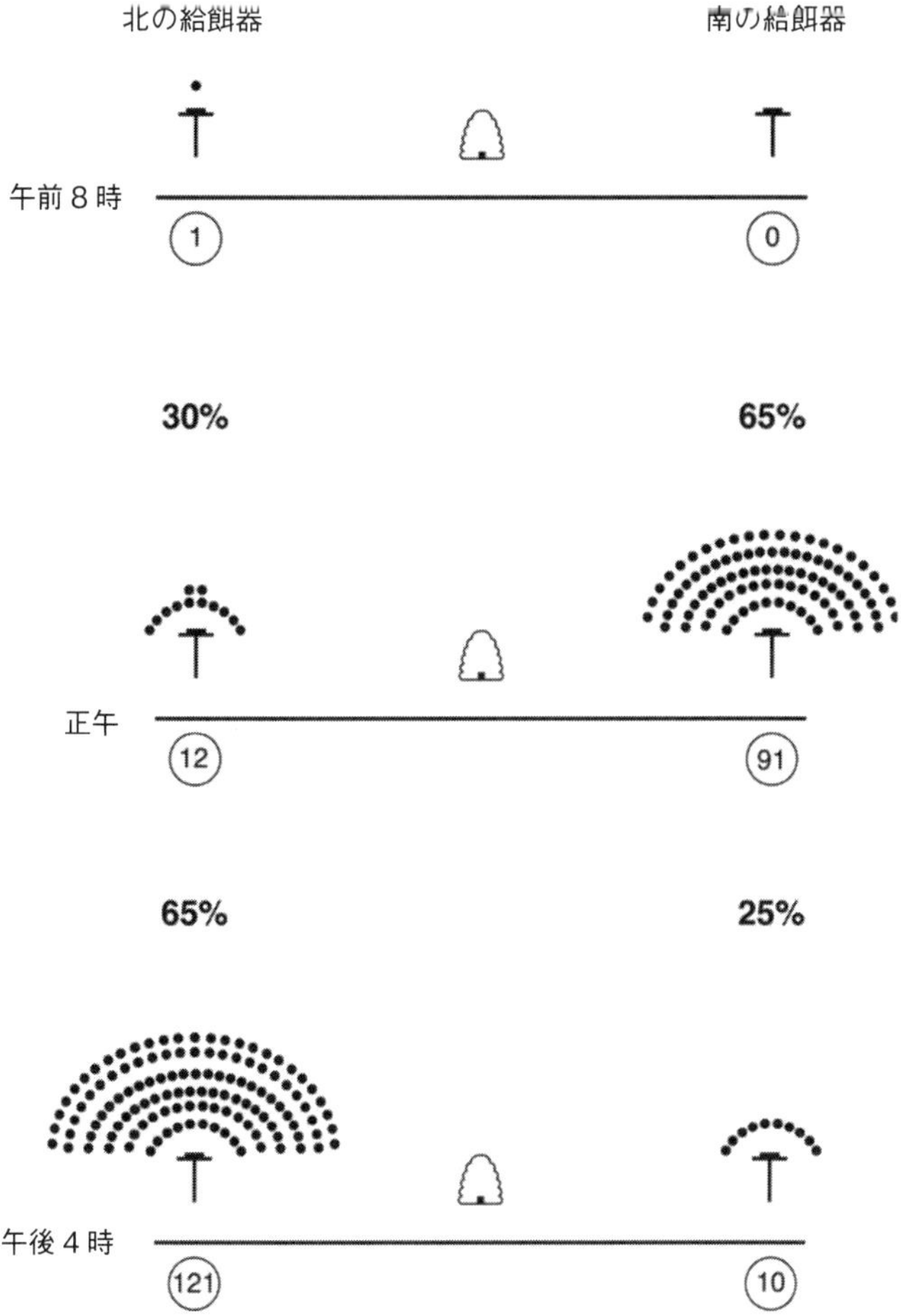

図 8-7　2カ所の餌場（濃度の異なる糖液を入れた2つの給餌器）のどちらを選択したかを示した図。給餌器の上にある点の数は、各時間までの30分間にそこを訪れた蜂の数を表している。あらかじめ少数の蜂に各餌場へと行くことを覚えさせていたので（北の給餌器に12匹、南の給餌器に15匹）、実験当日（6月19日）の朝の時点では餌場の利用レベルは実質的に同等だった。2つの給餌器は巣箱から400メートル離れていて、糖液の濃度以外の条件は同じにした。

一の重要性とは、寄生生物や病原体のコロニー間の伝播を助長することで「異種間の寄生」を促進する点にあるように思える。たとえば、ミツバチヘギイタダニ（とそれに付随するウイルス）に寄生されて死滅しかけているコロニーに盗蜂に入った蜂は、そのダニに寄生されて、それを巣に持ち帰る可能性が高い。また、すでに死滅したコロニーから病原体――パエニバシラス属の細菌（アメリカ腐蛆病）やハチノスカビ（チョーク病）など――を持ち帰ることもあるだろう。寄生生物や病原体の拡散に盗蜂が果たす役割を理解するには、コロニーを死に導く原因が、死滅した（あるいはその直前の）コロニーでどれほどの期間残存しているのか、そうしたコロニーが盗蜂の対象として発見されるまでどれくらいの時間がかかるのかを知る必要がある。盗蜂に関する従来の研究は、密度の高い養蜂場という人工的な環境に焦点を絞ってきた。したがって最近まで、野生環境下に点在するコロニーの盗蜂の意味合いについては何の知見も存在していなかった。

この知識の溝を埋めるために、デイヴィッド・T・ペック（私の研究室のポスドク研究員）と私は、保護されていない蜂蜜がどれくらいの時間で盗蜂にあうかを調査してみることにした。[24]調査に利用したのは、アーノットの森の野生コロニーと、私が管理しているコーネル大学の五つの養蜂場のコロニーの二種類だ。第2章で見たとおり、アーノットの森のコロニーの密度は一平方キロメートルあたり約一群である。すなわち、最寄りのコロニーまでの平均距離は約一キロメートルだと考えられる。一方で養蜂場のコロニーは、台の上に二群一組で置かれているので、隣人とは一メートルも離れていない。私たちは古いラングストロス式巣箱を縦に半分に切って壁や蓋などをつけた盗蜂試験箱（以下「試験箱」）と呼ぶものを利用して、保護されていない蜂蜜を双方の環境に設置した。試験箱は、本体にあけた直径二・五

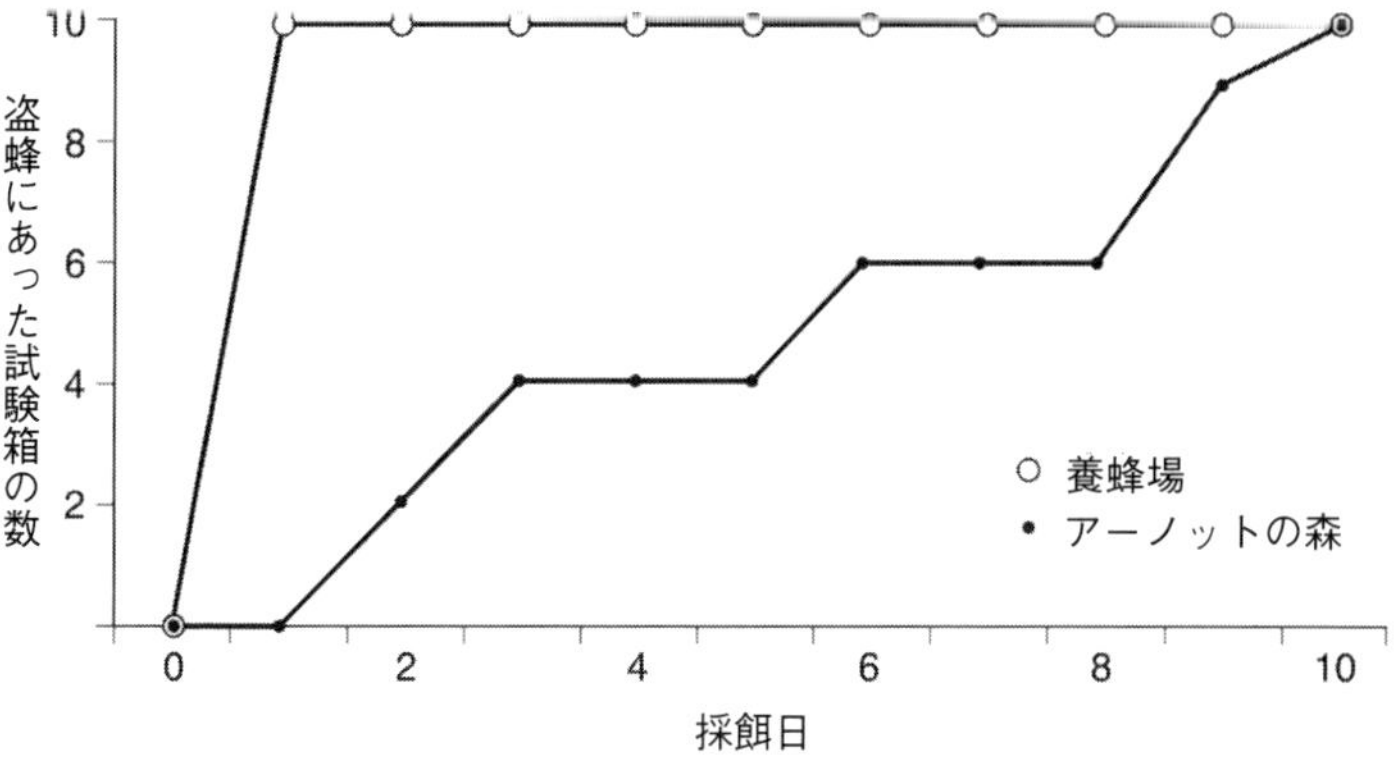

図 8-8　アーノットの森と養蜂場における盗蜂試験箱の発見記録（2015 年 10 月 8 日～ 11 月 12 日）。時間尺度は採餌をおこなった日（採餌蜂が飛行できる気象条件の日）。

センチメートルの穴を入口とし、有蓋の貯蜜巣板を一枚と、芳香のある黒っぽい巣のついた巣枠を三枚入れておいた。実験は二〇一五年一〇月、霜がおりて多くの花が枯れ、ミツバチが盗蜂の対象を見つけようと必死になっていた時期におこなった。まず各一〇個の試験箱を、アーノットの森とそこから二五キロメートルほど離れた養蜂場に同時に設置した。アーノットの森の試験箱は、クロクマに襲われないように木の枝に吊り下げ（図2‐15参照）、野生コロニーの密度を模して、およそ一キロメートル間隔で配置した。五つの養蜂場の試験箱は、近くの木の枝から吊り下げる（アーノットの森と同じ）か、養蜂場内のセメントブロック上に設置した。

その結果を図8‐8に示す。見てわかるように、養蜂場に設置した試験箱は、木に吊るしたものもブロック上に置いたものも、晴天に恵まれた設置当日中にすべて発見された。アーノットの森の試験箱も最終的には盗蜂から逃れることはできなかったが、発見されたのはもっと遅かった。すべてが見つかるまでには、晴天続きの一〇日間が必要だったのである。このように花蜜が不足している時期の養蜂場では、保護されていない蜂蜜はあっという間に見つけられてしまった。これは予想されていたことでもある。一方で予想外だったのは、アーノットの森に点在する試験箱が、比較的時間がかかったとはいえ、すべて発見されたことだ。試験箱が自然の巣穴よりも目立つため、盗蜂にあいやすかった可能性は否定できない。だがたとえそうだとしても、すべての試験箱が発見されたという結果は、野生では死滅した(死滅しかけている)コロニーを見つけるのは比較的難しくはあっても、そうしたコロニーに盗蜂をおこなうことで、コロニー間で寄生生物や病原体が伝播する可能性があることを示している。

デイヴィッド・ペックと私は、無人の巣箱でまさに蜂蜜を盗んでいるさなかの蜂を偶然発見し、そのふるまいを間近で観察した経験がある。二〇一七年七月はじめのことで、私は自宅の小屋の屋根の上に放置しておいた待ち箱が盗蜂にあっていることに気づいた。[25] その待ち箱には二〇一六年六月に分蜂群が入居したが、その年の冬で死滅してしまっていた。二〇一七年五月上旬、死んだ蜂を片付けるために巣箱を開けたところ、蜂蜜がほぼ満杯の状態の巣枠が二枚残されているのがわかった。私は、別の分蜂群を引き寄せるのに役立つかもしれないと思い、巣枠をそのままにしておいた。そして二〇一七年六月三〇日、仕事から帰宅した私は、待ち箱を出入りするミツバチを見つけて心を躍らせたのだった。引っ越し先をさがしている分蜂群の偵察蜂だろうか？ 私ははしごを使って屋根にのぼり、巣箱の蓋をそっと開けて中を覗き込んでみた。そこで目にしたのは、蜂蜜を腹に詰め込んでいるミツバチたちだった。すばらしい！ 実際の盗蜂を観察する絶好の機会を逃すわけにはいかなかったので、なんとかして間近で見る方法を考える必要があった。私は小屋の中から観察巣箱を急いで持ってきて二枚の貯蜜巣板をそちらへ移すと、待ち箱は目につかない場所に隠した。すると盗蜂にやってきていた蜂たちは、ほとんど間を置かずに観察巣板に同様の関心を示すようになった。

続く二日間、ペックと私は観察巣箱の中でおこなわれる盗蜂の様子を注意深く観察した。そこで気づいたのは、一匹の蜂が貯蜜巣房の蓋を開けてそれを自分だけのものにすることは、原則としてないということだった。その代わり蜂は、何十何百もの有蓋貯蜜巣房の上を歩き回り、最終的には、すでに蓋がはずされた少数の巣房の一つから蜂蜜を吸い取っている仲間の集団に加わるのである。私たちはまた、蜜蓋を開ける場合、蜂はピンで刺したような穴を大顎で噛み切ってあけていることにも気づいた。この穴は蜂の舌が入るほどの大きさで、ほかの蜂も一緒に蜜を飲みはじめるせいで時間の経過とともにだんだん広がっていく。この慎ましい蓋の開け方を考えれば、蜂たちが盗蜂に入った巣の中で、その大半の時間を頭を突き合わせて動かずに過ごしているのも驚きではないだろう。互いに軽く前後に押し合うことはあるが、たいていは心配になるほどじっとしているのだ。蜂が巣に入ってから出てくるまでの時間を計測してみたところ、平均で一二分だった。蜂たちがほとんど身じろぎもせず、蓋があいた巣房の周辺に集まっているのを見ていると、そのときこそがミツバチヘギイタダニにとってミツバチに寄生するこのうえないチャンスであることが察せられた。過去の研究からは、ミツバチヘギイタダニがきわめて機敏な生き物だと報告されている。[26] たとえば、幼虫に餌を与えている働き蜂の脚や舌をつたって、一瞬のうちにその体によじのぼることができるのだ。また、ダニが重度に蔓延したコロニーでは、ミツバチヘギイタダニが働き蜂によじのぼる際、もはや採餌蜂を避けようともしないことを示した実験もある。

死滅したコロニーを見つけ出すミツバチの能力に関する研究や、盗蜂に入った巣内での蜂のふるまいに関する私たちのささやかな研究からは、盗蜂によって、ミツバチヘギイタダニが死滅コロニーから健康なコロニーへと移動する最高の機会が与えられることが明らかになった。コロニーが広く分散していたとしても、そうなのである。一五年前、ミツバチヘギイタダニがアーノットの森の野生コロニー全体に蔓延していることを知ったとき、私は心から驚いたものだった。だが、ミツバチが盗蜂対象の死滅コロニーを容易に見つけることや、盗蜂に入った巣内で蜂蜜を飲むミツバチが数分にわたってほとんど身動きをしないことを知った今となっては、むしろミツバチヘギイタダニがまったくいない野生コロニーが見つかったときの方が驚きは大きいはずである。[27]

第9章　温度調節

暖かさも華やぎもすこやかな安らぎも尽き、
誰もが感じる心地よさも尽き、
陽も影も蝶も蜂も尽き、
実も花も葉も鳥も尽きる、　霜月よ！

——トマス・フッド[1]

本章のエピグラフに掲げたトマス・フッドの詩は一八四四年のロンドンで書かれたものだが、冬が訪れて世界が動きを止めたときに私たちが抱く取り残された感じをうまく表現している。蝶もおらず、蜂もいない。だがそうした日々であっても、蜂は見えないだけでこの世から消えてしまったわけではないことを思い出せば、そう気落ちする必要もないだろう。冬がやってきても、巣箱や樹洞の内部では何千匹ものミツバチが寄り集まって身を震わせ、暖房の燃料（蜂蜜）をたっぷり蓄えた暖かな隠れ家を維持している。冬が寒い地域で暮らす昆虫のなかでも、年間を通じて居心地の良い局所的な環境を生み出せるという点で、ミツバチはユニークな存在なのだ。晩秋から真冬にかけてコロニーには蜂児がいないが、その時期に巣穴内にミツバチが集まって作る越冬蜂球の温度は、氷点よりずっと高い。[2] たとえ外の気温がマイナス二〇℃以下であっても、蜂球のコア部分の温度が一八℃以下になることはめったになく、マントル部分（外層）も七℃以上を維持している。育児をおこなう冬の終わりから初秋にかけては、コロニーの蜂児圏の温度は三四・五〜三五・五℃に維持され、温度変化は一日を通じて〇・五℃未満に抑えられている。冬の終わりに外気温が氷点下になっても、あるいは夏の暑い日に四〇℃を超えても、その状況は変わらない。

蜂児圏の温度が際立って安定していることは、標準温度（三四・五〜三五・五℃）からわずかにでも外れたときに生じる蜂児への影響からも伺える。[3] ユルゲン・タウツらは、三二℃、三四・五℃、三六℃にそれぞれ設定した保温器に有蓋蜂児巣枠（後期幼虫と蛹の入った巣枠）を入れて、蜂児が羽化して巣房から出てきたときに塗料で印をつけた。そして、その成虫の蜂たちを観察巣箱の里親コロニーに預けて、三〇〇メートル離れた給餌器で採餌する様子を観察したところ、育った温度によってふるまいに明確な違いが見られた。具体的には、三二℃で育てられた働き蜂が帰巣時におこなった尻振りダンスの回数は平均でわずか一〇回だったのに対し、三四・五℃および三六℃で育てられたミツバチは五〇回にわたり繰り返した。また三二℃で育てられた働き蜂のダンスは、それ以外の温度の働き蜂よりも、三〇〇メートル先の給餌器の位置を知らせる精度が低かった。タウツらは温度が働き蜂の脳に与える影響も調べてみたが、その結果、キノコ体（情報統合を司る脳の部位）のニューロン間の結合は、標準温度（三四・五℃）で成熟した蜂でもっとも多く、そこから前後に一℃外れた温度で育てた働き蜂では著しく少ないことがわかった。

あらゆる生命体の体温は、その個体が経験した熱の得失の結果である。したがって、コロニーがいかに巣穴内の温度を維持しているかを理解するためには、代謝を通じた熱の獲得と巣の換気や気化冷却などを介した熱の損失をミツバチがどうやって調節しているかを検討する必要があるだろう。熱の得失のプロセス自体は、巣箱に暮らす管理コロニーだろうが樹洞に暮らす野生コロニーだろうが変わりはない。だが、巣を温めたり冷やしたりするためにどれほどの労力を費やすかに関しては大きく違っている。これから見ていくように、コロニーの温度調節は、季節を問わず野生コロニーの方が容易なのが一般的だ。というのも、樹洞の厚い木の壁は巣箱の薄い材木の壁よりも断熱性に優れていて、さらにプロポリスのコーティングによって空気の出入りも少ないからである。[4] このような断熱性と気密性の違いは、巣穴という局所的な環境に大きな影響を与える点で重要だ。またコロニーの直接的な熱環境が、巣穴の外部の気温ではなく、内部の気温であることも忘れてはならない[5]（図9−1）。巣穴（巣箱）の断熱性と気密性が高ければ、巣穴というミクロ環境と外界というマクロ環境の間を行き来する熱の流れを鈍くすることができる。これはつまり、ミクロ環境とマクロ環境が十分に隔絶されている野生コロニーの場合は、外気が冷たい日であっても、蜂児圏を約三五℃に維持するための熱が比較的少なくてすむということだ。そして同様に、外の気温が高い日であっても、蜂児圏が熱をもちすぎないように冷却するための労力が少なくてすむ。

温度調節の進化的起源

巣を暖かく保つというミツバチの能力の起源を突き詰めていくと、飛行を可能にするための適応にたどり着く。ミツバチは翅を羽ばたかせることで空を飛び（これはとりわけエネルギーを消費する移動方法だ）、昆虫の飛翔筋は代謝が特に活発な組織である。[6] たとえば、飛翔中の働き蜂の出力密度〔単位質量あたりで取り出せるエネルギー〕は約五〇ワット毎キログラムだが、オリンピックレベルのボート選手の最大出力が約二〇ワット毎キログラムであることを考えると、その高さがわかるだろう。また、空を飛んでいるミツバチは驚異的な速さで燃料を消費しているばかりか、それによって大量の熱も発生させている。ミツバチの飛翔装置が代謝燃料を動力へと変換する際の効率は一〇〜二〇パーセントほどであり、つまり飛行に使われるエネルギーの八〇パーセント以上が熱として現れることになるからだ。加えて働き蜂の毛の生えた胸部からの熱損失率は低く、持続飛行の間、その胸部の温度は周囲の気温より一〇〜一五℃ほど高く保たれるのが一般的である。[7]

以上を見ると、胸部の温度上昇は飛行の必然的な「結果」だとわかる。だがコロニーの温度調節能力の起源を理解するには、胸部の温度上昇が飛行のための「必須要件」になったという事実に注目する必要があるだろう。働き蜂が飛ぶには、胸部温度を約二七℃以上に維持しなければならない。飛翔筋がそれより低温の場合、ミツバチは離陸と飛行に必要な羽ばたき数も、一回の羽ばたきあたりの出力も実現できない。高い胸部温度の必要性は、飛翔筋中の酵素に関する次の二つの「設計制約」に影響を受ける。すなわち、①酵素は飛行によって生じた高い胸部温度に耐えられるものでなくてはならない、②だが、高温時の分解を免れるほど十分に分子内結合が強い酵素は柔軟性がなく、低温では効果的に作用しない、というものだ。こうした制約に直面したミツバチは、高温に適した飛翔筋を進化させる一方で、飛ぶ前に筋肉をウォームアップして二七℃以上に温度を上げる能力も進化させた。ミツバチは、翅につながる挙筋と下引筋を同時に活性化させることで、飛翔筋のウォームアップをおこなうのである。これにより筋肉は等尺性を保って収縮し、そこから多くの熱が発生するが、翅自体はほとんど（あるいはまったく）振動しない。

飛行前のウォームアップ行動が、巣の温度調節の進化のお膳立てをしたのは間違いない。[8] なぜなら、飛翔筋を温めるのも蜂児圏を暖かくするのも、等尺性収縮という同じメカニズムを利用しているからだ。餌場へ向かうために巣を飛び立つ準備をしている採餌蜂と、有蓋の蜂児圏を温めている育児蜂を測定すると、どちらも胸部温度が一分あたり二～三℃上昇するという同一のパターンが認められることがわかっている。どちらの場合もミツバチの翅はじっと動かず、背中の上に重ね置かれている。巣を温める蜂は、蜂児巣房の蓋に胸部を押しつけたまま完全に静止していることもあれば、空の巣房を見つけてその中に三〇分ほど滞在し、胸部温度を四一℃まで上昇させて隣接する巣房内の蛹を温めていることもあ

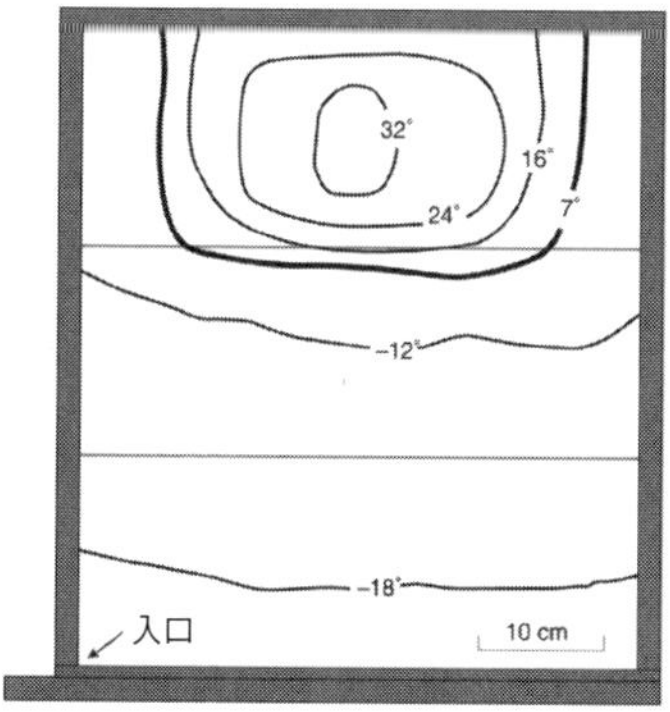

図 9-1　越冬蜂球の等温線。このデータは 1951 年 2 月 25 日 17 時、ウィスコンシン州マディソンに設置された 3 段のラングストロス式巣箱に暮らすコロニーから取得したもの。7℃の等温線が蜂球の外層を示している。巣箱の上半分が比較的暖かい空気で満たされている点に注目。蜂球周囲のこのミクロ環境こそが、コロニーが直接経験する熱環境である。

る（図9-2）。

アピス・メリフェラの温度調節能力は、その社会生活の進化と歩調を合わせて進化してきた。たとえば、ミツバチは大きな集団として生活するように進化したときに、巣の温度を精巧にコントロールできるようになったということができる。理由は単純で、単独で暮らすよりも集団でいる方が熱産生に関して優れた能力をもつからだ。つまるところ、一万五〇〇〇匹からなるコロニーは、一匹のミツバチの一万五〇〇〇倍の熱を生み出せるのである。集団の利点はほかにもある。単独でいるときよりも——身を寄せ合って蜂球を形成している場合には特に——熱損失を低減できる点だ。一匹の働き蜂は一四ミリメートルの長さと四ミリメートルの直径をもつ円筒に入るほどの大きさだが、その表面積はおよそ三・八平方センチメートルである。一方で一万五〇〇〇匹の蜂の表面積は、それが直径一八センチメートルの緊密な蜂球を形成しているとみなせば、およそ一〇〇〇平方センチメートルほどになる。つまり、蜂球として身を寄せ合ってる場合の一匹のミツバチの有効表面積は約〇・〇六七平方センチメートルであり、これは単独でいるときの六〇分の一でしかない。

温度調節から得られる利益

ミツバチは、自身のコロニーを温めるばかりでなく、冷やすことからも大いに利益を得ている。小さな入口が一つだけしかないような巣穴に何千匹もの蜂が密集して暮らしているコロニーでは、外気温が終日三〇℃以上ある場合など、巣が過剰に熱せられる危険が生じる。これは恐ろしいリスクだ。[9] たとえば、巣穴内の気温が三七℃を超えると幼虫の変態が阻害される。四〇℃以上では、巣の材料である蜜蝋

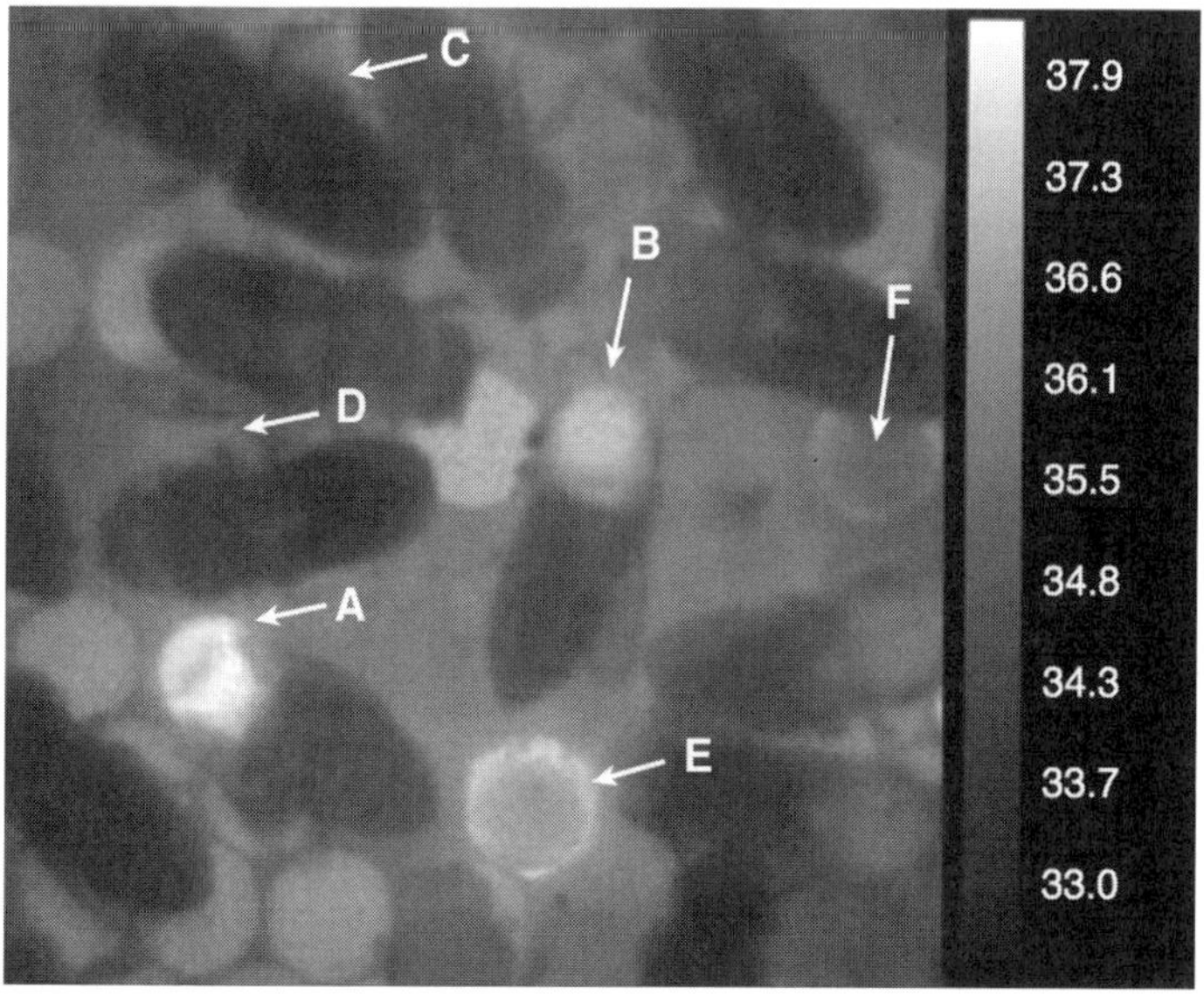

図9-2　蜂児圏（空の巣房もある）に集まった働き蜂を赤外線カメラで撮影したサーモグラム。有蓋巣房は輪郭の見えない灰色の部分、空の巣房は六角形の輪郭として識別できる。A：胸部に熱（約38℃）をもった働き蜂で、3つの有蓋巣房に隣接した空の巣房に入ろうとしている。B:画面中央に見える暖かい(約37℃）空の巣房から出たばかりの働き蜂。CおよびD：熱を産生しておらず胸部に熱をもたない働き蜂。EおよびF：熱を産生する働き蜂が入っている巣房。腹部は冷たいので灰色だが、その周囲が熱で明るく輝いている。

が軟化し、蜂蜜の詰まった巣板が崩壊する可能性が出てくる。さらに気温が四五～五〇℃――これはミツバチが十全に活動できる最適温度（三五℃）より一〇～一五℃高いにすぎない――になると、成虫のミツバチは数時間ほどで死んでしまう。一方でこれとは対照的に、最適温度より二〇℃低い一五℃ではミツバチが死んでしまう心配はない。つまりミツバチもまた大半の生物と同じように、最適温度より低い場合よりも高い場合の方が熱耐性の範囲が狭いのだ。ミツバチが高温に弱いのは、一般的な必要以上に酵素の安定性を進化させてこなかったという事実の反映である。標準的な気温よりもずっと高い温度で安定になる酵素は、構造が堅固すぎて日常的な条件では効率的に作用しないので、これは理にかなった話である。

巣が過剰に熱せられるのを避けることの適応的な意義は明らかだ。では、巣を温める能力は、どのような選択圧によって後押しされたのだろうか？　暖かい季節における主な利点は、蜂児の発達が促進されることだろう。蜂児の発育が早ければコロニーの速やかな成長も期待でき、たとえば冬の終わりや、分蜂や大量の捕食被害のあとなど、コロニーの構成員数が急減したときに有用となる。反対に、温度がわずかでも低くなれば蜂児の発達に大きな遅れが生じる。バーン・G・ミラムは、蜂児圏の外縁部（平均気温三一・五℃）の巣房にいる蜂児が産卵から成虫になるまでに要する日数は二二～二四日だが、それより三℃ほど高い蜂児圏の中心部にいる蜂児は、二〇～二二日で完全に生育すると報告している。[10]

巣を温める能力は、コロニーの成長促進ばかりでなく、病気の対処にも役立っている。一九三〇年代におこなわれたアンナ・モリジオによる研究は、コロニーが暖かい環境（三五℃）を作り出せれば、蜂児の病気であるチョーク病を防ぐことができると報告している。だがそれより低い三〇℃の場合は、たとえ数時間であっても、原因菌であるハチノスカビによって病気に感染するのだという。フィル・スタークスらは近年、ハチノスカビの胞子にさらされたコロニーが蜂児圏を温める反応を示すことを明らかにした。[11]具体的には、チョーク病で死んだ幼虫のミイラ（菌糸に覆われた乾燥死体）を砕いたものを五〇パーセントの糖液に混ぜ込んで餌として与えたところ、蜂児圏の温度が〇・六℃近く上昇したのである（図9－3）。蜂児圏の通常の温度は三四～三六℃で、わずか二℃の範囲しかないことを考えると、

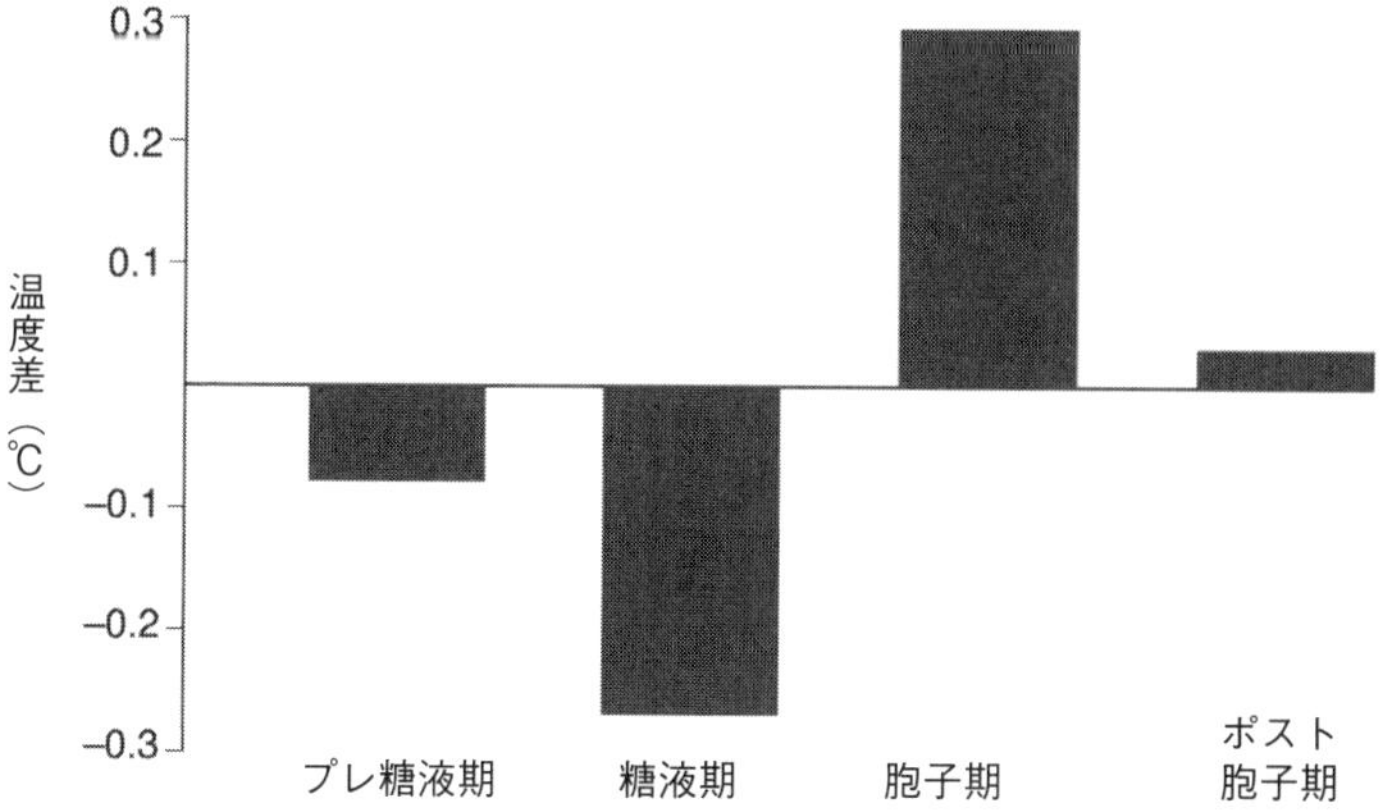

図 9-3　2 枚の巣枠を備えた観察巣箱に暮らす 3 つの小コロニーを対象にした、蜂児圏の中心部における温度の基準値と測定値の差。温度測定をおこなったのは、ただの糖液を与える前の時期（プレ糖液期）と与えていた時期（糖液期）、ハチノスカビの胞子を混ぜた糖液を与えていた時期（胞子期）とその後の時期（ポスト胞子期）である。蜂児圏の温度は糖液期に下がった。一部の働き蜂が糖液を集めに蜂児圏を離れたからだ。ただしこの冷却効果にもかかわらず、胞子を混ぜた糖液を与えられると蜂児圏は比較的高い温度を維持した。

〇・六℃はかなりの上昇率だといっていい。また、胞子入りの餌を与えられて実際に病気になったコロニーはなかったので、この反応には感染防止効果があったと考えられる。とはいえ、ミツバチには知られているだけで少なくとも一五種類のウイルス性疾患と二種類の細菌性疾患があるが、それらの疾患に対して蜂児圏の温度調節がどれほどの効果をもっているかは解明されていない。ただし、ほかの昆虫を宿主にしているウイルスの研究からは、宿主が蜂児圏と同様の温度で育児をしている場合は感染が起きないという報告がなされている。したがってミツバチの場合も、巣を温めることでウイルス性の病気への耐性を得ている可能性がある。

　巣を温めるコロニーの能力には、言うまでもなく明らかな利点がもう一つある——

生息環境の寒さに耐えられるようになることだ。アピス・メリフェラは、集団的な温度調節の能力を向上させることで自らの熱ニッチを大いに拡大し、今日では、その能力がなければ冬の間に死滅してしまうであろう地域にも暮らすようになった。第6章で論じたように、ミツバチは基本的に熱帯の昆虫である。それが寒冷地に生息域を広げられたのは、さまざまな適応、とりわけ長くて寒い冬を暖かい蜂球を形成して乗り切るという能力のおかげなのである。

コロニーを温める

温度調節に関して、冬が長く寒い地域に暮らすコロニーが直面する第一の問題は、自分たちを周囲の気温より暖かい状態に保つことだ。先に見たように、コロニーが必死に維持している内部温度は蜂児の存在の有無で変わり、コロニーが育児中の場合は蜂児圏の温度が三四～三六℃に保たれている必要がある。一方で蜂児がいない場合は、コロニーはサーモスタットの設定を下げ、蜂球のコア部分の温度を一八℃以上、マントル部分を八℃以上に保つ。この二つの数字が生存のための下限値である。一八℃以下に体温が下がったミツバチは、熱の産生のために飛翔筋を動かすのに必要な神経活動をおこなうことができず、八℃以下になると動かなくなり、一種の寒冷昏睡状態に陥る。こうした低体温状態を乗り切れるかどうかは時間次第だ——体温が一〇℃以下になったミツバチは、ほとんど例外なく四八時間以内に死んでしまう。[12]

コロニーは、自分たちが占めている巣穴内の場所（巣板の上）での熱産生と熱損失のバランスをコントロールすることで、その場所の温度を適切に保っている。図9－4は越冬蜂球を形成したコロニーが熱を失う四つの機序、すなわち伝導、対流、蒸発、放射の経路を示したものだ。[13] コロニーの熱は、巣箱の天井と巣板を通じた伝導によって、また隙間の多い蜂球内や巣箱内を通過する空気の対流によって失われる。加えて、成虫の呼吸による蒸発、幼虫の湿った体の表面や蜂球内の湿った巣板の表面からの蒸発でも熱が失われる。さらには、周囲の物体（巣箱の壁と巣板）に対する放射として熱を放出してもいる。図版の等温線からは、熱損失によって蜂球の周囲（巣箱上部）に比較的暖かい空気が生じていることがわかる。巣箱下部の温度は外気温と同じマイナス二一℃だが、巣箱上部の蜂球周辺はずっと暖かく、マイナス一℃である点に着目してほしい。

蜂球から失われた熱は、周囲の空気だけでなく巣穴の天井や壁も温める。天井や壁に伝わった熱は、伝導と放射によって外部環境へと放散される。巣穴に風が吹き込んでくる場合は、対流によっても熱が外部に逃げていく。そのため第5章で見たように、野生コロニーは巣穴の割れ目や穴をプロポリスで塞ぎ、対流による熱損失を低減させようとする。また夏の終わりになると、プロポリスの壁を作って入口の一部を塞いでしまうコロニーもある（図5-6参照）。

図9-4から得られる重要な知見は、コロニーが環境への熱損失を最小限にとどめようと思えば、次の二つの道があるということだろう。すなわち、①コロニーから巣箱や巣穴への熱損失を低減すること（以下、巣箱と巣穴の二つを合わせて、巣を囲むものという意味で「エンクロージャー」と総称する）、そして②エンクロージャーから外部環境への熱損失を低減することである。蜂球からの場合も巣穴からの場合も、内部から外部へ熱が伝わる速度は気温差（内部の温度から外部の温度を引いたもの）に比例して増加する。この気温差こそが熱損失を生じさせる力なのだ。蒸発による熱伝達がない場合、以下のように

ニュートンの冷却法則が適用できる。

熱が伝わる速度＝C×（内部温度－外部温度）

係数Cは構造物の熱コンダクタンスで、構造物（蜂球やエンクロージャー）の内部から外部への熱の伝わりやすさを示している。言い換えれば、熱コンダクタンスCが低い構造物は熱が失われにくく、つまりは高い断熱性をもっていることになるわけだ。ではこれ以降は、ミツバチのコロニーが蜂球の熱コンダクタンスをいかに適応的に調節しているか、目をみはるほど低いエンクロージャーの熱コンダクタンスをいかに獲得しているかについて、現時点でわかっている研究成果を見ていくことにしよう。

ミツバチのコロニーは、蜂球の熱コンダクタンスを下げることによって熱損失を大幅に低減できる。熱コンダクタンスの下げ方は、ミツバチが互いにぴったりと身を寄せ合って、ほぼ球形のコンパクトな蜂球を形成するというものだ。このプロセスは、巣穴内の温度が一四℃より低くなったときに開始される。[14] 周囲の温度が下がるにつれて、ミツバチはより強く押しあって蜂球のサイズを縮小させていくが、約マイナス一〇℃でこの縮小行動も限界に達する。それ以上縮めないほど小さくなってしまうのだ。そのときの蜂球のサイズを一四℃のときと比べてみると、およそ五分の一にまで小さくなっていることがわかる。越冬蜂球の構造については、農務省に勤務していたチャールズ・D・オーエンズが一九五一年にウィスコンシン州マディソンで入念な調査をおこなっている。オーエンズは、外気温がマイナス一四℃の日に蜂球全体の温度を注意深く測定したあと、青酸ガスでコロニーを殺して丁寧に構造を調べ

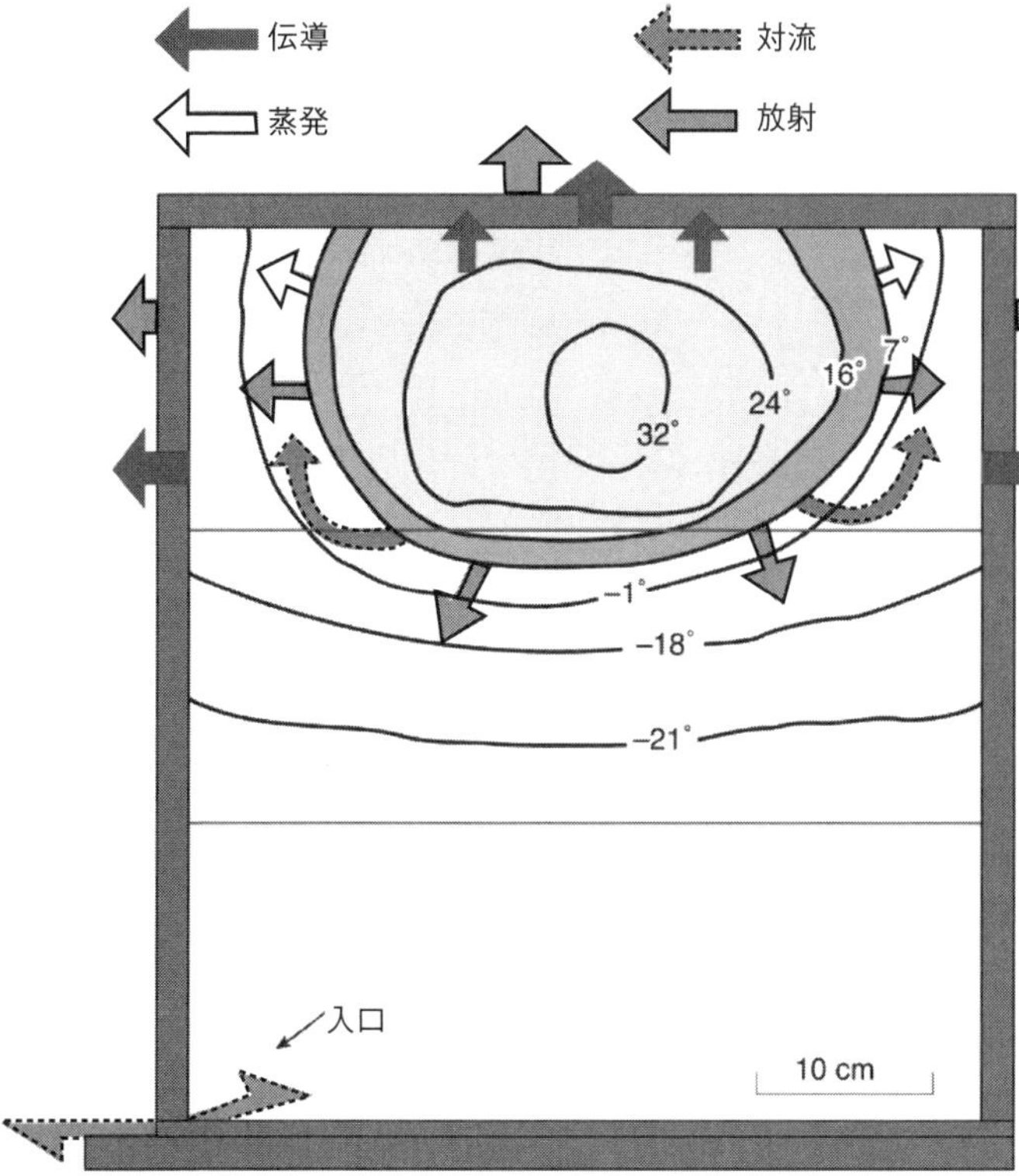

図 9-4　外気温が -21℃のときのラングストロス式巣箱内の越冬蜂球の分析結果（1951 年 2 月 25 日朝 7 時）。蜂球から巣箱内の空気と壁に逃げていく熱と、巣穴内の空気と壁から外部環境に逃げていく熱の経路を示している。等温線 7℃から 16℃の間のいちばん濃い網かけ部分は、緊密で断熱性が高い蜂球の外層である。蜂児圏は 32℃の等温線の内側にある。

た。図9－4には、その調査で明らかになった蜂球の二つの領域が示されている。まず等温線の七℃と一六℃の間にあるのが「外帯」で、頭を内側に向けた蜂が密集した層がいくつか重なって構成される。蜂たちは空の巣房をすべて埋め、できるかぎり緊密になるように巣板間の空間に体を押し込むことで、断熱性の高い外層を形成している。一方で「内域」にいる蜂には空間的余裕があり、這い回ったり、貯蔵蜂蜜を飲んだり、翅で風を送ったり、蜂児の面倒を見たりすることができる。

ところで、なぜミツバチは気温が低いと緊密な蜂球を形成するのだろうか？　まず考えられるのは、蜂球を形成して表面積を縮小することで放射による熱損失を低減させ、また密接に身を寄せ合って蜂球内部の隙間を埋めることで対流（気流）による熱損失を低減しているというものだろう。だがそれより重要なのは、蜂球の外層を高密度にして効果的な断熱層を作り、伝導による熱損失を低減できることだ。エドワード・E・サウスウィックが気温に応じたコロニーの代謝率の測定に基づいて、一万七〇〇〇匹（二・二キログラム）の蜂で構成される越冬蜂球の熱コンダクタンスを計算したところ、その推定値は一℃あたり〇・一〇ワット毎キログラムになるとわかった。[15] 驚きの数値だ。この熱コンダクタンスの低さは、同じ体重の鳥類や哺乳類と同程度、あるいはそれより低い場合さえある。蜂球の外層の保温効果が、鳥類の羽毛や哺乳類の毛皮と比べて遜色がないのは疑いようがない。

ミツバチの野生コロニーは壁の厚い樹洞に暮らすことでも熱損失を低減している。厚い木壁は熱コンダクタンスが低いため、巣穴から外部環境への伝導による熱損失を妨げるのだ。では、営巣場所をさがしている偵察係は、候補地の壁の厚さを検討して、その情報を総合的な評価に取り入れているのだろうか？　個人的には大いにありうる話だと思うが、これについては誰も研究していないのが現状だ。だが隣接研究として、イギリスのデレク・ミッチェルが、厚い壁の樹洞と一般的な薄い壁の巣箱の熱コンダクタンスがいかに違っているかを報告している。[16] 樹洞と巣箱の壁は熱コンダクタンスと熱容量〔物体の温度を上げるために必要な熱量〕の双方で異なっているが、ミッチェルの研究は熱コンダクタンスの効果に焦点を絞っていたため、熱容量が非常に小さいポリイソシアヌレートフォームを材料にして樹洞の模型を作成した。一方で、模型の壁の熱コンダクタンスは、ロジャー・モースと私が一九七〇年代に調査した野生コロニーと同じになるようにした。それに加えて、容量（四〇リットル）、形状（背の高い円筒形）、入口の特徴（直径五センチメートル、長さ一五センチメートルの通路）もまた、私たちの研究の平均値と一致するように設計した。比較の対象とする木製巣箱は、ブリティッシュナショナル式やワレ式などさまざまなものを用いた。樹洞模型と巣箱の内部には温度センサーを設置するとともに、上部に発熱体を吊り下げることでコロニーの熱産生の代替とした。準備がすべて終わると、電源を入れて、内部の条件が平衡状態に達するまで数時間にわたり発熱体を作動させ、温度センサーでデータを取りつづけた。その結果、厚い壁の樹洞模型の熱コンダクタンスは、わずか一℃あたり〇・五ワットしかなかったのに対し、たとえばブリティッシュナショナル式巣箱はその約五倍、一℃あたり二・五ワットほどであることがわかった。

これほどの熱コンダクタンスの差は、ミツバチの生活にどのような影響を与えるのだろうか？　一つには、断熱性の高い樹洞に暮らす強勢コロニーであれば、冬になっても（あるいは冬を通じて）巣穴内部で移動可能な状態が続くということがある。ミッチェルの分析によると、巣穴の温度が二〇℃のときに二〇ワットという標準的な仕事率で熱を産生する一キログラムのコロニーがあって、壁が厚く断熱性の高い樹洞に暮らしている場合、巣穴の外の気温がマイナス三〇℃〜マイナス四〇℃にならないかぎり、緊密な蜂球を形成する必要はないという。対照的に、薄い壁の標準的な巣箱に暮らす同じ規模のコロニーは、そのお粗末な断熱性のおかげで、外気温が一〇℃以下になっただけで緊密な蜂球を形成しなければならない（図9-5）。こうした著しい違いは、結果として冬の高い生存率につながる可能性がある。つまり、巣箱よりも樹洞で暮らすコロニーの方が冬の生存率が高くなるのだ。なぜなら、樹洞で越冬するコロニーはより長い期間にわたり巣穴内を自由に移動できるため、貯蔵蜂蜜を利用できる機会も増すはずだからだ。しかしながら、樹洞の壁は巣箱と比べて断熱性が高いばかりでなく熱容量も高いので、この問題について調査すべきことは依然として多い。熱容量が高いということは、冬の間に樹洞の壁が冷えてしまえば巣穴が温まるのも遅れるわけで、ひいては蜂球が解散する温度である一四℃に戻る時期も遅れることになる。

樹洞と巣箱の温度差についての理解を深めるために、私は最近、二人の同僚ロビン・ラドクリフとハイリー・スコフィールドとともに、この二つのタイプの構造物の年間を通じた温度を調べる実験を開始した。[17] 最初におこなったのは二種類の住処を作ることで、一つは一般的なパイン材を使った巣箱、もう一つはサトウカエデの大木をチェーンソーで切り出したものである（図9-6）。二つの構造物は、形状（高さと幅）も容積（五〇リットル）も入口の大きさ（直径五センチ）もまったく同じだが、壁の厚さに関しては前者が二センチメートルなのに対し、後者が三六センチメートルと大きく差をつけた。言い換えると、二つの構造物は自然の巣穴と同じ形と大きさをもつが、壁の厚さが同じなのは一方のみである。二つの構造物は並べて設置され、その内部には天井と床からそれぞれ二〇センチメートルのところ

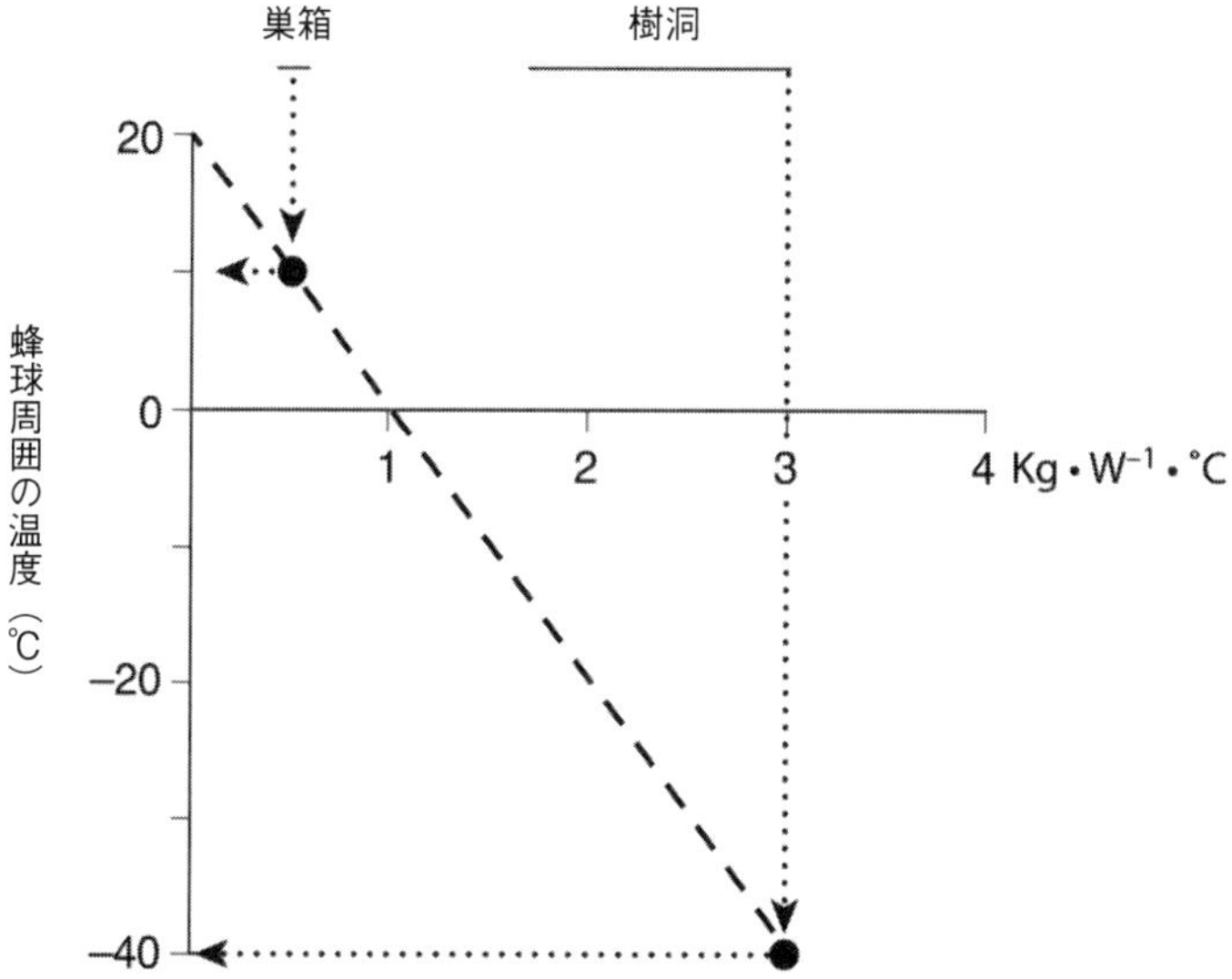

図 9-5　巣箱（ブリティッシュナショナル式）あるいは樹洞に暮らす 1.0 キログラムのコロニーが蜂球を形成しなければならない温度閾値。その閾値はエンクロージャーの熱コンダクタンスに依存している。樹洞は熱コンダクタンスが比較的低いので、エンクロージャーの熱コンダクタンス（kg・W^{-1}・℃）に対するコロニー重量の比率が高い。したがって、樹洞に暮らす 1.0 キログラムのコロニーは外気温が -40℃未満になるまで巣穴内の一画で 20℃以上の暖かさを享受できるが、ブリティッシュナショナル式巣箱に暮らすコロニーが同じ暖かさを得ようと思えば、外気温が 10℃以上なければならない。

に温度センサー（温度記録計）を一つずつ取り付けた。加えて、構造物の間の影になった場所にも同じ温度センサーを一つ設置した。この実験の目的は、両構造物内の温度変化を二年にわたり記録し比較することだ。うち一年は空の構造物の温度変化を記録し、もう一年は四〇ワットの発熱体を設置して、二キログラムのコロニーが住んでいるのと同じ状態にしてから記録をおこなった。

図9-6下のグラフは、二〇一八年四月に測定した二つの構造物の温度と外気温を示している。グラフを見てすぐわかるように、この時期の樹洞内の温度は巣箱や外気温に比べてずっと安定している。また、晴れた日は巣箱内の温度が外気温より高くなるにせよ、二つの測定値はほとんど同じであること、夜間には樹洞が巣箱よりも常に暖かいことも見て取れる。実験結果の全体像を語るにはまだ時期尚早だが、巨大な木の内部に暮らす野生コロニーと薄い壁の巣箱に暮らす管理コロニーが経験する温度の安定性に驚くほど違いがあることは、紛れもない事実である。

しかしながら、たとえ世界最高峰の断熱材であっても、その中にいる生命体が熱を発しないかぎり暖かさを保つことはできない。よって、ミツバチのコロニーが進化の過程で手に入れた温度維持という特徴が、目をみはるような熱産生の能力によって補完されていることは、ごく当たり前の話だといえる。ミツバチの蜂児と成虫の安静時代謝はかなりの熱量を生み出す。[18] 具体的には、蜂児圏の温度が三五℃の場合、一キログラムあたりそれぞれ約八ワット、二〇ワットだ。ただし成虫のミツバチは、翅を動かすことなくエネルギーを燃焼する飛翔筋の等尺性収縮によって、代謝による熱産生を大幅に上昇させることができる。その熱量は一キログラムあたりなんと五〇〇ワットにもなる！　つまり、コロニーの熱産生を調節する際に変化するのは成虫のミツバチの代謝率なのだ。コロニーの熱産生に従事している働き

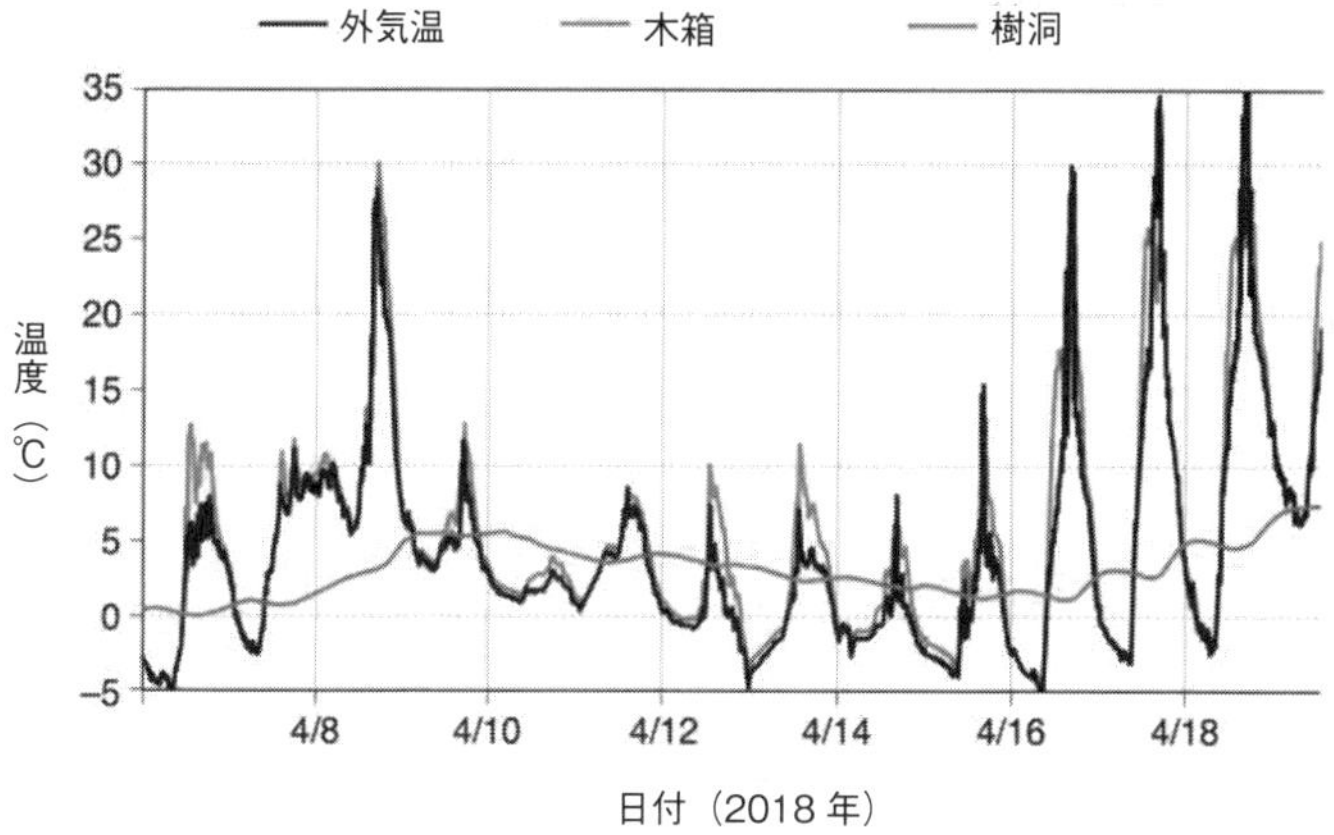

図 9-6　上:年間を通じた温度変化を調べるために準備した 2 種類の構造物。下:壁の厚い樹洞内と壁の薄い木箱内の温度および外気温の変化。

峰は、休んでいる働き蜂とほとんど見分けがつかない。どちらも巣の上で身じろぎもしないからだ。だが時折、蛹の入った巣房の蓋に胸部をしっかり押しつけて、その状態で数分間じっとしている働き蜂を見つけることがある。[19]その働き蜂は、飛翔筋で熱を生み出すことで自身の胸部の温度を約四〇℃まで上げ、その熱で蜂児巣房の温度を数度上昇させている。また、温度管理ができるレスピロメーター（呼吸計）に一匹あるいは少数の蜂を入れて観察した実験では、働き蜂が自身の代謝率を劇的に上昇させることで寒さに対処していることもわかった。たとえば、三五℃の環境に置いた働き蜂の小集団（一〇匹）は代謝率が低く（二九ワット毎キログラム）、胸部の温度もほとんど上がらなかったが（三六℃）、その一方で五℃の環境に置いた小集団は、代謝率を三〇〇ワット毎キログラムに急上昇させて、胸部温度を外気温よりずっと高い二九℃に維持した。[20]

自然環境下のミツバチはコロニーの仲間たちと協力して寒さに対処しているが、そうした状況において、働き蜂が自分たちの熱産生を増加させるプロセスは、蜂球形成により熱損失を低減させるプロセスと並行して展開される。図9－7は、この二つの温度調節機構をミツバチがいかに連携させているかを示したものだ。[21]グラフからは、外気温が約三〇℃から約一五℃に下がるに従い熱産生量が増えるが、約一五℃から約一〇℃までは急減に転じ、約一〇℃より低くなると再び増加していることが読み取れる。先に見たように、一〇～一五℃というのは、熱損失を低減することで寒さに耐えられるようにするためにコロニーが蜂球になる温度だ。蜂球は周囲の気温がマイナス一〇℃になるまで縮小を続けるので、その温度になるまでは熱損失の低減がコロニーの温度調節において役割を果たしているが、図9－7からもわかるように、その間も一方で熱産生量の増加が継続している。気温の高いときにコロニーが蜂球を

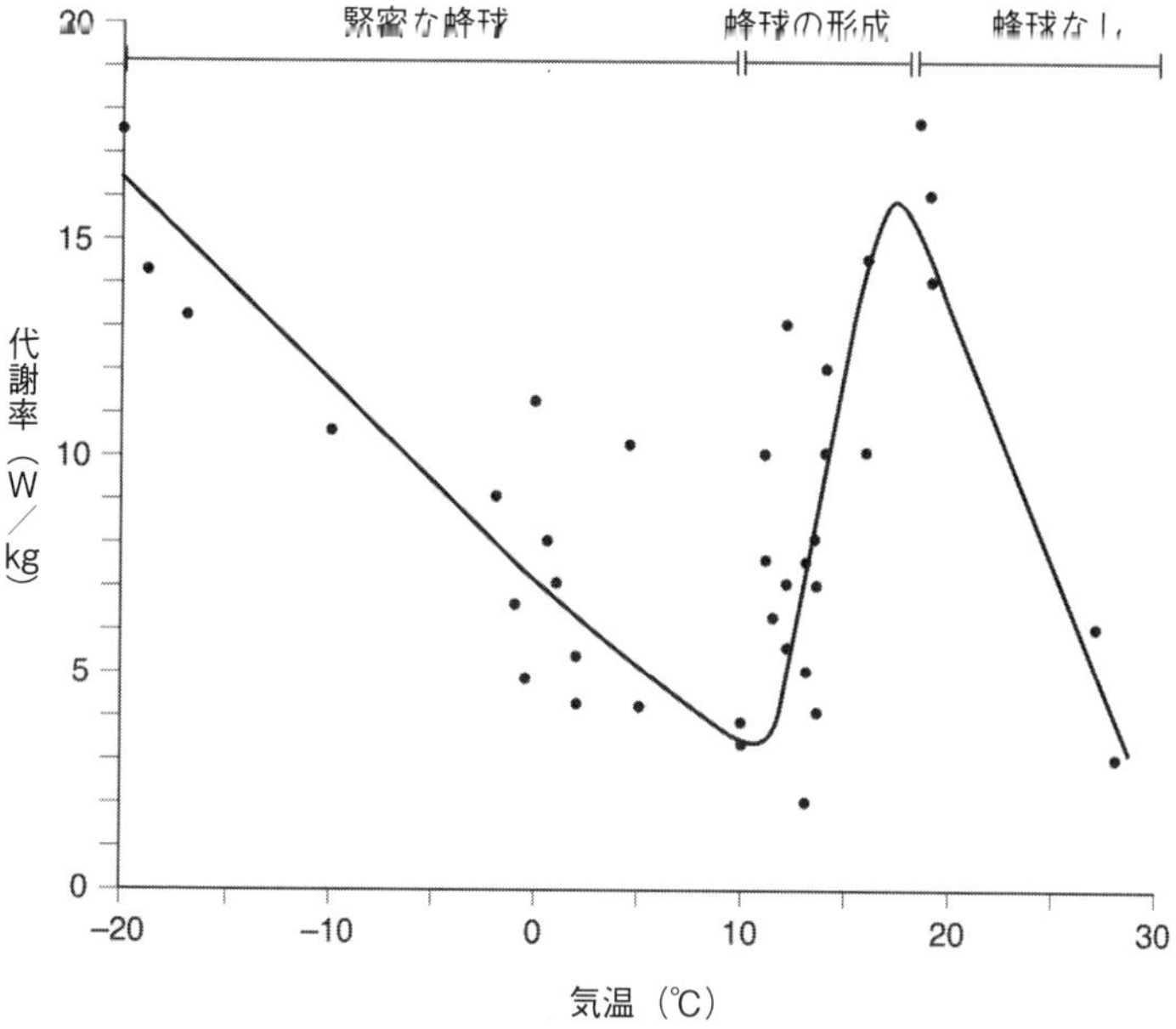

図9-7　越冬コロニーの代謝率と気温の関係。コロニーは代謝室として用いた温度制御キャビネット内に入れた。各データ点は、固定温度で24時間記録したなかで最小の代謝率を示している。

形成しない理由については、蜂球にまとまっている間は採餌や食料貯蔵などコロニーのほかの作業がおこなえないからだと考えられる。

巣を冷やす

蜂児圏が三六℃を超えないようにするために、ミツバチのコロニーはときに巣を冷やさなければならない場合もある。三六℃よりわずか二〜三℃高い状態が続くと、ミツバチの変態が阻害されてしまうからだ。巣の温度が上がりすぎてしまうのは、一部にはミツバチが生み出す代謝熱という不可避的な理由による。安静時の蜂児や成虫の熱産生量は、蜂児圏を温める成虫よりもずっと低い。にもかかわらず、外気温が約二七℃を超えた場合、安静時の成虫の熱だけでも蜂児圏の過熱の原因になることがある。こうした危険は、木陰にある断熱性の高い樹洞に暮らす野生コロニーよりも、直射日光にさらされる壁の薄い巣箱に暮らす管理コロニーで生じる可能性が高い。ただし、蜂児圏が過剰に熱せられると、ミツバチは巣を冷却するメカニズムを発動させる。これは巣を暖かく保つメカニズムと同じくらい効果的なものだ。例を一つ見てみよう。マルティン・リンダウアーは、南イタリアのサレルノ近郊にある溶岩原で、薄い壁の巣箱を直射日光が当たるように設置した。[22] 巣箱はコロニーが入居しているものと、していないものの二種類あり、気温が六〇℃まで上昇したとき、後者の巣箱内の最高気温は四一℃になったが、前者は三六℃を決して超えなかった。巣の過熱を防ぐために、コロニーは以下のような一連の冷却行動を段階的におこなっている。すなわち、まずは成虫が巣穴内で分散して隙間を作るようにし（内部熱の産生を低減し、かつ対流による熱損失を促進するため）、続いて扇風行動をおこない（強制対流を発生させるため）、最後に巣に水を撒くのである（気化冷却をおこなうため）。

温度が上がるにつれて働き蜂が巣穴内で分散するようになるのは、マイナス一〇℃で最小サイズとなった蜂球が温度上昇にともない次第に大きくなっていくことの延長線上にある。この分散を補う扇風行動がはじまる外気温は一定ではなく、コロニーが暮らす構造物（樹洞や巣箱）の日当たり、壁の断熱性、強群か弱群か（全体的な熱産生量に影響を与える）などの要因に左右される。つまるところ、コロニーにとって重要なのは巣内を三六℃以下に保つことであって、巣穴内がこの蜂児圏の限界温度に近づくと、ミツバチが活発な換気活動をはじめることが多くの研究者や養蜂家から報告されている。[23] 風を送る扇風蜂は巣全体に展開し、すでにある（単方向の）気流に沿うように鎖状に並ぶ。また入口の外にいる扇風蜂は、腹部を外側に向けて、巣から暖かい空気を吸い出そうとする。

ハーバード大学のジェイコブ・ピーターズらは、入口を流れる空気の速度を計測し、それが秒速三メートル（時速一〇・八キロメートル）にもなりうることを近年報告している。[24] こうした状態は、排出される空気の温度が三六℃以上（蜂児圏に悪影響をおよぼす危険な温度）になったときに現れるという。オランダの研究者エンゲル・H・ヘイゼルホフは、これよりずっと以前に、ミツバチが巣内で起こす風量を計測している。ヘイゼルホフは、巣箱内を通る風の流れを正確に記録するために、二つの開口部をもつ巣箱を自作した。開口部の一つは巣箱上部にあって風速計に接続されていて、もう一つは底部にあって巣門として利用される。あるときヘイゼルホフは、一二匹の働き蜂が巣箱の二五センチメートルある入口に等間隔で並び、継続的に風を作り出しているのを見つけた。そこで彼が、冷たい新鮮な空気が上部の開口部を通じて巣箱内にどれほど流れ込んでくるのかを計測したところ、なんと一秒あたり最大で一・〇〜一・四リットルにもなることがわかった。

ヘイゼルホフが発見したことはほかにもある。ミツバチの扇風行動は、巣穴内の温度の高さだけでなく、二酸化炭素濃度の高さによっても刺激を受けていた。つまりミツバチによる換気は、コロニーの温度調節ばかりか呼吸においても重要な役割を果たしていたのだ。意外なことに、ミツバチが積極的に換気していないときの巣穴内の空気に含まれる二酸化炭素の割合は〇・七〜一・〇パーセントであり、これは標準的な大気（〇・〇三〜〇・〇四パーセント）の二〇〜三〇倍に相当する。このような「息苦しい」条件下で元気に活動を続けるミツバチの能力は、この社会性昆虫が、小さな開口部をもつ樹洞内で多数の仲間たちと過ごす生活にどれほど見事に適応しているかを示している。

第5章では、野生コロニーが暮らす樹洞には入口が一つしかないことが多く、その面積もわずか一〇〜二〇平方センチメートルほどしかないことを見た。だが小さな入口が一つだけという状況で、いったいどうすれば巣内に過剰な熱や二酸化炭素がたまらないように、十分な空気の流れを確保できるのだろうか？　ジェイコブ・ピーターズらの研究は、この問題にミツバチがどう対処しているかを報告している。それによると、扇風蜂は巣の入口に非対称的な陣形になるように分散し、そこで翅を羽ばたかせることで入口周辺のさまざまな場所へと連続的に空気を出入りさせているという（図9‐8）。また扇風を集団でおこなうことには、空気の流体摩擦を減らして換気効率を向上させる利点もある。このような効果的な換気は、扇風蜂が空気の温度——もっとも高いところから空気を送り出す——を感知して、そこからの気流に応じて位置取りをすることで実現されている。言い換えれば扇風蜂は、巣の入口から熱い空気を吐き出し冷たい空気を取り込むのに、ほかの蜂とのやりとりではなく、気流そのものを利用しているのである。

働き蜂の分散や換気だけでは巣を十分に冷却できなくなると、気化冷却の力が用いられるようになる。物質は液体から気体になるときに大量の熱（エネルギー）を吸収するので、水の蒸発もまた、ものを冷やす方法としてはたいへん強力なものだ。これは体が熱くなって汗をかいたときに誰もが経験していることだろう。養蜂における気化冷却の力をまざまざと見せつけたのは、南カリフォルニアの養蜂家P・C・チャドウィックによる報告だ[25]。一九一六年六月、日中の気温が四八℃まで上がった日があり、チャドウィックが管理していたミツバチは、大量の水を集めてくることで巣板の崩壊を防いでいた。気温は午後九時には二九・五℃まで下がったが、真夜中になると砂漠から吹いてくる熱風によって再び三八℃

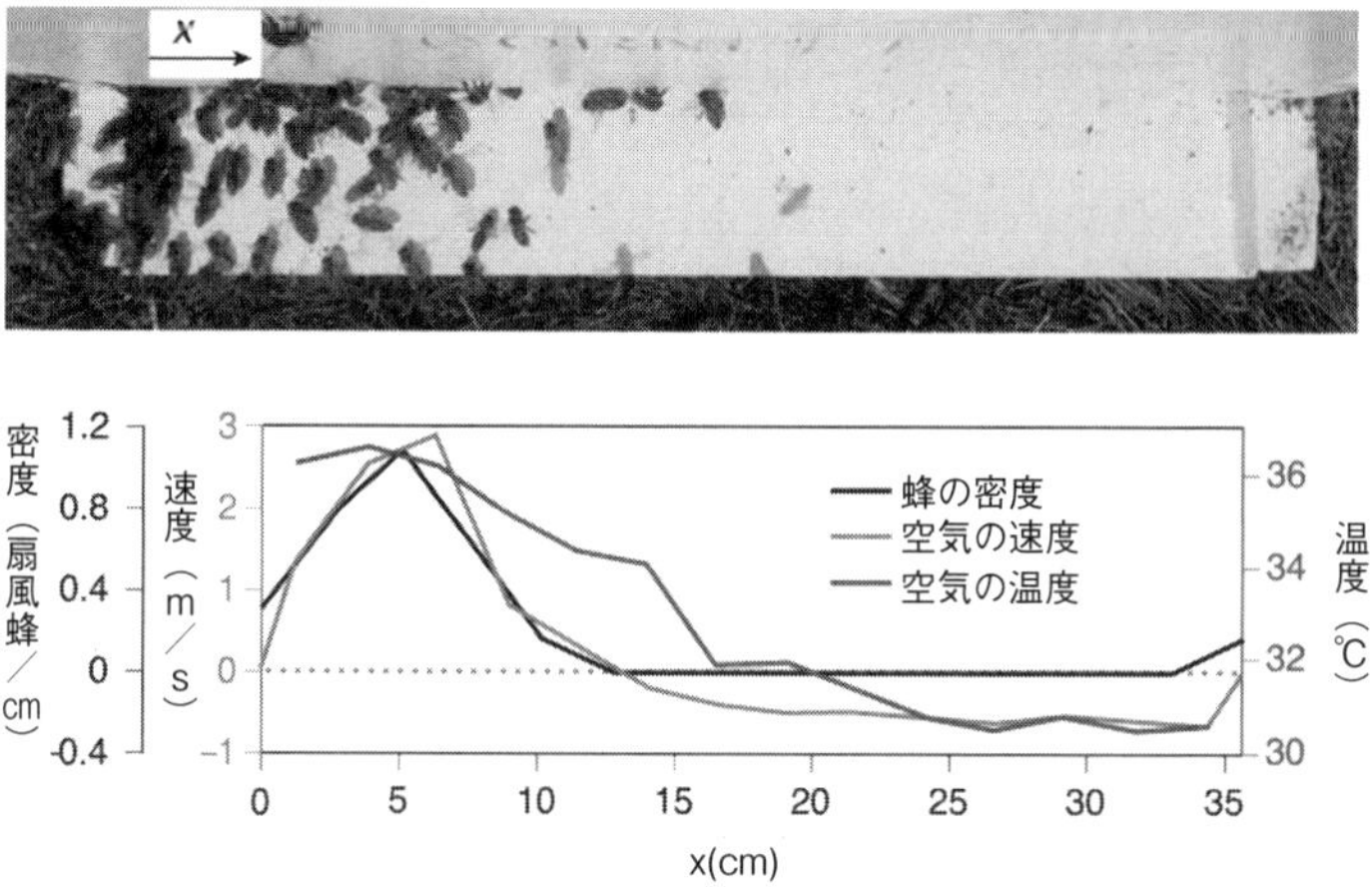

図 9-8　上：換気をする働き蜂。巣箱の入口の左側にかたまっている。下：巣箱の入口における空気の速度（緑）、蜂の密度（黒）、空気の温度（赤）。空気の流出速度はプラスの値、流入速度はマイナスの値で示している。

まで上昇した。巣内の水はすぐに使い尽くされ、日が昇るまでは集めることもできないので、コロニーの巣板の多くは夜の間に溶けて崩壊してしまった。

近年では、巣内での水の獲得、取り扱い、貯蔵、水の採集の調節に研究者の注目が集まっている。たとえば今では、採餌蜂の一部が水の採集を専門におこなっていることがわかっている。[26] 採餌蜂になるのは高齢の働き蜂だが、水を蜜胃に詰めて持ち帰ってこなくてはならないのに、二キロメートル先の水源まで飛んでいくこともあるのだ。一部の蜂を水集めに特化させることは理にかなっている。というのも、気化冷却、貯蔵蜂蜜の希釈、幼虫の餌の分泌のため、あるいは巣穴内の湿度を維持して蜂児の乾燥を防ぐためには、毎日水が必要となるからだ。もちろん、成虫がたんに自分の喉の乾きを癒す――ひいては体の浸透圧ホメオスタシスを維持する――ために水を求める場合もある。

私は以前、激しい喉の乾きに反応するミツバチの姿を目撃したことがある。一月のイサカでの出来事だ。その日は雪が厚く積もってはいたが、働き蜂たちが研究室の観察巣箱から出て飛び交うくらいには日差しが強く、大気も暖かかった。当初は清掃飛行かと思って眺めていたが、やがて巣箱内で何匹かの蜂がきわめて活発に尻振りダンスをしているのに気づいた。飛んでいたのは水の採集蜂（水汲み蜂）だったのだ。雪が溶けてできた水たまりを駐車場に見つけた水汲み蜂たちは、巣箱に帰ってくるやいなや喉の渇いた蜂たちにもみくちゃにされていた。そうした水汲み蜂の一匹は、それまで私が見たこともないくらい熱烈なダンスを披露した――なんと三三九回以上のダンスを休みなく続けたのだ。三三九回「以上」と書かざるをえないのは、その目をみはるパフォーマンスをはじまりから見ていたわけではないからである。

当時の私は、蜂たちが見せた激しい喉の乾きを自然のものではなく、人為的な結果ではないかと考えていた。暖かい部屋に置いた観察巣箱に暮らしているせいで、蜂の体由来の水分が壁に凝縮することがないからだと思っていたのだ。だがそれを機に、屋外に置いた巣箱に暮らすコロニーでも、冬になれば非常に喉が渇くことを知った。スコットランド北部の養蜂家アン・チルコットは、一月と二月に水を採集するミツバチのことを記録している[27]（図9-9）。曇り空であっても気温が四℃以上あれば水汲みに出るのだという。関連する研究では、グラーツ大学（オーストリア）のヘルムート・コバックらが赤外線カメラを使って、冬季に巣箱付近の水源で水を飲んでいる水汲み蜂の胸部温度を測定したものがある。そこでコバックらが見つけたのは、水源で腹に水を懸命に詰め込んでいる水汲み蜂が飛翔筋を活性化させて（すなわち身を震わせて）、気温が三℃ほどのときでも胸部温度を常に三五℃以上に維持していたこ

図 9-9　肌寒い 1 月の朝に苔の生えた水源で水を集める働き蜂（スコットランド北部のインヴァネスで撮影）。

とだった。先に見たとおり、ミツバチは胸部温度が低くなると飛行のための羽ばたき数を維持できなくなるので、こうした行動が、巣に帰るまでに飛行中の冷たい風などで体温が下がりきらないようにするためなのは間違いない。

寒い冬に必死に水を集めるミツバチの報告を読んでいると、冬の間に巣箱や樹洞の壁にできる結露は実はコロニーにとって有益なのではないかと思えてくる。たとえば、野生コロニーは上部に入口がある巣穴に引っ越すのを避けるが、それは暖かくて湿った空気がそこから逃げてしまうのが理由だろう。デレク・ミッチェルによると、通気孔が上部にない断熱性の高い巣穴では、越冬中のミツバチに冷たい結露がしたたり落ちてくることはないという。[28] 蜂より上の位置にある天井と壁の温度が露点より高くなるからだ。一方で、蜂より下の位置にある壁には結露が発生するが、それは有益な水の供給源として利用されている可能性がある。結露の利用という観点はまた、樹洞に暮らすコロニーが壁をプロポリスでコーティングする理由も説明できる。そのコーティングによって水分が木壁に浸透しなくなるのである。

気温が高い時期にはコロニーも手軽に水源を利用できるため、巣内に大量の水を貯めておかなくても水の需要を満たすことができる。だが外部の水源に依存することは、状況の変化に応じて水汲み蜂の活動を調節する必要が出てくることでもある。[29] コーネル大学の学部生マデリン・M・オストワルドは、私とマイケル・L・スミスと共同で、水汲み蜂の活動がどのように調節されているのかを調査した。私たちはまず、ガラス壁の観察巣箱に暮らすコロニーを温室に移動させて、水源へのアクセスを管理できるようにした。具体的には、唯一の水源として給水器を用意して、それを秤《はかり》の上に置いた。重量の減り具合を見れば、コロニーの水の採集量を正確に測定できるわけだ。次に私たちは、白熱灯で巣箱を温めてコロニーの水集めを誘引し、水汲み蜂が給水器に集まりはじめたら、印をつけて個体が認識できるようにした。白熱灯で熱を与えた日に巣箱内を仔細に観察したところ、水汲み蜂が急に動き出す様子を確認することができた（図9-10）。動き出したのは巣箱を温めはじめてから約一時間後のことで、ここから水汲み蜂が巣箱内の温度に反応したわけではないことがわかる。そうではなく、蜂たちは自身の喉の乾きを感じたか、より頻繁に水をねだったか、あるいはその両方によって水汲みを再開するための刺激を受けたのだ。スーザン・クーンホルツと私が以前おこなった研究では、水汲み蜂は巣箱に戻り水を渡す仲間をさがしているときの経験から、コロニーの水の需要に関する情報を得ていることがわかった。水の受け取りを拒否する蜂が少なく、より早く水を配ることができるときほど、需要が高いのである。

ミツバチのコロニーが巣に大量の水を貯蔵することはないが、渇水期のオーストラリアと南アフリカ

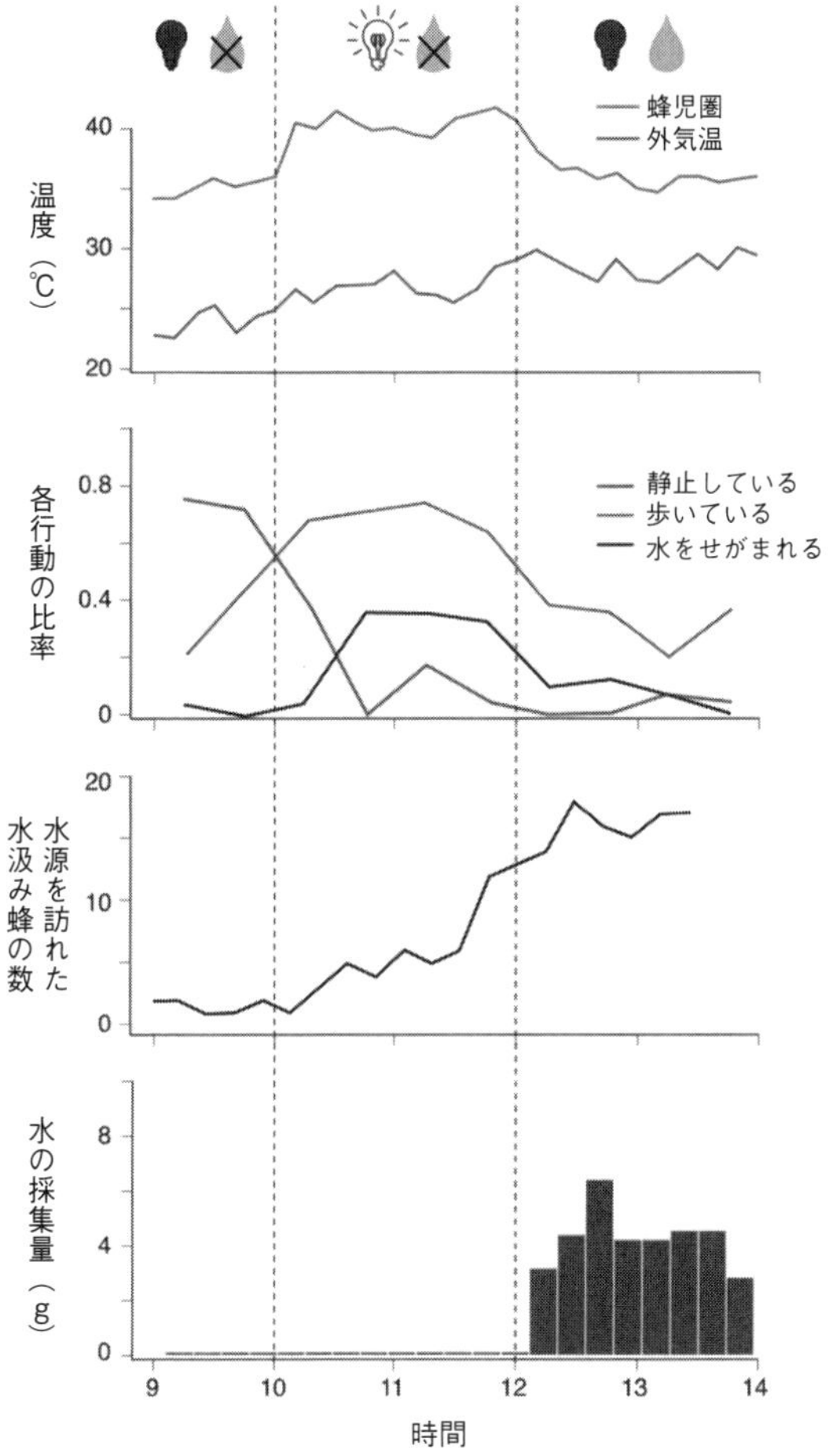

図 9-10　蜂児圏を過熱状態にして水を与えなかったコロニーにおける水汲み蜂のふるまいの変化。実験計画：最初の 1 時間は何もせず、その後 2 時間にわたり巣を加熱して水の供給も断った。それが終わると、同じく 2 時間にわたって巣の外で自由に水を集められるようにした。この 5 時間のあいだに 6 匹の水汲み蜂を継続的に観察し、じっとする、歩き回る、水をせがまれるといった行動の比率を突き止めた。水源を訪れている水汲み蜂の数と、コロニーが集めた水の量は 15 分ごとに記録した。

では、ミツバチが巣房にいくらかの水（具体的な量は明らかにされていない）を貯めていることが複数の養蜂家によって報告されている。[30] 水を貯める場所は巣房ばかりではない。働き蜂が自分の蜜胃に貯めておくこともあるのだ。O・ウォレス・パークは、育児に必要な水を手に入れることができない肌寒い早春に、アイオワ州のコロニーでそうした貯水蜂――希釈した蜜で腹を膨らませた働き蜂――の集団を見つけたと報告している。パークはまた、観察巣箱のコロニーから水汲み蜂が大挙して飛び立つところも目撃している。そうした蜂は、草の葉や水たまりなどの水源から巣箱に戻ってくると、自分の集めた水を貯蔵庫代わりの蜂に渡すのだ。マデリン・M・オストワルド、マイケル・L・スミス、そして私もまた、白熱灯による熱ストレスと水不足を経験させた調査コロニーの観察において、水で腹を膨らませた蜂が夕刻に巣板の上にじっとたたずんでいる姿や、さらには巣門のすぐ内側にある巣房に水が蓄えられているのも発見した。貯水蜂や巣房を用いた一時的な水の保管が、ミツバチの社会的な生理機能の重要な一部であることは間違いのないところである。

第10章　防衛

生命は野生と通じ合っている。
もっとも生命力にあふれているのは、もっとも野性的なものだ。
――ヘンリー・デイヴィッド・ソロー[1]

あらゆる生物は、数多くの捕食者、寄生者、病原体に囲まれて生きている。高度な手段を用いて防衛戦略を突破してくる敵たちだ。ミツバチにもまた、ウイルスからクロクマまで、その防衛機能をかいくぐろうと日々挑んでくる数百種もの敵が存在する。[2] それほど多くの種にミツバチのコロニーが魅力的にうつるのはなぜだろうか？　答えは簡単だ――その巣には、おいしい蜂蜜と栄養価の高い蜂児がたっぷりと詰め込まれているからである。ミツバチの巣には、夏になれば一〇キログラム以上の蜂蜜や、数千匹の未成熟の蜂（卵、幼虫、蛹）が隠されているのだ。そればかりではない。暖かな巣の中心部に蜂児が整然と集約されている状況は、蜂児に寄生するウイルス、細菌、原虫、カビ、ダニが蔓延するには、それ以上ない絶好の機会なのである。侵略者たちにとって、ミツバチのコロニーがきわめて魅力的なターゲットであるのは疑いようがない。それはまた絶対に移動しないターゲットでもある。蜜蝋製の巣板はエネルギー的に高価であり、しばしば大量の蜂児や食料が詰め込まれているため、敵に脅かされたときでもミツバチには巣を捨てて安全を選ぶという選択ができない。代わりにミツバチはその場所を死守して敵を追い返すほかなく、通常それは、生化学的、形態学的、行動的武器を利用することで完遂される。

ミツバチには三〇〇〇万年の歴史があることを考えると、アピス・メリフェラとその捕食者や病原体との関係は、多くの場合、長年にわたって培われてきたものに違いない。[3] したがって、人間に管理されずに暮らす野生コロニーが、病原体や寄生生物が増殖して病気を引き起こすのを抑制するような防御機構をもっていると考えるのはごく自然なことだ。実際、野生コロニーが病原体や寄生生物に恒常的に感染している可能性は高く、またそれらを原因とした病気の症状が、食料不足や巣の崩壊などの苦境によってコロニーが弱ったときにだけ現れている可能性も高い。ところが、そこに養蜂という介入が加わると、ミツバチと病原体との間の力関係が崩れることがある。例を挙げよう。一部のミツバチの病気――アメリカ腐蛆病やチョーク病――に共通する特徴は、原因となる病原体が巣内で休眠して冬を過ごすことだ。こうした巣が自然環境下にある場合、生きているコロニーであれば働き蜂によって清掃がおこなわれ、死んだコロニーであればハチノスツヅリガ（*Galleria mellonella*）などのスカベンジャーによって破壊される。どちらの行動も感染抑制につながるものだ。だが養蜂においては、スケップのような固定式巣箱からラングストロス式のような可動巣枠式巣箱に移行して以来、採蜜後の貯蜜巣板がリサイクルされてきたという経緯がある。しかも空になった巣板は冬の間ミツバチのいない場所に保管されるのが一般的なため、それらの巣板が働き蜂によって清掃されることはない。すなわち、春になってミツバチのもとに戻されると、その巣板によってコロニーに再び病原体がもたらされることになる。

ミツバチと病原体との間に存在していたバランスが養蜂によって崩れた悲しい事例として、近年のチヂレバネウイルスの毒性の増強が挙げられる。この問題は、一九世紀後半にロシア帝国の養蜂家がアピス・メリフェラ（セイヨウミツバチ）のコロニーをヨーロッパから東アジア、具体的にはロシア最東端の沿海地方（プリモルスキー地方）へと持ち出したことに端を発している[4]（このコロニーの移動は、当初は船で、後年はモスクワとウラジオストクを結ぶシベリア鉄道によっておこなわれたという）。その結果、沿海地方のどこかの土地で、もともと東アジアに生息していたアピス・セラナ（トウヨウミツバチ）から、その地に新たに導入されたアピス・メリフェラへと、外部寄生ダニであるジャワミツバチヘギイタダニ（*Varroa jacobsoni*）の宿主転換が生じた。そしてその宿主転換後に、沿海地方のアピス・メリフェラのコロニーに寄生するジャワミツバチヘギイタダニの個体群がミツバチヘギイタダニ（*Varroa destructor*）へと種分化したのである。ミツバチヘギイタダニはミツバチの血リンパ（血液）を食料としている。そのためウイルスの媒介役として非常に優秀であり、ひいてはアピス・メリフェラのコロニーに深刻な健康問題を生じさせる。とりわけ、ダニが苦もなく拡散できる養蜂場という密集した環境ではそれがいえるだろう。のちに見るように、血縁関係のないコロニー間でのミツバチヘギイタダニとチヂレバネウイルスの拡散——いわゆる水平伝播——は、そのウイルスの毒性の高い少なくとも一つの株の進化を後押ししてきた[5]。

次節では、ヨーロッパ系ミツバチの野生コロニーと管理コロニーの生活が、防衛という永遠の課題に与える影響の点でいかに異なっているかを見ていくことにする。そこでは、人間の手によって捕食者、寄生者、病原体から守られていない野生コロニーの方が、養蜂場の管理コロニーに比べて防衛上の問題が少なく、ひいてはそのコストも低い傾向にあることが示されるだろう。

ミツバチヘギイタダニの対策をするか、対策をしないか

ヨーロッパでは一九七〇年代以降、北アメリカでは一九九〇年代以降、養蜂家の多くは、自分のコロニーに絶えず殺ダニ剤を散布しなければならないことに気づいた。そうしなければ、ミツバチヘギイタダニが撒き散らすウイルス、特にチヂレバネウイルスの深刻な感染によって、コロニーが一、二年で死滅してしまうからだ。[6] しかしながらここ一〇年ほどは、殺ダニ剤を処置しなくても元気に生活しているヨーロッパ系ミツバチの個体群があることが複数の養蜂家や生物学者から報告されている。

沿海地方（ロシア）

そうした個体群の一つが、アメリカ国内で販売されているミツバチのなかでも、農務省によってロシア東部の沿海地方から輸入されたコロニーを起源とするものである。先に見たように、アピス・メリフェラのコロニーは一九世紀後半にロシア帝国西部からその地に持ち込まれ、その後ジャワミツバチヘギイタダニの宿主となった。[7] この宿主転換はほんの数回（もしかすると一度きり）しか生じていないはずだ。というのも、アピス・メリフェラとアピス・セラナにそれぞれ寄生するダニは、現在では行動も形態も異なる別の種とみなされており、それだけ遺伝子交換がまれだったことを示しているからだ。こうして生まれたのがミツバチヘギイタダニであり、なんとも残念なことに、このダニはアピス・メリフェラの外部寄生生物としての生き方に見事に適応している。

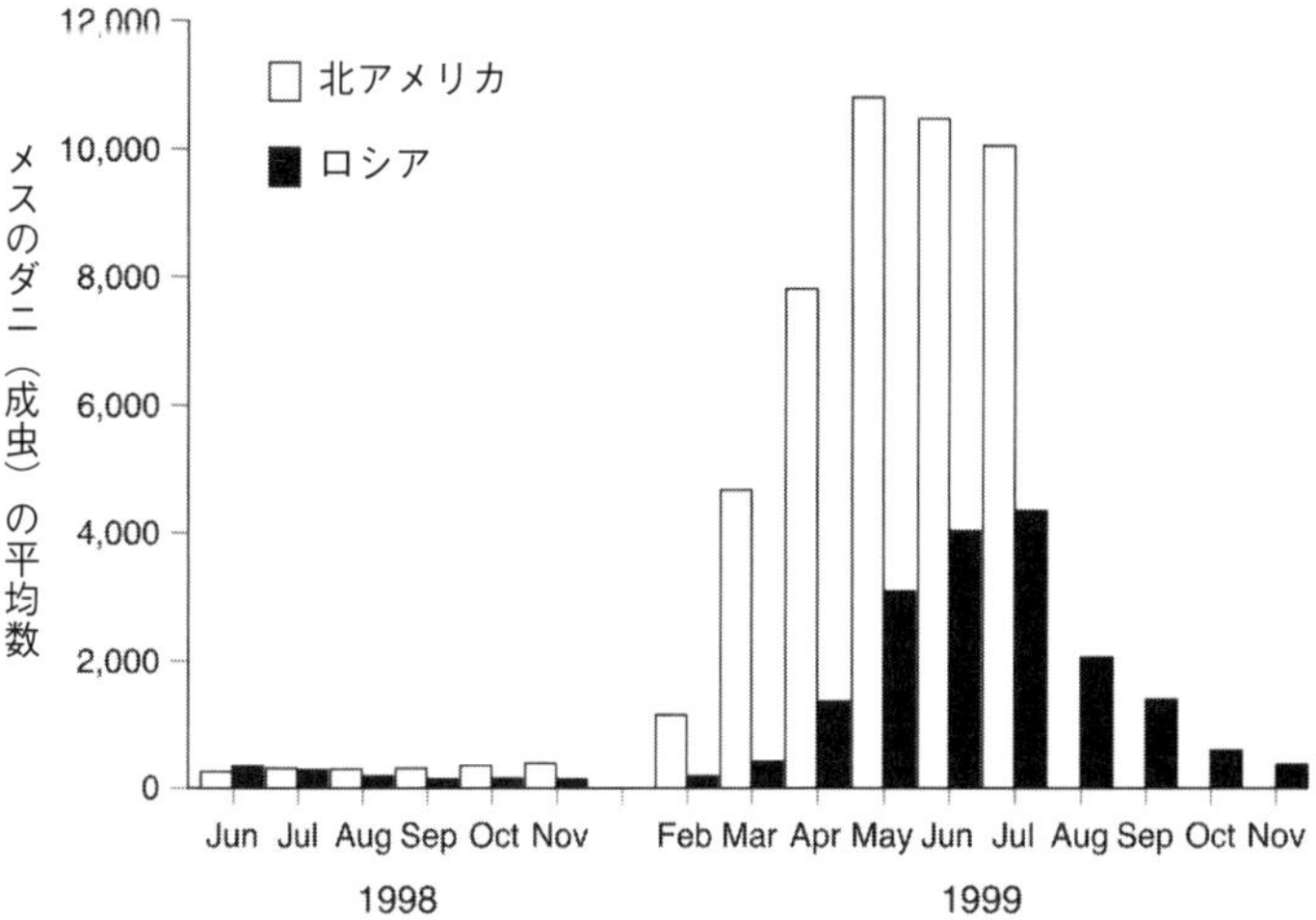

図 10-1　ミツバチヘギイタダニの感染レベル。ロシア沿海地方のコロニーは黒、北アメリカの販売用コロニーは白で示されている。これら 2 タイプのコロニーは、2 つの共同養蜂場で一緒に飼育されていた。

ロシア東部に持ち込まれダニに寄生されたアピス・メリフェラは、そのとき以来ダニへの耐性に関して自然選択にさらされてきたが、最終的には安定した宿主—寄生体関係に落ち着くことになった。ダニに対する耐性のメカニズムは、ミツバチ育種・遺伝学・生理学研究所のトーマス・E・リンダラー率いる研究チームによって詳細に研究されている。[8] 一九九〇年代後半に開始された一連の研究からは、ロシアのコロニーの働き蜂の方がアメリカの販売用コロニーよりも、ダニ除去のためのグルーミング行動や感染した蛹の撤去、そしておそらくはダニの脚を噛み切ることにおいても優れていることが明らかになった。その結果、ロシアのコロニーに寄生しているミツバチヘギイタダニの個体群の増加は、アメリカのコロニーの場合よりもずっとゆるやかなものになることがわかっている（図10-1）。

ゴットランド島（スウェーデン）

いま見たロシアでの研究は、ヨーロッパ起源のアピス・メリフェラのコロニーが、たとえミツバチヘギイタダニに感染していても、生存のためのメカニズムを進化させられることを明瞭に示している。残念ながらこのメカニズムの進化については研究が一切なされていないため、ロシア東部におけるミツバチのダニ耐性がどれほど速く進化したのかを知る術がない。ところが、二〇〇〇年代初頭のある優れた実験によって、ミツバチヘギイタダニへの耐性がいかにすばやく獲得されるかという疑問を解く答えが見つかった。当時スウェーデン農業科学大学の教授だった故インゲマル・フリースが巧みな手腕を発揮して実施した実験である。[9] フリースが目指したのは、「ダニ対策や分蜂管理をおこなわずに、スカンジナビアの隔絶された地域に導入したヨーロッパ系ミツバチは、ミツバチヘギイタダニに駆逐されるか」を確認することだった。

実験はまず、遺伝的に異なる一五〇群のコロニー——スウェーデン各地から集めたメリフェラ種、リグスティカ種、カルニカ種の女王が率いるもの——をゴットランド島南端の周囲から隔絶した土地に設置するところからはじまった。ゴットランド島は、スウェーデン本土から東に九〇キロメートル、バルト海に浮かぶ面積三二〇〇平方キロメートルの島である。コロニーは七つの養蜂場に分散して置かれ（図10‐2）、ラングストロス式に似た二段のスウェーデン式巣箱（二段とも標準的な高さで一〇枚の巣枠が入る）に入居させた。巣箱を設置したあとは基本的に放置し、分蜂も自由におこなわせた。ただし唯一の介入として、貯蜜量が少なく冬を越せない少数のコロニーには給餌をおこなっている。コロニーに

図 10-2　ゴットランド島南端の隔絶した環境にある７つの養蜂場のうちの１つ。

は最初はダニがいなかったが、ダニに感染した本土のコロニーから採集した働き蜂を各コロニーに一〇〇〇匹ずつ合同させ、その際におよそ六〇匹のダニが導入されることになった。また女王に塗料で印をつけ、女王の交代（通常は分蜂による交代）があった場合にはすぐに気がつけるようにした。巣箱を開けるのは年に四回だけ。具体的には、冬の終わりの生存確認、春先のコロニーサイズ、夏の分蜂、一〇月下旬のダニの感染状況を確認するときだけである。分蜂群が発生した場合は、地元の養蜂家が定期見回り時に回収して、養蜂場の空の巣箱へと入居させた。

この実験――私は「死ぬのは奴らだ」実験と呼んでいる――の結果はどのようなものだったのだろうか？　図10‐3に基づいて説明していこう。実験を開始して最初の冬を迎えた頃（一九九九年一〇月）は、ダニの感染レベル（ミツバチ一〇〇匹あたりのダニ数）は平均して低く、冬を通じてコロニーの死滅率も低かった（約五パーセント）。翌二〇〇〇年の夏は盛んに分蜂をおこなうほど勢いがあり、実験開始時と同程度のコロニー数を維持していたが、一〇月にはダニへの感染が急激に拡大し、それが冬季の比較的高い死滅率（三〇パーセント弱）につながった。二〇〇一年の夏にはコロニー数はさらに減少して分蜂も少なくなり、一〇月のダニ感染レベルは高く、冬季の死滅率はきわめて高かった（八〇パーセント弱！）。二〇〇二年、実験をはじめて三度目の夏にはわずかな数のコロニーしか生き残っておらず、そのコロニーも弱体化しているため分蜂をおこなわなかった。一〇月に残っていたコロニーは二一群で、冬季の感染レベルは高く死滅率も高かった（五七パーセント）。ところが、二〇〇三年の夏から状況好転の兆しが見えはじめる。コロニー数は過去最低だったが（一〇月には八群に減っていた）、そのうちの一群が分蜂できるほど強い勢いを取り戻していたのだ。感染レベルは低下しはじめ、冬季の死滅率も目をみはるほど低かった（一二パーセント）。回復傾向は五度目の夏を迎える頃に本格化する。二〇〇四年の夏には半数以上のコロニーが分蜂をおこない、感染レベルは過去四年間に比べてずっと低かった。冬季の死滅率も低い水準を維持した（一八パーセント）。二〇〇五年の春以降、コロニーは完全に放置された。研究者は時間の経過とともにコロニー数がどう変わっていくかを記録したが、二〇一五年までの一〇年間は毎年二〇〜三〇群のコロニーの姿を確認することができたという。

この実験では遺伝子に関する綿密な調査は実施されなかったので、そこでどのような遺伝的変化が起きていたかは定かではない。だが、ゴットランド島のコロニーが過酷な自然選択にさらされたのちに、ミツバチヘギイタダニへの耐性をもたらす形質を獲得したことは明らかだ。では、それはどのような形

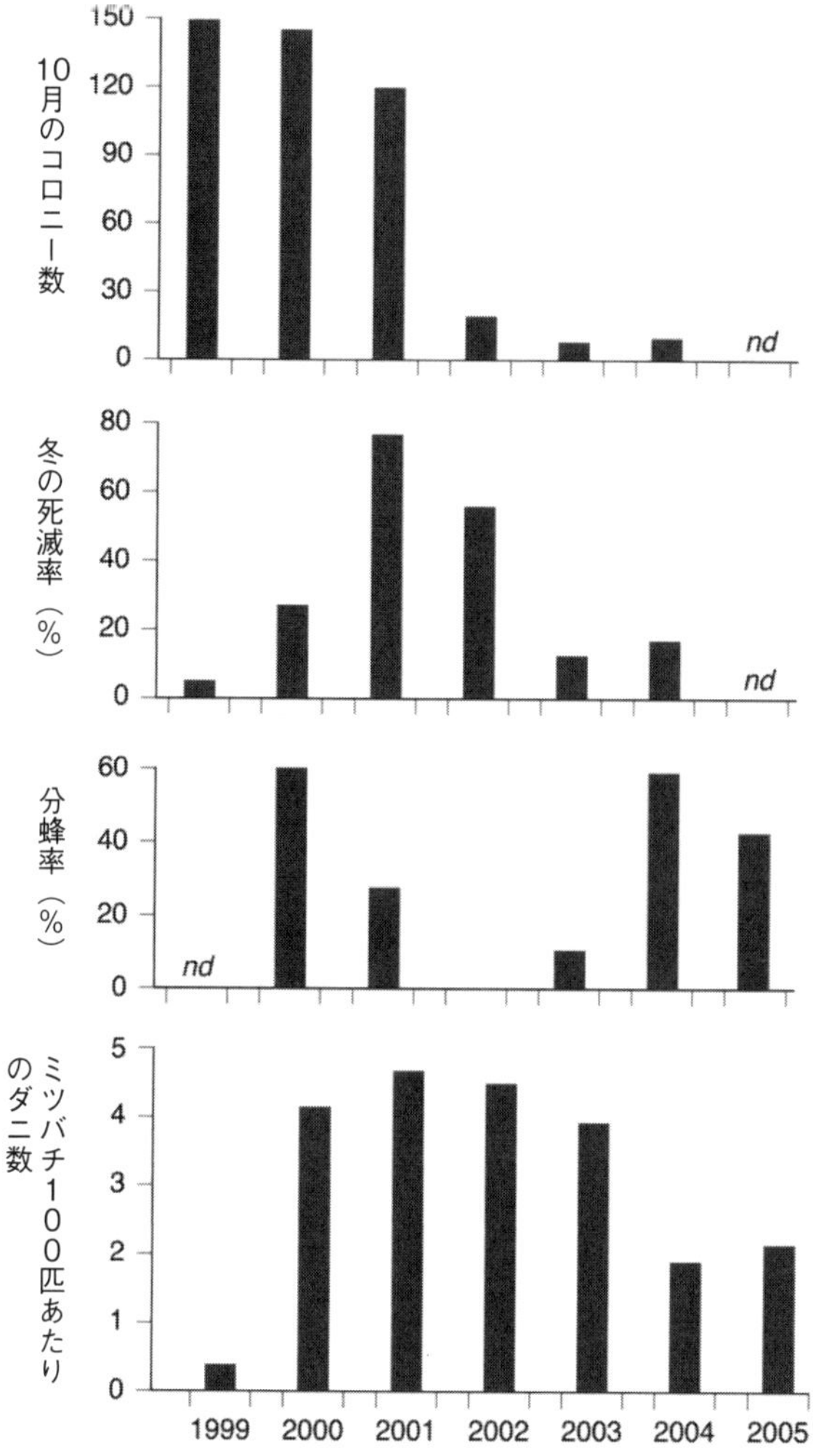

図 10-3　150 群のコロニーをゴットランド島に設置しておこなった 7 年にわたる実験の結果。ミツバチヘギイタダニに感染させたあと、ダニ対策をしないまま放置したコロニーの冬の死滅率、夏の分蜂率、10 月のダニ感染レベルを記録した。

質なのだろうか？　ゴットランド島で生き残ったミツバチとスウェーデンの他地域のミツバチに対して、同じく島で生き残ったダニと他地域のダニを用いて、ダニの個体数増加に関する交差感染研究をおこなったところ、ダニの出自に関係なく、島の生き残りのコロニーのダニ増加率の方が八二パーセント低いことがわかった。このことは、ゴットランド島のミツバチの生存率の向上が、ダニの毒性の低減ではなくコロニーの耐性の進化によることを示している。

ミツバチがミツバチヘギイタダニの繁殖を抑える行動をとれる段階は二つある。すなわち、①メスのダニが成虫のミツバチを移動手段や餌として利用している時期（便乗期）、②メスのダニが蛹の入った蜂児巣房に密閉されている時期（繁殖期）である。ゴットランド島の生き残りのミツバチが、便乗期のダニの脚や触角をかじって攻撃したり殺したりすることに長けている証拠はない。だが、島のミツバチが蜂児巣房内にいるメスのダニの妨害に長けていることならば、説得力のある証拠が提出されている。スウェーデンの研究者バルバラ・ロックとインゲマル・フリースの研究からは、島の生き残りのコロニーでは、ダニ全体の約五〇パーセントからしか生存能力がある交尾済みの娘ダニが出現しなかった一方で、対照群（ダニの影響を受けやすいコロニー）ではその割合が八〇パーセント近くだったことがわかっている。この違いが生じたのは、少なくとも部分的には、島の生き残りのミツバチがダニ感受性衛生（VSH）行動――繁殖中のダニがいる蜂児巣房の蓋をはずして、蛹ごと巣房から除去する行動――をより強く示すからだと考えられている。また同様に、島のミツバチが働き蜂の蜂児巣房（特にダニに感染したもの）の蓋を噛み切って開けたあと、再び蓋をかける傾向が強いことも理由の一部なのかもしれない。最近おこなわれた無蓋巣房と有蓋巣房でのメスのダニの繁殖率を比較する研究では、蜂児巣房の蓋を取ってから再びかぶせるという単純な操作だけでも、ダニの繁殖成功率を下げるのに有効なことが示されている。（いったん蓋が取られた）蜂児巣房に蓋をかけるという行為は、巣房内の蛹の発達に致命的な影響をおよぼさない。したがって島のミツバチのこの行動は、ダニの増加は阻害できるが蛹も死んでしまうVHS行動よりも、コロニーにとって低コストのダニ制御機構だと考えられる。

ゴットランド島の生き残りのミツバチは、他の地域のミツバチに比べて小規模で、分蜂をおこないやすく、オス蜂の育成を抑制する傾向があることもわかった。島のミツバチに見られるこうした諸特徴は、コロニー内でのダニの増加を抑えるのにも役立っていると推測される。たとえば、分蜂は育児の中断をもたらすので、それによってダニの繁殖が阻害される。また育てるオス蜂を減らすことは宿主の供給の制限につながり、これもダニの繁殖を妨げる可能性がある。

アーノットの森（アメリカ）

ミツバチヘギイタダニを抑制する処置を受けていないが、そのダニに対する優れた防衛機能をもっているミツバチのコロニーの第三の例は、アーノットの森をはじめとしたイサカ周辺の森林地帯に暮らすミツバチたちだ。その地域の野生コロニーにダニが感染したのはいつ頃だろうか？　第2章で説明したとおり、自分の研究室で管理していたコロニーにダニがいると私が最初に気がついたのは一九九四年のことである。この事実に加えて、採餌や盗蜂をおこなっている働き蜂にミツバチヘギイタダニがどれほど機敏によじのぼるかを考え合わせると、[10] ダニは一九九〇年代初頭にイサカ地域に持ち込まれたすぐあとに広く拡散したものと思われる。よってアーノットの森のコロニーに関しては、一九九〇年代なかばまでにはミツバチヘギイタダニが蔓延していたと個人的には考えている。

第2章では、研究室のコロニーにミツバチヘギイタダニを見つけたちょうど一〇年後の二〇〇四年に、アーノットの森の野生コロニーがダニを抑制するメカニズムを身につけたという説得力のある証拠を見つけたことも説明した。こうしたことから、未処置コロニーがミツバチヘギイタダニに対する強力な防衛機能を（明らかに）急速に進化させた第三の例としてアーノットの森が挙げられるわけだ。この第三の例の特徴は、ミツバチヘギイタダニの出現以降にコロニーに生じた遺伝的変化に関する洞察が得られる点である。

ミツバチヘギイタダニがイサカ周辺の森に暮らすコロニーに与えた影響の調査は、コーネル大学の学部生ショーン・グリフィンと私がアーノットの森の野生コロニーの三回目の調査を実施した二〇一一年の夏に開始された。調査の第一の目標は、森に暮らす野生コロニーの位置をできるだけたくさん特定し、そこから少なくとも各一〇〇匹の働き蜂を標本として採集することだった。また、アーノットの森の外にある最寄りの養蜂場をさがしあて、そこに暮らすコロニーからもそれぞれ一〇〇匹ずつ働き蜂を採取することも目標とした。それが無事に達成できれば、その貴重なサンプルを研究仲間のデボラ・A・ディレイニーとデイビッド・R・ターピーに送って遺伝子解析をしてもらう。それによって、アーノットの森の野生コロニーがそこだけで完結しているのか、あるいは近隣の管理コロニーからの分蜂群に頼って個体数を維持しているのかがわかるわけだ。

七月下旬から九月上旬にかけて、ショーンと私はビーハンティングの手法を用いてアーノットの森の半分以上を調査した。[11] その結果私たちは、森の広葉樹に暮らす九つのコロニーと、森の外（北東角からおよそ五〇〇メートルのところ）にそびえ立つ端正なストローブマツに暮らす一つのコロニーを見つけ出すことができた（この結果は、アーノットの森の野生コロニーが一平方キロメートルあたり少なくとも一つあることを示しており、これは一九七八年と二〇〇二年の個体数調査での推定値と合致している）。これら合計一〇本の蜂の木のコロニーからは、当初の予定どおり働き蜂の標本を一〇〇匹ずつ採集した。次に私たちはアーノットの森から六キロメートル以内にある管理コロニーをさがしたが、見つかったのは二つの養蜂場だけで、それぞれ二〇群程度のコロニーを飼育していた。一方の養蜂場はアーノットの森の南西の境界からわずか一・〇キロメートルのところにある新しい施設で、もう一方は森の北西の角から五・二キロメートルの地点に位置する以前からある養蜂場だった（図7-10参照）。二つの養蜂場の経営者は同じ人物である。私はその経営者に電話をかけて調査について説明したのち、彼の養蜂場から一コロニーあたり一〇〇匹の働き蜂を採集させてもらえないかと頼んだ。電話口の向こうで沈黙が三〇秒ほど続いた。やがて、何匹必要なのかもう一回言ってくれないかという彼の声が聞こえてきたので、私は再度その数字を伝えた。再び長い沈黙。だが最後には彼は諦めたようにこう言った。「わかったよ、好きなだけとっていきな」。私がすぐに両方の養蜂場から働き蜂の重要な標本を採集したのはいうまでもないだろう。共同研究者の遺伝学者たちは、各標本のDNA抽出物から一二の可変マイクロサテライト遺伝子座を分析し、森の野生コロニーと養蜂場の管理コロニーの間に大きな遺伝的差異があることを突き止めた。この結果は、アーノットの森の野生コロニーが最寄りの管理コロニーから遺伝的な影響をほとんど受けていないことを裏づけている。[12]

アーノットの森のミツバチに関する遺伝子調査の次なる一歩は、コーネル大学の元学部生であり友人でもあるアレクサンダー（サーシャ）・ミケェエブが私のもとを訪ねてきた二〇一一年の夏の終わりに踏み出された。サーシャは、沖縄科学技術大学院大学（「日本のMIT」）の生態・進化学ユニットを率いる研究者になっていた。彼との歓談中、私が最近アーノットの森に暮らす野生コロニーの働き蜂をサンプリングしたという話をしたところ、ミツバチヘギイタダニの出現以前の標本もあるのかと尋ねられた。もしあるのなら、古い標本と新しい標本の双方を全ゲノムシーケンスで解析することで、ミツバチヘギイタダニの出現によって生じた遺伝的変化を調べられるのだという。幸いなことに、私は彼の望むものをもっていた。一九七七年、イサカ周辺の数十の野生コロニーを観察してその寿命を調べていたとき（第7章参照）、三二群のコロニーから採集した働き蜂を乾燥標本にして、コーネル大学の昆虫コレクション内に保管していたのである。各標本には採集場所と採集日が記されたラベルが貼ってある。標本のなかには、その夏にアーノットの森で待ち箱を用いて捕まえたものもあれば、イサカ南部の樹木や納屋や農家の母屋で捕獲したものもあった。したがって、一九七七年の状況と二〇一一年の状況を適切に比較するためには、いま一度イサカ南部の樹木、納屋、農家の母屋に暮らす野生コロニーの標本を採集しなければならない。だがこれはいたって簡単な仕事だった。というのも、折よく一九七〇年代に実施した野生コロニーの寿命に関する研究を再度おこなっていた頃だったので、コロニーの営巣場所のリストならすでに手もとにあったからだ。したがってわずか数日で、アーノットの森の蜂の木から採集した一〇匹の標本に加え、イサカ南部の各営巣場所から採集した二二匹の標本を手にすることができた（図10 - 4）。一〇月はじめ、私はイサカ周辺——ほとんどがこの小さな街の南の森林地帯——に暮らす六四群の野生コロニーから集めた六四匹の働き蜂の標本をサーシャに送った。[13] 奇しくもこれらの標本は、

図 10-4　2011 年の調査で働き蜂の標本を採集したコロニーの所在地。アーノットの森を含むイサカの南の森林丘陵地におけるコロニーの分布は、1977 年の採集時とほぼ一致している。

ニューヨーク州にミツバチヘギイタダニが持ち込まれる約二〇年前のコロニーと約二〇年後のコロニーから採集されたもので、私は偶然生まれたその対称性に満足を感じた。

　サーシャの解析で何が判明したのだろうか？　まずわかったのは、二〇一一年を一九七七年と比較すると多様性が著しく低減していたことだった。ミトコンドリアDNAを調べたところ、古いミトコンドリア系統がほとんどすべて失われていたのである。それと同時に、野生コロニーが受け継いできたミトコンドリア系統は養蜂場の商用ミツバチにも見られないことも判明した（私はアーノットの森近くの一つの養蜂場の標本もサーシャに送っていた）。この結果からは、イサカ周辺の野生コロニーの個体群が一九七七年から二〇一一年のどこかの時点でボトルネックを経験したが、絶滅にはいたらなかったことが読み取れる。ミツバチヘギイタダニの出現によって、イサカ周辺の野生コロニーはスウェーデンで起きたような衰退（図10-5）を間違いなく経験したのである。そしてこれは、たとえばフランス南部、ノルウェー、ルイジアナ州、テキサス州、アリゾナ州など、他の地域のコロニーの個体群でも確認されてきたことだった。[14] サーシャの解析結果はまた、一九七〇年代と二〇一〇年代の（少なくともアーノットの森での）野生コロニーの密度は同じかもしれないが、イサカ周辺の野生コロニーは、ほとんどが限られた少数の女王の子孫であることも示していた。

新旧標本の核DNAの解析からも、重要な知見がいくつか得られている。たとえば、一九七七年以降にアフリカからの遺伝子移入が見られることがわかったのもその一つだ（図1-4参照）。これはおそらく、養蜂家がフロリダからイサカ周辺へと女王やコロニーを持ち込んだことが原因だろう。また同解析からは、新種本のコロニーをミツバチヘギイタダニへの感染に耐えられるようにしたメカニズムに関する手がかりも明らかにされた。具体的には、ゲノム上の六三四の部位に自然選択の痕跡——ミツバチの遺伝子の重要な変化——が散在しており、そのうちの約半分がミツバチの発育に関連していると考えられる。このことを考えれば、これまで生き延びてきた野生コロニーが、その構成員の発育プログラムの変化に（少なくとも部分的には）基づいた耐性メカニズムを有しているのは間違いないだろう。また、発育に関する遺伝子の変化の発見を裏づけるかのように、二〇一一年に採集した働き蜂の体の大きさ（頭部の幅や翅の付け根間の距離）が、一九七七年の働き蜂よりも顕著に小さいことも判明している。と

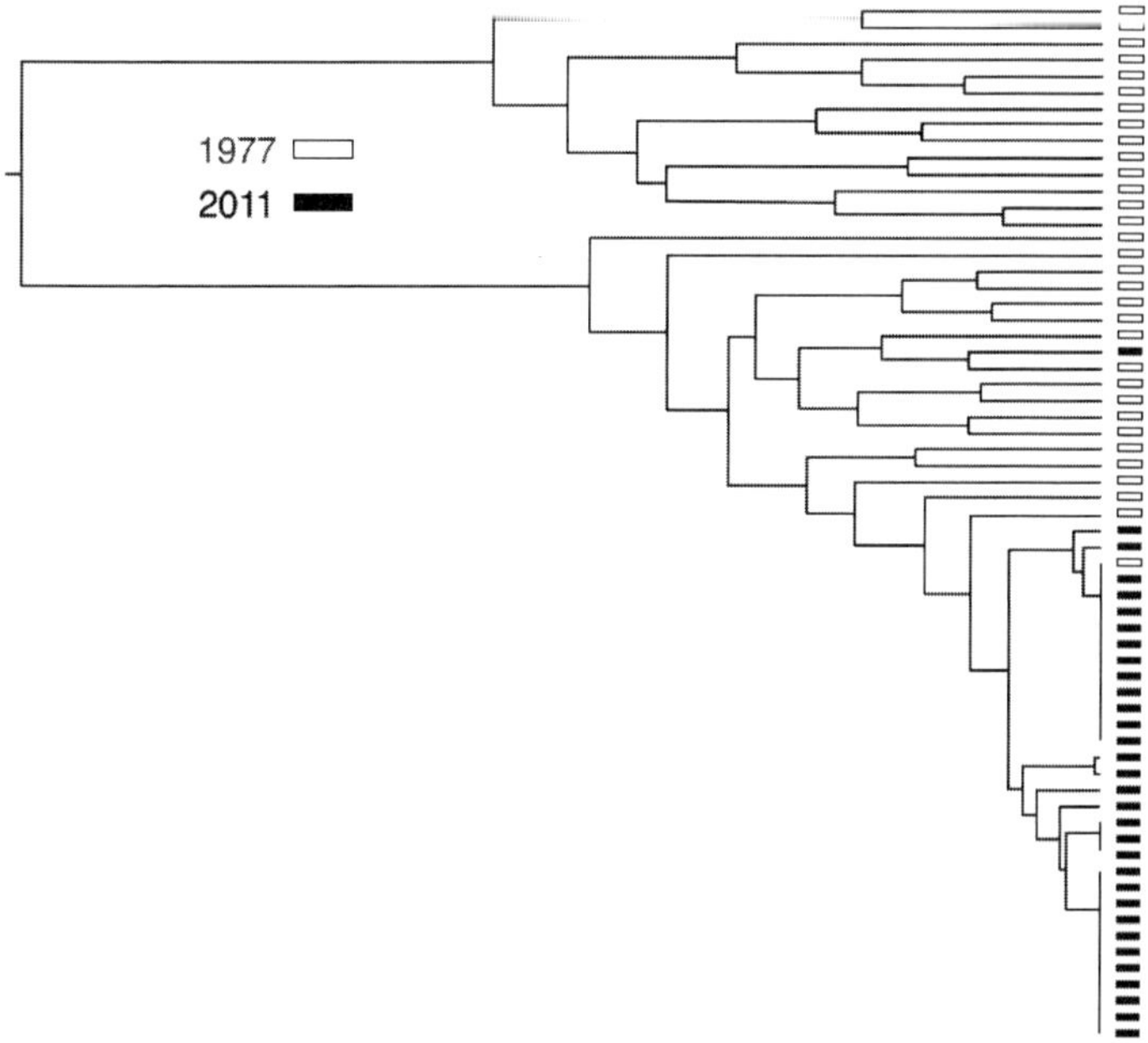

図 10-5　イサカの南の森林に暮らす野生コロニーのミトコンドリア DNA の系統樹（白が 1977 年、黒が 2011 年）。古い個体群に見られたミトコンドリアの遺伝的多様性は、現代の個体群では失われている。ミツバチヘギイタダニの出現が、コロニーの大量死とそれに伴う強力な自然選択に関連しているのは間違いないだろう。現代の個体群は、比較的少数の女王の子孫である。

はいえ、これがダニ耐性にどのように寄与しているのかは依然として謎のままだ。

私の教え子で当時博士課程に在籍していたデイヴィッド・ペックは、二〇一五年にアーノットの森に暮らす野生コロニーのダニ耐性メカニズムについて調査を開始した。[15] 先に述べたとおり、働き蜂によるダニの除去には一般的に次の二つの機会がある。すなわち、メスのダニが成虫のミツバチの体に寄生している便乗期、そして有蓋巣房内で蜂児に寄生している繁殖期である。ダニが便乗期にあるとき、働き蜂は自分や仲間のためにグルーミングをおこない、ダニの脚や触角、そして背板と呼ばれる部位を噛み切ることでダニを攻撃することができる。一方、ダニが繁殖期にある場合は、ダニに感染した有蓋巣房の蓋をかじりとって内部の蛹を除去すること（VHS行動）、あるいはたんに蓋をはずしてから再び蓋をすることで、ダニの繁殖を阻害できる。[16]

ペックもまた、この二つの機会に関してアーノットの森のコロニーを調査している。彼はまず森の中で、クロクマが届かない高さに吊り下げた待ち箱で分蜂群を捕獲し（図2-14参照）、その分蜂群を入居させた巣箱を森の外にある隔離された養蜂場に設置した（クマの被害を避けるため）。そしてそのコロニーを使って、便乗期のダニを殺すグルーミング／噛み切り反応と、繁殖期のダニを殺す撹乱反応（VHS行動と開蓋・封蓋）について検査をおこなった。検査の結果わかったのは、アーノットの森のコロニーの方が、ダニ耐性の選択圧を受けていない系統の女王に率いられた管理コロニーよりも、グルーミング／噛み切り反応もVHS行動もともに強く示すことだった。ペックはまた、アーノットの森のコロニーのなかには、蓋をはずされたあとに再び蓋をかけられた蜂児巣房の割合が高い（四〇パーセント以上）ものがあることも発見した。先に見たとおり、蓋の開け閉めはダニの繁殖を防ぐ有効な手段である。

このペックの研究から得られる知見のなかで私が特に重要だと思うのは、アーノットの森の野生コロニーが、ダニの個体数を抑制するために複数の行動メカニズムを有している点だ。言い換えれば、ミツバチのコロニーはミツバチヘギイタダニに対して、たった一発の銀の弾丸で戦っているわけではなく、多様な行動的抵抗性という武器をもっている。ミツバチの育種に従事する人びとにとって、これは重要な指摘である。

離れて暮らすか、集まって暮らすか

人間が野生コロニーを自分の手もとに置いて管理しはじめたとき、ミツバチの生活には一つの根本的な変化がもたらされることになった[17]——コロニー間の距離が著しく短縮されたのだ。すでに見たように、森の中に暮らす野生コロニーは互いに一キロメートル以上離れた蜂の木に居住している場合が珍しくない（図2-6、2-12、7-10参照）。ところが、養蜂場ではほぼ例外なくコロニーは密集して置かれている。一カ所に集めてミツバチを飼うことは養蜂家にとって実務的な部分で確かに利点がある。だがミツバチにとっては必ずしも嬉しい状況とはいえない。野生コロニーに比べると、管理コロニーはより頻繁に餌場の取り合いや盗蜂のリスクを経験する。加えて、交尾飛行から戻ってきた若い女王が間違った巣箱に入ってしまい侵入者として門番に殺されてしまうなど、繁殖上の問題が生じることもある。

しかしながら、コロニーに過密状態の生活を強制することの最悪の弊害は、毒性の高い病原菌や寄生生物の進化を通じてやってくると私は考えている。そうした進化は、血縁関係のないコロニー間での病原体の拡散（いわゆる水平伝播）が容易になることで生じるものだ。水平伝播という広がり方では、必ずしも宿主を健康に保っておく必要がないため、自然選択は病原体や寄生生物を毒性が高くなる方向へと後押しする。また選択圧は、宿主中すばやく繁殖できる個体にも有利に働く。というのも、たとえ宿主を傷つけてしまったとしても、繁殖が迅速であれば他の宿主に乗り換えられる可能性も高くなるからだ。この戦略は、他の潜在的な宿主に容易に拡散できる寄生生物や病原体にとって有効である。ミツバチを標的にする寄生生物や病原体は数多くあるが、しばしば水平伝播によって感染するのはミツバチヘギイタダニ、アメリカ腐蛆病、チヂレバネウイルスの三種であり、これらはどれも毒性が高い。これらの寄生生物と病原体が養蜂家に蛇蝎《だかつ》のごとく嫌われるのも無理のない話なのである。

ミツバチのコロニーにおける病気の水平伝播は、感染した成虫や蜂児がいる巣板を養蜂家がコロニー間で移動させたときや、病気で弱体化したコロニーで盗蜂が起きたときに生じる場合がある。だが、養蜂場の血縁関係がないコロニー間で病気が広がるもっとも一般的な経路は、巣迷い、つまり成虫のミツバチが意図せず間違った巣箱に戻ってきてしまうせいだと私はにらんでいる。巣迷いが起こる頻度は養蜂場での巣箱の配置と関係があり、間隔を広げたり、巣箱の色や巣門の向きを変えることで大幅に減らすことができる。ところが現実には、大半の養蜂場が、巣箱を一メートル以下の間隔で、同じ色、同じ向きに一列に並べている。こうした環境で、自分の巣箱ではなく近隣の巣箱へと迷い込んでしまうミツバチの割合は四〇パーセント以上にもなる。[18] この割合の高さは、寄生生物や病原体が容易にコロニー間に拡散できることを意味している。

自然環境下と人工環境下でコロニー間の距離が著しく違うことが疾病生態学にどのような影響を与えるかを考えはじめた私は、養蜂場で密集して飼育されるコロニーの健康的側面に関する生物学者や養蜂

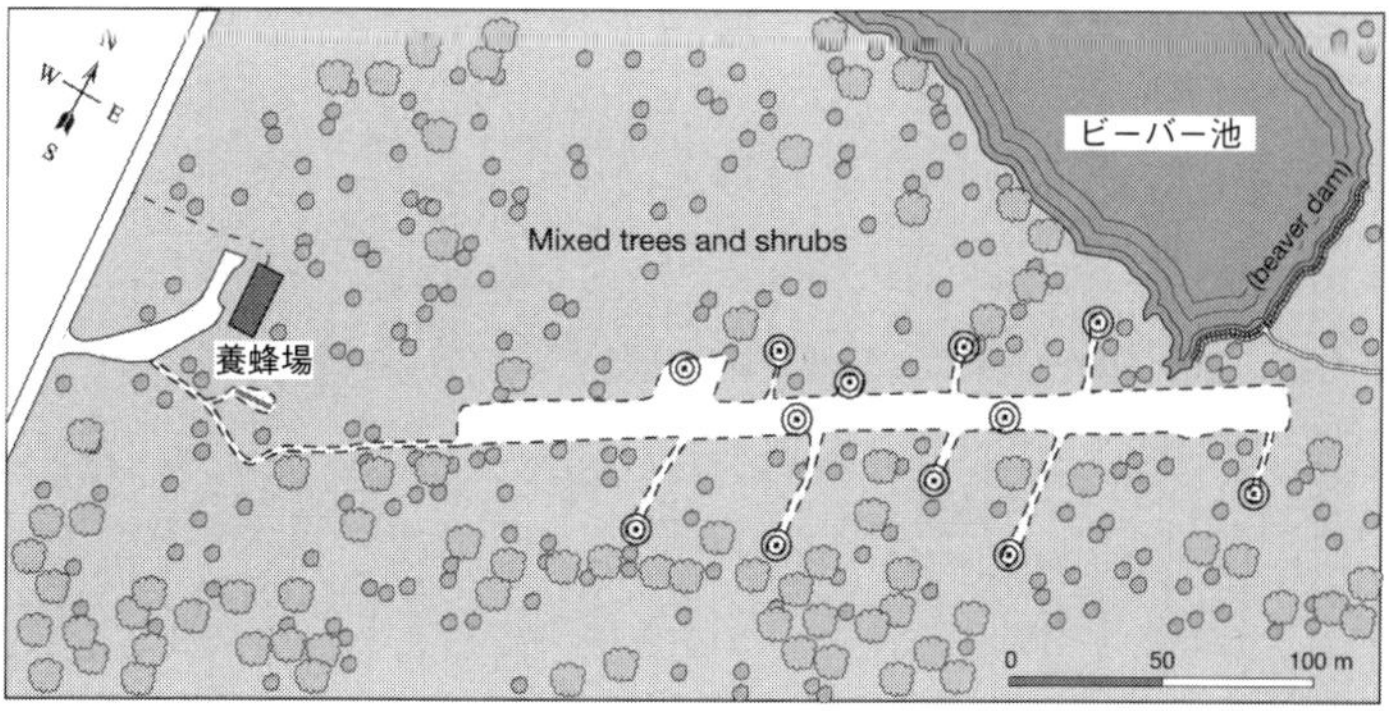

図 10-6　実験に使用した養蜂場と野原の地図。養蜂場に密集して並べた巣箱は「養蜂場」の文字の下にある黒線で、野原に分散して設置した巣箱は二重丸で示した。

家の文献をあさってみたが、成果は皆無に近かった。そこで私は、近隣からの病原体や寄生生物の感染を避ける際にコロニーが直面する課題に対して、コロニー間の距離がいかに影響するかという問題に光を当てる実験を自分でやってみることにした。[19]

実験を開始したのは二〇一一年六月。まずは、一二群の小さなコロニーからなるグループを二つ作り、それをコーネル大学の指定自然区域の一つに設置した。私が設置場所に選んだのは、イサカ北の大きなビーバー池の近くにある荒れ果てた耕作放棄地だ（図10‐6）。一方のグループ（密集組）については、養蜂場に運び込みコロニーが密集するように巣箱を一列に並べた。その際、隣の巣箱との距離は一メートル未満とした（図10‐7）。もう一方のグループ（分散組）は、第一のグループから数百メートル離れた細長い野原に持っていった。巣箱は分散して置かれ、隣の巣箱との平均距離は三四メートルになった。実験で使う巣箱は、どちらのグループも標準的な高さのラングストロス式巣箱を二段重ねたものとした。

巣迷いの頻度を判定するために、一二群のコロニーのうち一〇群にゴールデンイタリアン種の女王を導入した。この女王はミツバチの体色に影響を与えるコルドバン対立遺伝子をもっており、それによってコロニーで生まれるオス蜂の体色は明るい黄色になる。残りの二群にはカーニオラン種の女王を導入し、コロニーのオス蜂の体色が黒か暗褐色になるように手配した。各グループではカーニオラン種の二つのコロニーの巣箱を中心部に設置すると同時に、すべてのコロニーの女王に塗料で印をつけ、女王の交代があったかどうかを五〜一〇月におこなう月一度の点検で見つけられるようにした。なお、実験期間中（二〇一一年六月〜二〇一三年五月）の二年間にわたり、調査コロニーには人間の手によるミツバチへギイタダニ対策を施さなかった。コロニーは二枚の巣枠からなる核コロニー（nuc）からスタートし、二〇一一年の夏は勢力を増強することに費やして分蜂はおこなわず、すべてのコロニーが良好な状態で冬に突入した。

二〇一二年の夏になると、密集組と分散組で顕著な違いがいくつか見られるようになった。第一の違いは分蜂後の女王更新の成功率だ。一二群のうち七群が分蜂した時点で、分散組は五回成功していたが、密集組はわずか二回の成功にとどまった。この差が生まれた大きな理由は、交尾飛行から戻ってきた密集組の若い女王が間違った巣箱に入ってしまったからではないかと私は考えている。実際私は、分蜂をしていないコロニーの巣箱付近で女王の死体を二度見つけている。第二の違いは、分散組に比べて密集組ではオス蜂の巣迷いが圧倒的に多く見られたことだ。二〇一一年九月と二〇一二年四月――どのコロニーも分蜂をおこなっておらず初代の女王がいた時期――に密集組でおこなった計測では、黒いカーニオラン種の巣箱に入っていくオス蜂の四六パーセント（九月）、五六パーセント（四月）が黄色いゴール

図 10-7　養蜂場には巣箱を密集して設置した。蓋の上にレンガを立てて置いているのが、カーニオラン種の女王が率いるコロニーの巣箱。

デンイタリアン種だったのである！　同時期に分散組でおこなった計測ではその割合はずっと低く、それぞれ一パーセント（九月）、三パーセント（四月）にすぎなかった。これと同じことは働き蜂にも当てはまる可能性が高い。第三の違いは、二〇一二年の晩夏、つまりコロニーにとっての二度目の夏が終わろうとしている頃、分蜂をして女王の更新も終えた密集組の二つのコロニーではダニの感染レベルが目立って急上昇したが、同様の状態の分散組の五つのコロニーではそれが見られなかったことだ。六〜七月の時点では、おそらく六月の分蜂の影響でこれら七つのコロニーのダニ数はすべて低いレベルに保たれていたが、この健康的な状態を八月まで維持できたのは分散組の五つのコロニーだけだったのだ。密集組のダニ数が八月になぜ急上昇したのか、確かなことは何もいえない。だが個人的には、その二つのコロニーの採餌蜂が近隣の弱体化したコロニーに盗蜂に入ったときに、多くのダニを持ち帰ったせいではないかと私は推測している。実験は二〇一三年五月まで続いた。最後に点検したとき、各グループにそれぞれ一二群ずついたコロニーは密集組では全滅したものの、分散組では五群が生き残っていた。しかもその五つのコロニーはどれも元気に繁栄していたのである。

この実験は一つの場所で一度だけおこなった小規模なものにすぎず、ここから幅広く適用できる確かな結論を導き出すことはできない。それでも私には、自然環境下で分散して暮らすミツバチと人間の管理下で密集して暮らすミツバチとではコロニー防衛の課題がいかに違うかについて、より深く理解するための価値ある一歩に思われるのである。

小さな巣穴か、大きな巣穴か

管理コロニーが抱える防衛上の問題を悪化させているのは、養蜂場に巣箱を密集して置くことばかりではない。養蜂家は、自然の状態よりもずっと広い居住空間をミツバチに与えることでも、その問題を助長しているのだ。第5章で見たように、イサカ周辺の森の野生コロニーが暮らす樹洞の容積は、普通三〇〜六〇リットルである。それに対しアメリカ国内で見られる管理コロニーの大半は、(夏季には)一二〇〜一六〇リットルの巣箱で飼育されている(図5‐3参照)。巣箱が広くなると蜂蜜を蓄えるスペースも広くなり、大まかにいえば、営巣空間を一〇〇リットル拡大すれば、蜂蜜の貯蔵量が五〇キログラム増加する。また養蜂家は、巣内の混雑を緩和して分蜂をしにくくさせるためにも、広々とした巣箱を使いたがる。第7章でも述べたが、コロニーから第一分蜂群が出ていくと、労働力の七五パーセント近くがいなくなってしまうことになる(図7‐8参照)。これはミツバチの繁殖にとっては都合の良いことだが、蜂蜜をできるだけ多く収穫したい養蜂家にとっては頭の痛い出来事である。

大きな巣箱でコロニーを管理することは、養蜂家にとっては完全に理にかなっているが、ミツバチにとってはまったくのナンセンスである――生物学者たちはこのことをずっと前から認識していた。この厄介な状況をさらに複雑にしたのがミツバチヘギイタダニの出現だ。というのも、大規模な強勢コロニーは大量の蜂蜜ばかりでなく大量のダニをも生み出してしまうからである。このことは、私と二人の学生、J・カーター・ロフタスとマイケル・L・スミスがおこなった二年間にわたる実験によっても実証されている。[20] これはそれぞれ一二群のコロニーからなる二つのグループを比較した実験で、各グループは六〇メートル離れた二つの養蜂場に設置され、そのうち一方は四二リットルの容積をもつ小さな巣箱、具体的には一〇枚の巣枠を備えた標準的なラングストロス式巣箱に入居させた。巣箱のサイズは、野生コロニーが暮らす樹洞にならったものである。もう一方のグループは、一六八リットルの容積をもつ大きな巣箱に入居させ、養蜂家が蜂蜜生産量を最大にするためにおこなっているのと同じ方法で管理した。巣箱の構成は、育児室として使う標準的な高さの巣箱が二段、貯蜜室として使う標準的な高さの巣箱（継箱）が二段という内訳だった。なお、実験では二カ月に一度、分蜂の準備状況を見るために王台の有無を確認した。王台があった場合は、蜂蜜の良好な収穫を望む養蜂家なら誰もがそうするように、それらをすべて除去した。

私たちはこれら二四群のコロニーを二〇一二年五月に設置し、二〇一四年五月までのほぼ二年間にわたり追跡調査した。各年（二〇一二／一三）の五月から一〇月にかけては、各コロニーの蜂児と成虫の数、ダニの感染レベル、病気の有無、分蜂の兆候（女王の交代）を月に一度確認した。またコロニーの年間蜂蜜生産量と生存率も記録している。実験開始時のコロニーはすべて同じ規模とした。具体的には、ミツバチが群がる二枚の巣枠(一枚は蜂児巣枠、もう一枚は花粉と蜂蜜が部分的に蓄えられている巣枠)と、食料が貯蔵されている三枚の巣枠からなる、五枚の巣枠を備えた核コロニーである。どのコロニーも実験開始時は、カリフォルニア州の女王生産者から購入した若い女王が率いていた。実験中、これら二四群のコロニーに対しておこなわなかったことが一つだけある――二年にわたり殺ダニ剤の散布をしなかったのだ。

私たちの予想は、二年という実験期間を通じて、小さい巣箱のコロニーの方が大きい巣箱のコロニーよりも生存率が高くなるのではないかというものだった。なぜなら、居住空間が狭い方が分蜂も頻繁に起こり、ひいてはミツバチヘギイタダニの感染レベルが危険なまでに上昇する確率も下がるはずだからだ。[21] この予想は過去の研究で得られた複数の知見に基づいていて、鍵となる基礎情報は二つあった。一つは、巣から分蜂群が出ていくときに、コロニー内にいた成虫のミツバチヘギイタダニの約三五パーセントが取り除かれるということ。先に述べたとおり、分蜂時にはミツバチの成虫の約七〇パーセントが巣からいなくなるが、ダニの五〇パーセントはその成虫に寄生しているのである(残り五〇パーセントは有蓋の蜂児巣房にいる)。もう一つは、分蜂群が出ていったコロニーでは育児が中断されるということ。中断が生じるのは、コロニーの新しい女王が羽化し、ライバルを殺し、交尾をして産卵するまでには時間がかかるからだ。ミツバチヘギイタダニは蜂児のいないコロニーでは繁殖できない。したがって、分蜂により蜂児がいない期間がある小さな巣箱のコロニーは、ダニに蜂児巣房という隠れ家を与えず、その繁殖を阻害することになるため、ダニの個体数が減るのではないかと私たちは予想したのだ。とはいえ、はたして頻繁な分蜂が十分な割合の成虫ダニを除去するのか、そしてコロニー内に残ったダニの繁殖と生存を十分に抑制するのかについては、その時点ではまだ見当がつかなかった。つまり、大きい巣箱に比べて小さい巣箱のコロニーの生存率が高くなるのかは、はっきりとわかっていなかった。

図10-8は、実験で用いた二つのグループについて、ミツバチの成虫の個体数およびミツバチヘギイタダニの感染レベルの変化を示したものだ。上のグラフからは、実験開始当初（二〇一二年）におけるコロニー内のミツバチの成虫の平均数は両グループでほぼ同じだが、二〇一三年の夏になると著しい差が現れていることがわかる。小さな巣箱のコロニー内の平均数は一万匹をようやく上回る程度だが、大きな巣箱のコロニーは三万匹をゆうに超えている。下のグラフでも同様の動きが見られる。つまり、実験開始時にはほぼ同数だったミツバチへギイタダニの平均数が、二〇一三年夏には大きく乖離しているのだ。ただし、小さな巣箱におけるミツバチ一〇〇匹あたりのダニの平均数は、最初のうちこそ安全な低いレベル（二四未満）で推移しているが、二〇一三年九月になると危険なレベル（六匹以上）まで上昇し、その後再び減少している。注目すべきなのは、小さな巣箱での感染レベルの急上昇がきわめて不自然な形で起きているということだ。実はこの急上昇は、小さな巣箱の一二群のコロニーのうち三群で起きた、ミツバチ一〇〇匹あたり一五〜一七匹という目を疑うようなダニ数の増加が反映されたものである。これから見ていくように、これは非常に興味深い発見だった。

二〇一三年の夏に二つのグループに生じたダニの感染レベルの違いの原因と影響は、どのようなものだろうか？　まず考えられるのは、二〇一二年にはどちらのグループでも分蜂が見られなかったが、二〇一三年には小さな巣箱ではほぼすべてのコロニー（一〇群）が分蜂をおこない、大きな巣箱ではごく、わずかのコロニー（二群）しか分蜂をおこなわなかったことだ。言い換えれば、小さな巣箱では一二群のうち一〇群が分蜂によってダニを運び出し育児も中断したが、大きな巣箱ではそれがわずか二群にとどまった。小さな巣箱のコロニーの二〇一三年（九月を除く）のダニ感染レベルが、大きな巣箱に比べてはるかに低かったのは、これが原因だと思われる。以上を考えれば、二〇一三年冬の大きな巣箱のコロニーの死滅数（一二群のうち一〇群）が小さな巣箱（一二群のうち四群）に比べて深刻であることもうなずける。

実験結果のなかでも特筆すべきなのは、次の予想外の出来事が起きたことだろう。すなわち、二〇一三年九月中旬に、小さい巣箱のコロニーのうち三群で、ダニの感染レベルが一〇〇匹あたり一五〜一七四まで急上昇したことだ（これこそが図10-8で示した小さな巣箱のコロニーにおけるダニ数の上昇の原因である）。三つのコロニーにおけるこの爆発的なダニ数の増加は、わずか六〇メートル先の養蜂場に設置された、大きな巣箱のコロニーの崩壊の一つと時期が一致していた。崩壊したコロニーを調べてみたところ、巣箱の前に死んだミツバチが大量に落ちていて（この巣箱の前だけだった）、巣箱内には成虫も蜂児もほぼ見つからず、貯蔵蜂蜜は空になり、ダニ（みな死んでいた）もごくわずかしかいないことがわかった。巣箱の床には、死んだミツバチ（多くの蜂の翅が縮れていた）と縁がギザギザの蜜蝋のかけらが散らばっていた。蜜蝋のかけらは、盗蜂にやってきた働き蜂が貯蜜巣房の蓋を乱暴に開けたときにできるものだ。このコロニーが深刻なダニの感染によって崩壊し、その後盗蜂により蜂蜜を奪われたことは明らかだった。だが、そこにいたはずのダニに何が起きたかははっきりしない。私の考えでは、コロニーを崩壊に導いたミツバチヘギイタダニの大群は、蜂蜜を盗みに侵入してきた蜂によじのぼり、

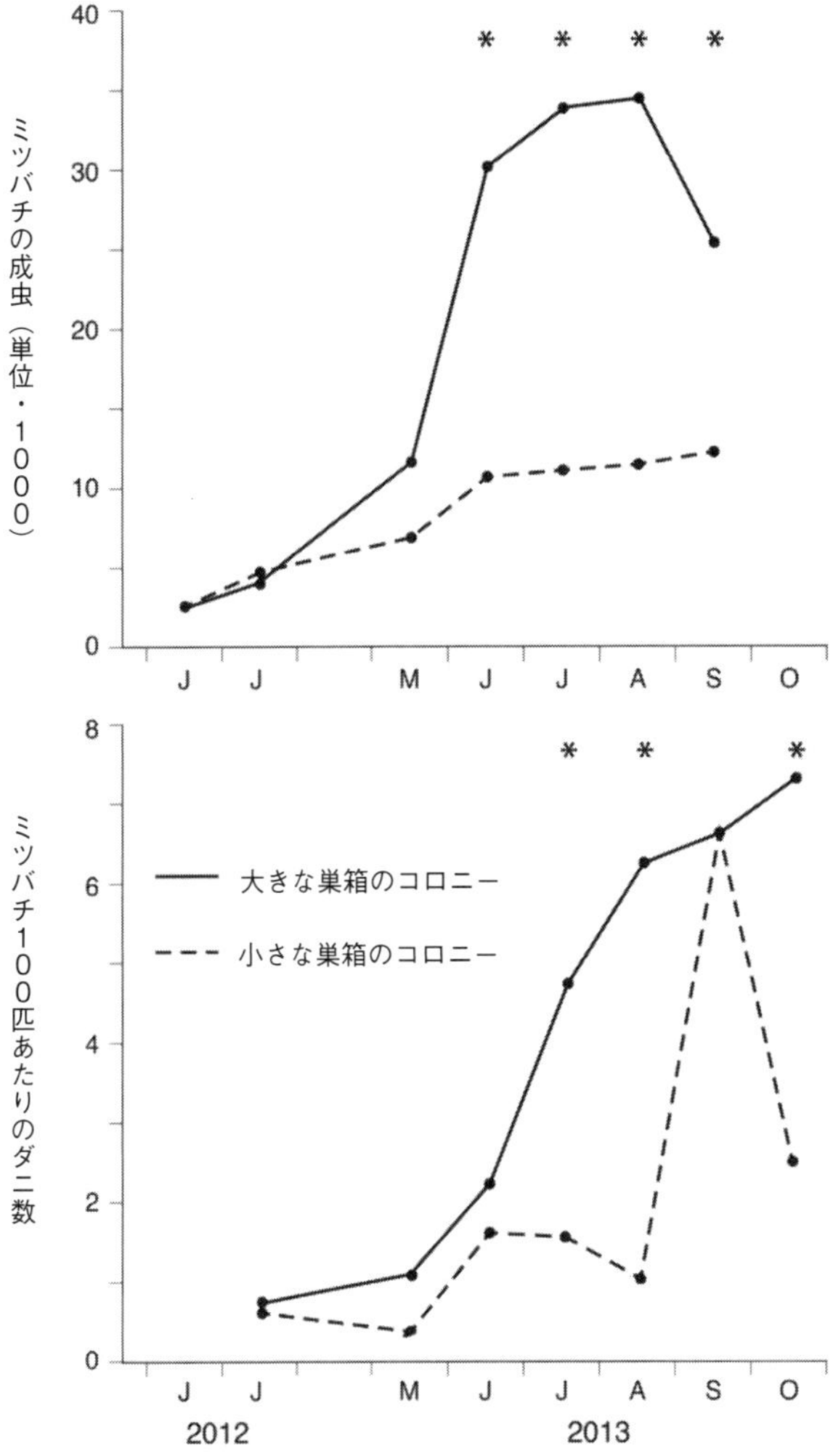

図 10-8　大きな巣箱あるいは小さな巣箱に暮らすコロニーにおける、ミツバチの成虫の個体数の変化（上）とミツバチの成虫のダニ感染レベルの変化（下）。2012 年 6 月から 2013 年 9 月（および 10 月）まで観測した。アスタリスクは顕著な差がある月を示している。

その巣箱へと運ばれていったのだと思う。その盗蜂をおこなった蜂の多くが、九月にダニの数が急増した三つのコロニーからやってきたのではないだろうか。ちなみにこの三つのコロニーは、二〇一三年の冬に死滅した小さい巣箱の四つのコロニーに含まれている。残り一つのコロニーは健康だったが、二〇一三年七月には女王がオス蜂の卵しか産まなくなっていた。メスが生まれず、女王の更新も起きなかったので、オス蜂の蜂児ばかりになったコロニーは徐々に弱体化していったのである。

小さな巣箱を使うだけでミツバチヘギイタダニに対する耐性が高まる——この驚くべき発見が正しいのかを見定める実験をもう一度やってみたい誘惑に私は駆られている。もし再度おこなうならば、そのときは小さな巣箱を大きな巣箱からもっと遠い場所に設置して、盗蜂を通じた二つのグループ間のダニの移動を最小限にとどめるようにしようと思っている。

小さい巣房か、大きい巣房か

ミツバチヘギイタダニの抑制に有効か否か養蜂家の間で多くの議論が交わされてきたのが、働き蜂用巣房のサイズを小さくするという対策だ。なぜ巣房が小さいとダニが抑制できるのだろうか？　このアイデアを支持する人たちによると、ダニは巣房内の蜂児のすぐ横で成長するため、小さい巣房だとダニの動きが妨げられる（より正確には、ダニの食料源である蛹の腹部まで到達しにくくなる）ことになり、結果として未成熟のダニの死亡率が高くなるからなのだという。[22] 第5章では、イサカ周辺の森に暮らす三つの野生コロニーにおける働き蜂用巣房の内径の平均が五・一九ミリメートルであることを見た。比較のために挙げておけば、私が管理しているコロニーでは複数のメーカーから購入した標準的な蜜蝋製の巣礎を使っているが、そこに作られた働き蜂用巣房の内径の平均は五・三八ミリメートルと、野生コロニーより若干大きめだ。ここで一つ疑問が生じる――イサカ周辺の野生コロニーの小さい巣房は、ダニからミツバチの身を守る役割を果たしているのだろうか？

結論を先にいえば、小さい巣房がダニの抑制につながるという考えはかなり疑わしい。アメリカ南東部（フロリダ州とジョージア州）とアイルランドで近年おこなわれた三つの研究は、ヨーロッパ系ミツバチに小さな巣房を与えるとミツバチへギイタダニへの感染しやすさが低減するかどうかを実験で検証している。[23] どれも小さい巣房（内径四・九一ミリメートル）と標準的な巣房（同五・三八ミリメートル）でのダニ数の増加率を比較したものだが、いずれの研究からも小さな巣房がダニの繁殖を抑える証拠は見つからなかった。この問題については、教え子のショーン・R・グリフィンと私もイサカで検証している。私たちはまず、ダニの感染レベルが同じで、規模も同等のコロニーを七対用意した。そして、各対の一方には小さい巣房（四・八二ミリメートル）の巣板のみを与え、もう一方には標準的な巣房（五・三八ミリメートル）の巣板のみを与えた。小さな巣房にはプラスチック製の巣礎を使用し、またミツバチが作ってしまったオス蜂用巣房はすべて除去したので、小さな巣房のコロニーには小さな巣房しか存在せず、大きな巣房のコロニーには大きな巣房しか存在していないことが保証されている。こうして巣房サイズに明確な差をつけたにもかかわらず、二つのコロニーのダニ感染レベル（ミツバチ一〇〇匹あたりのダニ数）には、夏を通じて何の違いも見いだすことができなかった。

もし、巣房を小さくすることでヨーロッパ系ミツバチのコロニーにおけるミツバチヘギイタダニの繁殖が抑制されるのが事実であれば、私たちの実験でも、小さな巣房に暮らすコロニーの方がダニ数は少なくなったはずである。だが、そうはならなかった。巣房の大きさがダニの繁殖にもたらす効果を誰も発見できていないのは、小さな巣房であっても、ダニが蛹の表面を移動する空間が十分にあるからだと私は考えている。ショーンと私は、実験で用いた二種類の巣房の充填率――巣房の内径に対する蜂の胸部幅の比率――も計測している(アイルランドのジョン・マクマランとマーク・F・T・ブラウンも同様の調査をおこなっている)[24]。その結果は、標準的な巣房は七三パーセント、小さい巣房は七九パーセントだった。つまり、小さい巣房の方がわずかに高いとはいえ充填率はどちらの場合も低く、どの実験でも小さい巣房がダニの繁殖を妨げている兆候が見られなかったのも不思議ではない。

高い位置の入口か、低い位置の入口か

自然の空洞に暮らす野生コロニーと人工の巣箱に暮らす管理コロニーの違いのなかで、もっとも明白であるのにもかかわらずもっとも理解が進んでいないのは、おそらく巣穴の入口の高さではないだろうか。私たち人間は、自分の利便のために巣箱を地面付近に置きたがる。一方、ミツバチが自分で住む場所を決められる場合は、高い位置に入口がある住処が選ばれる(第5章参照)。これはなぜだろう? 答えはまだはっきりとわかっていないが、いくつかの可能性が考えられている。一つは、冬季の清掃飛行をより安全におこなうためだ。巣穴の入口が高い位置にあれば、雪の積もった地面に不時着して飛翔筋が冷え、苦境に陥る可能性も低くなるはずだからだ。また、巣穴の入口が雪で埋もれてしまう確率を下げるという可能性も考えられる。さらには、薄暗くて気温の低い林床付近よりも、日当たりが良く温かい樹冠付近の環境(図7-6参照)を手に入れるためということもあるだろう。第5章で見たように、

日当たりの良い南向きの入口をもつ巣穴のコロニーは、日の当たらない北向きのコロニーよりも冬季の生存率が高い。また北半球の養蜂家であれば、入口が北向きよりも南向きのコロニーの方が蜂蜜生産量が多いことにまず同意するはずである。[25]

しかしながら、野生コロニーが木の高いところに巣を作る最大の利点は、地上の捕食者、とりわけクマに見つかりにくくなることだと思われる。この見方については実験で検証する必要があるが、アーノットの森の調査で得た経験から、野生コロニーは地上からずっと高い位置にある樹洞を住処として選ぶことで実質的にクロクマから保護されていると、私は確信している。アーノットの森で得た経験は二つあり、一つは二〇〇二年にクマの足跡を見つけたことだ（図10－9）。その森には確かにクロクマが徘徊しているのだ。もう一つは、アーノットの森で蜂の木をモニタリングしているときに学んだことである。私は二〇〇二年に八本、二〇一一年にはさらに一〇本の蜂の木をアーノットの森で発見し、第7章で述べたように、それらの蜂の木を年に三回の頻度で点検している。一八本の蜂の木は、古いコロニーが死滅すると新しいコロニーが引っ越してくるといったように、ときに途切れつつも野生コロニーによって継続的に使用されてきた。この一六年の間に各蜂の木にコロニーが定着していた期間を累算すれば、五一年分もの観察データが手もとにあることになる。これが意味するのは、私には森に暮らす野生コロニーへのクマの襲撃に気づく機会がいくらでもあったということだ。ところが、なんとも驚くべきことに、クロクマに襲われた蜂の木を見つけたことはたった一度きりしかなく、しかもそれは特殊な状況だった。その蜂の木はアイリッシュヒルにあるレッドオークだったが、冬の嵐でなぎ倒され、巣の入口の高さが一〇・九メートルから一・二メートルへと急降下していたのである。

その木が倒れているのに気づいたのは、二〇〇九年五月、蜂の木の定期点検のために森を巡回していたときのことだ。コロニーはまだ生きていた。それどころか、巣穴に花粉を次々と運び込む元気な姿を見せてさえいた。さらによく観察してみると、巣の入口に使われている穴の周囲の樹皮がはがれていて、あらわになった生木に爪痕が刻まれていることもわかった。もう間違いようがなかった。少なくとも一頭のクロクマがこのコロニーを発見し、巣を手に入れようと奮闘したが、失敗に終わっていたのだ。この話のいちばん重要な部分は、十数年もの間、クロクマは「私の」一八本の蜂の木を一本たりとも見つけられなかったということである。もし見つけていれば、私は絶対に気づいただろう。というのも、アーノットの森で私の待ち箱が見つかって略奪されるたびに（図2‐13参照）、箱の残骸が地面に散らばるだけでなく、クロクマがいた紛れもない証拠——待ち箱を置いた木の幹に刻まれた爪痕——が残されていたからだ（図10‐9）。だが、モニタリングを続けている他の一七本の蜂の木に爪痕は一度も見つからず、よって私はクマがコロニーを発見していないと自信をもって断言できるわけだ。では、なぜ発見されなかったのだろうか？　私が参照したアメリカ東部の哺乳類に関する本によると、[26] クロクマは嗅覚と聴覚は鋭いが、「それなりの視覚しか」もっていないのだという。つまり、日常的な事柄には「それなり」に対応できても、高い位置にある暗い穴に出入りする小さなミツバチを認識するような高度なことはできないのである。

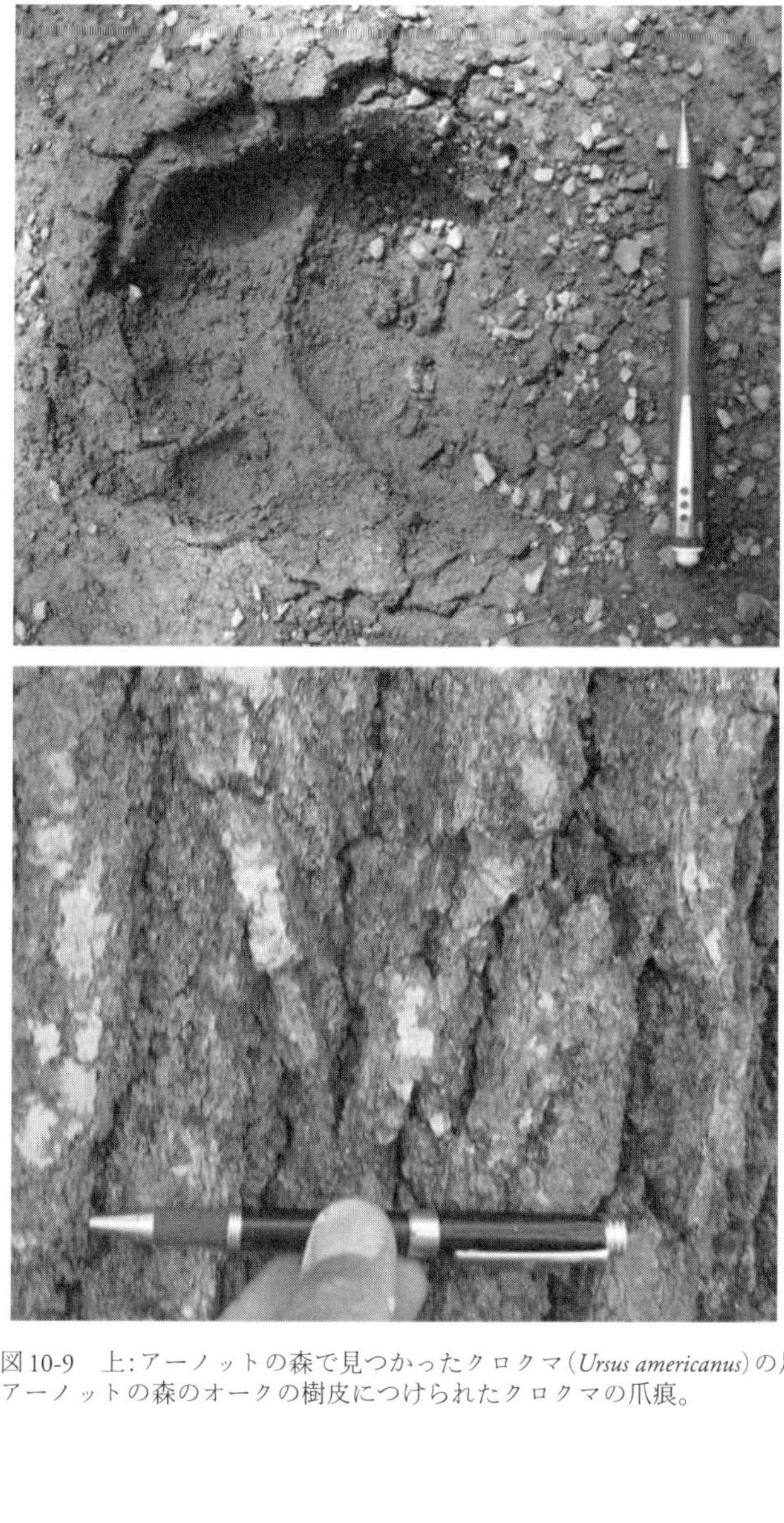

図 10-9　上:アーノットの森で見つかったクロクマ(*Ursus americanus*)の足跡。下:アーノットの森のオークの樹皮につけられたクロクマの爪痕。

プロポリスのコーティングがあるか、コーティングがないか

樹洞に暮らす野生コロニーが、抗菌作用をもった植物性の樹脂（プロポリス）を天井、壁、床に塗りつけコーティングすることは、すでに第5章で見た。この野生コロニーの行動を考えると、管理コロニーが巣枠間の隙間や蓋周辺の割れ目を埋めることはあっても、巣箱の内壁をプロポリスでコーティングすることはないという事実がとても不思議に思えてくる。プロポリスの塗布を誘引する刺激が、小さな隙間や割れ目であるのは間違いない（図5－4参照）。穴の多いざらざらした表面は、細菌にとっては栄養や水分を供給してくれる豊かな生活環境で、繁殖するには理想的な場所である。そうした場所にたどり着いた細菌を放置しておくと、細菌たちはバイオフィルムを形成して、しっかり根を張ろうとする。したがって、巣穴内の荒い表面をミツバチが樹脂で懸命にコーティングするのはごく自然な話である。

ミツバチの蜂児がかかる二つの病気――アメリカ腐蛆病（パエニバシラス属の細菌によって起こる細菌性疾患）とチョーク病（ハチノスカビによって起こる真菌性疾患）――の原因病原体の増殖に対するプロポリスの効果は、多くの実験室ベースの研究で検証されてきた。そして確かに、そうした研究では病原菌に対するプロポリスの強い抑制効果が例外なく報告されている。[27] だが、実験室でのインビトロ研究で得られた知見がコロニー内の病気の抑制にどう関係しているかについては、全貌が明らかにされているわけではない。ミツバチがプロポリスを摂取してその合成物を幼虫への食料へ混ぜ込むことについていていまだ謎が多いことが、その大きな理由である。

ミネソタ大学のマーラ・スピヴァクらは、プロポリスに囲まれた場所での生活が健康面に与える影響をミツバチ自身の声を聞くことで評価した。[28] 彼女たちがおこなった実験の一つに、二種類の巣箱に暮らすミツバチにおける免疫関連遺伝子の転写レベルを比較したものがある。二種類の巣箱とは、内壁をプロポリスのエタノール抽出物でコーティングしたもの（実験群）と、内壁をただのエタノールでコーティングしたもの（対照群）だ。巣箱に処置をしてから七日後に調べてみたところ、対照群に比べて実験群のミツバチの方が細菌数が少なく、免疫応答に関する遺伝子の活動レベルも低いことがわかった。巣箱内をプロポリスの抽出物でコーティングしたことが、実験群の免疫賦活因子（細菌や真菌など）のレベルを低下させたことは明らかだ。

ミネソタ大学の研究チームがおこなった別の実験では、プロポリスのコーティングがコロニーの健康状態に与える利益がさらに強く示されている。その実験は、プロポリスのコーティングがされたコロニーとされていないコロニーを二年間にわたり追跡したものだ。具体的には、二四群のコロニーをコーティングの有無で一二群ずつ二組に分け、それぞれについて複数の健康指標を毎年計測した。プロポリスのコーティングは、プロポリストラップと呼ばれるプラスチック製のシートを巣箱の内壁に取り付けて（図10-10）刺激することで、ミツバチ自身におこなわせた（残りの一二群の巣箱には手を加えず、したがってミツバチもプロポリスを塗らなかった）。

実験からは二つの重要な知見が得られた。一つは、プロポリスのコーティングがある巣箱のコロニーでは、そうでない巣箱のコロニーに比べて、免疫に関与するいくつかの遺伝子の表現（活動）レベルが夏から秋にかけて一貫して低く、安定していたことだ。この差は機能的な意味で重要である。というの

図 10-10　巣箱の内壁に取り付けたプロポリストラップを実験終了後に取り外したときの様子。トラップのスリットを埋めていた茶色のプロポリスの塊が壁に残されている。

も、病原体に懸命に対処しているときの免疫系は、ミツバチの生理機能のなかでも特にコストが高くなりうるからだ。言い換えれば、免疫系の活動を低下させれば、ミツバチはより多くのエネルギーを育児、蜜蝋生産、造巣、採餌などの他の活動に傾けることができる。もう一つの知見はさらに興味深い――プロポリスのコーティングのある巣箱のコロニーの方が生存率が高く（二年のうち一年）、五月の蜂児の数が多くて若い働き蜂の栄養状態が良かった（二年とも）のである（図10‐11）。若い働き蜂の栄養状態については、Vg遺伝子の活動レベルを計測することで評価した。この遺伝子は、若い働き蜂が主要な貯蔵タンパク質であるビテロジェニンを生産するときに活性化するものだ。健康な若い育児蜂では、体液中のタンパク質のおよそ四〇パーセントをビテロジェニンが占めており、育児蜂は日齢の若い幼虫の餌（タンパク質が豊富なローヤルゼリー）を作るためにそれを利用して

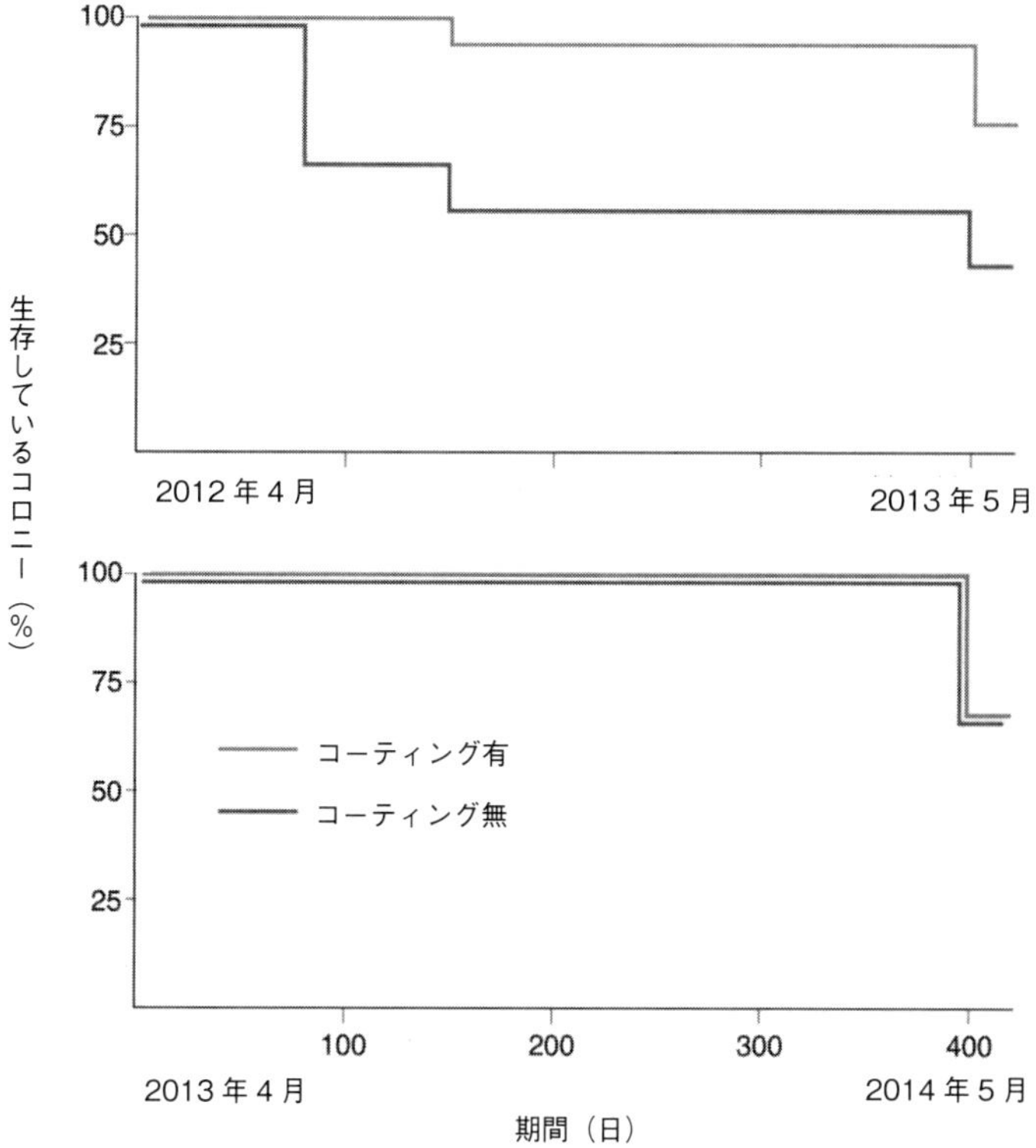

図 10-11　プロポリスのコーティングがあるコロニー（グレー）とコーティングがないコロニー（黒）の 2 回の実験における生存率。どちらのグループも 12 群のコロニーで実験を開始した。初回の実験終了時には生存率に著しい差が見られたが、2 回目には見られなかった。

いる。つまり、健康で栄養状態の良い育児蜂の存在は、コロニーの蜂児育成の基盤なのである。したがってこの独創的な実験からは、コロニーはプロポリスで巣をコーティングすることで、コロニーの未来の成長と最終的な成功のために広範囲な投資をしていることが明らかになった。

第11章　ダーウィン主義的養蜂のすすめ

現代の養蜂は昔と何ひとつ変わっていない。野生の昆虫のコロニーをただ利用しているだけだ。だが理想の養蜂とは、ミツバチを利用すると同時に、できるだけその自然の生き方に干渉しないことである。

――レスリー・ベイリー[1]

ここまでの一〇章では、コロニーの年間サイクル、繁殖、営巣、採餌、温度調節、防衛といったミツバチの自然誌を形づくるトピックを織り交ぜて概観してきた。また養蜂の文化史についても論じた。そこでは、養蜂という特殊な形の畜産がこの魅力的な昆虫の自然な生活の上に築かれている一方で、それを踏み荒らしていることを見たのだった。本書の締めくくりとなるこの最終章では、ここ数十年に得られた野生コロニーに関する知見を用いてその養蜂の二つの現実を統合し、ミツバチにとっても養蜂家にとっても有益なものとなるように養蜂のあり方を見直していきたいと思う。[2]私たちの目標は、ミツバチの自然生活を尊重すると同時に、人間もまた採蜜や送粉から得られる利益を享受することだ。本章では、次の二つの段階を踏んでそのゴールを目指すことになる。第一の段階では、野生コロニーと管理コロニーの生活条件の重要な違いを振り返る。そうすることで、現在の標準的な養蜂が多くの点でミツバチの生活を曲げ、しばしばストレスを与えていることが浮き彫りになるだろう。第二の段階では、六本脚のパートナーたちの生活のストレスを減らし、より健康に暮らしてもらうためには、養蜂家が各自の養蜂をいかに見直していくべきかを考える。そこでは、ミツバチの健康を実現するための秘訣が、それが進化し適応してきたのとできるだけ同じ環境で生活できるよう、コロニーを管理することだとわかるだろう。またその際には、養蜂家の要求よりもミツバチの要求が優先される場合が多いことも確認する。

野生コロニーと管理コロニーの二一の違い

野生ミツバチのコロニーの生態を形づくった元来の環境（進化適応環境）と、管理コロニーが現在暮らしている環境との間に著しい違いがあることは、本書でも再三指摘してきた。養蜂家は、他の農業従事者と同様、生産性を向上させるために自らの産業動物の環境を大きく変えてきたのである。不幸なことに、こうした生活環境の変化によって、そこに暮らす動物たちは寄生生物や病原体に対して脆弱になる場合が珍しくない。表11-1は、野生コロニーが暮らしていた（そして今でも暮らしていることが多い）環境と、管理コロニーが現在暮らしている環境の間に見られる二一の違いを列挙したものである。

違い1　環境に遺伝的に適応しているか、していないか

自然選択による適応の過程は、働き蜂の色、形、行動に違いをもたらした。ヨーロッパ、アジア、アフリカといった元来の生息域内に暮らすアピス・メリフェラの三〇種の亜種は、その違いに基づいて区別されている。各亜種のコロニーは、それぞれの原産地の気候、季節変化、植物相、捕食者、病気に見

表 11-1　野生コロニーが暮らしてきた環境と管理コロニーが現在暮らしている環境の比較。

進化適応環境	現在の環境
1. 遺伝的に適応している	遺伝的に適応していない
2. 環境に分散している	養蜂場に密集している
3. 小さな巣穴に住んでいる	大きな巣箱に住んでいる
4. プロポリスのコーティングがある	プロポリスのコーティングがない
5. 巣穴の壁が厚い	巣箱の壁が薄い
6. 巣の入口が高くて小さい	巣の入口が低くて大きい
7. オス蜂巣板は全体の 10 ～ 25%	オス蜂巣板は全体の 5% 以下
8. 巣の構成が安定している	巣の構成がしばしば変更される
9. 巣の位置はめったに変わらない	巣箱の位置がしばしば変わる
10. めったに介入されない	しばしば介入される
11. 付き合い慣れた病気に対処する	まったく新しい病気に対処する
12. 多様な花粉源をもつ	均一な花粉源をもつ
13. 自然の食料で生活している	人工の餌を与えられることがある
14. 新しい毒にさらされない	殺ダニ剤と殺菌剤にさらされる
15. 病気の治療を受けない	病気の治療を受ける
16. 蜂蜜と花粉を奪われない	蜂蜜と花粉を奪われることがある
17. コロニー間での巣板の移動がない	コロニー間でしばしば巣板が使い回される
18. 蜜蓋が蜂に再利用される	蜜蓋が養蜂家に回収される
19. 女王になる幼虫を蜂が選ぶ	女王になる幼虫を養蜂家が選ぶ
20. オス蜂が交尾のために競い合う	女王生産者がオス蜂を選ぶ
21. ダニ対策のためにオス蜂の蜂児が除去されることがない	オス蜂の蜂児が除去されることがある

事に適応している。さらに各亜種の地理的分布内では、自然選択によってエコタイプ――その環境の条件に合致するようにより微細に調節された個体群――も生み出されている。こうした地理的適応のなかでもっともよく知られているのは、ヨーロッパクロミツバチ（*A. m. mellifera*）のエコタイプだろう。フランス南西部のランド地方の環境に適応したこのミツバチは、八〜九月のギョリュウモドキ（*Calluna vulgaris*）の開花に対応できるよう成長リズムが調節されているのだ。この地域に生まれ育ったコロニーは、育児の第二次ピークを八月に迎えるが、それは一般には見られないことである。だがそのおかげでコロニーの個体数は再び急上昇し、夏の終わりの流蜜期を十分に活用することができる。過去には、ギョリュウモドキが咲かないパリ近郊のコロニーとランド地方のコロニーを入れ替えて、育児サイクルの変化を確認する実験もおこなわれている。[3] 実験からわかったのは、それら二つのエコタイプ間の育児サイクルの違いには遺伝的な根拠があることだ。すなわち、たとえばハワイからメーン州、イタリアからスウェーデンなど、何百マイルも離れた場所に交尾済み女王を輸送したり、コロニーごとトラックで移動させるという行為は、ミツバチたちに不適応な環境での生活を強いることにつながる可能性がある。

違い2　自然環境で分散しているか、養蜂場で密集しているか

コロニーを密集して生活させることは、養蜂家に実務上の利点をもたらす一方で、ミツバチの生態を根本的に変えてしまう。[4] 例を挙げれば、採餌の際の競争が増し、盗蜂の危険性も高まる。また、巣箱を出た分蜂群が合併してしまったり、交尾飛行を終えた女王が間違った巣箱に入ってしまうなど、繁殖においても問題が生じる。だが、養蜂場での密集飼育のいちばんの弊害は、寄生生物や病原体がコロニー

間でたやすく移動できるようになることだ。病気の伝播が容易になれば、養蜂場での病気の発生率が高まると同時に、寄生生物や病原体の毒性も高まる方向に向かうのである。

違い3　小さい巣穴か、大きな巣箱か

居住空間の広さの変更もまた、ミツバチの生態を根本的に変えてしまう。[5] たとえば、大きな巣箱に暮らすコロニーは蜂蜜を蓄えるスペースが増加する一方で、巣内が混雑しないので分蜂が少なくなる。分蜂の減少は繁殖機会の減少と同じ意味なので、それによって健康な強勢コロニーを後押しするはずの自然選択の力が弱まってしまう。より喫緊の問題としては、大きな巣箱だとミツバチヘギイタダニなどの寄生生物に対して脆弱になることが挙げられる。分蜂をしないコロニーは、ダニに対して大量の宿主（幼虫と蛹）を安定して供給することになるからだ。

違い4　プロポリスのコーティングがあるか、ないか

プロポリスのコーティングをもたないコロニーは、病原体の防御に費やす生理学的コストが高くなる。例を挙げれば、そうしたコロニーの働き蜂は、抗菌ペプチドの合成などの免疫系の活動により多くのコストを投じていることが知られている。[6]

違い5　巣穴の壁が厚いか、薄いか

巣穴の壁の厚さは断熱性の問題に直結しており、コロニーが温度調節する際のエネルギーコストに大

きく影響している。[7] この影響は育児中のコロニーにとって特に重要になる。というのも、コロニーは蜂児圏を三四・五〜三五・五℃というかなり幅の狭い最適温度に保ちつづける必要があるからだ。標準的な壁の厚さの樹洞における熱伝導率は、標準的な巣箱の七分の一〜四分の一である。

違い6　狭くて高い巣門か、広くて低い巣門か

巣穴の入口が広いと防衛が難しくなるため、盗蜂や捕食の被害を受けやすくなる。また入口が低いと冬季の生存率が低くなる。入口が雪に塞がれて清掃飛行ができなくなったり、清掃飛行中に雪の地面に接触する可能性が高まるのがその理由だ。[8] 雪の地面に不時着したミツバチは、飛翔筋が冷えて再び飛び立つことができなくなる。

違い7　オス蜂巣板が多いか、少ないか

コロニーからオス蜂巣板を取り去るとオス蜂の育児がおこなわれなくなり、そのぶん蜂蜜生産量が増加して、ミツバチヘギイタダニの繁殖も抑制される。[9] だがその一方で、健康なコロニーに有利に働く自然選択も阻害されることになる。オス蜂を通じて遺伝子を次世代に受け渡すという、健康なコロニーにとっての有利な武器を使う機会が減少するからである。

違い8　巣の構成が安定しているか、よく変化するか

養蜂上の理由で巣の構成を変えることで、コロニーの機能を阻害してしまう可能性がある。[10] 自然状態

のコロニーは、一定の空間構造になるように巣を構成している。具体的にいえば、蜂児巣房の領域（蜂児圏）が花粉巣房の領域（花粉圏）に囲まれ、巣板上部の周縁部には貯蜜巣房の領域（貯蜜圏）がある、といった具合だ。こうした空間構造は、蜂児圏を適切な温度に保ったり、育児蜂の作業効率を高めることに役立っている（作業効率が向上するのは、育児蜂の主な餌である花粉が蜂児圏のすぐそばにあることで時間や労力を節約できるからだ）。巣の構成を変える養蜂家の操作――蜂児圏の過密を緩和するために空の巣枠を挿入するなど――は、蜂児圏での温度調節を混乱させるばかりか、女王の産卵、育児蜂による蜂児への餌の分泌、食料貯蔵蜂（中齢の働き蜂）による花蜜の貯蔵など、コロニーのほかの機能も阻害してしまう。

違い9　巣の位置がめったに変わらないか、しばしば変わるか

移動養蜂で見られることだが、コロニーの働き蜂は新しい場所に連れていかれるたびに、巣箱近くの目印になるランドマークの位置や、蜜、花粉、水の供給源の位置を学習しなければならない。ある研究では、一晩かけて新しい場所へと移動させたコロニーは、すでにその場所にいたコロニーに比べて、その週の重量増加が少なくなることがわかっている。[11]

違い10　めったに介入されないか、しばしば介入されるか

野生コロニーが外部からの深刻な介入（クマ、スカンク、スズメバチによる攻撃など）をどれほどの頻度で経験しているかはわかっていないが、しばしば巣箱の蓋を開けられたり、煙をかけられたり、巣枠

を出し入れされたりする管理コロニーよりは、おそらく少ないことだろう。流蜜期に実施されたある実験では、巣箱の内見を定期的におこなったコロニーと一度もおこなわなかったコロニーの重量変化を比較した。[12] その結果、内見をおこなっていたコロニーの重量の増加量は、そうでないコロニーに比べて二〇〜三〇パーセント（内見の頻度で異なる）低いことがわかった。

違い11　付き合い慣れた病気に対処するか、新しい病気に対処するか

歴史的に見て、ミツバチのコロニーは、長い間せめぎ合いを続けてきた寄生生物や病原体だけに対処すればいい日々を送ってきた。言い換えれば、ミツバチはそれらの病原体と共存する術を進化させてきたのである。だが人間は、東アジアにいたミツバチヘギイタダニ、サハラ以南のアフリカにいたハチノスムクゲケシキスイ（*Aethina tumida*）、ヨーロッパにいたハチノスカビ（*Ascosphaera apis*）とアカリンダニ（*Acarapis woodi*）を拡散させることで、こうした状況を一変させた。ほぼ世界中に広がったミツバチヘギイタダニだけを考えても、野生コロニーと管理コロニーの双方を含む数百万のミツバチのコロニーの死滅につながったのである。[13]

違い12　多様な花粉源があるか、均一な花粉源しかないか

管理コロニーの多くは農業生態系に組み込まれている。たとえば管理コロニーは、アーモンド（*Prunus amygdalus*）やセイヨウアブラナ（*Brassica napus*）の広大な畑に置かれ、そこでミツバチは花粉食料の多様性の低さや、それに伴う比較的貧しい栄養状態を甘受することになる。多様な花粉が手に入るこ

との効果については、単一の花の花粉を餌として与えた育児蜂と複数の花の花粉を与えた育児蜂を比較するという研究がなされている。[14] 微胞子虫（*Nosema ceranae*）に感染した育児蜂を用いた比較では、複数の花の花粉を与えた方が単一の場合よりも長生きするという結果が出ている。

違い13　自然の食料か、人工の餌か

一部の養蜂家は、花粉が利用可能になる前の時期にコロニーの成長を促すために、タンパク質の補助食品（代用花粉）を与えている。送粉サービスの契約を満たしたり、より多くの蜂蜜を生産するために、コロニーを大きくしたいのだ。最高品質の補助食品（代用花粉）は確かに育児を促進させるが、本物の花粉にはおよばないことが多い。[15] また、花粉（あるいは代用品）の不足により栄養面でストレスを受けているコロニーで生まれた働き蜂は、寿命が短い。したがって、早期に採餌を開始するものの採餌蜂として働ける期間も短くなる。

違い14　新しく登場した毒にさらされていないか、さらされているか

人間の手によって新たにミツバチにもたらされた毒のなかでも特に重大なのは、殺虫剤と殺菌剤だ。[16] すなわち、ミツバチが解毒機構を進化させる時間をもてなかった物質である。こうした物質はこれまでにないほど多様化し、その相乗効果もあってミツバチにさまざまな害を与えている。

違い15　病気の対策がされていないか、されているか

人間がコロニーの病気の対策をするということは、アピス・メリフェラとその寄生生物や病原体が繰り広げている宿主 - 寄生体間の熾烈な戦いに水をさすことでもある。つまり私たちは、それによって耐病性にかかわる自然選択の力を弱めているのだ。したがって、欧米に暮らす管理コロニーの大半がミツバチヘギイタダニへの耐性をほとんどもっていない一方で、第10章で述べたように、欧米のどちらにもそのダニに対する強い耐性を進化させた野生コロニーがいることは驚くに値しない。[17] また、コロニーに殺ダニ剤や抗生物質を処置することで、ミツバチの腸内細菌叢に影響を与えている可能性もある。

違い16　蜂蜜と花粉の管理がされていないか、されているか

蜂蜜生産を目的として管理されているコロニーは、生産性が高くなるように大きな巣箱で飼育される。しかしながら、大きな巣箱のコロニーは分蜂しにくくなり、これは健康なコロニーに自然選択が有利に働く余地を少なくする、つまり、もっとも健康なコロニーが遺伝子の受け渡しにおいてもっとも成功するコロニーとなる可能性が低下することを意味している。また、大きな巣箱では蜂児の数も膨大になるため、蜂児を繁殖に利用するミツバチヘギイタダニなどの寄生生物や病原体の爆発的増加に対しても脆弱になる。[18] 人間による花粉の収穫は、コロニーの食事のバランスを崩すことにつながる。

違い17　コロニー間での巣板の移動がないか、あるか

コロニー間で巣板を移動させること、とりわけ育児に使われた（使われている）巣板を使い回すのは、

病気を拡散させるこれ以上ない効率的な方法だが、残念ながらそれはごく一般的におこなわれている。巣板の移動は、群勢を均等にするためのこともあれば、貯蜜巣板を追加するためにおこなわれる場合もある。だが目的がなんであれ、コロニー間の病気を拡散する機会を大幅に増やす行為であることには変わりがない。

違い18 蜂が蜜蓋を再利用するか、養蜂家が回収するか

蜂蜜の収穫時に蜜蓋をはずす際、その蜜蝋製の蓋を取り上げてしまうのは、コロニーに深刻なエネルギー的負担を課すことにつながる。重量ベースで見た糖から蜜蝋への変換係数はせいぜい〇・二〇程度なので、一キログラムの蜜蝋を合成するためには約五キログラムの蜂蜜が必要となる。[19] この量の蜂蜜が、育児や冬季の生存といった他の目的には使えなくなるのだ。こうしたエネルギーコストに加えて、働き蜂の消耗コストも考えなくてはならない。働き蜂は、蜜蝋を生産するために一生涯に使える労力の一部を費やしているからだ。この状況は工場と似ている。つまり、何かを生産するために費やす総コストには、機械を動かすエネルギーコストばかりでなく、機械の減価償却費（消耗コスト）も含まれるわけである。蜂蜜を収穫する方法のなかでミツバチにとってエネルギーの負担がいちばん大きいのは、蜂蜜が詰まった巣板をまるごと取り去り、それを切ったり粉砕したりして蜂蜜を手に入れることだ。遠心分離機などで抽出する場合は、蜜蓋の上層を取り除くだけなので負担はより少ない。

違い19　女王になる幼虫を選択できるか、できないか

女王育成のために一日齢の幼虫を人工王台に移植するとき、私たちはミツバチ自身の選択を妨害していることになる。ある実験では、緊急に女王を育成しなければならなくなったとき、ミツバチはランダムに幼虫を選んでいるわけではなく、特定の父系の幼虫を好んで選択していることが示されている。[20] また、幼虫がその健康状態——全体的な生命力の指標——に基づいて選択されている可能性もある。

違い20　交尾のためにオス蜂が競争をするか、しないか

人工授精を利用する育種プログラムにおいては、精子を提供するオス蜂は自分の生命力を証明する、つまり数十〜数百匹のライバルたちと競いながら飛行中の女王にマウントし卵管に精子を注入する必要がない。オス蜂間の競争がなくなることで、優れた健康と飛行能力に関連する遺伝子をもつオス蜂に性選択が有利に働く可能性も低くなる。

違い21　ダニ抑制のためにオス蜂の蜂児が除去されないか、されるか

コロニーからオス蜂の蜂児を取り除くことは一種の去勢である。この行為は、オス蜂を生み育てることに多くのエネルギーを投資できる健康なコロニーに自然選択が有利に働く機会を妨害するものといえる。

ダーウィン主義的養蜂

進化のレンズを通して見ると、これまでとは違った形の養蜂が浮かび上がってくる。本書ではここまで、ミツバチが何百万年ものあいだ人間から独立して生きてきたこと、その気が遠くなるような長い期間にわたって常に自然選択にさらされてきたことを見てきた。自然選択の力は、コロニーの生存と繁殖を最優先事項としてミツバチの生態を調節してきたのだった。私たちはまた、数千年前にミツバチを巣箱で管理するようになった人類が、それまで存在していたミツバチと環境の息の合った調和を乱したことも見てきた。人の手による撹乱は主に次の二つの方法でもたらされてきた。すなわち、①適応していない地理的場所にコロニーを移動させること、②人間が価値を置くもの――蜂蜜、蜜蝋、花粉、ローヤルゼリー、送粉作業――を効率よく入手できるようミツバチの生活を操作すること、である。

自分が管理しているミツバチに環境と調和した生活、ひいてはストレスが少なく健康的な暮らしを送ってもらうために、養蜂家にできることは何だろうか？　この問いに対する答えは養蜂をおこなう理由によって異なる。ミツバチを観察する楽しみのために少数のコロニーを飼育し、自分の都合よりもミツバチの要求を満たすことに喜びを覚える裏庭養蜂家であれば、ミツバチに優しい養蜂を推し進める道はいくつもあるだろう。だが対照的に、数百〜数千のコロニーを管理し、蜂蜜を収穫したり送粉サービスをおこなうことで生計を立てている商業養蜂家には、選択肢はあまりない。以下に紹介するのは、ミツバチにとってより良い養蜂を実現するのに必要な提言のリストである。リストの各項目は、ダーウィン主義的養蜂の自分なりのレシピを考案するための材料となるはずだ。

1　あなたが住んでいる場所に適応したミツバチを飼育しよう。たとえば、あなたがアメリカ北東部に住んでいるのなら、自分が管理しているなかでも特に耐久力のあるコロニーの女王を選んで育てるか、長く厳しい冬でも繁栄できることが証明された系統の女王（あるいは核コロニー）を購入するといい。それができず、だが地元に野生コロニーがいる場合は、その分蜂群を捕獲することで環境に適応した系統を容易に入手できる。分蜂群を捕まえるいちばん効率的な方法は待ち箱を用いることだ。[21] このやり方は、周囲に養蜂場があまりない場合に特に有効である。というのも、そうした養蜂場には遠くの土地から購入した女王がいる可能性があるからだ。

2　巣箱間の間隔を可能なかぎり広くしよう。私が住むニューヨーク州中部では、森に暮らす野生コロニーは互いにおよそ八〇〇メートル離れて暮らしている。第10章で見たように、野生コロニーは広い間隔を保つことから恩恵を受けているが、当然ながら、ほとんどの養蜂場ではそうした贅沢な土地の使い方はできない。だが幸運なことに、同じく第10章で見たように（図10‐6参照）、巣箱間の距離を三〇〜五〇メートルほどあけておくだけで、オス蜂（おそらく働き蜂も）の巣迷い、ひいては病気の拡散の確率を大幅に低下させることができる。[22]

3　小さな巣箱で飼育しよう。育児室として使うフルサイズの巣箱が一つあり、その上に隔王板を挟んで、貯蜜室として使う中程度の高さの継箱を一つ重ねた巣箱があったとする。この場合、フルサイズの巣箱を二つとその上に継箱をいくつか重ねた巣箱を用いて巨大なコロニーを飼育するときよりも、当然ながら蜂蜜の収穫量は少なくなる。しかしながら第10章で見たように（図10‐8参照）、巣箱が小さい方がが寄生生物や病原体――とりわけミツバチヘギイタダニとそれが媒介するウィルス――が原因でコロニーに起こる問題を抑制することができる。[23] このことは、分蜂を自由におこなわせているコロニーについては特に当てはまる。分蜂群は多くのダニをコロニーから取り去り、さらに育児の中断をもたらすことでダニの繁殖に必要な有蓋の蜂児巣房を提供せずにすむからだ。

4　巣箱の内壁をざらざらに加工するか、粗挽きの木材を使おう。 刺激を受けたコロニーは巣箱の内壁にプロポリスを塗りつけ、そうすることで抗菌作用をもつ膜が出来上がる。[24]

5　断熱性に優れた巣箱を使用しよう。 巣箱の材料には、厚い木材やプラスチックフォームが使えるだろう。[25] 気候によって最適な断熱性がどう変わるのか、その断熱性をどう提供するのが最善なのかは、今後の研究の重要な課題である。

6　地上から高い位置に巣箱を置こう。 誰でも実行できるわけではないが、ポーチや平らな屋根を利用できる人なら、そこに巣箱を設置できるかもしれない。巣穴の入口の高さがコロニーにどう影響しているのか、それがコロニーの置かれた条件や気候によってどう変わるのか、そうした問題の詳細はこれから解明すべき重要な課題である。また、雪が多い土地に暮らすコロニーが、冬季の清掃飛行中に雪に覆われた地面に衝突する可能性が低くなるという理由で入口が高いことから利益を得ている、という考えについてもさらに検証する必要がある。

7　コロニーが巣箱内の巣板の一〇〜二〇パーセントをオス蜂育成のために使用するのを容認しよう。 そうすることでコロニーには数多くのオス蜂を育てる機会が与えられ、これは地域のミツバチの遺伝的環境の改善につながる。オス蜂は育成コストが高いので、オス蜂の大群を生み出せるのは特に健康で強いコロニーだけだからだ。ただし注意してほしいこともある。オス蜂の蜂児はミツバチヘギイタダニの理想的な宿主なので、その数が増えればダニの繁殖も促進される。よってオス蜂巣板を容認する場合は、ダニの感染状態を確かめるためのこまめな点検が必要になり、感染レベルが危険域に達すれば適切な処置もしなければならない（提案14を参照）。

8　巣の構成への介入を最小限に抑え、コロニーの組織的な機能を維持するようにしよう。そのために養蜂の現場でできるのは、内見で巣枠を取り出したあとは当初の位置と向きにきちんと戻すこと、そして分蜂防止のために蜂児巣板の間に空巣枠を挿入するのを控えることである。

9　コロニーの移動をできるだけ控えよう。コロニーの頻繁な移動は、蜂児の世話、巣内の温度調節、採餌など、コロニーがもつ多くの機能を狂わせてしまう。移動そのものもストレスだが、採餌蜂には別の負担もある。無事に巣箱に戻るための目印を新たに覚える必要があるし、食料源や便利な水源の位置を白紙の状態から学ばなければならないのだ。

10　殺虫剤や殺菌剤で汚染された花畑からコロニーをできるだけ遠ざけよう。有害な化学物質の汚染源から遠くに離れるほど、コロニーの採餌蜂がその物質にさらされたり、花蜜、花粉、水と一緒に巣に運び込む頻度は少なくなる。

11　できるだけ、湿地帯、森林、耕作放棄地、ムーア（湿原）などの自然に囲まれた場所にコロニーを設置しよう。そうすることでコロニーは、化学物質に汚染されていない多様な蜜源や花粉源、清潔な水やプロポリスの供給源を確保しやすくなる。

12　コロニーの数を増やしたい場合は、分蜂群を捕獲するようにしよう。その際は待ち箱を用いるか、あるいは群勢の強いコロニーで「スプリット」を作って、それが女王育成と自然な交尾をするにまかせるといい。この二つの方法を用いれば、ミツバチ自身が選んだ幼虫から成長した女王が、厳しい競争に勝ち残ったオス蜂と交尾をして作ったコロニーが手に入るだろう。

13　コロニーから収穫する花粉と蜂蜜の量を最小限に抑えよう。どちらを収穫したとしても、ミツバチが自分たちの需要を満たすために懸命に集めた資源を盗むことに変わりはない。こうした行為は、直接あるいは間接的にミツバチの生存率や繁殖率を低下させ、生物としての繁栄の道を妨害することになる。

14　ミツバチヘギイタダニの駆除を控えよう。これは自然選択を通じてコロニーにダニ耐性を獲得させることにつながる。いまでは、コロニーがダニ耐性を身につけるのはおそらく五年以内だということがわかっている（ただし、周囲にいるのが野生コロニーか、あるいはダニ駆除をせず、ダニに感染しやすい系統の女王の導入も控えている養蜂家が管理するコロニーの場合）。第10章で紹介したゴットランド島での研究は、最初のうちは多くのコロニーが死滅するとしても、少数のコロニーは耐性を自然に獲得して生き残ることを示していた。ただしここで強く言っておきたいのは、ダニの駆除を控えるのは、きわめて入念なプログラムの一環としてそれを実行できる場合にとどめるべきだということである。もしコロニーのダニの感染状況に細心の注意を払わないまま駆除をやめてしまえば、あなたの養蜂場では、ミツバチにダニの耐性を獲得させる方向ではなく、ダニの毒性を高める方向へと自然選択が後押しする状況が生まれてしまうだろう。こうした状況を回避するためには、すべてのコロニーの感染状況を監視し、ダニ由来のウイルスの重度の感染によって崩壊してしまうずっと前に、ダニ数が急増したコロニーを殺す必要がある。

ミツバチヘギイタダニに対して脆弱なコロニーを事前に殺すことで、次の二つのことが達成されうる。一つは、ダニ耐性をもたないコロニーを系統から排除すること。もう一つは、あなた（あるいは周辺地域）の他のコロニーにダニが一斉に蔓延する「ダニ爆弾」現象を未然に防ぐことだ[26]（この現象は、近隣のコロニーの採餌蜂が崩壊しつつあるコロニーに盗蜂に入り、ミツバチヘギイタダニを持ち帰ったときに発生する）。コロニーを事前に殺さなければ、周辺に暮らすもっとも耐性の高いコロニーでさえもダニに蹂躙されて死滅する可能性があり、そうなるとダニ耐性の獲得を後押しする自然選択は働かないことになる。もし感染レベルが危険域に達したコロニーを殺すことを望まないのであれば、代わりにそのコロニーに殺ダニ剤を徹底的に散布すると同時に、現行の女王をダニ耐性をもつ系統の女王と交代させる必要がある。

おわりに

本書では、ミツバチの暮らしについて現在までに明らかにされてきたさまざまな事柄を振り返ってきた。その過程で私たちは、アピス・メリフェラという小さな昆虫がいまだ人間に飼いならされたわけではなく、樹洞から巣箱まではほんの一歩の距離にすぎないことを見た。それに加えて、ミツバチのコロニーというものが高度に統合された生命体であることも見た。それは、注意深く選別した営巣場所にしっかり根づき、その後数年にわたって生き残って繁殖するという難題に対応できるよう、自然選択によって形づくられた生命体だった。野生コロニーがいかに巣を作り、食料を集め、自らを温め、子を育て、侵入者から身を守り、分蜂やオス蜂の育成によって遺伝子を伝えるかを振り返るうちに、私たちはミツバチが数え切れないほどの謎をプレゼントしてくれていることに気づいた。ミツバチのコロニーは、作る巣房の種類（働き蜂用、オス蜂用）をどうやって調節しているのか？　季節に応じてオス蜂用巣房に蜂蜜を保存したり空にしたりするのは、いかなる仕組みで決められているのか？　育児のスイッチを入れたり切ったりするタイミングをどう計っているのか？　分蜂の時期をいかに決めているのか？　分蜂を決意したとき、巣を出ていく働き蜂の割合をどう調節しているのか？　夏の終わりに巣穴をプロポリスでしっかり塞ぐのはなぜか？　水分を巣穴の壁に凝縮させて、冬の飲み水に困らないようにするためだろうか？　いま挙げた以外にも野生コロニーに関する疑問は無数にあるが、そうした疑問は、ミツバチの行動と社会生活にはいまだ多くの秘密が隠されていることを思い出させてくれるのである。

もしあなたが養蜂家なのであれば、ミツバチの驚くべき自然生活を訪ねてまわった本書の旅があなたに刺激を与え、コロニーを蜂蜜工場や送粉装置としてしか見ない養蜂ではなく、このすばらしい生き物により大きな敬意を払う養蜂を目指してくれることを期待したい。ミツバチは、私たちの心をつかんで、それを自然の驚異と謎に感情的に結びつける能力をもっている。その力はほかのどんな昆虫よりも強い。私たちはこの美しい社会性の蜂を愛しており、いつまでも身近にいてほしいと願っている。ミツバチがいない生活なんて考えることもできない。

ミツバチに畏敬の念を抱く私たちは、その生活を向上させる方法を常にさがし求めている。ミツバチを取り巻く状況の改善は、その昆虫を愛している人ばかりでなく、あらゆる人たちにとってきわめて重要な問題だ。というのも、世界の人口が八〇億に届かんとしている現在、ミツバチによる送粉サービスがこれまで以上に必要とされるのは間違いないからだ。さまざまな蜂の種の農作物生産高について調査した近年の信頼できる研究によると、ミツバチは世界全体の作物送粉サービスの半分近くを担っているのだという。[27] これはつまり、作物の送粉をおこなう他の数百種の蜂を合わせたのとほぼ同程度にミツバチが農業に貢献しているということだ。だとすれば、ミツバチに特別な配慮が必要なことに異論はないだろう。その第一の道は、森林を保護して、野生コロニーの生活の場を確保することだ。南北アメリカ、アフリカ、ヨーロッパの森林地帯に暮らすミツバチのコロニーが、ミツバチヘギイタダニの拡大にもかかわらず依然としてそれらの土地に元気で暮らしているのは、ミツバチに驚くほどの回復力が備わっている証拠である。このことはまた、森林などの自然を保護すればミツバチは繁栄し、その遺伝的多様性の重要な保護区も確保できることを示している。

ミツバチの生活を向上させる第二の道は、自然の樹洞ではなく人工の巣箱に暮らす数百万の管理コロニーの扱いを見直すことだ。そしてこれこそが、私が「ダーウィン主義的養蜂」と呼び、他の人が自然養蜂とか、ミツバチ中心主義的《アビセントリック》養蜂とか、ミツバチに優しい《ビーフレンドリー》養蜂などと呼んでいるものの目標である。[28] だがどのような名前であれ、基本的な姿勢はすべて同じだ——養蜂家の都合よりもミツバチの要求を優先するのである。この養蜂は、ミツバチの利益を考えながら、ミツバチの自然生活に調和したやり方でミツバチの管理をおこなうときに実現されるものなのだ。その一方で現在主流の養蜂は、ミツバチの生活をかき乱し危険にさらすという従来の方向性を変えることなく歩みつづけている。[29] したがって、ミツバチを本当に助けようと思えば、ミツバチの暮らす環境を健全に保つだけでは不十分だ。私たちは、人類の食料生産においてかけがえのない数百万の管理コロニーの健康を増進するような形で、ミツバチとの関係を新しく構築しなおす必要がある。ダーウィン主義的養蜂は、ミツバチに敬意を払うことと、実際的な目的のために利用することを両立させた養蜂だ。そしてこのやり方こそが、昆虫界の最良の友であるミツバチの責任ある世話人になる良い方法だと私は信じている。

謝辞

ミツバチの野生コロニーの生活については、ここ四〇年の間に少しずつ研究が進められ、今ではかなり多くのことがわかってきている。本書はそれらの成果を一冊にまとめたものだが、その少なからぬ部分が私と学生の研究、そして他大学の生物学者との共同研究から生まれたものである。まずはここまで私の研究に関わってくれたすべての人たちに感謝の意を表したい。共同研究者のお名前を時系列に挙げていけば、ロジャー・A・モース、リチャード・D・フェル、ジョン・T・アンブローズ、D・マイケル・バーゲット、ダヴィド・デ・ヨング、ダニエル・H・シーリー、P・カーク・ヴィッシャー、ポール・W・シャーマン、H・カーン・リーヴ、スコット・カマジン、スーザン・クーンホルツ、アニャ・ワイデンミュラー、スザンネ・C・ブーマン、フィリップ・T・スタークス、キャロライン・A・ブラッキー、アレクサンダー・S・ミケェエブ、スティーブン・C・プラット、ユルゲン・タウツ、デイヴィッド・C・ギリー、デイヴィッド・R・ターピー、ブライアン・R・ジョンソン、エイドリアン・M・ライヒ、ケビン・M・パシーノ、中村純、ヘザー・R・マティラ、キャサリン・M・バーク、マドレーヌ・B・ジラール、バレット・A・クライン、ジュリアナ・ランゲル、ショーン・R・グリフィン、キャスリン・J・モントヴァン、ナサニエル・カースト、ローラ・E・ジョーンズ、マイケル・L・スミス、マデリン・M・オストワルド、J・カーター・ロフタス、デボラ・A・ディレイニー、アン・

B・チルコット、デイヴィッド・T・ペック、ハイリー・N・スコフィールド、ロビン・W・ラドクリフである。ここに挙げた方の多くが現在も蜂の研究を続けられているが、それでも知るべきことはまだまだ多い。

またこの場を借りて、私がミツバチ研究の道を進む後押しをしてくださった、コーネル大学ダイス研究所の初代所長ロジャー・A・モース教授に心からの感謝をお伝えしたい。モース先生は、大学生だった私が先生の研究室で働けるように毎夏とりはからってくれたばかりではなく、自然のミツバチの巣の調査に必要なもの――ピックアップトラック、チェーンソー、研究スペース、そして元きこりのハーブ・ネルソン氏の助力――も惜しみなく提供してくださった。学生が自分自身のプロジェクトを見つけられるよう導き、研究に必要なやる気を奮い起こさせ、そのあとは自由に研究を進めさせるのが先生のやり方だった。モース先生に本書を読んでもらえないこと、頂戴したお力添えの成果を見てもらえないことをとても残念に思う。

大学院に進学するときには、「アリの男」として有名だったハーバード大学のバート・ヘルドブラーとエドワード・O・ウィルソンに受け入れていただいた。二人の研究グループに参加できたことで、あらゆる種類の社会性昆虫の行動学、進化学の研究者たちと交流でき、生物学者としての視野が大いに広がった。二人には大きな恩義を感じている。一九七六年の秋には、ハーバードの比較動物学博物館のオフィスを『マルハナバチの経済学』を執筆中のベルンド・ハインリッチと共有した。ベルンドは私のもうひとりの大切な先生であり、またロールモデルでもある。

本書が世に出るためには、そのほかにも多くの方からの支援が必要だった。その方たちにも感謝を捧げたい。ハーブ・ネルソンは、チェーンソーの使い方、大木の倒し方、森の奥深くまでピックアップトラックを運転して戻ってくる方法など、野生ミツバチの巣を調査するのに不可欠な技術を教えてくれた。コーネル大学アーノットの森の管理者であるアルフレッド・フォンタナとドナルド・ショフラー、同責任者であるアーロン・モーエン教授とピーター・スマリッジ教授は、四〇年にわたりこのすばらしい森で自由に仕事をさせてくれた。スウェーデン農業科学大学のバルバラ・ロック・グランデールは、ゴットランド島に残されたミツバチの長期研究に関する情報を随時提供してくれた。二〇一六年のビー・オデイシャス会議の主催者であるボニー・モースとゲイリー・モースは、私がダーウィン主義的養蜂という考えを整理するきっかけを作ってくれた。アン・チルコット、デイヴィッド・ペック、レオ・シャラシュキン、マイケル・スミス、フランシス・ラトニークス、マーク・ウィンストンは、本書の草稿を読んで改善に向けた多くの提案をしてくれた。

私の研究に対して、間接的ではあるが重要な支援してくれた方もいる。イェール大学とコーネル大学からの施設面での支援、米国国立科学財団、米国農務省、ドイツのアレクサンダー・フォン・フンボルト財団、北米ポリネーター保護キャンペーン、東部養蜂協会、ミツバチ・キャピタル財団からの財政面での支援に感謝する。この支援は長年にわたり数多の経済的障害を取り除いてくれた。

本書のすべての図版を作成してくれたマーガレット・C・ネルソンにも感謝する。マーギーとは三〇年以上一緒に仕事をしてきたが、定量的な情報を視覚化する際に彼女がくれるアドバイスにはいつも大いに助けられている。また本書のために写真を提供してくださった以下の方々にも感謝申し上げる。レナタ・ボルバ、ローリー・バーナム、スコット・カマジン、アン・チルコット、リントン・チルコット、ジェニー・カリナン、ミーガン・デンバー、メアリー・ホランド、ザカリー・ファン、ルステム・イリアソフ、ジーン・クリツキー、ケネス・ロレンゼン、オーケ・ルーベリ、アンジェイ・オレクサ、ロビン・ラドクリフ、ジュリアナ・ランゲル、マイケル・スミス、アーミン・シュピュージン、ユルゲン・タウツ、エリック・トゥルネレ、アレグザンダー・ワイルド。彼らの写真のおかげで、野生ミツバチの生活を生き生きと伝えられるようになった。

私に本書の執筆を勧め、書くことを決めたあとは貴重な助言を与えてくれた、プリンストン大学出版局「生物学・地球科学」部門の編集長アリソン・カレットには、心からの感謝を伝えたい。そして最後に、野生ミツバチの研究にかける私の情熱を理解してくれた、妻であり野外生物学者のロビン・ハドロック・シーリー、私を叱咤激励すると同時に、本書の適切なタイトルを見つける手助けもしてくれた二人の娘サレンとマイラに特別な感謝を捧げる。

索引

か行

さ行

な行

は行

や行

ら行

わ行

原註

はしがき

1　4000 冊という数字は Mason (2016) による。
2　カール・フォン・フリッシュがミツバチのダンスの意味を発見した顛末は、Munz (2016) に見事に描かれている。
3　この基準は Tinbergen (1974) のタイトルにも表れている。

第 1 章　本書の目的と構成

1　ベリーのエッセイ "Preserving Wildness" から引用（Berry (1987), p.147）。
2　アピス・メリフェラ（*Apis mellifera*）という学名は「蜂蜜を運ぶ蜂」の意。〔正確にはセイヨウミツバチを指すが、本書では原則的にミツバチと表記する。〕
3　高齢の蜂と睡眠の関係については Klein, Olzsowy et al. (2008) および Klein, Stiegler et al. (2014)、断眠を利用したミツバチの睡眠機能の研究については Klein, Klein et al. (2010) を参照。
4　40% という数字は Bee Informed Partnership の統計による。アメリカ国内の 5000 を超える養蜂家が、この団体にコロニーの消失率を毎年報告している。以下のサイトを参照。https://beeinformed.org/citizen-science/loss-and-management-survey/
5　密集状態での飼育が病気の蔓延につながることについては Seeley and Smith (2015)、大きな巣箱で飼育すると寄生生物に対して脆弱になることについては Loftus et al. (2016) を参照。本書の第 10 章ではこの話題を詳しく論じている。
6　ヨーロッパクロミツバチの特徴は Ruttner (1987) 、Ruttner et al. (1990) に詳しい。
7　Roffet-Salque et al. (2015) を参照。
8　アピス・メリフェラは西アジアの地でミツバチ属の他の種と枝分かれしたと考えられている。遺伝子分析に基づき、進化的および個体群統計学的に見たアピス・メリフェラの歴史は、Han et al. (2012) および Wallberg et al. (2014) に詳しい。
9　ロシアでの木を利用した養蜂は Galton (1971) に詳しい。バシコルトスタン共和国の養蜂についてさらに知りたい向きは Ilyasov et al. (2015) を参照のこと。
10　17 世紀に北アメリカに持ち込まれて以降のミツバチの広がり方については Kritsky (1991)、ニューイングランド住民が森の中でいかに蜂の巣を見つけ出したかについては Dudley (1720) を参照。ウィリアム・クラークの記述は Moulton (2002) から引用した。
11　アピス・メリフェラの亜種が北アメリカにいかに持ち込まれたかは Sheppard (1989) に詳しい。また Schiff et al. (1994) では、アフリカ化ミツバチが入ってくる以前にアメリカ南部（ノースカロライナからアリゾナまで）の 692 の野生コロニーから採集したミツバチのミトコンドリア DNA の分析を報告している。それによって明らかにされたのは、当地の野生コロニーの大半が、ヨーロッパ系の亜種を示すミトコンドリア DNA のハプロタイプをもっていたことだ。具体的にいえば、61.6% が *A. m. carnica* と *A. m. ligustica*、36.7% が *A. m. mellifera*、1.7% が *A. m. lamarckii* のハプロタイプをもっ

ていた。

12　1991年から2013年までのテキサス南部における野生のミツバチのアフリカ化は、Pinto et al. (2004, 2005) および Rangel, Giresi, et al. (2016) において遺伝子分析の視点から見事にまとめられている。

13　全ゲノムシーケンスに基づく解析の全貌は Mikheyev et al. (2015) で公開されている。

14　プエルトリコのアフリカ化ミツバチの短時間での進化については Rivera-Marchand et al. (2012)、その遺伝子分析については Avalos et al. (2017) を参照。カウアイ島でのコオロギの鳴き声の消失については Zuk et al. (2006) に詳しい。オスのコオロギの行動変化に関する遺伝学的説明については Tinghitella (2008) を参照のこと。

15　動物の自然個体群における生理的特性と行動特性の急速な進化の事例をさらに知りたい向きは以下を参照のこと。北アメリカ東部のメキシコマシコ（*Haemorhous mexicanus*）の移動行動が40年で変化した事例は Able and Belthoff (1998)、テキサス南部のトカゲの低温耐性が2013-14年の冬に遺伝的に変化した驚きの事例は Campbell-Stanton et al.(2017) に詳しい。ガラパゴス諸島のある島に暮らすフィンチのくちばしの大きさと形状の40年間の進化的変化については、Grant and Grant (2014) に詳述されている。

第2章　ミツバチはまだ森にいる

1　自分の死亡記事を読んだトウェインがAP通信に送った電報より。1897年6月2日付のニューヨーク・ジャーナル紙に掲載された。

2　フィンガーレイクス地方の地史については von Engeln (1961)、イサカの気候については Dethier and Pack (1963) を参照。

3　イサカとその周辺地域の社会および環境の歴史は Kammen (1985) と Allmon et al. (2017) に詳しい。Smith, Marks et al. (1993) と Thompson et al. (2013) は、イサカ近郊やアメリカ北東部一般の森林環境への回帰に関する研究を報告している。

4　巣の選好性に関する私の研究については Seeley and Morse (1978a) を参照。

5　アーノットの森の歴史については Hamilton and Fischer (1970) と Odell et al. (1980) を参照。

6　ビーハンティングの見事な技術は Seeley (2016) に詳しい。Edgell (1949) も参照のこと。

7　1978年のビーハンティングの成果については Visscher and Seeley (1982) を参照。

8　オスウィーゴでの野生コロニーの調査については Morse et al. (1990) を参照。

9　ウェルダー野生生物保護区での野生コロニーの優れた調査については Pinto et al. (2004) を参照。

10　ポーランド北部の田舎道における野生コロニーの調査については Oleksa et al. (2013)、同地域における飼育環境下のコロニー密度については Semkiw and Skubida (2010) を参照。

11　ドイツの3つの地域でのコロニー密度の調査については Moritz, Kraus et al. (2007) を参照。同じくドイツで近年おこなわれたビーハンティングとクマゲラの巣を利用したコロニー密度の調査については Kohl and Rutschmann (2018) を参照。

12　オーストラリアの3つの国立公園での調査については Hinson et al. (2015) を参照。

13　ニューヨーク州シンデイゲン・ホロウ州立森林公園での野生コロニーの調査については Radcliffe and Seeley (2018) を参照。さまざまな生息地（ヨーロッパ、アフリカ、中央アジア）におけるアピス・メリフェラのコロニー密度の調査については、Jaffé et al. (2009) に詳しい。ただしこの調査では、野生コロニーばかりでなく飼育コロニーも対象に含まれている。

14　ミツバチヘギイタダニの生態については De Jong (1997) を参照。また、フロリダ大学のサイトも参考になる（http://entnemdept.ufl.edu/creatures/misc/bees/varroa_mite.htm）。このダニの東アジアでの元来の分布、ロシア東部でのアピス・メリフェラへの宿主転換の歴史、養蜂家の手によるヨーロッパ、アフリカ、南アメリカへの拡大の詳細については、De Jong et al. (1982) を参照。Anderson and Trueman (2000) は、アピス・セラナに寄生するミツバチヘギイタダニ属（*Varroa* 属）には 2 つの種（ジャワミツバチヘギイタダニ（*V. jacobsoni*）とミツバチヘギイタダニ（*V. destructor*））があり、アピス・メリフェラに寄生するダニは、すべてミツバチヘギイタダニ（*V. destructor*）の仲間であることを明らかにした。ミツバチヘギイタダニのもともとの宿主はアジア大陸のアピス・セラナである。ジャワミツバチヘギイタダニの宿主は、マレーシア、インドネシア、ニューギニア地域のアピス・セラナのままである。

15　ミツバチヘギイタダニの北アメリカへの進出とその急速な拡大については Wenner and Bushing (1996) と Sanford (2001) を参照。アフリカ化ミツバチが 7 年間で 8 隻の貨物船から発見されたという情報は、フロリダ州植物・養蜂検査局のデイブ・ウェスターベルト氏から提供を受けた "Florida Africanized Bee Interceptions" という記録による。

16　カリフォルニア州の野生コロニーに関する気が滅入る報告については Kraus and Page (1995) を参照。

17　ローパーによるツーソン北部での野生コロニーの研究については Loper (1995, 1997, and 2002)、その追跡調査については Loper et al. (2006) を参照。

18　2002 年秋におこなわれたアーノットの森での野生コロニー数の調査、2003 年と 2004 年におこなわれたミツバチヘギイタダニの感染調査については、Seeley (2007) にすべてがまとめられている。この研究は Seeley (2003) で最初に報告された。

第 3 章　野生を離れて

1　『野生のアスパラガスを追いかけて』より引用。Gibbons (1962), p.235 を参照。

2　ホモ・サピエンス以前の人類の祖先（アウストラロピテクスを含む）も蜂蜜の味を楽しんでいたという主張については、Crittenden (2011) を参照。ガボンのチンパンジーは蜂蜜が大好物で、蜂の巣をあさるために、パウンダー（巣門をこじ開けるための棒）、エンラージャー（こじ開けた巣門を広げるもの）、コレクター（巣に突き刺して蜂蜜を取るための端が擦り切れた棒）という 3 点道具セットを自ら準備する。Boesch et al. (2009) を参照。

3　化石の蜂をミツバチ属に正しく分類したのは Cockerell (1907) が最初である。化石ミツバチに関する詳細は、世界の化石蜂に関する研究論文 Zeuner and Manning (1976)、化石ミツバチに関する近年のレビュー Engel (1998)、昆虫の進化に関する決定的な成果 Grimaldi and Engel (2005) を参照。

4　時代が推定できるホモ・サピエンスの最古の証拠は、モロッコ西岸にあるジェベル・イルード山地で採掘作業中に見つかった頭蓋骨化石である。熱ルミネッセンス法を用いた測定によると、31万5000年（± 3万4000年）のものだという。この頭蓋骨に関する近年の分析は Hublin et al. (2017) を参照。アフリカにおけるホモ・サピエンスの誕生とその後のアジア、ヨーロッパなどへの拡散の複雑な物語は Wenke (1999) にまとめられている。より新しい情報については、Gibbons (2017) と Hublin et al. (2017) を参照。

5　蜂蜜のカロリー分析については White et al. (1962) あるいは Murray et al. (2001) を参照。後者の参考資料には、タンザニアのハッザ族が採集した蜂蜜（ということは、おそらく初期人類が食べていた蜂蜜）の分析結果も掲載されている。その蜂蜜には、砕かれた蜂の幼虫と蛹が混ぜ合わされているため、タンパク質と脂質が豊富に含まれていた。

6　ハッザ族の蜂蜜採りの詳細な報告については Marlowe et al. (2014) と Wood et al. (2014) を参照。最近の論文 Smits et al. (2017) では、雨季と乾季でハッザ族の腸内細菌叢がいかに変化するか、言い換えれば、肉をよく消費する乾季から、蜂蜜、ベリー類、果物を消費する雨季へと移行するなかでいかに健康な腸を維持しているかを説明している。エフェ族（とその近縁集団のムブティ族）の蜂蜜採りの詳細な報告については、Turnbull (1976) と Ichikawa (1981) と Terashima (1998) を参照。アフリカ南部の初期人類による蜂蜜採りと壁画の様子を書いた短編小説に Dixon (2015) がある。

7　壁画に描かれた人類の蜂蜜採りの証拠については Crane (1999) で詳しく解説されている。1917年にアラーニャ洞窟で発見された先史時代の壁画について知りたい向きには、Hernández-Pacheco (1924) が最良の参考資料になる。Dams and Dams (1977) は、1976年に新たに見つかった中石器時代の蜂蜜採りの壁画を報告している。

8　ニウセルラー王の太陽神ラーをまつる神殿にあったレリーフについては、Crane (1999) の第20章と Kritsky (2015) の第2章に詳述されている。古代エジプトの養蜂および日常生活の様子が豊かに描かれた保存状態の良い史料としては、テーベにある宰相レクミラ（紀元前1470〜1445年頃に2人のファラオに仕えた）の墓を飾る豪華な装飾がある。Garis Davies (1944) を参照。

9　テル・レホブで見つかった鉄器時代の養蜂については、Mazar and Panitz-Cohen (2007) と Bloch et al. (2010) を参照。

10　Kritsky (2015) の「古代エジプトの養蜂の来世」という上手い章題がつけられた最終章では、すばらしい写真とともに、今日のエジプトで見られる伝統的養蜂の道具や技術が詳しく説明されている。そうした道具と技術は、約2000年前のファラオの時代に使われていたものとさほど変わっていないだろう。

11　Columella (1968) を参照。

12　北ヨーロッパにおける樹木養蜂の概説については Crane (1999) の第16章を参照。ロシアの樹木養蜂について詳しく知るには Galton (1971) が最良の資料である。

13　Galton (1971), p. 27 を参照。

14　南ウラルの樹木養蜂に関するさらなる情報は Ilyasov et al. (2015) で見つかる。

15　主にスケップを用いたヨーロッパ北西部の伝統的養蜂については、Crane (1999) の第27章と Kritsky (2010) の第3章、第4章に見事にまとめられている。図3-6の2つ

のスケップの木版画は Münster (1628), p.1415 より。

16　ラングストロスがビースペースを発見し、自身の新しい巣箱にそれを利用した経緯は、彼の伝記 Naile (1976) に克明に記されている。ラングストロスの発明の位置づけ、とりわけヨーロッパで同時期に起きていた可動巣枠式巣箱を開発しようという多くの試みについては Kritsky (2010) に詳しい。

17　1851 年 10 月 30 日のラングストロスの日記は Naile (1976), p. 75 より。「養蜂家が蜂を完全にコントロールできるようになる」というラングストロスの言葉は、1851 年 11 月 26 日の彼の日記より。Naile (1976), p. 79 を参照。

18　ラングストロスの可動巣枠式巣箱が世界の養蜂に与えた影響、その巣箱を用いた養蜂をこれほどまでに生産的にしたその他の道具や技術の発展については、Crane (1999) の第 41 章、第 43 章を参照。

第 4 章　ミツバチは家畜化されたのか？

1　Langstroth (1853) の第 2 章の章題より。

2　家畜化の概論については Roberts (2017) と DeMello (2012) を参照。

3　ビール、ワイン、蒸留酒、日本酒、バイオエタノールに使われる出芽酵母（*Saccharomyces cerevisiae*）と家畜化の関係に関する興味深い話については、Gallone et al. (2016) を参照。

4　中東の初期農耕民がミツバチを利用していた証拠については Roffet-Salque et al. (2015) に詳しい。

5　旧約聖書（出エジプト記、3 章 8 節および 17 節）より引用。

6　野生のミツバチが 20 〜 40 リットルの営巣場所を好むことについては、Seeley and Morse (1976, 1978a)、Jaycox and Parise (1980, 1981)、Rinderer, Tucker et al. (1982) を参照。

7　新石器時代の空の瓶やかごにミツバチが住みついたことが巣箱養蜂のはじまりだという仮説を唱えたのは、私の知るかぎりではエヴァ・クレーンが最初である。Crane (1999), p. 161 を参照。

8　分蜂前に蜂蜜を腹にためこむ働き蜂の行動については Combs (1972) に詳しい。煙を察知したときの同様の行動については Free (1968) を参照。

9　大きな分蜂群からはじまったコロニーの方が越冬できる確率が高いことについては Rangel and Seeley (2012) を参照。

10　煙に反応して防衛行動が鈍化するのは、ミツバチの中枢神経系への影響によるところが大きいが、感覚系（嗅覚系）も何らかの役割を果たしていると考えられる。働き蜂は、煙をかぐと警戒フェロモンの匂いに対する感度を低下させるのである（おそらくミツバチの嗅覚一般が妨害されるのであって、警戒フェロモンだけが特別なのではない）。Visscher, Vetter et al. (1995) を参照。

11　ケープポイント自然保護区の野生ミツバチがいかに山火事を生き延びたかについては、Tribe et al. (2017) に詳しい。

12　人類が火の使用を学び、のちに自在に利用するようになった考古学的証拠については Gowlett (2016) を参照。

13　ニューヨーク州の工業的酪農については Kurlansky (2014) に詳しい。

14　一個体（ミツバチの場合は一コロニー）のある性質に対する遺伝的影響の度合い

を示す概念として、遺伝率というものがある。遺伝率は 0 〜 1 の数字で表され、その値によって、育種価を判断する指標として特定の性質を利用することにどれほどの信頼性があるのかがわかる。Collins (1986) にある表 1 は、ミツバチの個体の性質（働き蜂の寿命など）とミツバチのコロニーの性質（蜂蜜の生産量など）の双方に関する遺伝率の推定値を示している。Bienefeld and Pirchner (1990) や Oxley and Oldroyd (2010) では、コロニーの性質（春季の成長率、蜜蝋生産量、おとなしさなど）の遺伝率の推定値がいくつか紹介されている。たとえば、蜂蜜生産量の遺伝率の推定値は 0.15 〜 0.54 とされている。

15　器具受精の初出については Watson (1928)、器具受精をより信頼できる技術にした後続の改良案については Laidlaw (1944) 、最新の情報については Harbo (1986) を参照。動画でもミツバチの器具受精の様子を見ることができる。Instrumental insemination of honey bee queens – Susan Cobey (https://www .youtube.com/watch?v=Csjy020fpyI)

16　アメリカ腐蛆病（ＡＦＢ）は、ミツバチがかかる病原体による病気のうち、毒性の強い――つまり、コロニーの防衛機能をあっという間に無効化しコロニーを殺してしまう――唯一の病気である。ＡＦＢ胞子は、感染したコロニーが盗蜂にあったときや、ＡＦＢで死滅したコロニーが使っていた営巣場所に新しい分蜂群がやってきたときに、容易に伝播（水平感染）する。Fries and Camazine (2001) では、その視点から、毒性がいかに進化してきたのかを説明している。また Ewald (1994) では、なぜ一部の病原体――マラリア、天然痘、結核、エイズ、ＡＦＢの原因となるもの――がきわめて致死率が高いのに対し、他のものはそうでないのかについて、明快な進化論的説明を与えている。

17　Rothenbuhler (1958) は、1930 〜 40 年代にＯ・ウォレス・パークらがおこなったＡＦＢ耐性の育種プログラムに関する、詳細で参考となるレビューである。同書では、イギリスのブラザー・アダムによるアカリンダニ症耐性のための育種など、それ以外のプログラムについても簡潔に説明されている。また Spivak and Gilliam (1998a) も、ＡＦＢ耐性の育種プログラムの優れた資料である。

18　Spivak and Gilliam (1998b) は、Ｏ・ウォレス・パークとウォルター・Ｃ・ロテンビュラーの時代以降になされた衛生行動の優れた研究に関する、詳細で参考となるレビューである（ここで衛生行動は、主にチョーク病、ヨーロッパ腐蛆病、ミツバチヘギイタダニへの防衛機構として扱われている）。

19　ミツバチとアルファルファの驚くべき話については、Mackensen and Nye (1966) と Nye and Mackensen (1968, 1970) を参照。種苗会社に引き継がれたミツバチの育種については Cale (1971) で報告されている。

20　Oxley and Oldroyd (2010) と Oldroyd (2012) は、ミツバチにはっきりとした品種の違いがないこと、ミツバチが真に家畜化されていないことについて詳しく論じている。

21　Roberts (2017) では、イヌとウシのほか、8 種の動植物（ニワトリ、ウマ、ヒト、コムギ、リンゴ、ジャガイモ、コメ、トウモロコシ）の家畜化の歴史を概説している。

22　DeMello (2012) の Box 5.2 には、イヌを除いた 18 種の家畜化された動物のリストと、それらの動物が家畜化されたと考えられる時期が記載されている。リストに載っているのは、ヒツジ、ネコ、ヤギ、ブタ、ウシ、ニワトリ、モルモット、ロバ、

アヒル、ウマ、リャマ、フタコブラクダ、ヒトコブラクダ、スイギュウ、ヤク、アルパカ、シチメンチョウ、そしてミツバチである。

23　北アメリカ、ニュージーランド、オーストラリアのミツバチの個体群はヨーロッパ系亜種の交雑種であり（Harpur et al.(2012) を参照)、また国境を越えた移動養蜂や女王蜂の輸出がヨーロッパ内の亜種の均質化に資している（De la Rúa et al.(2009) を参照）という理由から、私たちはアピス・メリフェラの遺伝的特徴を根本的に変えてきたと主張する者もあるかもしれない。だが私は、それらの遺伝子変化を根本的なものとはみなしていない。なぜなら、そうした変化によって、同系交配のミツバチに明確な亜集団（品種）が生じたわけではないからである。

24　スコットランドのヒース群生地へのコロニーの移動については Manley (1985) と Badger (2016) に詳しい。

25　カリフォルニア州のアーモンド農園での受粉作業に必要とされる移動養蜂の概要については、Ferris Jabr, The mind-Boggling math of migratory beekeeping, *Scientific American*, 1 September 2013 (https://www.scientificamerican.com /article/migratory-beekeeping-mind-boggling-math) を参照。Jacobsen (2008) と Nordhaus (2011) では、ポリネーターを必要とする農家のために毎年数百万のコロニーがアメリカ中を移動する様子がより詳細に報告されている。

26　現代養蜂の道具と手段についてより詳しく知りたい向きは、Flottum (2014) と Sammataro and Avitabile (2011) を参照。

第5章　巣

1　Darwin (1964), p. 224 より引用。

2　動物の巣を生存装置の一部とみなすという視点は、生物が作り上げた構造物がいかに「延長された表現型」の一部となるかというリチャード・ドーキンスの議論で詳しく取り上げられている。Dawkins (1982, 1989) の最終章を参照。

3　イサカ周辺の森に暮らす野生ミツバチの自然の巣に関する研究の全貌については、Seeley and Morse (1976) を参照。巣穴の容積を計測するのに巣を取り除いた空間に砂を詰めたことなど、巣の解体調査の方法も記載されている。Avitabile et al. (1978) はコネチカット州でおこなわれた関連研究で、木に暮らす 108 のコロニーの巣の入口の高さ、大きさ、方角に関する情報を報告している。それによると、巣の入口は大半が低い場所にあり（5 メートル未満)、面積は小さく（60 平方センチメートル未満)、南を向いていたという。

4　巣の解体調査を入念におこない蜂の個体数を正確に数えるには、コロニーを殺す必要があったが、私は木を切り倒す当日にそれを実行した。蜂の苦しみを最小限にとどめるためにそうしたのである。手順は以下のとおりだ。日がのぼりはじめた早朝に蜂の木に向かう。その時間帯であれば蜂はまだ巣の中にいるからだ。到着すると木に登り、開口部を 1 つを除いて布で塞ぎ、残った穴からスプーン数杯分のシアノガス（シアン化カルシウム）の粉を入れたあと、そこも塞いでしまう。巣穴の中ではブンブンという羽音が急に大きくなるが、2 分もすると静かになる。これはゾッとするような作業で、今の私にできるかは疑問だ。しかし、この調査から得られた結果は、21 のコロニーの死に報いる価値があるものと私は信じている。

5　角度統計を用いた蜂の巣の入口の方角の分布分析からは、平均方位角 192°（おおよそ南南西）、平均方向ベクトル 0.39 という結果が得られている。ここからは、入口の方角の分布が南に偏っていて、間違いなく非ランダム（$p < 0.01$）であることが読み取れる。Batschelet (1981) を参照。

6　アーノットの森の野生コロニーの 3 つの調査は、それぞれ Visscher and Seeley (1982)、Seeley (2007)、Seeley, Tarpy et al. (2015) で報告されている。シンデイゲン・ホロウ州立森林公園でおこなった調査については Radcliffe and Seeley (2018) を参照。

7　入口が巨大で（204 平方センチメートル）、容積も規格外（448 リットル）という珍しい巣穴も 1 つ見つかった。アメリカブナ（*Fagus grandifolia*）の根本にぽっかりあいた穴が巣門で、巣穴の高さは 5 メートルほどもあった。コロニーは巣穴の上部に巣を作っていた。そのため、入口も容積も異常な大きさではあったが、造巣には適した場所だったといえる。

8　これらの樹洞の木壁の厚さを体系的に測定しなかったことが悔やまれる。Mitchell (2016) を参照。

9　オス蜂用巣房の高い割合（10 ～ 24%、平均 17%）は、人間の手を加えていないコロニーによる造巣を観察した別の研究でも確認されている。そこで報告されているオス蜂用巣房の割合は、11 ～ 23%（平均 20%）である。Smith, Ostwald et al. (2016) を参照。

10　ミツバチヘギイタダニ感染抑制の手段として小さな巣房を利用する私の研究については、Seeley and Griffin (2011) を参照。

11　Edgell (1949) は、ニューハンプシャー州中央部の蜂の木に暮らす 56 のコロニーから夏の間に採集した蜂蜜が平均で 8.5 キログラム（推定値）だったことを伝えている。

12　イサカでの分蜂のサイクルは 6 年にわたり記録され、その間に 126 の分蜂群が捕獲された。Fell et al. (1977) を参照。

13　Rangel, Griffin et al. (2010) は、分蜂群の出現前に偵察蜂がいかにして営巣場所の探索をはじめることができるかを報告している。その報告によると、探索は分蜂群が現れる 2 ～ 3 日前にはじまるという。

14　営巣候補地の条件（大きさなど）を調査する偵察蜂の詳細な行動については Seeley (1977) を参照。新しい営巣場所を選択する集団的意思決定の過程で、偵察蜂がいかに協力するかについては、Lindauer (1955)、Seeley (2010) を参照。

15　フランスの養蜂雑誌に載っていたのは Marchand (1967) である。完璧な巣箱を求める養蜂家の長い努力の歴史については Kritsky (2010) に詳しい。

16　イサカ周辺の野生ミツバチの営巣場所の選好性に関する私の研究の方法と成果については、Seeley and Morse (1978a) を参照。

17　冬が寒く雪の多い地域における南向きの入口の利点に関するサボの研究については Szabo (1983a) を参照。

18　天井近くに入口がないことの利点に関するミッチェルの研究については Mitchell (2017) を参照。

19　偵察蜂がいかに営巣候補地の容積を測るのか、どれほどの容積を好むのかに関する私の研究については、Seeley (1977) を参照。その関連研究については Jaycox and

Parise (1980, 1981) あるいは Rinderer, Tucker et al. (1982)、大規模調査については Rinderer, Tucker et al. (1982) を参照。

20 巣脾がすでにできている巣箱に分蜂群を定着させる利点に関するサボの研究については、Szabo (1983b) を参照。ロシアの樹木養蜂家が巣板付きの樹洞に高い価値を置いたことは Galton (1971) に詳しい。待ち箱の優れた参考文献としては Marchand (1967)、Guy (1971)、Seeley (2017a) を挙げておく。

21 比較実験で用いた条件の違いは以下のとおり。入口の形状については、丸いものは直径 3 センチメートル、細長いものは 1 × 7 センチメートルとした。おがくずは、巣箱を木や電柱に取りつける直前に 2 リットル分を床に敷いた。湿ったおがくずには最初に 1 リットルの水を混ぜておき、その後およそ 10 日おきに巣箱を点検するたびに 1 リットルの水を追加で散布した。ミツバチの営巣場所の選好性の研究についてより詳しく知りたい向きは、Seeley and Morse (1978a) を参照。

22 日齢の変化とともに働き蜂の蝋腺上皮（ひいては蜜蝋生産）がどう変わっていくかについては、Hepburn (1986) の第 4 章を参照。その章ではまた、分蜂群に加入した高齢の蜂が蝋腺を若返らせることに関する諸研究も概説されている。

23 六角形の面積の求め方は、$a^2 \cdot 6\tan(30°)$、つまり $a^2 \cdot 0.8655$ である（ここで a は六角形の内径)。この式を利用すると、1.92 平方メートルの働き蜂巣板にはおよそ 8 万 2501 個の働き蜂用巣房（内径は 5.20 ミリメートルなので面積は 23.40 平方ミリメートルとなる）があり、0.48 平方メートルのオス蜂巣板にはおよそ 1 万 3125 個のオス蜂用巣房（内径は 6.50 ミリメートルなので面積は 36.57 平方ミリメートルとなる）があることが導ける。巣全体の面積 2.4 平方メートルというのは、私が野生コロニーの調査で見てきたものの平均と同程度である。

24 ボイチェフ・スコブローネックは、働き蜂が一生のうちにおよそ 20 ミリグラムの蜜蝋を生産できることを発見した。したがって働き蜂が 6 万匹いれば、20 ミリグラム × 6 万匹 = 1.2 キログラムとなる。Hepburn (1986), p. 39 を参照。また同 64 ページでは、20 平方センチメートルの巣表面（10 平方センチメートルの巣板の両面）を作るのに約 1 グラムの蜜蝋が必要だと見積もっている。

25 分蜂群の働き蜂がもつ糖液の量は Combs (1972)、分蜂群の働き蜂の個体数は Fell et al. (1977)、糖から蜜蝋への変換係数の推定値は Horstmann (1965)、Weiss (1965) に基づいている。

26 分蜂後に初めて冬を迎えるコロニーが越冬できる可能性については、Seeley (1978) and Seeley (2017b) に詳しい。

27 ミツバチ以外の社会性蜂（マルハナバチやハリナシバチなど）や単独性蜂が作る円形巣房については、Michener (1974) あるいは Michener (2000) を参照。これらミツバチ以外の種では、巣房は蜂児を育てるためだけに利用される。またミツバチ以外の社会性蜂は、蜂蜜を貯めるために特別の蜜壺を作る。

28 ミツバチが巣房の壁の厚さを判断するのに触角を用いることについては、Martin and Lindauer (1966) に詳しい。

29 分蜂群が新しい営巣場所にやってきたあとの造巣のパターンとコロニー内の個体数の変動については、Smith, Ostwald et al. (2016) で詳細に報告されている。この論文ではまた、コロニーが新しい営巣場所に定着してから 14 カ月の間に、巣の面積がい

かに増加するか、働き蜂とオス蜂の数がいかに変動するか、蜜と花粉の貯蔵量がいかに増減するかについても論じられている。この研究で使用された大型の観察巣箱のサイズは、奥行4.3センチメートル、幅88センチメートル、高さ100センチメートルである。

30　分蜂群の働き蜂が蜂蜜をたっぷり腹に詰め込んでいることについてはCombs (1972) を参照。

31　造巣は出だしが肝心なことは、新しい巣穴へ引っ越してから4〜6週間以内に作られた巣が1年目に作られる巣の大部分を占めることからも伺える。Smith, Ostwald et al. (2016) では最初の4週間に作られた巣の割合は1年目全体の57%、Lee and Winston (1985) では最初の6週間に作られた巣の割合は90%だったと報告されている。

32　造巣の最適なタイミングに関する理論的、実験的研究はPratt (1999) で報告され、Pratt (2004) で再検討されている。

33　造巣を担当する蜂と、採餌蜂の蜜を受け取って巣房に貯蔵する蜂の日齢範囲が一致していることは、Rösch (1927)、Seeley (1982) で報告されている。

34　塗料で印をつけた蜂を用いて、蜜の受取係が造巣係になる割合が低いことを示した研究については、Pratt (1998a) を参照。

35　新しい営巣場所にやってきた分蜂群が最初の数週間に作るのは働き蜂用巣房だけであることは、Free (1967)、Taber and Owens (1970)、Lee and Winston (1985)、Smith, Ostwald et al. (2016) で報告されている。

36　どちらの巣房を作るのかを決めるのに使われる情報経路の研究についてはPratt (1998b) を参照。このテーマおよび造巣のタイミングに関する研究はPratt (2004) にまとめられている。

37　プロポリスの供給源となる植物に関する優れたまとめは、Crane (1990) の表12.5で見ることができる。このテーマに関する新しい報告についてはSimone-Finstrom and Spivak (2010) を参照。

38　採集蜂が花粉かごに樹脂を載せる過程の詳細な報告は、Meyer (1954)、Meyer (1956) を参照。

39　中村による樹脂の採集蜂と作業蜂の綿密な観察研究についてはNakamura and Seeley (2006) を参照。

40　花粉の採集蜂よりも樹脂の採集蜂の方が触刺激の連合学習に優れていることを発見した研究については、Simone-Finstrom, Gardner et al. (2010) を参照。

第6章　一年の活動サイクル

1　ロバート・フロストの詩「春の祈り」より引用。Latham (1969) を参照。

2　周辺温度に応じた越冬コロニーの代謝率についてはSouthwick (1982) を参照。

3　エネルギー獲得（損失）の指標としてコロニー重量の変化を用いることに対する批判的な評価については、McLellan (1977) を参照。

4　アメリカ、カナダ、ドイツにおけるコロニーのひと夏あるいは一年の重量変化の記録については、それぞれMilum (1956)、Mitchener (1955)、Koch (1967) を参照。

5　1980年11月から1983年6月まで2つの非管理コロニー（模擬野生コロニー）の週

ごとの重量変化を記録した研究についてさらに知りたい向きは、Seeley and Visscher (1985) を参照。

6　コネチカット州中央部に暮らすミツバチのコロニーの晩秋〜早春の重量については Avitabile (1978) を参照。同地の気候はニューヨーク州中部の気候によく似ている。

7　冬季の育児やコロニーの重量減少に対する花粉貯蔵の影響については Farrar (1936) に詳しい。

8　蜂児の入った巣房を数えることでコロニーの成長パターンを記録した事例については、Nolan (1925)、Allen and Jeffree (1956)、Jeffree (1956)、Winston (1981) を参照。同様の記録を成虫の個体数調査でおこなった事例については、Jeffree (1955)、Loftus et al. (2016) を参照。

9　分蜂の準備段階における王台の破壊については Simpson (1957a)、Gary and Morse (1962) を参照。

10　図 6-4 のデータの出典はそれぞれ以下のとおり。育児については Avitabile (1978)。分蜂については Fell et al. (1977) の結果を拡張した。気温については Brumbach (1965)。

11　冬の育児が日照時間に応答してはじまる証拠は Kefuss (1978) を参照。

12　温暖な気候における育児の年間サイクルについては Nolan (1925)、Jeffree (1955, 1956) に詳しい。

13　フランスにおけるコロニーの交換実験についてさらに知りたい向きは、Louveaux (1973)、Strange et al. (2007) を参照。

14　ロザムステッド農事試験場でのオス蜂生産のタイミングについては、Free and Williams (1975) を参照。

15　分蜂のタイミングに関する報告は以下を参照。マニトバ州（カナダ）については Mitchener (1948)、スコットランドについては Murray and Jeffree (1955)、イギリス南部については Simpson (1957b)、アメリカ北東部については Fell et al. (1977)、Caron (1980)、カリフォルニア州中央部については Page (1982)。

16　ここに示した新生コロニーおよび成熟コロニーの夏と冬の生存率は、私が 1970 年代と 2010 年代におこなった野生コロニーの長期研究に基づいている。Seeley (1978, 2017b) を参照。

17　この研究で用いた 12 のコロニーのうち 6 群について、育児の開始を冬から春へと遅らせるにあたっては、各コロニーの女王蜂を 2 枚のプラスチック製の隔王板の間に隔離した。隔王板は上下の巣箱の間に挿入し、木片を利用して 8 ミリメートルの高さをもつようにした。この設計によって、女王蜂は横方向に移動でき、ひいては越冬蜂球との接触を維持することができるが、巣板に移動して産卵することは不可能になる。残りの 6 群では女王の移動を制限せず、よって冬の育児も制限されなかった。

18　ここで概観したコロニーの成長と繁殖の重要なタイミングの研究結果は、Seeley and Visscher (1985) で報告されている。

19　マルハナバチのライフサイクルについては Heinrich (1979)、Goulson (2010) に詳しい。

20　温帯、亜寒帯、日常的に氷点下になる北極圏における昆虫の越冬については Chapman (1998), pp. 518–520 を参照。ツンドラ地帯に暮らすマルハナバチについては

Richards (1973) を参照。

21 Michener (1974) は、ミツバチとハリナシバチの自然誌および生物地理学の優れた概説である。

22 緯度が違うとアリによるスズメバチの幼虫の捕食率も異なるという研究は、Jeanne (1979) に報告されている。

第7章 繁殖

1 ジョージ・ウィリアムの著書 *Adaptation and Natural Selection* より引用（Williams (1966), chapter 6）。

2 繁殖期ごとに雌雄両方の配偶子（卵子と精子）を生み出す場合、その生物（植物や動物）は同時的雌雄同体である。このトピックに関する詳しい議論については Charnov (1982) の第2章を参照。ミツバチのコロニーの配偶子は未交尾の女王とオス蜂である。

3 女王とオス蜂の発育期間（それぞれ16日と24日）および出房以降の性的成熟期間（最短でそれぞれ6日と10日）の詳細な情報については、Koeniger, Koeniger, Ellis et al. (2014)、Koeniger, Koeniger, and Tiesler (2014) の第4章、第5章を参照。

4 有蓋のオス蜂用巣房の面積（Page (1981)）と、蜂児が入っているオス蜂用巣房の面積（Smith, Ostwald et al. (2016)）を、オス蜂の蜂児巣房の推定数へと変換する際には、オス蜂用巣房の報告値（cm^2）に2.73巣房／cm^2を掛け合わせている。2.73という数値はオス蜂用巣房の密度である（ヨーロッパ系ミツバチのオス蜂用巣房の平均内径は6.5ミリメートルである）。コロニーにおけるオス蜂用巣房の数とそれらが使われた日数を掛け合わせた値を得るために、まず、Page (1981) と Smith, Ostwald et al. (2016) で報告された夏の間のオス蜂用巣房数（有蓋／蜂児が入っている）の曲線下面積を計算した。夏の間にコロニーによって育てられたオス蜂の総数を計算する際には、オス蜂用巣房の数とそれらが使われた日数を掛け合わせた値を、オス蜂1匹あたりの巣房の使用期間（有蓋蜂児巣房であれば14日、蜂児が入っている状態の巣房であれば21日）で割った。この計算は、オス蜂の蜂児が入っているすべての巣房が生存能力のある成虫のオス蜂を生み出すという前提に立っている。

5 春におこなうオス蜂の育児に使うために、蜂蜜を蓄える巣房の種類（オス蜂用／働き蜂用）をコロニーが季節に応じて切り替えるかどうかを試験した研究の詳細については、Smith, Ostwald et al. (2015) を参照。

6 働き蜂の揺さぶり行動と、それがいかに（分蜂や交尾飛行といった形で）女王を巣から飛び立つように促すかについては、Allen (1956, 1958, 1959a)、Hammann (1957)、Schneider (1989, 1991) に詳しい。

7 25%という数字は Fell et al. (1977) による。

8 分蜂の際に働き蜂が全体の4分の1ほどしか残らないことの証拠については、本章の後半で詳しく論じる。ところで、分蜂をおこなうコロニーにいる働き蜂は、巣に残って若い女王（妹女王）を支援するのか、あるいは第一分蜂群として巣を出て旧女王（母女王）を助けるのかをどうやって判断しているのだろう。新しい女王と父親が同じときに前者の選択を好み、父親が違う場合は後者の選択を好むのだろうか？ Rangel, Mattila et al. (2009) では、若い女王たちの一部が自分と同じ父親をもっ

ている場合、働き蜂は巣にとどまる傾向を強めるかを調査したが、その証拠を見つけることはできなかった。どうやらアピス・メリフェラの分蜂においては、身内びいきはおこなわれていないようだ。

9　偵察蜂が新しい営巣場所を巧みに選ぶ過程については Seeley (2010) に詳しい。

10　分蜂群が元巣から十分に離れた営巣場所を選ぶことについては、Seeley and Morse (1978b)、Kohl and Rutschmann (2018) を参照。

11　0.87 という数字は、私がおこなったイサカ周辺の森に暮らす野生コロニーの研究から得られたものである。Seeley (2017b) を参照。

12　分蜂期間中に生まれた女王のうちただ 1 匹だけが元の巣に残れるメカニズムは、Gilley and Tarpy (2005) できわめて詳しく説明されている。カンザス州ローレンスの非管理コロニーにおける分蜂の詳細な情報については、Winston (1980) も参照のこと。

13　0.70 と 0.60 という数字は Winston (1980)、Gilley and Tarpy (2005) より。どちらの研究も、5 つのコロニーにおける第一分蜂と二次分蜂のパターンを報告している。

14　巣を受け継いだ娘女王のコロニーの生存確率（0.81）と分蜂をした母女王のコロニーの生存率（0.23）は、Seeley (2017b) の図版 5 より。

15　Allen (1956) を参照。

16　この 2 つの長期研究の方法と結果の詳細については、Seeley (1978) と Seeley (2017b) を参照。

17　私の待ち箱の使い方は Seeley (2012, 2017a) で説明している。

18　イサカ地域における双峰性の分蜂パターンについては Fell et al. (1977) を参照。

19　二次分蜂群は第一分蜂群よりあとに巣を出るので、当然のことながら造巣の時期も遅くなる。この二次分蜂群の出発の遅れについては、Gilley and Tarpy (2005) の表 1 に詳しい情報が掲載されている。それによると、1 回目と 2 回目の二次分蜂は第一分蜂のそれぞれ 5 〜 7 日後、12 〜 18 日後におこなわれる。

20　分蜂群が定着した営巣場所の「平均寿命」を計算する式は以下のとおり。A は営巣場所の「年齢」を示している。

$$0.5 + \sum_{A=0}^{20} A[(0.23)(0.81)^{A-1}][0.19]$$

21　オスとメスの子孫に対する資源配分については、Charnov (1982) により詳しい情報が掲載されている。

22　私はコロニーがオス蜂を生み出し維持するコストを調査してみたことがある (Seeley (2002))。オス蜂巣板の有無によって、蜂蜜生産を目的とした管理コロニーの蜂蜜生産量がどれほど変わるかを見るという調査だ。その結果、オス蜂を制限なく育成したコロニーは、制限があったコロニーよりも平均で蜂蜜生産量が約 20 キログラム少ないことがわかった。

23　ここで用いられているオス蜂と働き蜂の乾燥重量は Henderson (1992) を参考にした。

24　分蜂群は巣の貯蔵食料をどれほど持ち去っていくのだろうか？　Combs (1972) の報告によると、働き蜂は分蜂で巣を離れるときに、自分の蜜胃に平均で 37 ミリグラムの糖液（濃度 67%）を詰めていくという（ちなみに、分蜂をしないコロニーの働

き蜂の蜜胃には、平均で10ミリグラムの糖液（39%）しか入っていない)。したがって、1万2000匹の働き蜂からなる標準的な分蜂群は、合計で300グラムほどの糖を持ち去っていくことになる（1万2000匹×37mg×67%=297.5 g)。

25　オス蜂は一生のうちに何度くらい交尾飛行をするのだろうか？　オス蜂は性的に成熟してから20日ほど生き、天気が良ければ1日2〜4回の交尾飛行をおこなう（Winston (1987), pp. 56, 202)。夏の半分がオス蜂と女王が交尾飛行をおこなえるほど天気の良い日だと仮定すれば、典型的なオス蜂は、その短い（そしておそらく性的に満たされない）一生のうちに20〜40回の交尾飛行をおこなうと推定できる。

26　二部に分けておこなったこの調査については、Rangel, Reeve et al. (2013) を参照。

27　分蜂投資率に応じた越冬生存率の測定方法についてはRangel and Seeley (2012) に詳しい。

28　分蜂投資率を報告している3つの研究とは、Martin (1963)、Getz et al. (1982)、Rangel and Seeley (2012) である。

29　ミツバチの交尾の興味深い生態については、Koeniger, Koeniger, and Tiesler (2014) とKoeniger, Koeniger, Ellis et al. (2014) の2冊で徹底的に語られている。

30　E-9-オキソ-2-デセン酸がミツバチの性誘引フェロモンだという発見は、Gary (1962) で報告された。

31　集合場所までの女王とオス蜂の平均移動距離（2〜3キロメートル､5〜7キロメートル）は、Ruttner and Ruttner (1972) に基づいている。

32　オス蜂の交尾飛行の距離を調べた印象的な研究は、Ruttner and Ruttner (1966) である。

33　ミツバチの交尾飛行の最大範囲を調べるためにオンタリオ州でおこなわれたエレガントな研究は、Peer (1957) で報告されている。

34　ミツバチ属におけるポリアンドリーの進化については、Palmer and Oldroyd (2000) でまとめられている。ミツバチ属の8種における父系の平均数については、Tarpy et al. (2004) を参照。そこではアピス・メリフェラの父系平均数を、観測された受精回数からは12.0 ± 6.3（平均値± 1標準偏差）、有効父系頻度からは12.1 ± 8.6あるいは11.6 ± 7.9と報告している。有効父系頻度の推定値が2つあるのは、その計算方法が2通りあるからである。

35　オス蜂が女王の卵管に精子を注入し、そのごく一部が女王の貯精嚢に移送され保存されるという多段階のプロセスは、Koeniger, Koeniger, Ellis et al. (2014) の第10章で詳しく説明されている。

36　女王が複数のオス蜂から精子を集めて遺伝的に多様な働き蜂を産むことで、コロニーがどのような利益を得ているかに関しては、多くの研究がなされている。耐病性の向上についてはTarpy (2003)、Seeley and Tarpy (2007)、Simone-Finstrom, Walz et al. (2016)、巣の温度の安定性の向上についてはJones et al. (2004)、食料資源獲得の強化についてはMattila and Seeley (2007)、Mattila et al. (2008) を参照。

37　女王の乱婚によって、コロニーに重要な少数派の働き蜂――採餌活動の旗振り役――が現れる確率が高まるという発見は、Mattila and Seeley (2010) で報告されている。

38　広く分散している野生コロニーの女王の交尾頻度と、密集している管理コロニーの女王の交尾頻度を比較する研究については、Tarpy, Delaney et al. (2015) を参照

第8章　採餌

1　トーマス・スマイバートの詩“The Wild Earth-Bee”より引用（Smibert (1851)）。

2　働き蜂が食料を集めるために14キロメートルもの距離を移動する証拠は、ワイオミング州の半砂漠地帯でおこなわれた研究から得られている。その研究では、アルファルファなどの畑がある灌漑地域から異なる距離に複数のコロニーを設置し、もっとも離れたコロニー（14キロメートル）からも採餌蜂がやってくることを確認した。Eckert (1933) を参照。

3　約3分の1の働き蜂が採餌に出るという見解は、Thom et al. (2000) で報告された結果に基づいている。

4　花粉の採餌蜂が、蜂児（とりわけ卵と幼虫）の入った巣房の近くで優先的に花粉の荷降ろしをすることは、Dreller and Tarpy (2000) で示されている。蜂児圏、花粉圏、貯蜜圏を一貫したパターンで配置するミツバチの行動規則に関する広範な分析については、Camazine (1991)、Johnson (2009)、Montovan et al. (2013) を参照。

5　花蜜の採集がもっとも盛んになる流蜜期であっても、少数の働き蜂によって水の採集は継続されている。詳しくは Seeley (1986) の図2を参照。

6　コロニー内の蜜受取係と水受取係の日齢分布については、Seeley (1989)、Kühnholz and Seeley (1997) を参照。

7　ニューヘイブンでのこの研究の詳細については Seeley and Visscher (1985) を参照。

8　1キログラムはおよそ7700匹の働き蜂の重さに相当する。

9　130ミリグラムという数値は Haydak (1935) に基づいている。

10　夏の働き蜂の寿命が約1カ月という見解は、Sekiguchi and Sakagami (1966)、Sakagami and Fukuda (1968) に基づいている。

11　蜂蜜生産を目的とした管理コロニーの育児総数については Brünnich (1923)、Nolan (1925)、花粉消費量については Eckert (1942)、Hirschfelder (1951)、Louveaux (1958)、蜂蜜消費量については Weipple (1928)、Rosov (1944) を参考にした。

12　この段落に用いた数字の出典はそれぞれ以下のとおり。1回の採餌で持ち帰る花粉量は Parker (1926)、Fukuda et al. (1969)。平均飛行距離は Visscher and Seeley (1982)。飛行に使うエネルギーは Scholze et al. (1964)、Heinrich (1980)。花粉のエネルギーは Southwick and Pimentel (1981)。花蜜の平均糖度は Park (1949)、Southwick et al. (1981)、Seeley (1986)。蜂蜜の平均糖度は White (1975)。1回の採餌で持ち帰る花蜜量は Park (1949)、Wells and Giacchino (1968)。

13　6キロメートルという数字は、アーノットの森に暮らす標準的なサイズのコロニーによる採餌の空間分布を報告した Visscher and Seeley (1982) に基づいている。この論文では、採餌蜂の尻振りダンスによって示される餌場の95%が半径6キロメートルの円に収まったことも報告されている。

14　この採餌蜂の飛行速度（時速30キロメートル）は、積荷が空の状態で餌場に向かうときの速度（時速34.2キロメートル）と、食料を積載して巣に戻ってくるときの速度（時速24.2キロメートル）のおおよその平均値である。飛行速度の測定方法の詳細については、Seeley (1986) か、Seeley (2016) の Biology Box 5 を参照。

15　標準的なマーク・アンド・リキャプチャー方式を用いた採餌範囲の研究について

は、Berlepsch (1860, p. 176)、Levin et al. (1960)、Levin (1961)、Robinson (1966) を参照。ワイオミング州の半砂漠地帯の研究は Eckert (1933)、認識票と磁石を用いた研究は Gary (1971) である。採餌蜂の分布を突き止めるために認識票と磁石を用いた実験の好例として、Gary et al. (1978) を挙げておく。

16 この研究の詳細については Visscher and Seeley (1982) を参照。

17 尻振りダンスを解読することでコロニーの採餌範囲をさぐるというヘルタ・クナッフルの先駆的な仕事については Knaffl (1953) を参照。

18 イギリスのシェフィールドでおこなわれた研究については Beekman and Ratnieks (2000) を参照。尻振りダンスの観察を通じて、コロニーのサイズや季節が採餌範囲とその変化にどのような影響を与えるかを考察した、イギリスでの研究をさらに知りたい向きは、Beekman et al. (2004)、Couvillon et al. (2014, 2015) を参照。

19 「宝さがし」実験については Seeley (1987) を参照。

20 ここに挙げたもの以外の例については Visscher and Seeley (1982) の図 3 を参照。

21 採餌蜂の派遣数を巧みに調節して日々変化する食料源に対応するコロニーの能力に関する実験研究は、Seeley, Camazine et al. (1991) に詳しい。このトピックに関する全研究のレビューについては Seeley (1995) の第 3 章と第 5 章を参照。

22 コネチカット州の働き蜂が採集した蜜の糖度分布については Seeley (1995) の図 2.12 を参照。この図が示す糖度の範囲は約 15 〜 65% で、平均はおよそ 40% だった。これは、Park (1949) と Southwick et al. (1981) で報告されている、アイオワ州とニューヨーク州の働き蜂が集めた花蜜の平均糖度と同じである。

23 養蜂場のコロニーが何に刺激を受けて盗蜂をおこなうのかを調査した研究については、Butler and Free (1952)、Ribbands (1954) を参照。

24 Peck and Seeley（近刊）を参照。

25 小屋の屋根に置いてある待ち箱は、5 枚の巣枠が入る小さなラングストロス式巣箱である。偵察蜂にとって待ち箱が魅力的になるよう、今は蜂が好む香りのする暗い色の巣板を挿入している。Seeley (2012) and Seeley (2017a) を参照。

26 働き蜂によじのぼるミツバチヘギイタダニの見事な早わざについては Peck et al. (2016) を参照。ダニが媒介した病気で弱ったコロニーでは、ミツバチヘギイタダニが採餌蜂（盗蜂に入ってきたものも含む）にも躊躇せずよじのぼるようになることについては、Cervo et al. (2014) を参照。

27 私は、アーノットの森のコロニーはすべてミツバチヘギイタダニに感染していると考えている。第 2 章で見たように、その森で捕獲した分蜂群が例外なくダニに感染していたからだ。

第 9 章　温度調節

1 トマス・フッドの詩 “November” より引用（Hood (1873), p. 332)。

2 蜂児のいない越冬蜂球の温度については、以下の優れた情報源がある。すなわち、Hess (1926)、Owens (1971)、Fahrenholz et al. (1989)、Stabentheiner et al. (2003) である。コロニーの蜂児圏の温度については、Himmer (1927)、Owens (1971)、Levin and Collison (1990)、Kraus et al. (1998) に詳しい情報が掲載されている。

3 蛹のときの周囲温度が 34.5 〜 35.5℃に保たれていたかどうかで、成虫になった働き

蜂が適切に活動できるかが決まることを示した2つの研究は、Tautz et al. (2003)、Groh et al. (2004) である。またこれらの研究からは、この狭い温度範囲が蜂児圏に典型的に見られることも報告されている。

4　現在のところ、ミツバチが暮らす自然の樹洞の厚さに関する良質なデータは存在していない。また、偵察蜂が巣穴候補を検分しているときに壁の厚さを評価しているかもわかっていない。本書の図5-1からは自然の巣穴の壁の厚さ（8〜13センチメートル）が読み取れる。

5　図9-1に示した等温線は、巣箱中心部の2枚の巣枠の間に12列に分けて取り付けた192個のサーモカップルによる測定値に基づいている。巣箱の木壁の厚さは19ミリメートルだった。

6　昆虫の飛翔筋が、知られているなかで最高レベルの代謝活動をおこなうことについては、Bartholomew (1981) で論じられている。ミツバチの質量あたりの出力はHeinrich (1980)、オリンピックのボート選手の出力はNeville (1965) を参考にした。ミツバチの飛翔装置が燃料を動力へと変換する効率はKammer and Heinrich (1978) で述べられている。

7　蜂が胸部温度を周囲の気温よりも大幅に高く上昇させる仕組みについては、Esch (1960)、Heinrich (1979b) に詳しい。ミツバチの働き蜂が胸部温度を27℃以上に保つ必要性については、Esch (1976)、Heinrich (1979b) で報告され、Josephson (1981)、Heinrich (1977) で説明が与えられている。等尺性収縮を利用して飛翔筋を温めるミツバチの働き蜂の能力についてはEsch (1964) で分析されている。

8　ミツバチが飛翔筋を温めるのと同じメカニズムを利用して巣を温めていることは、Esch (1960) に示されている。育児蜂が飛翔筋によって上昇した胸部温度を利用していかに蛹を温めるかについては、Bujok et al. (2002)、Kleinhenz et al. (2003) を参照。

9　蜂児圏の温度が37℃以上の状態が続くと幼虫の変態が阻害されることはHimmer (1927) で示されている。蜂蜜の入った巣板が40℃から崩壊しはじめることについてはChadwick (1931) を参照。成虫のミツバチの高温致死温度はAllen (1959b)、Free and Spencer-Booth (1962) で報告されている。ミツバチが15℃の周囲温度でも数日生存できることについてはFree and Spencer-Booth (1960) を参照。

10　蜂児圏の温度が働き蜂の発育期間に与える影響に関するバーン・ミラムの論文はMilum (1930) である。30℃の状態に数時間保つだけで蛹がチョーク病にかかるのに十分であるとしたアンナ・モリジオの画期的な論文は、Maurizio (1934) である。

11　ハチノスカビへの感染が蜂児圏の温度上昇反応をもたらすことについてはStarks et al. (2000) を参照。

12　ミツバチを約18℃に冷やすと飛翔筋を動かせなくなることを示した研究については、Allen (1959b)、Esch and Bastian (1968) を参照。働き蜂を10℃以下に冷やすと寒冷昏睡状態になることを示した研究については、Free and Spencer-Booth (1960) を参照。

13　「伝導」は動かない物質を通じた熱の移動。「対流」は物質の動きによって起こる熱の移動で、空気や水などの流れを必要とする。水の「蒸発」が熱を奪うのは、液体から気体に変わるとき水はかなりの熱を吸収するからだ。「放射」は物体が赤外線などの電磁波を放射することで起こる熱の移動である。

14　蜂球の形成がはじまる温度に関する詳しい情報は、Free and Spencer-Booth (1958)、

Kronenberg and Heller (1982)、Southwick (1982, 1985) を参照。冬のコロニーの構造と温度の関係に関するチャールズ・オーエンの研究は Owens (1971) である。気温が 14℃から -10℃に下がると蜂球の体積が 5 分の 1 になるという記述は、Owens (1971) の図 22 に基づいている。

15　ラングストロス式巣箱に暮らす 1 万 7000 匹（2.2 キログラム）のミツバチからなる越冬蜂球の熱コンダクタンスの計測については、Southwick and Mugaas (1971) を参照。ミツバチのコロニーと鳥類や哺乳類との熱コンダクタンスの驚くべき近似性は、同論文の図 5 に記載されている。

16　この先駆的な研究については Mitchell (2016, 2017) を参照。

17　2 つのタイプの構造物の幅、奥行、高さはすべて同じで、24 × 24 × 87 センチメートルとした。樹洞については、直径 96 センチのサトウカエデの幹をくり抜いて、木くずをかき出し、壁を手斧でなめらかに整えた。樹洞の壁の厚さは場所によって次のように異なっていた。もっとも薄いのは取り外し可能な正面の壁（入口として使う穴があいている）で 15 センチ、もっとも厚いのは後面の壁で 57 センチ、側面の壁は 36 センチだった。どちらの構造物でも、温度のデータはラズベリーパイのマイクロコントローラを備えた温度センサー／記録計を使って収集した。電源は木に取り付けたソーラーパネルを利用した。

18　35℃の温度における成虫と幼虫の安静時代謝の数値は、Allen (1959b)、Cahill and Lustick (1976)、Kronenberg and Heller (1982) に基づいている。500W/kg という飛翔筋の最大代謝率は、Jongbloed and Wiersma (1934)、Bastian and Esch (1970)、Heinrich (1980) を参考にした。

19　育児蜂が自分の胸部を温めて蜂児巣房の蓋に押し付けることで蛹を羽化させることを明らかにした研究については、Bujok et al. (2002) を参照。

20　ミツバチの小集団が代謝率を高めて寒さに対抗することは、Cahill and Lustick (1976) で報告されている。

21　周囲温度と蜂球形成に応じたコロニーの代謝率のグラフ（図 9-7）は、Southwick (1982) を参考にしている。

22　このマルティン・リンダウアーによる実験は、コロニーにおける温度調節と水の節約に関する論文 Lindauer (1954) で報告されている。

23　巣内の温度が 36℃に達するとミツバチが（冷却のための）扇風行動をはじめることを報告した初期の論文には、Hess (1926)、Wohlgemuth (1957) がある。

24　ジェイコブ・ピーターズらの研究については Peters et al. (2017) を参照。温度調節と二酸化炭素除去を目的とした巣の換気に関するエンゲル・ヘイゼルホフの研究については、Hazelhoff (1941)、Hazelhoff (1954) を参照。二酸化炭素濃度が高くなったときにおこなわれる巣の換気に関する実験研究は、Seeley (1974) を参照。

25　Chadwick (1931) を参照。

26　数週間とまではいかないが、数日にわたり水の採集を専門に行う採餌蜂がいる証拠は、Lindauer (1954)、Robinson et al. (1984)、Kühnholz and Seeley (1997)、Ostwald et al. (2016) で報告されている。水汲み蜂がいかに帰りの飛行のための燃料を確保するかの分析は、Visscher, Crailsheim et al. (1996) を参照。水の採集のさまざまな目的については、Park (1949)、Nicolson (2009)、Human et al. (2006) に詳しい。

27　スコットランド北部のミツバチによる冬季の水の採集については Chilcott and Seeley (2018) を参照。赤外線カメラによる水汲み蜂の温度計測については Kovac et al. (2010) で報告されている。水汲み蜂の温度調節についてさらに知りたい向きは Schmaranzer (2000) を参照（これも赤外線カメラを用いた調査である）。

28　断熱性の高い巣箱の温度や湿度に入口の位置が与える影響の分析については、Mitchell (2017) を参照。

29　熱で一時的に温められたミツバチのコロニーが水汲み蜂の活動を調節することについては、Ostwald et al. (2016)、Kühnholz and Seeley (1997) を参照。

30　オーストリアと南アフリカの養蜂家による巣内の貯水の報告は Rayment (1923)、Eksteen and Johannsmeier (1991) である。O・ウォレス・パークによる貯水蜂の報告は Park (1923) である。

第 10 章　温度調節

1　ヘンリー・デイヴィッド・ソローのエッセイ "Walking" より引用（Thoreau (1862), p. 665）。

2　防衛機能をかいくぐってミツバチのコロニーの一部またはすべてを消費しようとする数百の生物については、Morse and Flottum (1997) で幅広く報告されている。

3　ミツバチは自らに関係する感染症の多くと長い進化の道をともに歩んできたという見解と、養蜂家は病原体をコントロールしようとしてミツバチの自然のメカニズムを妨害してしまうという見解は、ミツバチの病理学に関する権威ある本、Bailey (1963, 1981)、Bailey and Ball (1991) で論じられている。

4　ウクライナからロシア最東端にアピス・メリフェラが持ち込まれた経緯は、Crane (1999, pp. 366–367) にまとめられている。

5　親から子への垂直方向の伝播ではなく、遺伝的に無関係な宿主間で水平方向に容易に伝播する寄生生物や病原体は、高い毒性をもつように進化すると考えられる。これは、水平伝播が繁殖力の高い病原体株に有利であり、一般的にいって繁殖力が高ければ宿主に与える害も大きくなるからだ。一方で垂直伝播は、宿主が子孫を作るまで健康でいられる程度にゆっくりと繁殖する病原体株に有利に働く。宿主が子孫を残す前に死んでしまうと新しい宿主が見つからなくなるからだ。毒性の進化が寄生生物や病原体の生態にいかに左右されるかについては Ewald (1994, 1995) に詳しい。なお、ミツバチのチヂレバネウイルス（DWV）の水平伝播の経路は次の 2 通りが考えられる。①ミツバチヘギイタダニに寄生された働き蜂が巣迷いによって未感染のコロニーに入ったとき、②ミツバチヘギイタダニに感染したコロニーに盗蜂に入った働き蜂がダニを自分の巣に持ち帰ったときである。

6　Martin (1998)、Martin (2001)、Martin et al. (2012) は、アピス・メリフェラの大規模消失の第一の原因が、ミツバチヘギイタダニとウイルス（特にチヂレバネウイルス）への重感染であることを示している。

7　ミツバチヘギイタダニが沿海地方のアピス・メリフェラのコロニーに感染した時期については信頼できる情報を見つけられていないが、Crane (1978) の報告によると、ウクライナの農民がアピス・メリフェラのコロニーとともに 1883 年にその地域に移住を開始してからまもなくのことだという（次のサイトを参照：Ihor Samokysh,

Ukrainians in Zeleny Klyn, Day Kyiv, 17 November 2011, https://day.kyiv.ua/en/article/day-after-day/ukrainians-zeleny-klyn)。

8　ロシア東部のミツバチがもつミツバチヘギイタダニへの耐性のメカニズムは、トーマス・リンダラー率いる研究チームによって解明されている。彼らの詳細かつ多面的な研究については Rinderer, Harris et al. (2010) を参照。ロシア東部から輸入されたミツバチのダニ耐性が遺伝的基盤をもつことを決定的に実証した野外研究は、Rinderer, Guzman et al. (2001) で詳細に報告されている。

9　ゴットランド島の隔絶された土地に暮らすコロニー（ミツバチヘギイタダニに感染したもの）を追跡した実験の詳細については、Fries, Hansen et al. (2003)、Fries, Imdorf et al. (2006)、Locke (2016) を参照。ゴットランド島に暮らすコロニーのダニ耐性のメカニズムについては、Fries and Bommarco (2007)、Locke and Fries (2011)、Locke (2015, 2016)、Oddie, Büchler et al. (2018) に詳しい。

10　花で採餌中の働き蜂によじのぼるミツバチヘギイタダニの驚くべき能力については Peck et al. (2016) を参照。この論文には、ダニのにわかには信じられない早わざを収めた愛らしい動画へのリンクも掲載されている。

11　この調査に用いたビーハンティングの方法の全貌については Seeley (2016) を参照。

12　この調査については Seeley, Tarpy et al. (2015) を参照。

13　全ゲノムシーケンスを用いた野生コロニーの新旧の標本の解析については Mikheyev et al. (2015) を参照。

14　ミツバチヘギイタダニの出現による野生コロニーあるいは放棄されたコロニーの崩壊（絶滅ではない）の報告は、イサカ以外の次の地域からも上がっている。テキサス州は Pinto et al. (2004)、アリゾナ州は Loper et al. (2006)、ルイジアナ州は Villa et al. (2008)、スウェーデンは Fries, Imdorf et al. (2006)、ノルウェーは Oddie, Dahle et al. (2017)、フランスは Le Conte et al. (2007)、Kefuss et al. (2016) を参照。

15　デイヴィッド・ペックの研究結果はまだ発表されていないが、まもなく "Multiple mechanisms of behavioral resistance to an introduced parasite, Varroa destructor, in a survivor population of European honey bees" というタイトルで論文が出版される予定である。

16　働き蜂巣房の蓋をはずしてから再び蓋をかけることがダニの繁殖を抑制する効果的な方法である証拠は、Oddie, Büchler et al. (2018) で報告されている。

17　蜂の巣の採集から養蜂への移行の歴史は Crane (1999) が特に詳しい。自然環境に点在する野生コロニーよりも養蜂場で集団管理されているコロニーの方が、餌場での競争が厳しくなることについては Crane (1990, p. 194)、花蜜が不足している時期に盗蜂のリスクが増すことについては Free (1954)、Downs and Ratnieks (2000)、繁殖の問題（特に女王の死）が生じることについては Crane (1990, p. 196)、病気のリスクが高まることについては Free (1958)、Goodwin and Van Eaton (1999) をそれぞれ参照。

18　40% という数字は Jay (1965, 1966a, 1966b) による。養蜂場での巣迷いを減らすさまざまな方法の有効性に関する研究は、Jay (1965, 1966a, 1966b)、Pfeiffer and Crailsheim (1998) で報告されている。

19　この実験の詳細については Seeley and Smith (2015) を参照。関連研究である Frey and Rosenkranz (2014) では、近隣コロニーからミツバチヘギイタダニが持ち込まれる確率にコロニー間の距離の違いがどう影響するかを検討している。

20　Loftus et al. (2016) を参照。

21　小さい巣箱のコロニーの方が大きな巣箱のコロニーよりも頻繁に分蜂をおこなうことを示した研究は、Simpson and Riedel (1963) である。コロニー内のダニの約半数が成虫のミツバチに寄生し、残り半数が有蓋蜂児巣房にいることは、Fuchs (1990) で報告されている。

22　未成熟のミツバチヘギイタダニが有蓋蜂児巣房内のどこで、どのように過ごしているかに関するすばらしい説明は、Donzé and Guerin (1997) を参照。ミツバチヘギイタダニのライフサイクルについては Rosenkranz et al. (2010) で包括的に説明されている。小さな巣房が未成熟のミツバチヘギイタダニの高い死亡率につながることをいち早く提案したのは、Erickson et al. (1990)、Medina and Martin (1999) である。

23　3 つの研究とは Ellis et al. (2009)、Berry et al. (2010)、Coffey et al. (2010) である。同様の問題を扱った私とショーン・グリフィンの検証については Seeley and Griffin (2011) を参照。

24　McMullan and Brown (2006) を参照。

25　巣門が南向きのコロニーの利点を示した研究については Szabo (1983a) を参照。

26　Whitaker and Hamilton (1998) を参照。

27　さまざまな病原菌の増殖を抑制するプロポリスの効果に関する重要なインビトロ研究としては、Antúnez et al. (2008)、Bastos et al. (2008)、Bilikova et al. (2013)、Lindenfelser (1968)、Wilson et al. (2015) が挙げられる。

28　ここで概説したマーラ・スピヴァクの研究室の実験結果は、2 本の論文 Simone et al. (2009) と Borba et al. (2015) として発表されている。それ以外では、Nicodemo et al. (2014) が巣内のプロポリスの健康効果——プロポリス採集の頻度とコロニーの寿命および蜂児の生存能力の間に強い相関関係があること——の強力な証拠を提示している。

第 11 章　ダーウィン主義的養蜂のすすめ

1　レスリー・ベイリーの著作 *Honey Bee Pathology* より引用（Bailey (1981), p. 7)。

2　ダーウィン主義的養蜂という概念は、Williams and Nesse (1991)、Nesse and Williams (1994) で論じられているダーウィン医学のアイデアを養蜂に応用したものである。この 2 つの概念に共通する基本的な考えは、生物が現在暮らしている環境と、過去に進化してきた環境（進化的適応環境）には違いがあり、その違いが多くの問題をもたらしているというものだ。なぜなら、生物は往々にして現代の環境の新しさに対処するには貧弱な装備しかもっていないからである。

3　ランド地方のコロニーの独特な育児サイクルに遺伝的な根拠があることを示した実験については、Louveaux (1973)、Strange et al. (2007) を参照。Hatjina et al. (2014) は、地域によってコロニーの成長のタイミングがどう変わるかを調査した大規模研究を報告している。その研究では、アピス・メリフェラの 5 亜種（カルニカ、リグスティカ、マケドニカ、メリフェラ、シチリアーナ）を用いた分析をおこなっている。

4　養蜂場で巣箱を密集させることがコロニーの繁殖や病気の感染に与える影響を具体的に調べた研究に Seeley and Smith (2015) がある。感染症疫学のモデルを用いて、巣箱（巣穴）の密度が感染症の拡散において重要な役割を果たすことを示した研究に

ついては Brosi et al. (2017) を参照。

5 巣箱の大きさが蜂蜜生産量と蜂児の病気に与える影響を調べた研究に Loftus et al. (2016) がある。

6 巣穴（巣箱）の壁のプロポリスのコーティングが働き蜂の免疫系に与える影響を調べた研究に Borba et al. (2015) がある。

7 樹洞の壁と巣箱の壁の断熱性の違いと、その違いがコロニーの温度調節のエネルギーコストに与える影響については、Mitchell (2016) が最良の情報源である。

8 私の知るかぎり、巣の入口の高さが冬の清掃飛行にもたらすリスクについて書かれた研究論文は出版されていない。そこで私は自分で予備研究を実施することにした。まずはじめに、研究室の物置小屋のなだらかな傾斜の屋根の上に 2 つの巣箱を設置し、その近くの地面にさらに 2 つの巣箱を置いた。積雪は 20 センチメートルほどだった。屋根の上の巣箱の入口は雪面からおよそ 200 センチメートル、地面の巣箱の入口はわずか数センチメートルの高さだった。その後、清掃飛行ができるくらい暖かく晴れた日を選んで 3 日にわたり観察をおこなったところ、雪面に墜落したミツバチの数は、地面から高い方の巣箱が平均で 1 日 8 匹、低い方の巣箱が 113 匹であることがわかった。

9 オス蜂の生産を阻害するとコロニーの蜂蜜生産量が増すことの証拠は Seeley (2002)、ミツバチヘギイタダニの繁殖が抑制されることの証拠は Martin (1998) でそれぞれ報告されている。

10 複数の研究者が、巣の構成パターンを作り出す働き蜂の行動規則について調べている。その先駆的な存在が Camazine (1991)、Camazine et al. (1990) であり、そこでは、ミツバチは単純な規則に従うだけでそのパターンを作り出すことができ、巣の最終的なレイアウト（設計図）を知っている必要がないことが示されている。Johnson (2009) はその規則に加えて、蜜の貯蔵係が巣上部に偏って移動するように働きかけて貯蜜圏のパターンを作り出させる、重力に基づく規則を挙げている。最近の研究 Montovan et al. (2013) では、さらに次の 2 つの行動規則が報告されている。すなわち、①働き蜂の花蜜と花粉の消費は蜂児の密度に依存する（蜂児に近い働き蜂の方が消費量が多い）、②女王は温度勾配に反応する形で巣の中央部に偏って集まる、という規則である。こうした規則の豊富さは、この巣のパターンがミツバチの生活にしっかり適応していることを強く示唆しているといえる。

11 Moeller (1975) を参照。

12 Taber (1963) を参照。

13 ミツバチヘギイタダニ（とそれが媒介するウイルス）が数百万のコロニーを死滅させたという記述は Martin et al. (2012) に基づいている。

14 Di Pasquale et al. (2013) を参照。

15 さまざまな代用花粉の効果を本物の花粉と比較した研究は Oliver (2014) で報告されている。また、ランディ・オリバーのウェブサイト ScientificBeekeeping.com (http://scientificbeekeeping.com/a-comparative-test-of-the-pollen-sub/) も参照。オリバーの結論は「天然の花粉のひとり勝ち」というものだ。花粉が不足したコロニーで育った働き蜂が採餌蜂として満足に活動できないことを実証した研究については、Scofield and Mattila (2015) を参照。

16　Mullin et al. (2010) は、北アメリカのコロニーに見つかる高濃度の農薬について報告している。コロニーが送粉サービス（リンゴ、ブルーベリー、クランベリー、柑橘類、キュウリ）に従事しているときの方が、蜂蜜を採集したり養蜂場にいるときよりも、発育中の蜂児が殺虫剤や殺菌剤にさらされる危険が高いことについては、Traynor et al. (2016) を参照。また他の研究からは、商業目的の送粉環境では、管理コロニーがほぼ確実に高濃度の残留農薬にさらされることが示されている。近隣の非栽培植物へと殺虫剤が漂い着くことで、それを巣に持ち込む経路が夏の間ずっと作られてしまうことになるからだ（Botías et al. (2015) を参照）。

17　ミツバチヘギイタダニの対策をせずに生き残っている野生コロニーについてはLocke (2016) を参照。コロニーを殺ダニ剤や抗生物質で治療したときの腸内細菌叢の変化を調べた論文は Engel et al. (2016) である。

18　Loftus et al. (2016) は、ミツバチヘギイタダニの爆発的増加や蜂児巣房で繁殖する病原体（ハチノスカビやパエニバシラス属の細菌）に対する脆弱性について、大きな巣箱のコロニーと小さな巣箱のコロニーを比較している。

19　この数字は Weiss (1965) のデータと Hepburn (1986) の分析に基づいている。

20　育てる女王を選ぶ際に働き蜂が特定の父系の幼虫を好むことを見いだした研究は、Moritz, Lattorff et al. (2005) である。選ばれるのが働き蜂にはあまり見られない父系の場合もある。

21　待ち箱の作成方法と使用方法については Seeley (2012)、Seeley (2017a)、あるいはMagnini (2015) を参照。

22　寄生生物や病原体の拡散を抑制するにはコロニー間の距離をあけるのが有効である証拠は、Seeley and Smith (2015) およびそこで引用された文献で紹介されている。

23　コロニーの病気の負荷低減のためには巣箱のサイズを小さくするのが有効であることは、Loftus et al. (2016) で報告されている。

24　巣箱の内壁をプロポリスの厚いコーティングで覆うことの効果については Simone-Finstrom and Spivak (2010) を参照。

25　巣箱の天井や壁の断熱性がコロニーの温度調節のコストに与える影響については Mitchell (2016, 2017) を参照。

26　「ダニ爆弾」現象を引き起こすミツバチの行動については最近分析が開始された(Peck and Seeley（近刊))。崩壊したコロニー周辺でミツバチヘギイタダニの量が急増するのは、健康なコロニーの採餌蜂が、死にかけているコロニーに盗蜂に入ることが原因である。じっと動かず蜂蜜を腹に詰め込んでいる働き蜂によじのぼるのはダニには朝飯前のことなのだ。

27　作物のポリネーターとしてのアピス・メリフェラの際立った重要性は、世界の作物送粉サービスに関する詳細な研究 Kleijn et al. (2015) で報告されている。この研究では、5 大陸、1394 カ所の農地で実施された 90 の研究のデータに基づいて、さまざまな蜂の種の農作物生産高を算出している。対象となったのは、収穫量を増すために蜂の送粉に頼っている 20 の作物で、その花に訪れる蜂の数と密度が計測された。その結果わかったのは、ミツバチは作物の生産に関して 1 ヘクタールあたり平均 2913 ドル分の貢献をし、「野生の蜂（＝ミツバチ以外の蜂)」は 1 ヘクタールあたり 3251 ドル分の貢献をしているということだった。つまりミツバチは送粉において、他の

すべての蜂を足し合わせたのとほぼ同じ価値を生み出しているのである。

28　従来とは異なる方法でミツバチの管理をおこなう養蜂を表すのに用いられる複数の名称については Phipps (2016) を参照。そこで著者は、そうした養蜂は名称こそ異なっているものの、自然の素材で作った住処に住まわせ、自由に造巣と分蜂をさせ、病気の対処はミツバチ自身にまかせるという点で共通していることを指摘している。

29　Heaf (2010) は、従来の養蜂がもたらす健康への影響と、ミツバチに対する養蜂家のさまざまな態度について、初めて詳細に論じた本である。Neumann and Blacquière (2016)、Seeley (2017c) は、従来の養蜂の実践（病気の治療、プロポリスの使用に対する人為的選択、巣箱の密集など）によって、健康なコロニーに有利に働くはずの自然選択がさまざまに阻害されることについて、初めて体系的にまとめたものである。また、自然選択の力を十全に活用することが、養蜂の諸問題に対する持続的な解決方法になる可能性が高いことも示している。Blacquière and Panziera (2018) は、ミツバチヘギイタダニなどの環境上の脅威に対する自然抵抗性をもつミツバチを得る主な方法として、人為選択ではなく自然選択に頼るべきことをはっきりと主張している。

参考文献

Able, K. P., and J. R. Belthoff. 1998. Rapid 'evolution' of migratory behavior in the introduced house finch of eastern North America. *Proceedings of the Royal Society of London B* 265: 2063–2071.

Allen, M. D. 1956.The behaviour of honeybees preparing to swarm. *Animal Behaviour* 4: 14–22.

———. 1958. Shaking of honeybee queens prior to flight. *Nature* 181: 68.

———. 1959a. The occurrence and possible significance of the 'shaking' of honeybee queens by the workers. *Animal Behaviour* 7: 66–69.

———. 1959b. Respiration rates of worker honeybees at different ages and at different temperatures. *Journal of Experimental Biology* 36: 92–101.

Allen, M. D., and E. P. Jeffree. 1956. The influence of stored pollen and of colony size on the brood rearing of honeybees. *Annals of Applied Biology* 44: 649–656.

Allmon,W. D., M. P. Pritts, P. L. Marks, B. P. Epstein, D.A. Bullis, and K.A. Jordan. 2017. *Smith Woods: The Environmental History of an Old Growth Forest Remnant in Central NewYork State.* Paleontological Research Institution, Ithaca, NewYork.

Anderson, D. L., and J.W.H. Trueman. 2000. *Varroa jacobsoni* (Acari: Varroidae) is more than one species. *Experimental and Applied Acarology* 24: 165–189.

Antúnez, K., J. Harriet, L. Gende, M. Maggi, M. Eguaras, and P. Zunino. 2008. Efficacy of natural propolis extract in the control of American Foulbrood. *Veterinary Microbiology* 131: 324–331.

Avalos, A., H. Pan, C. Li, J. P. Acevedo-Gonzalez, G. Rendon, C. J. Fields, P. J. Brown, T. Giray, G. E. Robinson, M. E. Hudson, and G. Zhang. 2017. A soft selective sweep during rapid evolution of gentle behaviour in an Africanized honeybee. *Nature Communications* 8: 1550, doi: 10.1038/s41467-017-01800-0.

Avitabile, A. 1978. Brood rearing in honey bee colonies from late autumn to early spring. *Journal of Apicultural Research* 17: 69–73.

Avitabile, A., D. P. Stafstrom, and K. J. Donovan. 1978. Natural nest sites of honeybee colonies in trees in Connecticut, USA. *Journal of Apicultural Research* 17: 222–226.

Badger, M. 2016. *Heather Honey:A Comprehensive Guide.* Beecraft, Stoneleigh, England.

Bailey, L. 1963. *Infectious Diseases of the Honey-Bee.* Land Books, London.

———. 1981. *Honey Bee Pathology.* Academic Press, London.

Bailey, L., and B. Ball. 1991. *Honey Bee Pathology.* 2nd ed. Academic Press, London.

Bartholomew, G. A. 1981. A matter of size: an examination of endothermy in insects and terrestrial vertebrates. In: *Insect Thermoregulation*, B. Heinrich, ed., pp. 45–78.Wiley, NewYork.

Bastian, J., and H. Esch. 1970.The nervous control of the indirect flight muscles of the honey bee. *Zeitschrift für Vergleichende Physiologie* 67: 307–324.

Bastos, E.M.A.F., M. Simone, D. M. Jorge, A.E.E. Soares, and M. Spivak. 2008. *In vitro* study of the antimicrobial activity of Brazilian propolis against *Paenibacillus larvae*. *Journal of Invertebrate Pathology* 97: 273–281.

Batschelet, E. 1981. *Circular Statistics in Biology.* Academic Press, London and NewYork.

Beekman, M., and F.L.W. Ratnieks. 2000. Long-range foraging by the honey-bee, *Apis mellifera* L. *Functional Ecology* 14: 490–496.

Beekman, M., D.J.T. Sumpter, N. Seraphides, and F.L.W. Ratnieks. 2004. Comparing foraging behaviour of small and large honey-bee colonies by decoding waggle dances made by foragers. *Functional Ecology* 18: 829–835.

Berlepsch, A. von. 1860. *Die Biene und die Bienenzucht in honigarmen Gegenden.* Heinrichshofen, Mühlhausen, Germany.

Berry, J. A., W. B. Owens, and K. S. Delaplane. 2010. Small-cell comb foundation does not impede Varroa mite population growth in honey bee colonies. *Apidologie* 41: 40–44.

Berry, W. 1987. *Home Economics.* North Point Press, NewYork.

Bienefeld, K., and F. Pirchner. 1990. Heritabilities for several colony traits in the honeybee (*Apis mellifera carnica*). *Apidologie* 21: 175–183.

Bilikova, K., M. Popova, B. Trusheva, and V. Bankova. 2013. New anti-*Paenibacillus larvae* substances purified from propolis. *Apidologie* 44: 278–285.

Blacquière, T., and D. Panziera. 2018. A plea for use of honey bee's natural resilience in beekeeping. *Bee World* 95: 34–38.

Bloch, G., T. M. Francoy, I. Wachtel, N. Panitz-Cohen, S. Fuchs, and A. Mazar. 2010. Industrial apiculture in the Jordan valley during Biblical times with Anatolian honeybees. *Proceedings of the National Academy of Sciences (USA)* 107: 11240–11244.

Boesch, C., J. Head, and M. M. Robbins. 2009. Complex tool sets for honey extraction among chimpanzees in Loango National Park, Gabon. *Journal of Human Evolution* 56: 560–590.

Borba, R. S., K. K. Klyczek, K. L. Mogen, and M. Spivak. 2015. Seasonal benefits of a natural propolis envelope to honey bee immunity and colony health. *Journal of Experimental Biology* 218: 3689– 3699.

Botías, C., A. David, J. Horwood, A. Abdul-Sada, E. Nicholls, E. Hill, and D. Goulson. 2015. Neonicotinoid residues in wildflowers:A potential route of chronic exposure to bees. *Environmental Science and Technology* 49: 12731–12740.

Brosi, B. J., K. Delaplane, M. Boots, and J. C. deRoode. 2017. Ecological and evolutionary approaches to managing honey bee disease. *Nature Ecology and Evolution* 1: 1250–1262.

Brumbach, J. J. 1965. The climate of Connecticut. *Bulletin of the Connecticut Geological and Natural History Survey* 99: 1–215.

Brünnich, K. 1923. A graphic representation of the oviposition of a queen bee. *Bee World* 4: 208–210, 223–224.

Bujok, B., M. Kleinhenz, S. Fuchs, and J. Tautz. 2002. Hot spots in the bee hive. *Naturwissenschaften* 89: 299–301.

Butler, C. G., and J. B. Free. 1952. The behaviour of worker honeybees at the hive entrance. *Behaviour* 4: 263–292.

Cahill, K., and S. Lustick. 1976. Oxygen consumption and thermoregulation in *Apis mellifera* workers and drones. *Comparative Biochemistry and Physiology, Part A: Physiology* 55: 355–357.

Cale, G. H., Jr. 1971. The Hy-Queen story. Pt. 1: Breeding bees for alfalfa pollination. *American Bee Journal* 111: 48–49.

Camazine, S. 1991. Self-organizing pattern formation on the combs of honey bee colonies. *Behavioral Ecology and Sociobiology* 28: 61–76.

Camazine, S., J. Sneyd, M. J. Jenkins, and J. D. Murray. 1990. A mathematical model of self-organized pattern formation on the combs of honeybee colonies. *Journal of Theoretical Biology* 147: 553–571.

Campbell-Stanton, S. C., Z.A. Cheviron, N. Rochette, J. Catchen, J. B. Losos, and S.V. Edwards. 2017. Winter storms drive rapid phenotypic, regulatory, and genomic shifts in the green anole lizard. *Science* 357: 495–498.

Caron, D. M. 1980. Swarm emergence date and cluster location in honeybees. *American Bee Journal* 119: 24–25.

Cervo, R., C. Bruschini, F. Cappa, S. Meconcelli, G. Pieraccini, D. Pradella, and S.Turillazzi. 2014. High *Varroa* mite abundance influences chemical profiles of worker bees and mite-host preferences. *Journal of Experimental Biology* 217: 2998–3001.

Chadwick, P. C. 1931.Ventilation of the hive. *Gleanings in Bee Culture* 59: 356–358.

Chapman, R. F. 1998. *The Insects. Structure and Function.* Cambridge University Press, Cambridge.

Charnov, E. L. 1982. *The Theory of Sex Allocation.* Princeton University Press, Princeton, New Jersey.

Cheshire, F. R. 1888. *Bees and Bee-Keeping; Scientific and Practical.* Vol. 2: *Practical.* L. Upcott Gill, London.

Chilcott,A. B., andT. D. Seeley. 2018. Cold flying foragers: honey bees in Scotland seek water in winter. *American Bee Journal* 158: 75–77.

Cockerell,T.D.A. 1907.A fossil honey-bee. *Entomologist* 40: 227–229.

Coffey, M. F., J. Breen, M.J.F. Brown, and J. B. McMullan. 2010. Brood-cell size has no influence on the population dynamics of *Varroa destructor* mites in the native western honey bee, *Apis mellifera mellifera*. *Apidologie* 41: 522–530.

Collins, A. M. 1986. Quantitative genetics. In: *Bee Genetics and Breeding*, T. E. Rinderer, ed., 283–303. Academic Press, Orlando, Florida.

Columella, L.J.M. 1954. *On Agriculture.* Translated by Edward H. Heffner. Vol. 2, bks. 5–9. Harvard University Press, Cambridge, Massachusetts.

Combs, G. F. 1972.The engorgement of swarming worker honeybees. *Journal of Apicultural Research* 11: 121–128.

Couvillon, M. J., F. C. Riddell Pearce, C. Accleton, K. A. Fensome, S.K.L. Quah, E. L. Taylor, and F.L.W. Ratnieks. 2015. Honey bee foraging distance depends on month and forage type. *Apidologie* 46: 61–70.

Couvillon, M. J., R. Schürch and F.L.W. Ratnieks. 2014.Waggle dance distances as integrative indicators of seasonal foraging challenges. *PLoS ONE* 9 (4): e93495.

Crane, E. 1978.TheVarroa mite. *Bee World* 59: 164–167

———. 1990. *Bees and Beekeeping: Science, Practice and World Resources.* Cornell University Press, Ithaca, New York.

———. 1999. *The World History of Beekeeping and Honey Hunting.* Routledge, NewYork.

Crittenden,A. N. 2011.The importance of honey consumption in human evolution. *Food and Foodways* 219: 257–273.

Dams, M., and L. Dams. 1977. Spanish rock art depicting honey gathering during the Mesolithic. *Nature* 268: 228–230.

Darwin, C. R. 1964. *On the Origin of Species: A Facsimile of the First Edition.* Harvard University Press, Cambridge, Massachusetts.〔チャールズ・ダーウィン『種の起源（上・下)』(八杉龍一訳 岩波文庫)〕

Dawkins, R. 1982. *The Extended Phenotype.* W. H. Freeman, Oxford.〔リチャード・ドーキンス『延長された表現型』(日髙敏隆ほか訳　紀伊國屋書店)〕

———. 1989. *The Selfish Gene.* New ed. Oxford University Press, Oxford.〔リチャード・ドーキンス『利己的な遺伝子 40 周年記念版』(日髙敏隆ほか訳　紀伊國屋書店)〕

De Jong, D. 1997. Mites: *Varroa* and other parasites of brood. In: *Honey Bee Pests, Predators, and Diseases*, R. A. Morse and K. Flottum, eds., 279–327. A. I. Root, Medina, Ohio.

De Jong, D., R. A. Morse, and G. C. Eickwort. 1982. Mite pests of honey bees. *Annual Review of Entomology* 27: 229–252.

De la Rúa, P., R. Jaffé, R. Dall'Olio, I. Muñoz, and J. Serrano. 2009. Biodiversity, conservation and current threats to European honeybees. *Apidologie* 40: 263–284.

DeMello, M. 2012. *Animals and Society: An Introduction to Human-Animal Studies.* Columbia University Press, New York.

Dethier, B. E., and A. Boyd Pack. 1963. *The Climate of Ithaca, New York.* NewYork State College of Agriculture, Ithaca, NewYork.

Di Pasquale, G., M. Salignon,Y. Le Conte, L. P. Belzunces, A. Decourtye, A. Kretzschmar, S. Suchail, J.-L. Brunet, and C. Alaux. 2013. Influence of pollen nutrition on honey bee health: Do pollen quality and diversity matter? *PLoS ONE* 8: e72016.

Dixon, L. 2015. *A Time There Was: A Story of Rock Art, Bees and Bushmen.* Northern Bee Books, Hebden Bridge, England.

Donzé, G., and P. M. Guerin. 1997.Time-activity budgets and space structuring by the different life stages of *Varroa jacobsoni* in capped brood of the honey bee, *Apis mellifera. Journal of Insect Behavior* 10: 371–393.

Doolittle, G. M. 1889. *Scientific Queen-Rearing as Practically Applied; Being A Method by Which the Best of Queen-Bees Are Reared in Perfect Accord with Nature's Ways. For the Amateur and Veteran in Bee-Keeping.* Newman and Son, Chicago.

Downs, S. G., and F.L.W. Ratnieks. 2000. Adaptive shifts in honey bee (*Apis mellifera* L.) guarding behavior support predictions of the acceptance threshold model. *Behavioral Ecology* 11: 233–240.

Dreller, C., and D. R. Tarpy. 2000. Perception of the pollen need by foragers in a honeybee colony. *Animal Behaviour* 59: 91–96.

Dudley, P. 1720. An account of a method lately found out in New-England, for discovering where the bees hive in the woods, in order to get their honey. *Philosophical Transactions of the Royal Society of London* 31: 148–150.

Eckert, J. E. 1933.The flight range of the honey bee. *Journal of Agricultural Research* 47: 257–285.

———. 1942. The pollen required by a colony of honeybees. *Journal of Economic Entomology* 35: 309–311.

Edgell, G. H. 1949. *The Bee Hunter.* Harvard University Press, Cambridge, Massachusetts.

Eksteen, J. K., and M. F. Johannsmeier. 1991. Oor bye en byeplante van die Noord-Kaap. *South African Bee Journal* 63: 128–136.

Ellis, A. M., G. W. Hayes, and J. D. Ellis. 2009. The efficacy of small cell foundation as a varroa mite (*Varroa destructor*) control. *Experimental and Applied Acarology* 47: 311–316.

Engel, M. S. 1998. Fossil honey bees and evolution in the genus *Apis* (Hymenoptera: Apidae). *Apidologie* 29: 265–281.

Engel, P., W. K. Kwong, Q. McFrederick, K. E. Anderson, S. M Barribeau, J. A. Chandler, R. S. Cornman, J. Dainat, J. R. de Miranda,V. Doublet, O. Emery, J. D. Evans, and 21 more authors. 2016. The bee microbiome: impact on bee health and model for evolution and ecology of host-microbe interactions. *mBio* 7: e02164-15.

Erickson, E. H., D.A. Lusby, G. D. Hoffman, and E.W. Lusby. 1990. On the size of cells: Speculations on foundation as a colony management tool. *Gleanings in Bee Culture* 118: 98–101, 173–174.

Esch, H. 1960. Über die Körpertemperaturen und denWärmehaushalt von *Apis mellifica. Zeitschrift für Vergleichende Physiologie* 43: 305–335.

———. 1964. Über den Zusammenhang zwischen Temperatur, Aktionspotentialen, und Thoraxbe wegungenbeiderHonigbiene(*ApismellificaL.*).*ZeitschriftfürVergleichendePhysiologie*48:547– 551.

———. 1976. Body temperature and flight performance of honey bees in a servo-mechanically controlled wind tunnel. *Journal of Comparative Physiology* 109: 265–277.

Esch, H., and J. A. Bastian. 1968. Mechanical and electrical activity in the indirect flight muscles of the honey bee. *Zeitschrift für Vergleichende Physiologie* 58: 429–440.

Ewald, P.W. 1994. *Evolution of Infectious Disease.* Oxford University Press, NewYork.〔ポール・イーワルド『病原体進化論』（池本孝哉／高井憲治訳　新曜社）〕

———. 1995. The evolution of virulence: A unifying link between parasitology and ecology. *Journal of Parasitology* 81:659–669.

Fahrenholz, L., I. Lamprecht, and B. Schricker. 1989.Thermal investigations of a honey bee colony: Thermoregulation of the hive during summer and winter and heat production of members of different bee castes. *Journal of Comparative Physiology B* 159: 551–560.

Farrar, C. L. 1936. Influence of pollen reserves on the surviving population of overwintered colonies. *American Bee Journal* 76: 452–454.

Fell, R. D., J.T.Ambrose, D. M. Burgett, D. De Jong, R.A. Morse, and T. D. Seeley. 1977.The seasonal cycle of swarming in honeybees. *Journal of Apicultural Research* 16: 170–173.

Flottum, K. 2014. *The Backyard Beekeeper.* Quarry Books, Beverly, Massachusetts.

Free, J. B. 1954. The behaviour of robber honeybees. *Behaviour* 7: 233–240.

———. 1958. The drifting of honey-bees. *Journal of Agricultural Science* 51: 294–306.

———. 1967. The production of drone comb by honeybee colonies. *Journal of Apicultural Research* 6: 29–36.

———. 1968. Engorging of honey by worker honeybees when their colony is smoked. *Journal of Apicultural Research* 7: 135–138.

Free, J. B., and Y. Spencer-Booth. 1958. Observations on the temperature regulation and food consumption of honeybees (*Apis mellifera*). *Journal of Experimental Biology* 35: 930–937.

———. 1960. Chill-coma and cold death temperatures of *Apis mellifera. Entomologia Experimentalis et Applicata* 3: 222–230.

———. 1962. The upper lethal temperatures of honeybees. *Entomologia Experimentalis et Applicata* 5: 249–254.

Free, J. B., and I. H.Williams. 1975. Factors determining the rearing and rejection of drones by the honeybee colony. *Animal Behaviour* 23: 650–675.

Frey, E., and P. Rosenkranz. 2014.Autumn invasion rates of *Varroa destructor* (Mesostigmata:Varroidae) into honey bee (Hymenoptera: Apidae) colonies and the resulting increase in mite populations. *Journal of Economic Entomology* 107: 508–515.

Fries, I., and R. Bommarco. 2007. Possible host-parasite adaptations in honey bees infested by *Varroa destructor* mites. *Apidologie* 38: 525–533.

Fries, I., and S. Camazine. 2001. Implications of horizontal and vertical pathogen transmission for honey bee epidemiology. *Apidologie* 32: 199–214.

Fries, I., H. Hansen, A. Imdorf, and P. Rosenkranz. 2003. Swarming in honey bees (*Apis mellifera*) and *Varroa destructor* population development in Sweden. *Apidologie* 34: 389–397.

Fries, I., A. Imdorf, and P. Rosenkranz. 2006. Survival of mite infested (*Varroa destructor*) honey bee (*Apis mellifera*) colonies in a Nordic climate. *Apidologie* 37: 564–570.

Frost, R. 1969. *The Poetry of Robert Frost.* Henry Holt, NewYork.〔「春の祈り」はロバート・フロスト『少年の心』(藤本雅樹訳　国文社)に収載〕

Fuchs, S. 1990. Preference for drone brood cells by *Varroa jacobsoni* Oud in colonies of *Apis mellifera carnica*. *Apidologie* 21:193–199.

Fukuda, H., K. Moriya, and K. Sekiguchi. 1969. The weight of crop contents in foraging honeybee workers. *Annotationes Zoologicae Japonenses* 42: 80–90.

Gallone, B., J. Steensels, T. Prahl, L. Soriaga, and 15 more authors. 2016. Domestication and divergence of *Saccharomyces cerevisiae* beer yeasts. *Cell* 166: 1397–1410.

Galton, D. 1971. *Survey of a Thousand Years of Beekeeping in Russia.* Bee Research Association, London.

Garis Davies, N. de. 1944. *The Tomb of Rekh-mi-Rē' at Thebes.* Metropolitan Museum of Art, NewYork.

Gary, N. E. 1962. Chemical mating attractants in the queen honey bee. *Science* 136: 773–774.

———. 1971. Magnetic retrieval of ferrous labels in a capture-recapture system for honey bees and other insects. *Journal of Economic Entomology* 64: 961–965.

Gary, N. E., and R.A. Morse. 1962.The events following queen cell construction in honeybee colonies. *Journal of Apicultural Research* 1: 3–5.

Gary, N. E., P. C.Witherell, and K. Lorenzen. 1978.The distribution and foraging activities of common Italian and "Hy-Queen" honey bees during alfalfa pollination. *Environmental Entomology* 7: 228– 232.

Getz,W. M., D. Brückner, and T. R. Parisian. 1982. Kin structure and the swarming behavior of the honey bee *Apis mellifera. Behavioral Ecology and Sociobiology* 10: 265–270.

Gibbons, A. 2017. Oldest members of our species discovered in Morocco. *Science* 356: 993–994.

Gibbons, E. 1962. *Stalking the Wild Asparagus.* David McKay Co., NewYork.

Gilley, D. G., and D. R. Tarpy. 2005.Three mechanisms of queen elimination in swarming honey bee colonies. *Apidologie* 36: 461–474.

Goodwin, M., and C.Van Eaton. 1999. *Elimination of American Foulbrood Without the Use of Drugs.* National Beekeepers' Association of New Zealand, Napier.

Goulson, D. 2010. *Bumblebees: Behaviour, Ecology, and Conservation.* Oxford University Press, London. Gowlett, J.A.J. 2016. The discovery of fire by humans: A long and convoluted process. *Philosophical Transactions of the Royal Society B* 371: 20150164, doi:10.1098/rstb.2015.0164.

Grant, P. R., and B. R. Grant. 2014. *40 Years of Evolution: Darwin's Finches on Daphne Major Island.* Princeton University Press, Princeton, New Jersey.

Grimaldi, D., and M. S. Engel. 2005. *Evolution of the Insects.* Cambridge University Press, NewYork.

Groh, C., J. Tautz, andW. Rössler. 2004. Synaptic organization in the adult honey bee brain is influenced by brood-temperature control during pupal development. *Proceedings of the National Academy of Sciences (USA)* 101: 4268–4273.

Guy, R. D. 1971. A commercial beekeeper's approach to the use of primitive hives. *Bee World* 52: 18–24.

Hamilton, L. S., and M. M. Fischer. 1970. *The Arnot Forest:A Natural Resources Research andTeaching Area.* Extension Bulletin 1207. NewYork State College of Agriculture, Cornell University, Ithaca, New York. https://cpb-us-e1.wpmucdn.com/blogs.cornell.edu/dist/3/6154/files/2015/07/history-of-the-Arnot-1970-2agz0pw.pdf (accessed 9 January 2019).

Hammann, E. 1957. Wer hat die Initiative bei den Ausflügen der Jungkönigin, die Königin oder die Arbeitsbienen? *Insectes Sociaux* 4: 91–106.

Han, F.,A.Wallberg, and M. T.Webster. 2012. From where did theWestern honeybee (Apis mellifera) originate? *Ecology and Evolution* 2: 1949–1957.

Harbo, J. R. 1986. Propagation and instrumental insemination. In: *Bee Genetics and Breeding*, T. E. Rinderer, ed., 361–389. Academic Press, Orlando, Florida.

Harpur, B. A., S. Minaei, C. F. Kent, and A. Zayed. 2012. Management increases genetic diversity of honey bees via admixture. *Molecular Ecology* 21: 4414–4421.

Hatjina, F., C. Costa, R. Büchler,A. Uzunov, M. Drazic, J. Filipi, L. Charistos, L. Ruottinen, S.Andonov, M. D. Meixner, M. Bienkowska, G. Dariusz, and 13 more authors. 2014. Population dynamics of European honey bee genotypes under different environmental conditions. *Journal of Apicultural Research* 53: 233–247.

Haydak, M. H. 1935. Brood rearing by honeybees confined to a pure carbohydrate diet. *Journal of Economic Entomology* 28: 657–660.

Hazelhoff, E. H. 1941. De luchtverversching van een bijenkast gedurende den zomer. *Maandscrift voor Bijenteelt* 44: 10–14, 27–30, 45–48, 65–68.

———. 1954. Ventilation in a bee-hive during summer. *Physiologia Comparata et Oecologia* 3: 343–364.

Heaf, D. 2010. *The Bee-Friendly Beekeeper: A Sustainable Approach.* Northern Bee Books, Mytholmroyd, England.

Heinrich, B. 1977. Why have some animals evolved to regulate a high body temperature? *American Naturalist* 111: 623–640.

———. 1979a. *Bumblebee Economics*. Harvard University Press, Cambridge, Massachusetts.〔ベルンド・ハインリッチ『マルハナバチの経済学』(加藤真ほか訳　文一総合出版)〕
———. 1979b. Thermoregulation of African and European honeybees during foraging, attack, and hive exits and returns. *Journal of Experimental Biology* 80: 217–229.
———. 1980. Mechanisms of body-temperature regulation in honeybees, *Apis mellifera*. *Journal of Experimental Biology* 85: 73–87.
Henderson, C. E. 1992. Variability in the size of emerging drones and of drone and worker eggs in honey bee (*Apis mellifera* L.) colonies. *Journal of Apicultural Research* 31: 114–118.
Hepburn, H. R. 1986. *Honeybees and Wax*. Springer Verlag, Berlin.
Hernández-Pacheco, E. 1924. *Las Pinturas Prehistóricas de Las Cuevas de la Araña (Valencia)*. Museo Nacional de Ciencas Naturales, Madrid.
Hess, W. R. 1926. Die Temperaturregulierung im Bienenvolk. *Zeitschrift für Vergleichende Physiologie* 4: 465–487.
Himmer, A. 1927. Ein Beitrag zur Kenntnis des Wärmeshaushalts im Nestbau sozialer Hautflügler. *Zeitschrift für Vergleichende Physiologie* 5: 375–389.
Hinson, E. M., M. Duncan, J. Lim, J.Arundel, and B. P. Oldroyd. 2015.The density of feral honey bee (*Apis mellifera*) colonies in South East Australia is greater in undisturbed than in disturbed habitats. *Apidologie* 46: 403–413.
Hirschfelder, H. 1951. Quantitative Untersuchungen zum Polleneintragen der Bienenvölker. *Zeitschrift für Bienenforschung* 1: 67–77.
Hood, Thomas. 1873. *The Complete Poetical Works*.Vol. 1. G. P. Putnam's Sons, NewYork.
Horstmann, H.-J. 1965. Einige biochemischen Überlegungen zur Bildung von Bienenwachs aus Zucker. *Zeitschrift für Bienenforschung* 8: 125–128.
Hublin, J.-J., A. Ben-Ncer, S. E. Bailey, S. E. Freidline, S. Neubauer, M. M. Skinner, I. Bergmann, A. Le Cabec, S. Benazzi, K. Harvati, and P. Gunz. 2017. New fossils from Jebel Irhoud, Morocco and the pan-African origin of *Homo sapiens*. *Nature* 546: 289–292.
Human, H., S. W. Nicolson, and V. Dietemann. 2006. Do honeybees, *Apis mellifera scutellata*, regulate humidity in their nest? *Naturwissenschaften* 93: 397–401.
Ichikawa, M. 1981. Ecological and sociological importance of honey to the Mbuti net hunters, Eastern Zaire. *African Study Monographs* 1: 55–68.
Ilyasov, R. A., M. N. Kosarev, A. Neal, and F. G.Yumaguzhin. 2015. Burzyan wild-hive honeybee *A.m. mellifera* in South Ural. *Bee World* 92: 7–11.
Jacobsen, R. 2008. *Fruitless Fall:The Collapse of the Honey Bee and the Coming Agricultural Crisis*. Bloomsbury, New York.〔ローワン・ジェイコブセン『ハチはなぜ大量死したのか』(中里京子訳　文春文庫)〕
Jaffé, R., V. Dietemann, M. H. Allsopp, C. Costa, R. M. Crewe, R. Dall'Olio, P. de la Rúa, M.A.A. El-Niweiri, I. Fries, N. Kezic, M. S. Meusel, R. J. Paxton, and 3 more authors. 2009. Estimating the density of honeybee colonies across their natural range to fill the gap in pollinator decline censuses. *Conservation Biology* 24: 583–593.
Jay, S. C. 1965. Drifting of honeybees in commercial apiaries. Pt. 1: Effect of various environmental factors. *Journal of Apicultural Research* 4: 167–175.

———. 1966a. Drifting of honeybees in commercial apiaries. Pt. 2: Effect of various factors when hives are arranged in rows. *Journal of Apicultural Research* 5: 103–112.

———. 1966b. Drifting of honeybees in commercial apiaries. Pt. 3: Effect of apiary layout. *Journal of Apicultural Research* 5: 137–148.

Jaycox, E. R., and S. G. Parise. 1980. Homesite selection by Italian honey bee swarms, *Apis mellifera ligustica* (Hymenoptera: Apidae). *Journal of the Kansas Entomological Society* 53: 171–178.

———. 1981. Homesite selection by swarms of black-bodied honey bees, *Apis mellifera caucasica* and *A. m carnica* (Hymenoptera: Apidae). *Journal of the Kansas Entomological Society* 54: 697–703.

Jeanne, R. L. 1979. A latitudinal gradient of rates of ant predation. *Ecology* 60: 1211–1224.

Jeffree, E. P. 1955. Observations on the decline and growth of honey bee colonies. *Journal of Economic Entomology* 48: 723–726.

———. 1956.Winter brood and pollen in honey bee colonies. *Insectes Sociaux* 3: 417–422.

Johnson, B. R. 2009. Pattern formation on the combs of honeybees: Increasing fitness by coupling self-organization with templates. *Proceedings of the Royal Society of London B* 276: 255–261.

Jones, J. C., M. R. Myerscough, S. Graham, and B. P. Oldroyd. 2004. Honey bee nest thermoregulation: Diversity promotes stability. *Science* 305: 402–404.

Jongbloed, J., and C.A.G. Wiersma. 1934. Der Stoffwechsel der Honigbiene währed des Fliegens. *Zeitschrift für Vergleichende Physiologie* 21: 519–533.

Josephson, R. K. 1981. Temperature and the mechanical performance of insect muscle. In: *Insect Thermoregulation*, B. Heinrich, ed., pp. 20–44.Wiley, NewYork.

Kammen, C. 1985. *The Peopling of Tompkins County: A Social History.* Heart of the Lakes Publishing, Interlaken, New York.

Kammer, A. E., and B. Heinrich. 1978. Insect flight metabolism. *Advances in Insect Physiology* 13: 133– 228.

Kefuss, J.A. 1978. Influence of photoperiod on the behaviour and brood-rearing activities of honeybees in a flight room. *Journal of Apicultural Research* 17: 137–151.

Kefuss, J., J.Vanpoucke, M. Bolt, and C. Kefuss. 2016. Selection for resistance to *Varroa destructor* under commercial beekeeping conditions. *Journal of Apicultural Research* 54: 563–576.

Kleijn, D., R.Winfree, I. Bartomeus, L. G. Carvalheiro, and 56 more authors. 2015. Delivery of crop pollination services is an insufficient argument for wild pollinator conservation. *Nature Communications* 6: 7414, doi:10.1038/ncomms8414.

Klein, B. A., A. Klein, M. K. Wray, U. G. Mueller, and T. D. Seeley. 2010. Sleep deprivation impairs precision of waggle dance signaling in honey bees. *Proceedings of the National Academy of Sciences (USA)* 107: 22705–22709.

Klein, B. A., K. M. Olzsowy, A. Klein, K. M. Saunders, and T. D. Seeley. 2008. Caste-dependent sleep of worker honey bees. *Journal of Experimental Biology* 211: 3028–3040.

Klein, B. A., M. Stiegler, A. Klein, and J. Tautz. 2014. Mapping sleeping bees within their nest: Spatial and temporal analysis of worker honey bee sleep. *PLoS ONE* 9 (7): e102316, doi:10.1371/journal .pone.0102316.

Kleinhenz, M., B. Bujok, S. Fuchs, and J. Tautz. 2003. Hot bees in empty broodnest cells: Heating

from within. *Journal of Experimental Biology* 206: 4217–4231.

Knaffl, H. 1953. Über die Flugweite und Entfernungsmeldung der Bienen. *Zeitschrift für Bienenforschung* 2: 131–140.

Koch, H. G. 1967. Der Jahresgang der Nektartracht von Bienenvölkern als Ausdruck der Witterungs- singularitäten und Trachtverhältnisse. *Zeitschrift für Angewandte Meteorologie* 5: 206–216.

Koeniger, G., N. Koeniger, J. Ellis, and L. Connor. 2014. *Mating Biology of Honey Bees (Apis mellifera).* Wicwas Press, Kalamazoo, Michigan.

Koeniger, G., N. Koeniger, and F.-T.Tiesler. 2014. *Paarungsbiologie und Paarungskontrolle bei der Honig- biene.* Buchshausen Druck und Verlagshaus, Herten, Germany.

Kohl, P. L., and B. Rutschmann. 2018.The neglected bee trees: European beech forests as a home for feral honey bee colonies. *PeerJ* 6: e4602, doi:10.7717/peerj.4602.

Kovac, H., A. Stabentheiner, and S. Schmaranzer. 2010. Thermoregulation of water foraging honeybees—balancing of endothermic activity with radiative heat gain and functional requirements. *Journal of Insect Physiology* 56: 1834–1845.

Kraus, B., and R. E. Page, Jr. 1995. Effect of *Varroa jacobsoni* (Mesostigmata: Varroidae) on feral *Apis mellifera* (Hymenoptera: Apidae) in California. *Environmental Entomology* 24: 1473–1480.

Kraus, B., H.H.W.Velthuis, and S.Tingek. 1998.Temperature profiles of the brood nests of *Apis cerana* and *Apis mellifera* colonies and their relation to varroosis. *Journal of Apicultural Research* 37: 175– 181.

Kritsky, G. 1991. Lessons from history: The spread of the honey bee in North America. *American Bee Journal* 131: 367–370.

———. 2010. *The Quest for the Perfect Hive: A History of Innovation in Bee Culture.* Oxford University Press, New York.

———. 2015. *The Tears of Re: Beekeeping in Ancient Egypt.* Oxford University Press, NewYork.

Kronenberg, F. C., and H. C. Heller. 1982. Colonial thermoregulation in honey bees (*Apis mellifera*). *Journal of Comparative Physiology* 148: 65–76.

Kühnholz, S., and T. D. Seeley. 1997. The control of water collection in honey bee colonies. *Behavioral Ecology and Sociobiology* 41: 407–422.

Kurlansky, M. 2014. Inside the milk machine: How modern dairy works. *Modern Farmer.* https://modernfarmer.com/2014/03/real-talk-milk/ (accessed 15 December 2017).

Laidlaw, H. H. 1944. Artificial insemination of the queen bee (*Apis mellifera* L.): Morphological basis and results. *Journal of Morphology* 74: 429–465.

Langstroth, L. L. 1853. *Langstroth on the Hive and the Honey-Bee: A Bee Keeper's Manual.* Hopkins, Bridgman, and Co., Northampton, Massachusetts.

Latham, E. C. 1969. *The Poetry of Robert Frost.* Henry Holt, NewYork.

Le Conte,Y., G. de Vaublanc, D. Crauser, F. Jeanne, J.-C. Rousselle, and J. J. Bécard. 2007. Honey bee colonies that have survived *Varroa destructor*. *Apidologie* 38: 566–572.

Lee, P. C., and M. L.Winston. 1985.The effect of swarm size and date of issue on comb construction in newly founded colonies of honeybees (*Apis mellifera* L.). *Canadian Journal of Zoology* 63: 524–527.

Levin, C. G., and C. H. Collison. 1990. Broodnest temperature differences and their possible effect on drone brood production and distribution in honeybee colonies. *Journal of Apicultural Research* 29: 35–45.

Levin, M. D. 1961. Distribution of foragers from honey bee colonies placed in the middle of a large field of alfalfa. *Journal of Economic Entomology* 54: 431–434.

Levin, M. D., G. E. Bohart, and W. P. Nye. 1960. Distance from the apiary as a factor in alfalfa pollination. *Journal of Economic Entomology* 53: 56–60.

Lindauer, M. 1954.Temperaturregulierung undWasserhaushalt im Bienenstaat. *Zeitschrift für Vergleich- ende Physiologie* 36: 391–432.

———. 1955. Schwarmbienen auf Wohnungssuche. *Zeitschrift für Vergleichende Physiologie* 37: 263– 324.

Lindenfelser, L.A. 1968. In vivo activity of propolis against *Bacillus larvae*. *Journal of Invertebrate Pathology* 12: 129–131.

Locke, B. 2015. Inheritance of reduced *Varroa* mite reproductive success in reciprocal crosses of miteresistant and mite-susceptible honey bees (*Apis mellifera*). *Apidologie* 47: 583–588.

———. 2016. Natural *Varroa* mite-surviving *Apis mellifera* honeybee populations. *Apidologie* 47: 467–482.

Locke, B., and I. Fries. 2011. Characteristics of honey bee colonies (*Apis mellifera*) in Sweden surviving *Varroa destructor* infestation. *Apidologie* 42: 533–542.

Loftus, J. C., M. L. Smith, andT. D. Seeley. 2016. How honey bee colonies survive in the wild:Testing the importance of small nests and frequent swarming. *PLoS ONE* 11 (3): e0150362, doi:10.1371 /journal.pone.0150362.

Loper, G. M. 1995. A documented loss of feral bees due to mite infestations in S. Arizona. *American Bee Journal* 135: 823–824.

———. 1997. Over-winter losses of feral honey bee colonies in southern Arizona, 1992–1997. *American Bee Journal* 137: 446.

———. 2002. Nesting sites, characterization and longevity of feral honey bee colonies in the Sonoran Desert of Arizona: 1991–2000. In: *Proceedings of the 2nd International Conference on Africanized Honey Bees and Bee Mites*, E. H. Erickson, Jr., Robert E. Page, Jr., and A.A. Hanna, eds., 86–96.A. I. Root, Medina, Ohio.

Loper, G. M., D. Sammataro, J. Finley, and J. Cole. 2006. Feral honey bees in southern Arizona 10 years after *Varroa* infestation. *American Bee Journal* 134: 521–524.

Louveaux, J. 1958. Recherches sur la récolte du pollen par les abeilles (*Apis mellifica* L.). *Annales de l'Abeille* 1: 113–188, 197–221.

———. 1973.The acclimatization of bees to a heather region. *Bee World* 54: 105–111.

Mackensen, O., and W. P. Nye. 1966. Selecting and breeding honeybees for collecting alfalfa pollen. *Journal of Apicultural Research* 5: 79–86.

Magnini, R. M. 2015. *Swarm Traps: Principles and Design*. Sweet Clover, Scotch Lake, Nova Scotia. Manley, R.O.B. 1985. *Honey Farming*. Northern Bee Books, Hebden Bridge, England.

Marchand, C. 1967. Préparons le piégeage des essaims. *L'Abeille de France* 46 (490): 59–61.

Marlowe, F. W., J. C. Berbesque, B. Wood, A. Crittenden, C. Porter, and A. Mabulla. 2014. Honey,

Hadza, hunter-gatherers, and human evolution. *Journal of Human Evolution* 71: 119–128.

Martin, H., and M. Lindauer. 1966. Sinnesphysiologische Leistungen beimWabenbau der Honigbiene.

Zeitschrift für Vergleichende Physiologie 53: 372–404.

Martin, P. 1963. Die Steuerung der Volksteilung beim Schwärmen der Bienen. Zugleich ein Beitrage zum Problem derWanderschwärme. *Insectes Sociaux* 10: 13–42.

Martin, S. 1998. A population model for the ectoparasitic mite *Varroa jacobsoni* in honey bee (*Apis mellifera*) colonies. *Ecological Modelling* 109: 267–281.

Martin, S. J. 2001. The role of *Varroa* and viral pathogens in the collapse of honeybee colonies: A modelling approach. *Journal of Applied Ecology* 38: 1082–1093.

Martin, S. J.,A. C. Highfield, L. Brettell, E. M.Villalobos, G. E. Budge, M. Powell, S. Nikaido, and D. C. Schroeder. 2012. Global honey bee viral landscape altered by a parasitic mite. *Science* 336: 1304–1306.

Mason, P.A. 2016. *American Bee Books:An Annotated Bibliography of Books on Bees and Beekeeping 1492–2010.* Club of Odd Volumes, Boston.

Mattila, H. R., and T. D. Seeley. 2007. Genetic diversity in honey bee colonies enhances productivity and fitness. *Science* 317: 362–364.

———. 2010. Promiscuous honeybee queens generate colonies with a critical minority of waggle-dancing foragers. *Behavioral Ecology and Sociobiology* 64: 875–889.

Mattila, H. R., K. M. Burke, and T. D. Seeley. 2008. Genetic diversity within honeybee colonies increases signal production by waggle-dancing foragers. *Proceedings of the Royal Society of London B* 275: 809–816.

Maurizio, A. 1934. Über die Kalkbrut (Perisystis-Mykose) der Bienen. *Archiv für Bienenkunde* 15: 165–193.

Mazar, A., and N. Panitz-Cohen. 2007. It is the land of honey: Beekeeping at Tel Rehov. *Near Eastern Archaeology* 70: 202–219.

McLellan, A. R. 1977. Honeybee colony weight as an index of honey production and nectar flow: A critical evaluation. *Journal of Applied Ecology* 14: 401–408.

McMullan, J. B., and M.J.F. Brown. 2006. The influence of small-cell brood combs on the morphometry of honeybees (*Apis mellifera*). *Apidologie* 37: 665–672.

Medina, L. M., and S. J. Martin. 1999. A comparative study of *Varroa jacobsoni* reproduction in worker cells of honey bees (*Apis mellifera*) in England and Africanized bees inYucatan, Mexico. *Experimental and Applied Acarology* 23: 659–667.

Meyer,W. 1954. Die “Kittharzbienen” und ihreTätigkeiten. *Zeitschrift für Bienenforschung* 2: 185–200.

———. 1956. “Propolis bees” and their activities. *Bee World* 37: 25–36.

Michener, C. D. 1974. *The Social Behavior of the Bees.* Harvard University Press, Cambridge, Massachusetts.

———. 2000. *The Bees of the World.* Johns Hopkins University Press, Baltimore, Maryland.

Mikheyev, A. S., M.M.Y. Tin, J. Arora, and T. D. Seeley. 2015. Museum samples reveal rapid evolution by wild honey bees exposed to a novel parasite. *Nature Communications* 6: 7991,

doi:10.1038 /ncomms8991.

Milum,V. G. 1930.Variations in time of development of the honey bee. *Journal of Economic Entomology* 23: 441–446.

———. 1956. An analysis of twenty years of honey bee colony weight changes. *Journal of Economic Entomology* 49: 735–738.

Mitchell, D. 2016. Ratios of colony mass to thermal conductance of tree and man-made nest enclosures of *Apis mellifera*: Implications for survival, clustering, humidity regulation and *Varroa destructor*. *International Journal of Biometeorology* 60: 629–638.

———. 2017. Honey bee engineering: Top ventilation and top entrances. *American Bee Journal* 157: 887–889.

Mitchener,A.V. 1948.The swarming season for honey bees in Manitoba. *Journal of Economic Entomology* 41: 646.

———. 1955. Manitoba nectar flows 1924–1954, with particular reference to 1947–1954. *Journal of Economic Entomology* 48: 514–518.

Moeller, F. E. 1975. Effect of moving honeybee colonies on their subsequent production and consumption of honey. *Journal of Apicultural Research* 14: 127–130.

Montovan, K. J., N. Karst, L. E. Jones, and T. D. Seeley. 2013. Local behavioral rules sustain the cell allocation pattern in the combs of honey bee colonies (*Apis mellifera*). *Journal of Theoretical Biology* 336: 75–86.

Moritz, R.F.A., F. B. Kraus, P. Kryger, and R. M. Crewe. 2007.The size of wild honeybee populations (*Apis mellifera*) and its implications for the conservation of honeybees. *Journal of Insect Conservation* 11: 391–397.

Moritz, R.F.A., H.M.G. Lattorff, P. Neumann, F. B. Kraus, S. E. Radloff, and H. R. Hepburn. 2005. Rare royal families in honeybees, *Apis mellifera*. *Naturwissenschaften* 92: 488–491.

Morse, R. A., S. Camazine, M. Ferracane, P. Minacci, R. Nowogrodzki, F.L.W. Ratnieks, J. Spielholz, and B.A. Underwood. 1990.The population density of feral colonies of honey bees (Hymenoptera: Apidae) in a city in upstate NewYork. *Journal of Economic Entomology* 83: 81–83.

Morse, R. A., and K. Flottum. 1997. *Honey Bee Pests, Predators, and Diseases.* 3rd ed. A. I. Root Company, Medina, Ohio.

Moulton, G. E. 2002. *The Definitive Journals of Lewis and Clark.* University of Nebraska Press, Lincoln, Nebraska.

Mullin, C.A., M. Frazier, J. L. Frazier, S.Ashcraft, R. Simonds, D. vanEnglesdorp, and J. S. Pettis. 2010. High levels of miticides and agrochemicals in North American apiaries: Implications for honey bee health. *PLoS ONE* 5: e9754, doi.org/10.1371/journal.pone.0009754.

Münster, S. 1628. *Cosmographia.* Heinrich Petri, Basel.

Munz,T. 2016. *The Dancing Bees. Karl von Frisch and the Discovery of the Honeybee Language.* University of Chicago Press, Chicago, Illinois.

Murray, L., and E. P. Jeffree. 1955. Swarming in Scotland. *Scottish Beekeeper* 31: 96–98.

Murray, S. S., M. J. Schoeninger, H. T. Bunn, T. R. Pickering, and J. A. Marlett. 2001. Nutritional composition of some wild plant foods and honey used by Hadza foragers of Tanzania. *Journal of Food Composition and Analysis* 14: 3–13.

Naile, F. 1976. *America's Master of Bee Culture: The Life of L. L. Langstroth.* Cornell University Press, Ithaca, New York.

Nakamura, J., and T. D. Seeley. 2006. The functional organization of resin work in honeybee colonies. *Behavioral Ecology and Sociobiology* 60: 339–349.

Nesse, R. M., and G. C.Williams. 1994. *Why We Get Sick: The New Science of Darwinian Medicine.* Times Books, New York.〔ランドルフ・ネシー／ジョージ・ウィリアムズ『病気はなぜ、あるのか』(長谷川眞理子ほか訳　新曜社)〕

Neumann, P., andT. Blacquière. 2016.The Darwin cure for apiculture? Natural selection and managed honeybee health. *Evolutionary Applications* 2016: 1–5, doi:10.1111/eva.12448.

Neville, A. C. 1965. Energy economy in insect flight. *Science Progress* 53: 203–219.

Nicodemo, D., E. B. Malheiros, D. De Jong, and R.H.N. Couto. 2014. Increased brood viability and longer lifespan of honeybees selected for propolis production. *Apidologie* 45: 269–275.

Nicolson, S.W. 2009.Water homeostasis in bees, with the emphasis on sociality. *Journal of Experimental Biology* 212: 429–434.

Nolan,W. J. 1925.The brood-rearing cycle of the honeybee. *Bulletin of the United States Department of Agriculture* 1349: 1–56.

Nordhaus, H. 2011. *The Beekeeper's Lament: How One Man and Half a Billion Honey Bees Help Feed America.* HarperCollins, New York.

Nye,W. P., and O. Mackensen. 1968. Selective breeding of honeybees for alfalfa pollen: Fifth generation and backcrosses. *Journal of Apicultural Research* 7: 21–27.

———. 1970. Selective breeding of honeybees for alfalfa pollen collection:With tests in high and low alfalfa pollen collection regions. *Journal of Apicultural Research* 9: 61–64.

Oddie, M., R. Büchler, B. Dahle, M. Kovacic,Y. LeConte, B. Locke, J. R. de Miranda, F. Mondet, and P. Neumann. 2018. Rapid parallel evolution overcomes global honey bee parasite. *Scientific Reports* 8: 7704, doi:10.1038/s41598-018-26001-7.

Oddie, M.A.Y., B. Dahle, and P. Neumann. 2017. Norwegian honey bees surviving *Varroa destructor* mite infestations by means of natural selection. *PeerJ* 5: e3956, doi:10.7717/peerj.3956.

Odell, A. L., J. P. Lassoie, and R. R. Morrow. 1980. *A History of Cornell University's Arnot Forest.* Dept. of Natural Resources Research and Extension Ser. no. 14. Cornell University, Ithaca, New York. https://blogs.cornell.edu/arnotforest/files/2015/07/history-of-the-Arnot-1980-y0a9tl.pdf (accessed 9 January 2019).

Oldroyd, B. P. 2012. Domestication of honey bees was associated with expansion of genetic diversity. *Molecular Ecology* 21: 4409–4411.

Oleksa,A.,R.Gawrons´ ki,andA.Tofilski.2013.Ruralavenuesasarefugeforferalhoneybeepopulation. *Journal of Insect Conservation* 17: 465–472.

Oliver, R. 2014. A comparative test of the pollen subs. *American Bee Journal* 154: 795–801, 869–874, 1021–1025.

Ostwald, M. M., M. L. Smith, and T. D. Seeley. 2016. The behavioral regulation of thirst, water collection and water storage in honey bee colonies. *Journal of Experimental Biology* 219: 2156–2165.

Otis, G. 1982.Weights of worker honeybees in swarms. *Journal of Apicultural Research* 21: 88–92.

Owens, C. D. 1971. The thermology of wintering honey bee colonies. *Technical Bulletin, United States Department of Agriculture* 1429: 1–32.

Oxley, P. R., and B. P. Oldroyd. 2010.The genetic architecture of honeybee breeding. *Advances in Insect Physiology* 39: 83–118.

Page, R. E., Jr. 1981. Protandrous reproduction in honey bees. *Environmental Entomology* 10: 359–362.

———. 1982.The seasonal occurrence of honey bee swarms in north-central California. *American Bee Journal* 121: 266–272.

Palmer, K. A., and B. P. Oldroyd. 2000. Evolution of multiple mating in the genus *Apis*. *Apidologie* 31: 235–248.

Park, O.W. 1923.Water stored by bees. *American Bee Journal* 63: 348–349.

———. 1949. Activities of honey bees. In: *The Hive and the Honey Bee*, R. A. Grout, ed., pp. 79–152. Dadant and Sons, Hamilton, Illinois.

Parker, R. L. 1926.The collection and utilization of pollen by the honeybee. *Cornell University Agricultural Experiment Station Memoir* 98: 1–55.

Peck, D.T., andT. D. Seeley. Forthcoming. Mite bombs or robber lures?The roles of drifting and robbing in *Varroa destructor* transmission from collapsing colonies to their neighbors.

———. Forthcoming. Multiple mechanisms of behavioral resistance to an introduced parasite, *Varroa destructor*, in a survivor population of European honey bees.

———. Forthcoming. Robbing by honey bees (*Apis mellifera*): assessing its importance for disease spread in the wild.

Peck, D.T., M. L. Smith, andT. D. Seeley. 2016. *Varroa destructor* mites can nimbly climb from flowers onto foraging honey bees. *PLoS ONE* 11:e0167798, doi.org/10.1371/journal.pone.0167798.

Peer, D. F. 1957. Further studies on the mating range of the honey bee, *Apis melliera* L. *Canadian Entomologist* 89: 108–110.

Peters, J. M., O. Peleg, and L. Mahadevan. 2017. Fluid-mediated self-organization of ventilation in honeybee nests. *BioRxiv*. Preprint, posted 31 October 2017, doi:http://dx.doi.org/10.1101/212100.

Pfeiffer, K. J., and J. Crailsheim. 1998. Drifting of honeybees. *Insectes Sociaux* 45: 151–167.

Phillips, M. G. 1956. *The Makers of Honey.* Crowell, NewYork.

Phipps, J. 2016. Editorial. *Natural Bee Husbandry* 1: 3.

Pinto, M.A.,W. L. Rubink, R. N. Coulson, J. C. Patton, and J. S. Johnston. 2004.Temporal pattern of Africanization in a feral honeybee population from Texas inferred from mitochondrial DNA. *Evolution* 58: 1047–1055.

Pinto, M.A.,W. L. Rubink, J. C. Patton, R. N. Coulson, and J. S. Johnston. 2005.Africanization in the United States: Replacement of feral European honeybees (*Apis mellifera* L.) by an African hybrid swarm. *Genetics* 170: 1653–1665.

Pratt, S. C. 1998a. Condition-dependent timing of comb construction by honeybee colonies: How do workers know when to start building? *Animal Behaviour* 56: 603–610.

———. 1998b. Decentralized control of drone comb construction in honey bee colonies.

Behavioral Ecology and Sociobiology 42: 193–205.
———. 1999. Optimal timing of comb construction by honeybee (*Apis mellifera*) colonies: A dynamic programming model and experimental tests. *Behavioral Ecology and Sociobiology* 46: 30–42.
———. 2004. Collective control of the timing and type of comb construction by honey bees (*Apis mellifera*). *Apidologie* 35: 193–205.
Radcliffe, R. W., and T. D. Seeley. 2018. Deep forest bee hunting: A novel method for finding wild colonies of honey bees in old-growth forests. *American Bee Journal* 158: 871–877.
Rangel, J., M. Giresi, M.A. Pinto, K.A. Baum,W. L. Rubink, R. N. Coulson, and J. S. Johnston. 2016. Africanization of a feral honey bee (*Apis mellifera*) population in South Texas: Does a decade make a difference? *Ecology and Evolution* 6: 2158–2169.
Rangel, J., S. R. Griffin, and T. D. Seeley. 2010. An oligarchy of nest-site scouts triggers a honeybee swarm's departure from the hive. *Behavioral Ecology and Sociobiology* 64: 979–987.
Rangel, J., H. R. Mattila, and T. D. Seeley. 2009. No intracolonial nepotism during colony fissioning in honey bees. *Proceedings of the Royal Society of London B* 276: 3895–3900.
Rangel, J., H. K. Reeve, and T. D. Seeley. 2013. Optimal colony fissioning in social insects: Testing an inclusive fitness model with honey bees. *Insectes Sociaux* 60: 445–452.
Rangel, J., and T. D. Seeley. 2012. Colony fissioning in honey bees: Size and significance of the swarm fraction. *Insectes Sociaux* 59: 453–462.
Rayment,T. 1923.Through Australian eyes:Water in cells. *American Bee Journal* 63: 135–136.
Ribbands, C. R. 1954.The defence of the honeybee community. *Proceedings of the Royal Society of London B* 142: 514–524.
Richards, K. W. 1973. Biology of *Bombus polaris* Curtis and *B. hyperboreus* Schönherr at Lake Hazen, NorthwestTerritories (Hymenoptera: Bombini). *Quaestiones Entomologicae* 9: 115–157.
Rinderer, T. E., L. I. de Guzman, G. T. Delatte, J. A. Stelzer, V. A. Lancaster, V. Kuznetsov, L. Beaman, R.Watts, and J.W. Harris. 2001. Resistance to the parasitic mite *Varroa destructor* in honey bees from far-eastern Russia. *Apidologie* 32: 381–394.
Rinderer,T. E., J.W. Harris, G. J. Hunt, and L. I. de Guzman. 2010. Breeding for resistance to *Varroa destructor* in North America. *Apidologie* 41: 409–424.
Rinderer,T. E., K.W.Tucker, and A. M. Collins. 1982. Nest cavity selection by swarms of European and Africanized honeybees. *Journal of Apicultural Research* 21: 98–103.
Rivera-Marchand, B., D. Oskay, and T. Giray. 2012. Gentle Africanized bees on an oceanic island. *Evolutionary Applications* 5: 746–756.
Roberts, A. 2017. *Tamed.* Hutchinson, London.〔アリス・ロバーツ『飼いならす』(斉藤隆央訳　明石書店)〕
Robinson, F. A. 1966. Foraging range of honey bees in citrus groves. *Florida Entomologist* 49: 219–223.
Robinson, G. E., B. A. Underwood, and C. E. Henderson. 1984. A highly specialized water-collecting honey bee. *Apidologie* 15: 355–358.
Roffet-Salque, M., M. Regert, R. P. Evershed, A. K. Outram, L.J.E. Cramp, O. Decavallas, J. Dunne, P. Gerbault, S. Mileto, S. Mirabaud, M. Pääkkönen, J. Smyth, and 53 more authors.

2015. Widespread exploitation of the honeybee by early Neolithic farmers. *Nature* 527: 226–231.

Rösch,G.A.1927.ÜberdieBautätigkeitimBienenvolkunddasAlterderBaubienen.WeitererBeitrag zur Frage nach der Arbeitsteilung im Bienenstaat. *Zeitschrift für Vergleichende Physiologie* 6: 264–298.

Rosenkranz, P., P. Aumeier, and B. Ziegelmann. 2010. Biology and control of *Varroa destructor*. *Journal of Invertebrate Pathology* 103: S96–S119.

Rosov, S. A. 1944. Food consumption by bees. *Bee World* 25: 94–95.

Rothenbuhler,W. C. 1958. Genetics and breeding of the honey bee. *Annual Review of Entomology* 3: 161–180.

Ruttner, F. 1987. *Biogeography and Taxonomy of Honeybees.* Springer Verlag, Berlin.

Ruttner, F., E. Milner, and J. E. Dews. 1990. *The Dark European Honeybee:* Apis mellifera mellifera *Linnaeus 1758.* British Isles Bee Breeders Association / Beard and Son, Brighton.

Ruttner, F., and H. Ruttner. 1966. Untersuchungen über die Flugaktivität und das Paarungsverhalten der Drohnen. 3. Flugweite and Flugrichtung der Drohnen. *Zeitschrift für Bienenforschung* 8: 332– 354.

———. 1972. Untersuchungen über die Flugaktivität und das Paarungsverhalten der Drohnen. V. Drohnensammelplätze und Paarungsdistanz. *Apidologie* 3: 203–232.

Sakagami, S. F., and H. Fukuda. 1968. Life tables for worker honeybees. *Researches on Population Ecology* 10: 127–139.

Sammataro, D., and A. Avitabile. 2011. *The Beekeeper's Handbook.* Cornell University Press, Ithaca, New York.

Sanford, M.T. 2001. Introduction, spread and economic impact of *Varroa* mites in North America. In: *Mites of the Honey Bee*,T. C.Webster and K. S. Delaplane, eds., 149–162. Dadant and Sons, Hamilton, Illinois.

Schiff, N. M.,W. S. Sheppard, G. M. Loper, and H. Shimanuki. 1994. Genetic diversity of feral honey bee (Hymenoptera: Apidae) populations in the southern United States. *Annals of the Entomological Society of America* 87: 842–848.

Schmaranzer, S. 2000.Thermoregulation of water collecting honey bees (*Apis mellifera*). *Journal of Insect Physiology* 46: 1187–1194.

Schmidt, J. O., and R. Hurley. 1995. Selection of nest cavities by Africanized and European honey bees. *Apidologie* 26: 467–475.

Schneider, S. S. 1989. Queen behavior and worker-queen interactions in absconding and swarming colonies of the African honeybee, *Apis mellifera scutellata* (Hymenoptera: Apidae). *Journal of the Kansas Entomological Society* 63: 179–186.

———. 1991. Modulation of queen activity by the vibration dance in swarming colonies of the African honey bee, *Apis mellifera scutellata* (Hymenoptera: Apidae). *Journal of the Kansas Entomological Society* 64: 269–278.

Scholze, E., H. Pichler, and H. Heran. 1964. Zur Entfernungsschätzung der Bienen nach dem Kraftaufwand. *Naturwissenschaften* 51: 69–90.

Scofield, H. N., and H. R. Mattila. 2015. Honey bee workers that are pollen stressed as larvae become poor foragers and waggle dancers as adults. *PLoS ONE* 10(4):e0121731, doi. org/10.1371/journal .pone.0121731.

Seeley,T. D. 1974.Atmospheric carbon dioxide regulation in honey-bee (*Apis mellifera*) colonies. *Journal of Insect Physiology* 20: 2301–2305.
———. 1977. Measurement of nest cavity volume by the honey bee (*Apis mellifera*). *Behavioral Ecology and Sociobiology* 2: 201–227.
———. 1978. Life history strategy of the honey bee, *Apis mellifera*. *Oecologia* 32: 109–118.
———. 1982. Adaptive significance of the age polyethism schedule in honeybee colonies. *Behavioral Ecology and Sociobiology* 11: 287–293.
———. 1986. Social foraging by honeybees: How colonies allocate foragers among patches of flowers. *Behavioral Ecology and Sociobiology* 19: 343–356.
———. 1987.The effectiveness of information collection about food sources by honey bee colonies. *Animal Behaviour* 35: 1572–1575.
———. 1989. Social foraging in honey bees: how nectar foragers assess their colony's nutritional status. *Behavioral Ecology and Sociobiology* 24: 181–199.
———. 1995. *The Wisdom of the Hive*. Harvard University Press, Cambridge, Massachusetts.〔トーマス・シーリー『ミツバチの知恵』(長野敬ほか訳　青土社)〕
———. 2002.The effect of drone comb on a honey bee colony's production of honey. *Apidologie* 33: 75–86.
———. 2003. Bees in the forest, still. *Bee Culture* 131 (January): 24–27.
———. 2007. Honey bees of the Arnot Forest: A population of feral colonies persisting with *Varroa destructor* in the northeastern United States. *Apidologie* 38: 19–29.
———. 2010. *Honeybee Democracy*. Princeton University Press, Princeton, New Jersey.〔トーマス・シーリー『ミツバチの会議』(片岡夏実訳　築地書館)〕
———. 2012. Using bait hives. *Bee Culture* 140 (April): 73–75.
———. 2016. *Following the Wild Bees:The Craft and Science of Bee Hunting*. Princeton University Press, Princeton, New Jersey.〔トーマス・シーリー『野生ミツバチとの遊び方』(小山重郎訳　築地書館)〕
———. 2017a. Bait hives: A valuable tool for natural beekeeping. *Natural Bee Husbandry* 2 (February): 15–18.
———. 2017b. Life-history traits of honey bee colonies living in forests around Ithaca, NY, USA. *Apidologie* 48: 743–754.
———. 2017c. Darwinian beekeeping: An evolutionary approach to apiculture. *American Bee Journal* 157: 277–282.
Seeley,T. D., S. Camazine, and J. Sneyd. 1991. Collective decision-making in honey bees: How colonies choose among nectar sources. *Behavioral Ecology and Sociobiology* 28: 277–290.
Seeley, T. D., and S. R. Griffin. 2011. Small-cell comb does not control *Varroa* mites in colonies of honeybees of European origin. *Apidologie* 42: 526–532.
Seeley, T. D., and R. A. Morse. 1976. The nest of the honey bee (*Apis mellifera* L). *Insectes Sociaux* 23: 495–512.
———. 1978a. Nest site selection by the honey bee. *Insectes Sociaux* 25: 323–337.
———. 1978b. Dispersal behavior of honey bee swarms. *Psyche* 84: 199–209.
Seeley, T. D., and M. L. Smith. 2015. Crowding honeybee colonies in apiaries can increase their

vulnerability to the deadly ectoparasitic mite *Varroa destructor*. *Apidologie* 46: 716–727.
Seeley, T. D., and D. R. Tarpy. 2007. Queen promiscuity lowers disease within honeybee colonies. *Proceedings of the Royal Society of London B* 274: 67–72.
Seeley,T. D., D. R.Tarpy, S. R. Griffin,A. Carcione, and D.A. Delaney. 2015.A survivor population of wild colonies of European honeybees in the northeastern United States: Investigating its genetic structure. *Apidologie* 46: 654–666.
Seeley, T. D., and P. K. Visscher. 1985. Survival of honey bees in cold climates: The critical timing of colony growth and reproduction. *Ecological Entomology* 10: 81–88.
Sekiguchi, K., and S. F. Sakagami. 1966. Structure of foraging population and related problems in the honeybee, with considerations on the division of labor in bee colonies. *Hokkaido National Agricultural Experiment Station Report* 69: 1–65.
Semkiw, P., and P. Skubida. 2010. Evaluation of the economical aspects of Polish beekeeping. *Journal of Apicultural Science* 54: 5–15.
Sheppard,W. S. 1989.A history of the introduction of honey bee races into the United States. *American Bee Journal* 129: 617–619, 664–666.
Simone, M., J. D. Evans, and M. Spivak. 2009. Resin collection and social immunity in honey bees. *Evolution* 63: 3016–3022.
Simone-Finstrom, M., J. Gardner, and M. Spivak. 2010.Tactile learning in resin foraging honeybees. *Behavioral Ecology and Sociobiology* 64: 1609–1617.
Simone-Finstrom, M., M.Walz, and D. R.Tarpy. 2016. Genetic diversity confers colony-level benefits due to individual immunity. *Biology Letters* 12: 20151007, doi:10.1098/rsbl.2015.1007.
Simone-Finstrom, M., and M. Spivak. 2010. Propolis and bee health:The natural history and significance of resin use by honey bees. *Apidologie* 41: 295–311.
Simpson, J. 1957a. Observations on colonies of honey-bees subjected to treatments designed to induce swarming. *Proceedings of the Royal Entomological Society of London (A)* 32: 185–192.
———. 1957b. The incidence of swarming among colonies of honey-bees in England. *Journal of Agricultural Science* 49: 387–393.
Simpson, J., and I.B.M. Riedel. 1963.The factor that causes swarming in honeybee colonies in small hives. *Journal of Apicultural Research* 2: 50–54.
Smibert,T. 1851. *Io Anche! Poems, Chiefly Lyrical.* James Hogg, Edinburgh.
Smith, B. E., P. L. Marks, and S. Gardescu. 1993.Two hundred years of forest cover changes inTompkins County, New York. *Bulletin of the Torrey Botanical Club* 120: 229–247.
Smith, M. L., M. M. Ostwald, and T. D. Seeley. 2015. Adaptive tuning of an extended phenotype: Honeybees seasonally shift their honey storage to optimize male production. *Animal Behaviour* 103: 29–33.
———. 2016. Honey bee sociometry: Tracking honey bee colonies and their nest contents from colony founding until death. *Insectes Sociaux* 63: 553–563.
Smits, S. A., J. Leach, E. D. Sonnenburg, C. G. Gonzalez, J. S. Lichtman, G. Reid, R. Knight, A. Manjurano, J. Changalucha, J. E. Elias, M. G. Dominguez-Bello, and J. L. Sonnenburg. 2017. Seasonal cycling in the gut microbiome of the Hadza hunter-gatherers of Tanzania. *Science* 357: 802–806.

Southwick, E. E. 1982. Metabolic energy of intact honey bee colonies. *Comparative Biochemistry and Physiology* 71: 277–281.

———. 1985.Allometric relations, metabolism and heat conductance in clusters of honey bees at cool temperatures. *Journal of Comparative Physiology B* 156: 143–149.

Southwick, E. E., G. M. Loper, and S. E. Sadwick. 1981. Nectar production, composition, energetics and pollinator attractiveness in spring flowers of western NewYork. *American Journal of Botany* 68: 994–1002.

Southwick, E. E., and J. N. Mugaas. 1971.A hypothetical homeotherm:The honeybee hive. *Comparative Biochemistry and Physiology Part A: Physiology* 40: 935–944.

Southwick, E. E., and D. Pimentel. 1981. Energy efficiency of honey production by bees. *Bioscience* 31: 730–732.

Spivak, M., and M. Gilliam. 1998a. Hygienic behaviour of honey bees and its application for control of brood diseases and varroa. Pt. 1: Hygienic behaviour and resistance to American foulbrood. *Bee World* 79: 124–134.

———. 1998b. Hygienic behaviour of honey bees and its application for control of brood diseases and varroa. Pt. 2: Studies on hygienic behaviour since the Rothenbuhler era. *Bee World* 79: 169–186.

Stabentheiner, A., H. Pressl, T. Papst, N. Hrassnigg, and K. Crailsheim. 2003. Endothermic heat production in honeybee winter clusters. *Journal of Experimental Biology* 206: 353–358.

Starks, P.T., C.A. Blackie, andT. D. Seeley. 2000. Fever in honeybee colonies. *Naturwissenschaften* 87: 229–231.

Strange, J. P., L. Garnery, and W. S. Sheppard. 2007. Persistence of the Landes ecotype of *Apis mellifera mellifera* in southwest France: Confirmation of a locally adaptive annual brood cycle trait. *Apidologie* 38: 259–267.

Szabo,T. I. 1983a. Effects of various entrances and hive direction on outdoor wintering of honey bee colonies. *American Bee Journal* 123: 47–49.

———. 1983b. Effect of various combs on the development and weight gain of honeybee colonies. *Journal of Apicultural Research* 22: 45–48.

Taber, S. 1963.The effect of disturbance on the social behavior of the honey bee colony. *American Bee Journal* 103: 286–288.

Taber, S., and C. D. Owens. 1970. Colony founding and initial nest design of honey bees, *Apis mellifera* L. *Animal Behaviour* 18: 625–632.

Tarpy, D. R. 2003. Genetic diversity within honeybee colonies prevents severe infections and promotes colony growth. *Proceedings of the Royal Society of London B* 270: 99–103.

Tarpy, D. R., D. A. Delaney, and T. D. Seeley. 2015. Mating frequencies of honey bee queens (*Apis mellifera* L.) in a population of feral colonies in the northeastern United States. *PLoS ONE* 10 (3): e0118734, doi:10.1371/journal.pone.0118734.

Tarpy, D. R., R. Nielsen, and D. I. Nielsen. 2004.A scientific note on the revised estimates of effective paternity frequency in *Apis*. *Insectes Sociaux* 51: 203–204.

Tautz, J., S. Maier, C. Groh,W. Rössler, and A. Brockmann. 2003. Behavioral performance in adult honey bees is influenced by the temperature experienced during their pupal development.

Proceedings of the National Academy of Sciences of the USA 100: 7343–7347.

Terashima, H. 1998. Honey and holidays: The interactions mediated by honey between Efe hunter-gatherers and Lese farmers in the Ituri forest. *African Study Monographs*, supplementary issue 25: 123–134.

Thom, C.,T. D. Seeley, and J.Tautz. 2000.A scientific note on the dynamics of labor devoted to nectar foraging in a honey bee colony: Number of foragers versus individual foraging activity. *Apidologie* 31: 737–738.

Thompson, J. R., D. N. Carpenter, C.V. Cogbill, and D. R. Foster. 2013. Four centuries of change in northeastern United States forests. *PLoS ONE* 8(9): e72540, doi:10.1371/journal.pone.0072540.

Thoreau, H. D. 1862.Walking. *Atlantic Monthly* 9: 657–674.〔ヘンリー・ソロー『歩く』(山口晃訳　ポプラ社)〕

Tinbergen,N.1974.*TheAnimalinItsWorld(ExplorationsofanEthologist,1932–1972)*.HarvardUniversity Press, Cambridge, Massachusetts.〔ニコ・ティンバーゲン『ティンバーゲン動物行動学（上・下)』(日高敏隆ほか訳　平凡社)〕

Tinghitella, R. M. 2008. Rapid evolutionary change in a sexual signal: Genetic control of the mutation 'flatwing' that renders male field crickets (*Teleogryllus oceanicus*) mute. *Heredity* 100: 261–267.

Traynor, K. S., J. S. Pettis, D. R. Tarpy, C. A. Mullin, J. L. Frazier, M. Frazier, and D. vanEngelsdorp. 2016. In-hive pesticide exposome: Assessing risks to migratory honey bees from in-hive pesticide contamination in the Eastern United States. *Scientific Reports* 6: 33207.

Tribe, G., J. Tautz, K. Sternberg, and J. Cullinan. 2017. Firewalls in bee nests—survival value of propolis walls of wild Cape honeybee (*Apis mellifera capensis*). *Naturwissenschaften* 104: 29, doi.org /10.1007/s00114-017-1449-5.

Turnbull, C. M. 1976. *Man in Africa.* Anchor Press, Garden City, New Jersey.〔コリン・ターンブル『アフリカ人間誌』(幾野宏訳　草思社)〕

Villa, J. D., D. M. Bustamante, J. P. Dunkley, and L. A. Escobar. 2008. Changes in honey bee (Hymenoptera: Apidae) colony swarming and survival pre- and postarrival of *Varroa destructor* (Mesostigmata: Varroidae) in Louisiana. *Annals of the Entomological Society of America* 101: 867–871.

Visscher, P. K., K. Crailsheim, and G. Sherman. 1996. How do honey bees (*Apis mellifera*) fuel their water foraging flights? *Journal of Insect Physiology* 42: 1089–1094.

Visscher, P. K., and T. D. Seeley. 1982. Foraging strategy of honeybee colonies in a temperate deciduous forest. *Ecology* 63: 1790–1801.

Visscher, P. K., R. S.Vetter, and G. E. Robinson. 1995.Alarm pheromone perception in honey bees is decreased by smoke (Hymenoptera: Apidae). *Journal of Insect Behavior* 8: 11–18.

von Engeln, O. D. 1961. *The Finger Lakes Region: Its Origin and Nature.* Cornell University Press, Ithaca, New York.

von Frisch, K. 1967. *The Dance Language and Orientation of Bees.* Harvard University Press, Cambridge, Massachusetts.

Wallberg, A., F. Han, G. Wellhagen, B. Dahle, M. Kawata, N. Haddad, Z. Simões, M. Allsopp, I.

Kandemir, P. De la Rúa, C. Pirk, and M.T.Webster. 2014.A worldwide survey of genome sequence variation provides insight into the evolutionary history of the honeybee *Apis mellifera*. *Nature Genetics* 46: 1081–1088.

Watson, L. R. 1928. Controlled mating in honeybees. *Quarterly Review of Biology* 3: 377–390.

Weipple,T. 1928. Futterverbrauch und Arbeitsteilung eines Bienenvolkes im Laufe eines Jahres. *Archiv für Bienenkunde* 9: 70–79.

Weiss, K. 1965. Über den Zuckerverbrauch und die Beanspruchung der Bienen bei der Wachserzeugung. *Zeitschrift für Bienenforschung* 8: 106–124.

Wells, P. H., and J. Giacchino Jr. 1968. Relationship between the volume and the sugar concentration of loads carried by honeybees. *Journal of Apicultural Research* 7: 77–82.

Wenke, R. J. 1999. *Patterns in Prehistory: Humankind's First Three MillionYears.* Oxford University Press, New York.

Wenner,A. M., andW. W. Bushing. 1996. *Varroa* mite spread in the United States. *Bee Culture* 124: 341– 343.

Whitaker, J. O., Jr., and W. D. Hamilton, Jr. 1998. *Mammals of the Eastern United States.* Cornell University Press, Ithaca, NewYork.

White, J.W., Jr. 1975. Composition of honey. In: *Honey:A Comprehensive Survey*, E. Crane, ed., pp. 157– 206. Heinneman, London.

White, J.W., Jr., M. L. Riethof, M. H. Subers, and I. Kushnir. 1962. *Composition of American Honeys.* U.S. Government Printing Office,Washington, D.C.

Williams, G. C. 1966. *Adaptation and Natural Selection.* Princeton University Press, Princeton, New Jersey.

Williams, G. C., and R. M. Nesse. 1991.The dawn of Darwinian medicine. *Quarterly Review of Biology* 66: 1–22.

Wilson, M. B., D. Brinkman, M. Spivak, G. Gardner, and J. D. Cohen. 2015. Regional variation in composition and antimicrobial activity of US propolis against *Paenibacillus larvae* and *Ascosphaera apis*. *Journal of Invertebrate Pathology* 124: 44–50.

Winston, M. L. 1980. Swarming, afterswarming, and reproductive rate of unmanaged honeybee colonies (*Apis mellifera*). *Insectes Sociaux* 27: 391–398.

———. 1981. Seasonal patterns of brood rearing and worker longevity in colonies of the Africanized honey bee (Hymenoptera: Apidae) in South America. *Journal of the Kansas Entomological Society* 53: 157–165.

———. 1987. *The Biology of the Honey Bee.* Harvard University Press, Cambridge, Massachusetts.

Wohlgemuth, R. 1957. Die Temperaturregulation des Bienenvolkes unter regeltheoretischen Gesicht- punkten. *Zeitschrift für Vergleichende Physiologie* 40: 119–161.

Wood, B. M., H. Pontzer, D. A. Raichlen, and F. W. Marlowe. 2014. Mutualism and manipulation in Hadza-honeyguide interactions. *Evolution and Human Behavior* 35: 540–546.

Zeuner, F. E., and F. J. Manning. 1976. A monograph on fossil bees (Hymenoptera: Apoidea). *Bulletin of the British Museum of Natural History (Geology)* 27: 151–268.

Zuk, M., J.T. Rotenberry, and R. M.Tinghitella. 2006. Silent night:Adaptive disappearance of a sexual signal in a parasitized population of field crickets. *Biology Letters* 2: 521–524.

図版クレジット

図 1.1. *Left:* photo by Thomas D. Seeley. *Right:* photo by Felix Remter.

図 1.2. Modified from fig2.2 in Ruttner, F., 1992, *Naturgeschichte der Honigbienen*, Ehrenwirth, Munich.

図 1.3. Modified from fig1 in Kritsky, G., 1991, Lessons from history: The spread of the honey bee in North America, *American Bee Journal* 131: 367–370.

図 1.4. Modified from fig4 in Mikheyev,A. S., M.M.Y.Tin, J.Arora, and T. D. Seeley, 2015, Museum samples reveal rapid evolution by wild honey bees exposed to a novel parasite, *Nature Communications* 6: 7991, doi:10.1038/ncomms8991.

図 1.5. Photo by Thomas D. Seeley.

図 2.1. Aerial photo from Google Earth.

図 2.2. Photo by Thomas D. Seeley.

図 2.3. Photo provided by Rustem A. Ilyasov.

図 2.4. *Top:* aerial photo from Google Earth, with boundary lines added by Michael L. Smith. *Bottom:* photo by Thomas D. Seeley.

図 2.5. Photo by Thomas D. Seeley.

図 2.6. Original drawing by Margaret C. Nelson.

図 2.7. Photo by Juliana Rangel.

図 2.8. Photo by Andrzej Oleksa.

図 2.9. Photos by Thomas D. Seeley.

図 2.10. Original drawing by Margaret C. Nelson, based on data in Loper, G., 1997, Over-winter losses of feral honey bee colonies in southern Arizona, 1992–1997, *American Bee Journal* 137: 446; and Loper, G. M., D. Sammataro, J. Finley, and J. Cole, 2006, Feral honey bees in southern Arizona 10 years after *Varroa* infestation, *American Bee Journal* 134: 521–524.

図 2.11. Photo by Mary Holland.

図 2.12. Original drawing by Margaret C. Nelson.

図 2.13. Photo by Thomas D. Seeley.

図 2.14. Photo by Thomas D. Seeley.

図 3.1. Photo provided by Laurie Burnham.

図 3.2. Reproductions by Margaret C. Nelson. *Left:* based on drawing in Hernández-Pacheco, E., 1924, *Las Pinturas Prehistóricas de Las Cuevas de la Araña (Valencia)*, Museo Nacional de Ciencas Naturales, Madrid. *Right:* based on drawing in Dams, M., and L. Dams, 1977, Spanish rock art depicting honey gathering during the Mesolithic, *Nature* 268: 228–230.

図 3.3. Reproduction by Margaret C. Nelson of fig. 20.3a in Crane, E., 1999, *The World History of Beekeeping and Honey Hunting*, Routledge, New York.

図 3.4. Photo provided by Gene Kritsky.

図 3.5. Photo provided by Rustem A. Ilyasov.

図 3.6. From Münster, S., 1628, *Cosmographia*, Heinrich Petri, Basel, Switzerland.

図 3.7. Photo by Thomas D. Seeley.

図 3.8. From Cheshire, F. R., 1888, *Bees and Bee-Keeping; Scientific and Practical*, vol. 2: *Practical*, L. Upcott Gill, London.

図 4.1. Photo from PhD thesis of Lloyd R.Watson:Watson, L. R., 1928, Controlled mating in honeybees, *Quarterly Review of Biology* 3: 377–390.

図 4.2. Original drawing by Margaret C. Nelson, based on data in Rothenbuhler,W. C., 1958, Genetics and breeding of the honey bee, *Annual Review of Entomology* 3: 161–180.

図 4.3. Photo by Ann B. Chilcott.

図 5.1. Photos by Thomas D. Seeley.

図 5.2. Original drawing by Margaret C. Nelson, based on original data of Thomas D. Seeley and data in Seeley,T. D., and R.A. Morse, 1976,The nest of the honey bee (*Apis mellifera* L), *Insectes Sociaux* 23: 495–512.

図 5.3. Original drawing by Margaret C. Nelson, based on data in Seeley, T. D., and R.A. Morse, 1976,The nest of the honey bee (*Apis mellifera* L), *Insectes Sociaux* 23: 495–512.

図 5.4. Photo by Thomas D. Seeley.

図 5.5. Photo by Thomas D. Seeley.

図 5.6. Photo by Thomas D. Seeley.

図 5.7. Photo by Armin Spürgin.

図 5.8. Original drawings by Margaret C. Nelson. Drawing on right is based on fig. 11 in Martin, H., and M. Lindauer, 1966, Sinnesphysiolo- gische Leistungen beimWabenbau der Honigbiene, *Zeitschrift für Vergleich- ende Physiologie* 53: 372–404.

図 5.9. Original drawing by Margaret C. Nelson, based on data in Smith, M. L., M. M. Ostwald, and T. D. Seeley, 2016, Honey bee sociometry: Tracking honey bee colonies and their nest contents from colony founding until death, *Insectes Sociaux* 63: 553–563.

図 5.10. Original drawing by Margaret C. Nelson, based on data in Pratt, S. C., 1999, Optimal timing of comb construction by honeybee (*Apis mellifera*) colonies: A dynamic programming model and experimental tests, *Behavioral Ecology and Sociobiology* 46: 30–42.

図 5.11. *Top:* photo by Thomas D. Seeley. *Bottom:* original drawing by Margaret C. Nelson, based on data in Seeley, T. D., and R. A. Morse, 1976, The nest of the honey bee (*Apis mellifera* L), *Insectes Sociaux* 23: 495–512; and in Smith, M. L., M. M. Ostwald, and T. D. Seeley, 2016, Honey bee sociometry: Tracking honey bee colonies and their nest contents from colony founding until death, *Insectes Sociaux* 63: 553–563; and on data collected (but not reported) in Seeley, T. D., 2017, Life- history traits of honey bee colonies living in forests around Ithaca, NY, USA, *Apidologie* 48: 743–754.

図 5.12. Original drawing by Margaret C. Nelson, based on figure in Pratt, S. C., 1998, Decentralized control of drone comb construction in honey bee colonies, *Behavioral Ecology and Sociobiology* 42: 193–205.

図 5.13. Photo by Kenneth Lorenzen.

図 5.14. Original drawing by Margaret C. Nelson, based on data in Nakamura, J., and T. D. Seeley, 2006, The functional organization of resin work in honeybee colonies, *Behavioral Ecology and Sociobiology* 60: 339–349.

図 6.1. Photo by Zachary Huang, beetography.com.

図 6.2. Original drawing by Margaret C. Nelson, based on fig. 4.1 in Seeley,T. D., 1985. *Honeybee Ecology*, Princeton University Press, Princeton, New Jersey.

図 6.3. Photo by Kenneth Lorenzen.

図 6.4. Original drawing by Margaret C. Nelson, based on fig. 4.2 in Seeley,T. D., 1985, *Honeybee Ecology*, Princeton University Press, Princeton, New Jersey.

図 6.5. Original drawing by Margaret C. Nelson, based on data in fig. 3 in Smith, M. L., M. M. Ostwald, and T. D. Seeley, 2016, Honey bee sociometry:Tracking honey bee colonies and their nest contents from colony founding until death, *Insectes Sociaux* 63: 553–563.

図 7.1. Photo by Kenneth Lorenzen.

図 7.2. Original drawing by Margaret C. Nelson, based on fig. 2 in Page, R. E., Jr., 1981, Protandrous reproduction in honey bees, *Environmental Entomology* 10: 359–362.

図 7.3. Photos by Michael L. Smith.

図 7.4. Original drawing by Margaret C. Nelson.

図 7.5. Photo by Thomas D. Seeley.

図 7.6. Photo by Megan E. Denver.

図 7.7. Original drawing by Margaret C. Nelson.

図 7.8. Original drawing by Margaret C. Nelson, based on fig. 2 in Rangel, J., H. K. Reeve, and T. D. Seeley, 2013, Optimal colony fissioning in social insects:Testing an inclusive fitness model with honey bees, *Insectes Sociaux* 60: 445–452.

図 7.9. Original drawing by Margaret C. Nelson, based on fig. 2 in Ruttner, F., and H. Ruttner, 1966, Untersuchungen über die Flugaktivität und das Paarungsverhalten der Drohnen. 3. Flugweite and Flugrichtung der Drohnen, *Zeitschrift für Bienenforschung* 8: 332–354.

図 7.10. Original drawing by Margaret C. Nelson.

図 7.11. Original drawing by Margaret C. Nelson, based on data inTarpy, D. R., D. A. Delaney, and T. D. Seeley. 2015. Mating frequencies of honey bee queens (*Apis mellifera* L.) in a population of feral colonies in the northeastern United States. *PLoS ONE* 10 (3): e0118734.

図 8.1. Original drawing by Margaret C. Nelson.

図 8.2. Photo by Kenneth Lorenzen.

図 8.3. Original drawing by Margaret C. Nelson.

図 8.4. Original drawings by Margaret C. Nelson. *Top:* based on data in fig. 5 in Visscher, P. K., and T. D. Seeley, 1982, Foraging strategy of honeybee colonies in a temperate deciduous forest, *Ecology* 63: 1790– 1801. *Bottom:* based on data in table 13 in von Frisch, K., 1967, *The Dance Language and Orientation of Bees*, Harvard University Press, Cambridge, Massachusetts.

図 8.5. *Top:* photo by Thomas D. Seeley. *Bottom:* original drawing by Margaret C. Nelson.

図 8.6. Original drawing by Margaret C. Nelson, based on data in fig. 3 in Visscher, P. K., and T. D. Seeley, 1982, Foraging strategy of honeybee colonies in a temperate deciduous forest, *Ecology* 63: 1790–1801.

図 8.7. Original drawing by Margaret C. Nelson, based on fig. 1 in Seeley, T. D., S. Camazine, and J. Sneyd, 1991, Collective decision-making in honey bees: How colonies choose among nectar sources, *Behavioral Ecology and Sociobiology* 28: 277–290.

図 8.8. Original drawing by Margaret C. Nelson, based on fig. 3 in Peck, D. T., and T. D. Seeley, forthcoming, Robbing by honey bees in forest and apiary settings: Implications for horizontal transmission of the mite *Varroa destructor*, *Journal of Insect Behavior.*

図 9.1. Original drawing by Margaret C. Nelson, based on part E of fig. 5 in Owens, C. D., 1971, The thermology of wintering honey bee colonies, *Technical Bulletin, United States Department of Agriculture* 1429: 1–32.

図 9.2. Photo by Jürgen Tautz.

図 9.3. Original drawing by Margaret C. Nelson, based on fig. 3 in Starks, P.T., C.A. Blackie, andT. D. Seeley, 2000, Fever in honeybee colonies, *Naturwissenschaften* 87: 229-231.

図 9.4. Original drawing by Margaret C. Nelson, based on part A of fig. 5 in Owens, C. D., 1971, The thermology of wintering honey bee colonies, *Technical Bulletin, United States Department of Agriculture* 1429: 1–32.

図 9.5. Original drawing by Margaret C. Nelson, based on fig. 3 in Mitchell, D., 2016, Ratios of colony mass to thermal conductance of tree and man-made nest enclosures of *Apis mellifera*: Implications for survival, clustering, humidity regulation and *Varroa destructor*, *International Journal of Biometeorology* 60: 629–638.

図 9.6. *Top:* photos by Robin Radcliffe. *Bottom:* original drawing by Margaret C. Nelson.

図 9.7. Original drawing by Margaret C. Nelson, based on fig. 2 in Southwick, E. E., 1982, Metabolic energy of intact honey bee colonies, *Comparative Biochemistry and Physiology* 71: 277–281.

図 9.8. *Top:* Photo by Thomas D. Seeley. *Bottom:* Original drawing by Margaret C. Nelson, based on 図 . 1 in Peters, J. M., O. Peleg, and L. Mahadevan, 2019. Collective ventilation in honeybee nests, *Journal of the Royal Society Interface* 16: 20180561.doi.org/10.1098/rsif.2018 .0561.

図 9.9. Photo by Linton Chilcott.

図 9.10. Original drawing by Margaret C. Nelson, based on fig. 3 in Ostwald, M. M., M. L. Smith, and T. D. Seeley, 2016, The behavioral regulation of thirst, water collection and water storage in honey bee colonies, *Journal of Experimental Biology* 219: 2156–2165.

図 10.1. Original drawing by Margaret C. Nelson, based on fig. 1 in Rinderer,T. E., L. I. de Guzman, G.T. Delatte, J.A. Stelzer, and 5 more authors, 2001, Resistance to the parasitic mite *Varroa destructor* in honey bees from far-eastern Russia, *Apidologie* 32: 381–394.

図 10.2. Photo by Åke Lyberg.

図 10.3. Original drawing by Margaret C. Nelson, based on fig s. 1, 2, and 3 and on data in table 1

in Fries, I.,A. Imdorf, and P. Rosenkranz, 2006, Survival of mite infested (*Varroa destructor*) honey bee (*Apis mellifera*) colonies in a Nordic climate, *Apidologie* 37: 564–570.

図 10.4. Aerial photo from Google Earth, with locations of wild honey bee colonies added by Thomas D. Seeley.

図 10.5. Original drawing by Margaret C. Nelson, based on fig. 3 in Mikheyev, A. S., M.M.Y. Tin, J. Arora, and T. D. Seeley, 2015, Museum samples reveal rapid evolution by wild honey bees exposed to a novel parasite, *Nature Communications* 6: 7991, doi:10.1038/ncomms8991.

図 10.6. Original drawing by Margaret C. Nelson, based on fig. 1 in Seeley, T. D., and M. L. Smith, 2015, Crowding honeybee colonies in apiaries can increase their vulnerability to the deadly ectoparasitic mite *Varroa destructor*, *Apidologie* 46: 716–727.

図 10.7. Photo by Thomas D. Seeley.

図 10.8. Original drawing by Margaret C. Nelson, based on fig. 1 and fig. 3 in Loftus, J. C., M. L. Smith, and T. D. Seeley, 2016, How honey bee colonies survive in the wild:Testing the importance of small nests and frequent swarming, *PLoS ONE* 11 (3): e0150362, doi:10.1371/journal. pone.0150362.

図 10.9. Photos by Thomas D. Seeley.

図 10.10. Photo by Renata S. Borba.

図 10.11. Original drawing by Margaret C. Nelson, based on fig. 3 in Borba, R. S., K. K. Klyczek, K. L. Mogen, and M. Spivak, 2015, Seasonal benefits of a natural propolis envelope to honey bee immunity and colony health, *Journal of Experimental Biology* 218: 3689–3699.

野生ミツバチの知られざる生活

著　者　トーマス・シーリー
訳　者　西尾義人

2021 年 2 月 10 日　第一刷印刷
2021 年 2 月 25 日　第一刷発行

発行者　清水一人
発行所　青土社

〒 101-0051　東京都千代田区神田神保町 1-29　市瀬ビル
［電話］03-3291-9831（編集）　03-3294-7829（営業）
［振替］00190-7-192955

印刷・製本　ディグ
装丁　大倉真一郎

ISBN978-4-7917-7360-2　Printed in Japan